全国高职高专机电类专业规划教材

低压电气控制技术应用与训练

主　编　吴广祥　李艳红　孔艳梅
副主编　蒋永明　朱　毅　郑春芳
主　审　杜广朝

黄河水利出版社
·郑　州·

内 容 提 要

本书是全国高职高专机电类专业规划教材，是根据教育部对高职高专教育的教学基本要求及中国水利教育协会职业技术教育分会高等职业教育教学研究会组织制定的相关课程标准编写完成的。书中遴选了低压电气控制中的典型内容，包括常用低压电器、三相异步电动机电气控制线路、常用机床电气控制线路及常见故障的排查、起重机及其他设备的电气控制运行和维护等，并添加了固态继电器、软启动器、变频器和新型控制电器等内容。本书各项目任务均与相关实训紧密结合，以达到学习掌握巩固的目的。编排中根据维修电工中级工的达标和企业岗位要求，强化了技能训练，突出了职业教育的特点，将理论教学、实训、考工取证有机地结合起来，理论教学以实用、岗位需求为主，书中加入比较多的线路制作、设备运行维护、故障检修等内容，邀请企业参与，有机地结合了实际生产中电机及电气设备运用的相关内容。

本书可以作为高职高专院校工厂自动化专业、机电一体化专业等的理论教学和实训教学用书，也可作为相关专业技术人员的培训用书和自学用书。

图书在版编目(CIP)数据

低压电气控制技术应用与训练/吴广祥，李艳红，孔艳梅主编. —郑州：黄河水利出版社，2017. 8

全国高职高专机电类专业规划教材

ISBN 978-7-5509-1798-9

Ⅰ. ①低… Ⅱ. ①吴… ②李… ③孔… Ⅲ. ①低压电器-电气控制-高等职业教育-教材 Ⅳ. ①TM52

中国版本图书馆 CIP 数据核字(2017)第 172894 号

组稿编辑：简　群　　电话：0371-66026749　　E-mail：931945687@qq.com

出 版 社：黄河水利出版社

地址：河南省郑州市顺河路黄委会综合楼 14 层　　邮政编码：450003

发行单位：黄河水利出版社

发行部电话：0371-66026940、66020550、66028024、66022620(传真)

E-mail：hhslcbs@126.com

承印单位：河南承创印务有限公司

开本：787 mm×1 092 mm　1/16

印张：17

字数：393 千字　　印数：1—2 000

版次：2017 年 8 月第 1 版　　印次：2017 年 8 月第 1 次印刷

定价：39.00 元

前 言

本书是贯彻落实《国家中长期教育改革和发展规划纲要(2010～2020年)》《国务院关于加快发展现代职业教育的决定》(国发〔2014〕19号)、《现代职业教育体系建设规划(2014～2020年)》等文件精神,在中国水利教育协会指导下,由中国水利教育协会职业技术教育分会高等职业教育教学研究会组织编写的机电类专业规划教材。该套教材以学生能力培养为主线,体现出实用性、实践性、创新性的教材特色,是一套理论联系实际、教学面向生产的高职教育精品规划教材。

高等职业教育在新的形势下,以社会需求和学生就业为导向,在教学中应根据专业的要求将理论与实践、知识和能力有机地结合起来,实践教学围绕学生岗位需求、企业生产实际和考取专业技术等级证书的技术训练而贯穿教学的全过程。因此,在本教材中合理地调整了实践教学在整个教学过程中的比重,书中理论教学与实践教学穿插进行,将理论与实践结合起来,使学生在做中学,在学中做,边学边做,教、学、做合一,并且按职业资格证的要求对学生进行强化训练,在规定的时间内按规定的标准完成规定的任务。本书就是这样一本着重技术应用,"讲、练、考结合"的教材。

本书突出高等职业技术教育的职业教育和校企结合的特点,为适应教学改革的要求,在编写过程中,注重对内容删繁就简,降低了一些知识点的教学要求,使教材更适合学生的认知水平。书中还注重基本概念、基本理论和基本方法在解决实际工程问题中的应用,以强化学生的生产现场意识培养。本书编写力求做到叙述简明、由浅入深,依托典型任务、安装训练,紧密结合生产及工程实际,还根据企业岗位维修电工中级工的达标要求,强化了技能训练,以便于读者理解和掌握。

本书共4个项目,各项目引言指明学习目标,项目后附有一定数量的思考题和实训题,有助于读者掌握有关技术知识和能力培养。主要内容有常用低压电器、三相异步电动机电气控制线路、常用机床电气控制线路及常见故障的排除、起重机的电气控制、排水设备的电气控制运行与维护。在原来经典内容的基础上增加了部分新型电器的知识和使用案例,在简要介绍变频器工作原理的基础上,增加了变频器在电气控制中的具体应用及相关实训。

本书编写人员及编写分工如下:山东水利职业学院李艳红编写项目1中的任务1.1、1.2、1.3、1.4、1.5、1.6;安徽水利水电职业技术学院蒋永明编写项目1中的任务1.7、1.8、1.9;山东水利职业学院吴广祥编写项目2和项目4中的任务4.7;山东水利职业学院孔艳梅编写项目3中的任务3.1、3.2、3.3、3.4、3.5,福建水利电力职业技术学院朱毅编写项目3中的任务3.6;山东水利职业学院殷镜波、董科分别编写项目4中的任务4.1、4.2和任务4.3、4.4;福建水利电力职业技术学院张炎财、山西水利职业技术学院郑春芳分别编写项目4中的任务4.5和任务4.6;附录由编者共同编写。参与全书部分编写审阅的企业人员有淄博三品电子科技有限公司董事长、高工陈建敏,总工楚好军,山东五征集团有限公司电气高级技师徐万东,中粮集团(山东)有限公司高工孙辉,日照市城市建设投资集团有限公司总工惠杰,日照市天衡工程咨询有限公司工程师高龙华等。

本书由吴广祥、李艳红、孔艳梅担任主编,吴广祥负责全书统稿;由蒋永明、朱毅、郑春芳担任副主编;由黄河水利职业技术学院杜广朝担任主审。

由于本次编写时间仓促,对于本书中存在的缺点和疏漏,恳请广大读者批评指正。

编　者

2017 年 6 月

目　录

项目1　常用低压电器的特性与应用

引言

电力作为一种既清洁又方便的能源，广泛用于社会各工矿企业、农业、国防军工、文教卫生、民用及日常生活设施设备中。电力能源的普遍使用离不开电器及电气设备，因此低压电器的特性和应用成为重要而常规的通用技术。本学习项目就是针对实际各行业生产生活的需要，介绍常用低压电器的基本结构、基本工作原理、主要技术参数、用途、选用原则及使用注意事项，达到掌握对常用电器选择安装调试维护维修的技能。

【任务要点】 学习常用低压电器的基本结构、基本工作原理、主要技术参数、用途、选用原则及使用注意事项；训练接触器、继电器、开关电器、熔断器、主令电器、执行电器等典型产品的基本拆装方法步骤、安装使用技术；掌握常用低压电器在实用电气线路中的选择、安装、检查、调试操作等综合技能。

【实操训练目标】 熟练掌握常用低压电器综合运用的技能，满足生产实际工作中对常用低压电器故障现象原因分析、故障排除和维护维修的要求。

【岗位目标】 通过训练，能满足各行业电气中操作、安装、调试、维护、维修等工作岗位的基本技能要求，达到初级维修电工职业资格所要求的知识水平和动手能力，为典型电气线路的学习和训练及取得高一级维修电工职业资格打下基础，确保能独立有效地完成电气工作岗位的一般性任务。

任务1.1　常用低压电器的基本知识

1.1.1　低压电器的定义

凡是对电能的生产、输送、分配和使用起控制、调节、检测、转换及保护作用的电工器械均可称为电器。用于交流50 Hz、额定电压1 200 V以下，直流额定电压1 500 V以下的电路中，起通断、保护、控制或调节作用的电器称为低压电器。

1.1.2　低压电器的分类

低压电器的品种规格繁多，构造各异，可按用途、动作方式和执行机构进行分类。

1.2.1.1　按用途分类

低压电器按其用途可分为配电电器和控制电器。

(1)配电电器：用于配电系统中，进行电能的输送和分配，如熔断器、刀开关、转换开关、低压断路器等。

(2)控制电器：主要用于自动控制系统和用电设备中，如接触器、继电器、主令电器、变阻器、电磁铁等。

1.1.2.2 按动作方式分类

低压电器按其动作方式可分为自动操作电器和手动操作电器。

(1)自动操作电器:依靠外部信号的作用或本身参数的变化自动完成接通或断开的操作,如接触器、继电器等。

(2)手动操作电器:用手直接进行操作的电器,如按钮、转换开关等。

1.1.2.3 按执行机构分类

低压电器按其执行机构可分为有触点电器和无触点电器。

(1)有触点电器:利用触点(宏观触点)的接通和分断来通断电路,如接触器、低压断路器等。

(2)无触点电器:利用电子(PN结的特性)电路发出检测信号,执行指令,达到控制电路的目的,如接近开关、光电开关、电子式时间继电器等。

近年来,我国低压电器产品发展很快,通过自行设计和从国外著名厂家引进技术,产品品种和质量都有了明显的提高,符合新国家标准、部颁标准和达到国际电工委员会(IEC)标准的产品不断增加。

当前,低压电器继续沿着体积小、重量轻、安全可靠、使用方便的方向发展,主要途径是利用微电子技术提高传统电器的性能;在产品品种方面,大力发展电子化的新型控制电器,如接近开关、光电开关、电子式时间继电器、固态继电器与接触器、漏电继电器、电子式电机保护器和半导体启动器等,以适应控制系统迅速电子化的需要。

本项目主要介绍在机械设备电气控制系统中经常用到的低压电器,着重介绍部分技术先进、符合IEC标准的电气产品,为阅读和理解电气控制线路,以及正确使用及选择这些器件打好基础。

任务1.2 接触器的应用

1.2.1 接触器的用途及分类

接触器是一种通用性很强的电磁式电器,它可以频繁地接通和分断交、直流大电流(大于5 A)电路,并可实现远距离控制,主要用来控制电动机,也可控制电容器、电阻炉和照明器具等电力负载。

接触器按主触点通过电流的种类,可分为交流接触器和直流接触器。交流接触器常用于远距离接通和分断电压至660 V、电流至600 A的交流电路,以及频繁启动和控制交流电动机。直流接触器常用于远距离接通和分断直流电压至440 V、直流电流至1 600 A的直流电路,并用于直流电动机的控制。

按其主触点的极数(主触点的对数)还可分为单极、双极、三极、四极和五极等多种。交流接触器的主触点通常是三极,直流接触器的为双极。接触器的主触点一般置于灭弧罩内,有一种真空接触器则是将主触点置于密闭的真空泡中,具有分断能力高、寿命长、操作频率高、体积小及重量轻等优点。近年来还出现了由晶闸管组成的无触点的接触器。

接触器的文字符号是KM,图形符号如图1-1所示。

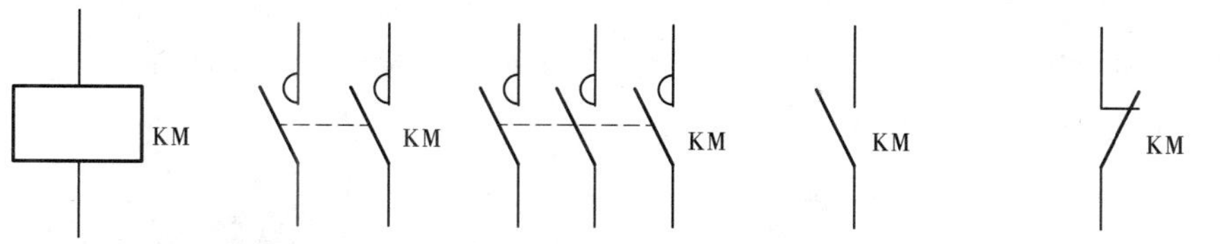

(a)电磁线圈　(b)主触点　(c)常开辅助触点　(d)常闭辅助触点

图 1-1　接触器的图形、文字符号

1.2.2　接触器的工作原理及结构

1.2.2.1　交流接触器

交流接触器主要由电磁机构、触点系统、弹簧和灭弧装置等组成，其工作原理是当线圈中有工作电流通过时，在铁芯中产生磁通，由此产生对衔铁的电磁吸力。电磁吸力克服弹簧力，使得衔铁与铁芯闭合，同时通过传动机构由衔铁带动相应的触点动作。当线圈断电或电压显著降低时，电磁吸力消失或降低，衔铁在弹簧力的作用下返回，并带动触点恢复到原来的状态。

1. 电磁机构

电磁机构的主要作用是将电磁能量转换成机械能量，带动触点动作，完成通断电路的控制作用。电磁机构由铁芯（静铁芯）、衔铁（动铁芯）和线圈等部分组成。根据衔铁的运动方式不同，可以分为转动式和直动式，如图 1-2 所示。

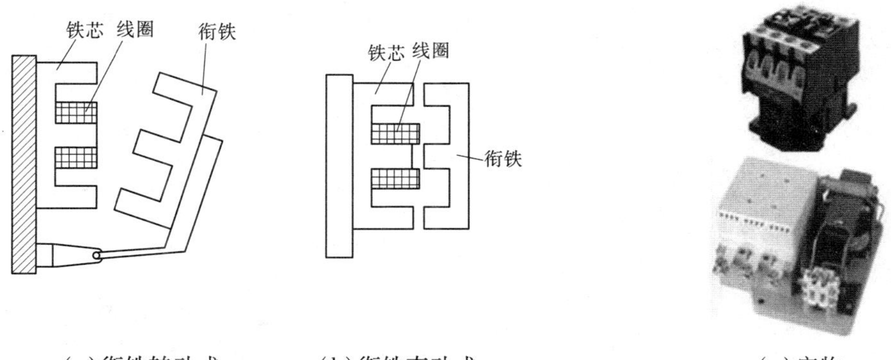

（a）衔铁转动式　（b）衔铁直动式　（c）实物

图 1-2　交流接触器电磁系统结构和实物

交流接触器的铁芯一般都是 E 形直动式电磁结构，如 CJ0、CJ10、CJ15 系列，也有的采用衔铁绕轴转动的拍合式，如 CJ12、CJ12B 系列。为了减少剩磁，保证断电后衔铁可靠地释放，E 形铁芯中柱较短，铁芯闭合后上下中柱间形成 0.1 ~0.2 mm 的气隙。

交流接触器的线圈中通过交流电，产生交变的磁通，并在铁芯中产生磁滞损耗和涡流损耗，使铁芯发热。为了减少交变的磁场在铁芯中产生的磁滞损耗和涡流损耗，交流接触器的铁芯用硅钢片叠压而成；将线圈用绝缘的铜线绕成有骨架的短而粗的形状，线圈与铁芯隔开，便于散热。

交流接触器的线圈中通过交流电，产生交变的磁通，其产生的电磁吸力在最大值和零之间脉动。当电磁吸力大于弹簧反力时衔铁被吸合，当电磁吸力小于弹簧反力时衔铁开始释放，这样便产生振动和噪声。为了消除振动和噪声，在交流接触器的铁芯端面上装入一个铜制的短路环，如图 1-3 所示。

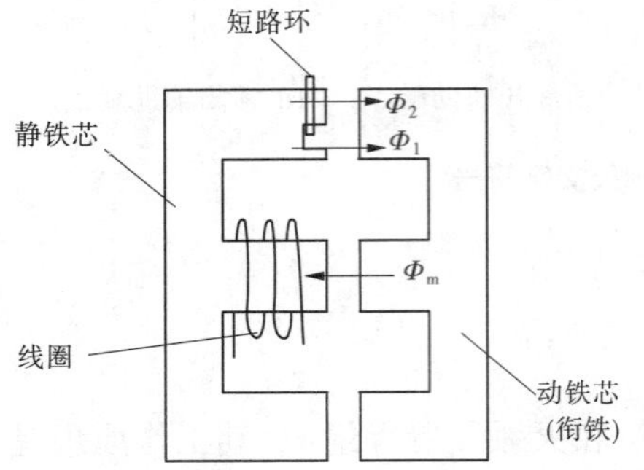

(a)短路环的结构

(b)接触器实物

图 1-3 短路环的结构和接触器实物

在铁芯端面装入短路环后，交变的磁通 Φ_m 经过铁芯端面时被分成两部分 Φ_{1m} 和 Φ_{2m}，且 Φ_{1m} 和 Φ_{2m} 同相位，如图 1-4 所示。Φ_{2m} 经过短路环在其中产生感应电动势 E，E 滞后于 $\Phi_{2m}90°$，E 在短路环中产生感应电流 I，I 在短路环附近产生磁通 Φ，Φ 和 I 同相位，使得穿过短路环的磁通变为 $\Phi_2 = \Phi_{2m} - \Phi$，而未经过短路环的磁通变为 $\Phi_1 = \Phi_{1m} - \Phi$ 。由相量图可见，Φ_2 和 Φ_1 不再同相位，这样就使得 Φ_2 和 Φ_1 分别产生的电磁力 F_2 和 F_1 不会同时为 0，所以总吸力 F 不再为 0。如果短路环设计合理，总吸力 F 将比较平稳，衔铁就不会产生振动和噪声了。

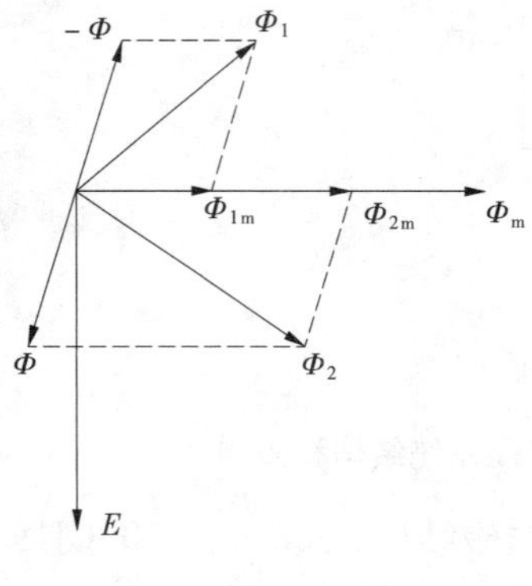

(a)铁芯端面磁通相量图

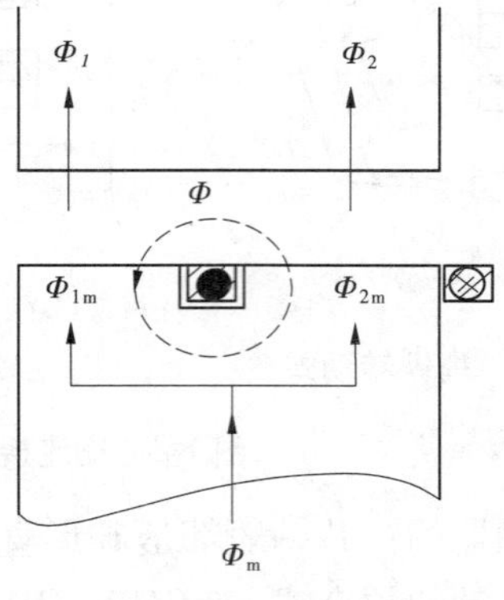

(b)铁芯端面磁通分布

图 1-4 短路环的作用原理

2. 触点系统

交流接触器的触点由主触点和辅助触点构成。主触点用于通断电流较大的主电路，由接触面积较大的常开触点组成，一般有 3 对。辅助触点用于通断电流较小的控制电路，由常开触点和常闭触点组成。常开触点(又叫动合触点)是指电气设备在未通电或未受外力作用时的常态下,触点处于断开状态;常闭触点(又叫动断触点)是指电气设备在未通电或未受外力作用时的常态下,触点处于闭合状态。

触点的结构有桥式和指式两类。交流接触器一般采用双断点桥式触点,如图1-5所示。触点一般采用导电性能良好的紫铜材料制成,因铜的表面容易氧化生成一层不易导电的氧化铜,所以在触点表面嵌有银片,氧化后的银片仍有良好的导电性能。

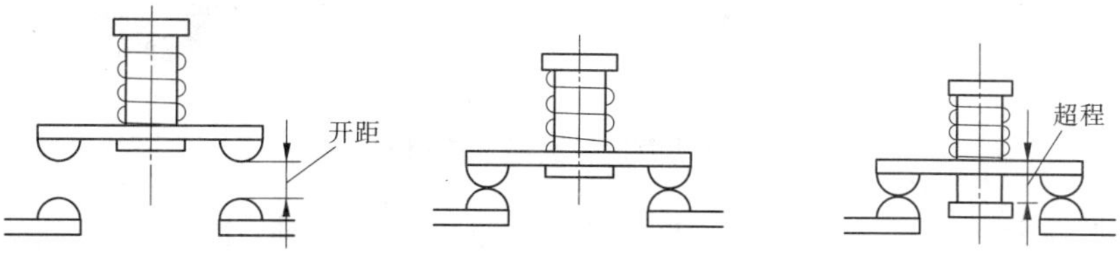

(a)完全分开位置　(b)刚接触位置　(c)完全闭合位置

图1-5　双断点桥式触点

指形触点如图1-6所示。因指形触点在接通与分断时动触点与静触点产生摩擦,可以去掉氧化膜,故其触点可以用紫铜制造,特别适合于触点分合次数多、电流大的场合。

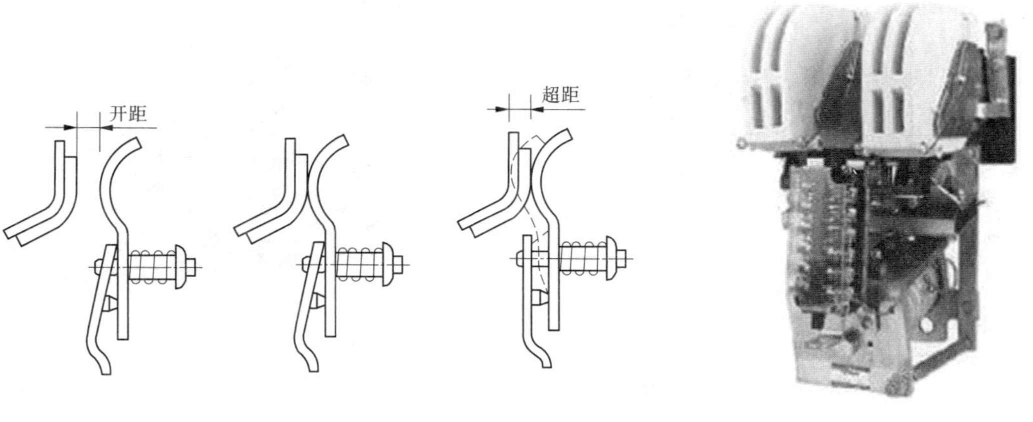

(a)完全分开位置　(b)刚接触位置　(c)完全闭合位置　(d)实物

图1-6　指形触点和直流接触器实物

3. 灭弧系统

触点在分断电流瞬间,在触点间的气隙中会产生电弧。电弧的高温能将触点烧损,并且电路延迟断开,可能造成其他事故,因此应采用适当措施迅速熄灭电弧。

熄灭电弧的主要措施有:①迅速增加电弧长度(拉长电弧),使得单位长度内维持电弧燃烧的电场强度不够而使电弧熄灭;②使电弧与流体介质或固体介质相接触,加强冷却和去游离作用,使电弧加快熄灭。电弧有直流电弧和交流电弧两类,交流电弧有自然过零点,故其电弧较易熄灭。

低压控制电器常用的灭弧方法有以下几种:

(1)拉长灭弧。通过机械装置或电动力的作用将电弧迅速拉长并在电弧电流过零时熄灭,如图1-7所示。这种方法多用于开关电器中。

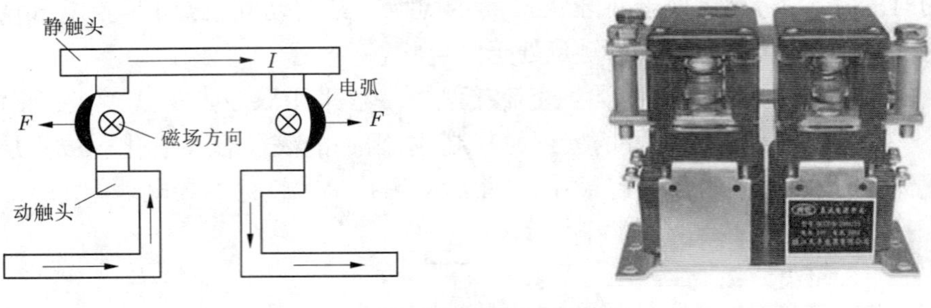

图 1-7　电动力拉长灭弧及使用的接触器

(2)磁吹灭弧。在一个与触点串联的磁吹线圈产生的磁场作用下,电弧受电磁力的作用而拉长,被吹入由固体介质构成的灭弧罩内,与固体介质相接触,电弧被冷却而熄灭,如图 1-8 所示。直流电器中常采用磁吹灭弧。

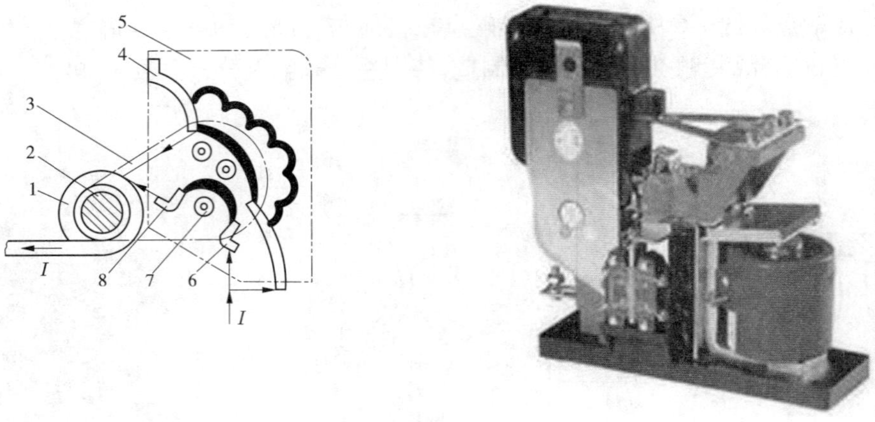

1—磁吹线圈;2—铁芯;3—导磁夹板;4—引弧角;5—灭弧罩;6—动触点;7—磁场方向;8—静触点

图 1-8　磁吹灭弧法及直流接触器上的应用

(3)窄缝(纵缝)灭弧法。在电弧形成的磁场电动力的作用下,可使电弧拉长并进入灭弧罩的窄(纵)缝中,几条纵缝可将电弧分割成数段且与固体介质相接触,电弧便迅速熄灭,这种结构多用于交流接触器上,如图 1-9 所示。

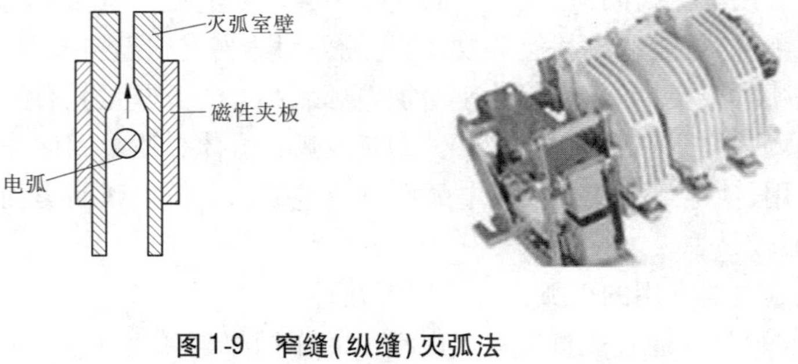

图 1-9　窄缝(纵缝)灭弧法

(4)栅片灭弧法。如图 1-10 所示,当触点分开时,产生的电弧在电动力的作用下被推入一组金属栅片中而被分割成数段,彼此绝缘的金属栅片的每一片都相当于一个电极,因而就有许多个阴阳极压降。对交流电弧来说,近阴极处,在电弧过零时就会熄灭。由于栅片灭弧效果在交流时要比直流时强得多,所以交流电器常常采用栅片灭弧。

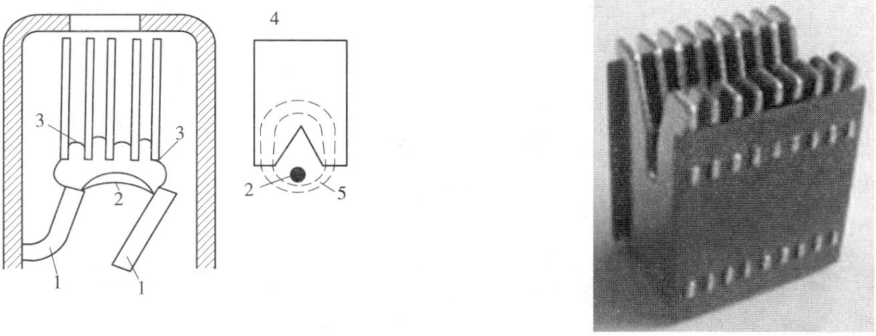

1—主触点;2—电弧;3—电弧进入灭弧栅片;4—灭弧栅片;5—电弧产生的磁场

图 1-10　栅片灭弧法及栅片实物图

小容量的接触器常采用双断点桥式触点和电动力进行灭弧,在主触点上装有陶土灭弧罩。对于容量较大(20 A 以上)的交流接触器,一般采用灭弧栅灭弧。

4. 其他部件

其他部件包括底座、反作用弹簧、缓冲弹簧、触点压力弹簧、传动机构和接线柱。反作用弹簧的作用是,当吸引线圈断电时,迅速使主触点、常开触点分断。缓冲弹簧的作用是,缓冲衔铁吸合时对铁芯和外壳的冲击力。触点压力弹簧的作用是,增加动静触点之间的压力,增大接触面积,降低接触电阻,避免触点由于接触不良而过热。

1.2.2.2　直流接触器

直流接触器主要用于控制直流电压至 440 V、电流至 630 A 的直流电力线路,常用于频繁操作和控制直流电动机。直流接触器的结构和工作原理与交流接触器基本相同,在结构上也是由电磁机构、触点系统和灭弧装置等组成的,但也有不同之处。图 1-11 所示为三种直流接触器。

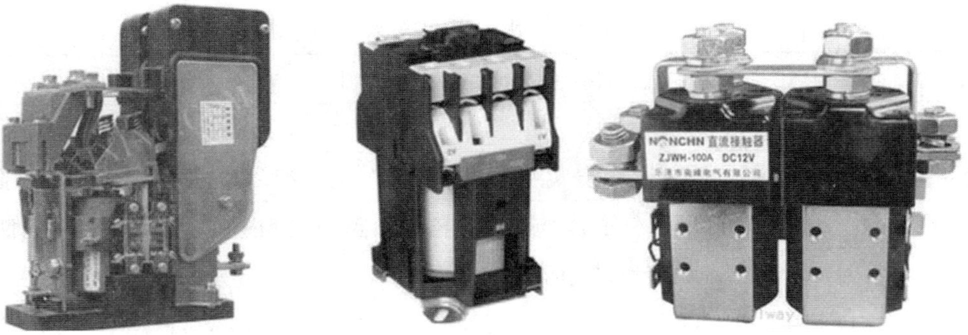

图 1-11　三种直流接触器实物

1. 电磁机构

电磁机构由铁芯、线圈和衔铁组成。线圈中通过的是直流电,产生的是恒定的磁通,不会在铁芯中产生磁滞损耗和涡流损耗,所以铁芯不发热,铁芯可以用整块铸钢或铸铁制成。此外,由于磁通恒定,其产生的吸力在衔铁和铁芯闭合后是恒定不变的,因此在运行时没有振动和噪声,所以在铁芯上不需要安装短路环。在直流接触器运行时,电磁机构中只有线圈产生热量,为了使线圈散热良好,通常将线圈绕制成长而薄的圆筒形,没有骨架,与铁芯直接接触,便于散热。

2. 触点系统

直流接触器的主触点要接通或断开较大的电流,常采用指形触点,一般有单极或双极两种。辅助触点的开断电流较小,常做成双断点桥式触点。

3. 灭弧装置

直流接触器的主触点在分断大的直流电时,会产生直流电弧,较难熄灭,一般采用灭弧能力较强的磁吹式灭弧。

1.2.3 接触器的主要技术参数及型号

1.2.3.1 接触器的主要技术参数

(1)额定电压:指主触点正常工作的额定电压。交流接触器常用的额定电压等级有110 V、127 V、220 V、380 V、660 V,直流接触器常用的额定电压等级有110 V、220 V、440 V、660 V。

(2)额定电流:指主触点的额定电流。交、直流接触器常用的额定电流的等级有10 A、20 A、40 A、60 A、100 A、150 A、250 A、400 A、600 A。

(3)线圈的额定电压:接触器吸引线圈的正常工作电压值。交流线圈常用的电压等级为36 V、110 V、127 V、220 V、380 V,直流线圈常用的电压等级为24 V、48 V、110 V、220 V、440 V。选用时交流负载选用交流接触器,直流负载选用直流接触器,但交流负载频繁动作时可采用直流线圈的交流接触器。

(4)主触点的接通和分断能力:主触点在规定的条件下能可靠地接通和分断的电流值。在此电流值下,接通时主触点不发生熔焊,分断时不应产生长时间的燃弧。

接触器的使用类别不同,对主触点的接通和分断能力的要求也不同。常见接触器的使用类别、典型用途及主触点要求达到的接通和分断能力如表1-1所示。

表1-1 常见接触器的使用类别、典型用途及主触点要求达到的接通和分断能力

电流种类	使用类别	主触点的接通和分断能力	典型用途
交流(AC)	AC1	允许接通和分断额定电流	无感或微感负载、电阻炉
	AC2	允许接通和分断4倍额定电流	绕线转子电动机的启动和制动
	AC3	允许接通6倍额定电流和分断额定电流	笼型感应电动机的启动和分断
	AC4	允许接通和分断6倍额定电流	笼型感应电动机的启动、反转、反接制动
直流(DC)	DC1	允许接通和分断额定电流	无感或微感负载、电阻炉
	DC3	允许接通和分断4倍额定电流	并励电动机的启动、反转、反接制动
	DC5	允许接通和分断4倍额定电流	串励电动机的启动、反转、反接制动

(5)额定操作频率:接触器在每小时内的最高操作次数。交、直流接触器的额定操作

频率为1 200次/h或600次/h。

(6)机械寿命:接触器所能承受的无载操作的次数。

(7)电寿命:在规定的正常工作条件下,接触器带负载操作的次数。

1.2.3.2 交流接触器的主要型号

国产交流接触器的型号含义如下:

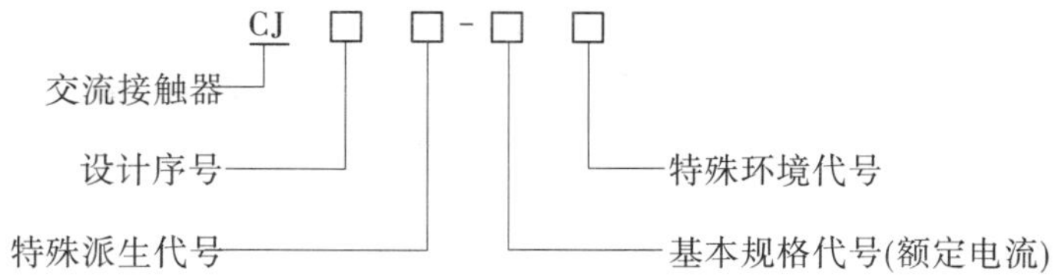

交流接触器的品种和规格很多,常用的有CJ10、CJ20、B、3TB、LC1-D、CJ40等系列。CJ10系列用于控制一般的电动机,CJ20系列是我国生产的更新换代产品,B系列是引进德国BBC公司的产品,3TB系列是从德国西门子公司引进技术生产的产品,LC1-D系列是引进法国TE公司制造技术而生产的产品。

1. CJ10系列交流接触器

CJ10系列交流接触器如图1-12所示。其适用于交流50 Hz、电压至380 V、电流至150 A的电力线路,用于远距离接通与分断线路,适于频繁启动与控制交流电动机,并与适当的热继电器或电子式保护装置组合成电动机启动器,以保护可能发生的过载电路。其吸引线圈的额定电压,交流为36 V、127 V、220 V、380 V,直流为110 V、220 V。吸引线圈在85%~105%额定电压时可以正常工作,在线圈电流切断后,常开触点应完全开启,而不停留在中间位置。接触器主触点的接通能力与分断能力:在105%额定电压下,功率因数为0.35时能承受接通与分断10倍额定电流20次,每次间隔5 s,通电时间0.2 s。接触器的操作频率为600次/h,电寿命可达60万次,机械寿命为300万次。CJ10系列交流接触器为直动式,主触点采用双断点桥式触点,20 A以上的接触器均装有灭弧装置。电磁系统为双E形铁芯磁轭,两边铁柱端面嵌有短路环,衔铁中柱较短,闭合后留有空气间隙,以削弱剩磁的作用。其主要技术参数如表1-2所示。

图1-12 CJ10系列交流接触器

表 1-2　CJ10 系列交流接触器的主要技术参数

<table>
<tr><th rowspan="2">型号</th><th colspan="3">主触点</th><th colspan="2">辅助触点</th><th colspan="2">可控制三相异步电动机的功率(kW)</th><th rowspan="2">额定操作频率(次/h)</th></tr>
<tr><th>极数</th><th>额定电压(V)</th><th>额定电流(A)</th><th>触点组合</th><th>额定电流(A)</th><th>220 V</th><th>380 V</th></tr>
<tr><td>CJ10－10</td><td rowspan="6">3</td><td rowspan="6">380</td><td>10</td><td rowspan="6">2 对常开触点、2 对常闭触点</td><td rowspan="6">5</td><td>2.2</td><td>4</td><td rowspan="6">600</td></tr>
<tr><td>CJ10－20</td><td>20</td><td>5.5</td><td>10</td></tr>
<tr><td>CJ10－40</td><td>40</td><td>11</td><td>20</td></tr>
<tr><td>CJ10－60</td><td>60</td><td>17</td><td>30</td></tr>
<tr><td>CJ10－100</td><td>100</td><td>30</td><td>50</td></tr>
<tr><td>CJ10－150</td><td>150</td><td>43</td><td>75</td></tr>
</table>

2. CJ20 系列交流接触器

CJ20 系列交流接触器如图 1-13 所示。其适用于交流 50 Hz、电压至 660 V、电流至 630 A 的电力线路，用于远距离接通与分断线路，适于频繁启动与控制交流电动机，并与热继电器或电子式保护装置组成电磁启动器，以保护电路。CJ20 系列交流接触器为直动式，主触点采用双断点桥式触点，U 形铁芯。辅助触点采用通用的辅助触点，根据需要可制成不同组合以适应不同需要。辅助触点的组合有 2 常开、2 常闭，4 常开、2 常闭，也可根据需要交换成 3 常开、3 常闭或 2 常开、4 常闭。CJ20 系列交流接触器的结构优点是体积小，重量轻，易于维护。CJ20 系列交流接触器的主要技术参数如表 1-3 所示。

图 1-13　CJ20 系列交流接触器

3. CDC10 系列交流接触器

CDC10 系列交流接触器如图 1-14 所示。其是德力西集团有限公司在原 CJ10 系列交流接触器的基础上自行改进设计的专利产品。接触器的外形和安装尺寸与原 CJ10 系列完全相同，但对产品的触点和灭弧系统进行了较大的改进，使接触器的最高额定工作电压从 380 V 提高到 660 V；把陶土灭弧罩改为 DMC 塑料的灭弧罩，并加灭弧栅片，消除了陶土灭弧罩容易破损的弊端。同时，改进了触点结构设计，从而达到提高灭弧性能、延长触点寿命、缩小飞弧距离、减轻产品质量的效果。

表 1-3　CJ20 系列交流接触器的主要技术参数

型号	主触点			辅助触点		可控制 380 V 三相异步电动机的功率(kW)	额定操作频率(次/h)
	极数	额定电压(V)	额定电流(A)	触点组合	额定电流(A)		
CJ20－10	3 极	380	10	2 常开触点、2 常闭触点	10	2.2	1 200
CJ20－25			25			11	1 200
CJ20－40			40			22	1 200
CJ20－63			63			30	1 200
CJ20－100			100			50	1 200
CJ20－160			160	4 常开触点、2 常闭触点 3 常开触点、3 常闭触点 2 常开触点、4 常闭触点	16	85	1 200
CJ20－400			400			200	600
CJ20－630			630			300	600

图 1-14　CDC10 系列交流接触器

产品的型号及含义如下：

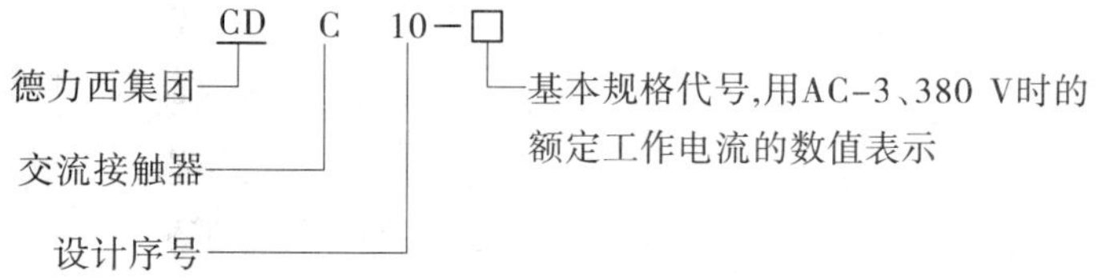

CDC10 系列交流接触器主要用于交流 50 Hz,额定工作电压最高至 660 V,AC－3 使用类别下,额定工作电压为 380 V 时的额定工作电流至 150 A、660 V 时的额定工作电流至 100 A 的电力系统中,用于接通和断开电路或控制交流电动机的运转。

CDC10 系列交流接触器的 40 A 及以下规格为直动式、双断点立体布局,上层为触点系统,下层为电磁系统,辅助触点位于两侧;60 A 及以上规格为转动式,双断点平面布局,左边是触点系统,右边是电磁系统,辅助触点位于电磁系统的下部。其主要技术参数如表 1-4 所示。

表 1-4　CDC10 系列交流接触器的主要技术参数

<table>
<tr><th rowspan="2">型号</th><th colspan="3">主触点</th><th colspan="2">辅助触点</th><th colspan="2">可控制三相异步电动机的功率(kW)</th><th rowspan="2">额定操作频率(次/h)</th></tr>
<tr><th>极数</th><th>额定电压(V)</th><th>额定电流(A)</th><th>触点组合</th><th>额定电流(A)</th><th>220 V</th><th>380 V</th></tr>
<tr><td>CDC10－10</td><td rowspan="6">3</td><td rowspan="6">380</td><td>10</td><td rowspan="6">2 对常开触点、2 对常闭触点</td><td rowspan="6">5</td><td>2.2</td><td>4</td><td rowspan="6">1 200</td></tr>
<tr><td>CDC10－20</td><td>20</td><td>5.5</td><td>10</td></tr>
<tr><td>CDC10－40</td><td>40</td><td>11</td><td>20</td></tr>
<tr><td>CDC10－60</td><td>60</td><td>17</td><td>30</td></tr>
<tr><td>CDC10－100</td><td>100</td><td>28</td><td>50</td></tr>
<tr><td>CDC10－150</td><td>150</td><td>43</td><td>75</td></tr>
</table>

CDC10 系列交流接触器在各接线处印有明确的接线端子数字标志,含义如下:

线圈:进线端,A1;出线端,A2。

主电路的三相:进线端,1、3、5(L1、L2、L3);出线端,2、4、6(T1、T2、T3)。

常开辅助触点:进线端,23、43;出线端,24、44。

常闭辅助触点:进线端,11、31;出线端,12、32。

1.2.3.3　直流接触器的主要型号

常用直流接触器的主要型号有 CZ0 系列和 CZ18 系列。直流接触器的型号含义如下:

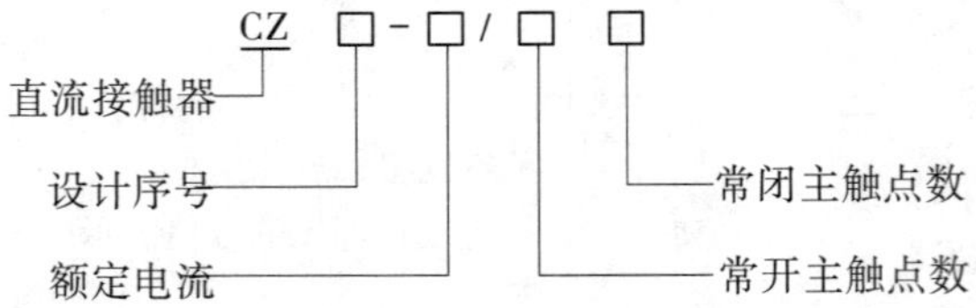

1. CZ0 系列直流接触器

CZ0 系列直流接触器如图 1-15 所示。其适用于直流电压 440 V 以下、电流 600 A 及以下电路,用于远距离接通和分断直流电力线路,及频繁启动、停止直流电动机和控制直流电动机的换向及反接制动。其主触点的额定电流有 40 A、100 A、150 A、250 A、400 A、600 A。主触点的灭弧装置由串联磁吹线圈和横隔板陶土灭弧罩组成。

2. CZ18 系列直流接触器

CZ18 系列直流接触器适用于直流电压 440 V 以下、电流 1 600 A 及以下电路,用于远距离接通和分断直流电力线路及频繁启动、停止直流电动机和控制直流电动机的换向及反接制动。其主触点的额定电流有 40 A、80 A、160 A、315 A、630 A、1 000 A。

图 1-15　CZ0 系列直流接触器

1.2.4　接触器的选择

接触器的选用主要依据以下几个方面：

(1)选择接触器的类型。根据负载电流的种类来选择接触器的类型。交流负载选择交流接触器,直流负载选用直流接触器。

(2)选择主触点的额定电压。主触点的额定电压应大于或等于负载的额定电压。

(3)选择主触点的额定电流。主触点的额定电流应不小于负载电路的额定电流,如果用来控制电动机的频繁启动、正反转或反接制动,应将接触器的主触点的额定电流降低一个等级使用。在低压电气控制系统中,380 V 的三相异步电动机是主要的控制对象,如果已知电动机的额定功率为 1 kW,则控制该电动机的接触器的额定电流大约是 2 A。

(4)选择接触器吸引线圈的电压。交流接触器线圈额定电压一般直接选用 380/220 V,直流接触器可选线圈的额定电压和直流控制回路的电压一致。直流接触器的线圈加直流电压,交流接触器的线圈一般加交流电压。如果将加直流电压的线圈加上交流电压,则因线圈阻抗太大,电流太小,接触器往往不吸合;如果将加交流电压的线圈加上直流电压,则因电阻太小,电流太大,会烧坏线圈。

(5)根据使用类别选用相应产品系列。如生产中大量使用小容量笼型感应电动机,负载为一般任务,则选用 AC－3 类;控制机床电动机启动、反转、反接制动的接触器,负载任务较重,则选用 AC－4 类。

1.2.5　接触器的运行维护

1.2.5.1　安装注意事项

接触器在安装使用前应将铁芯端面的防锈油擦净。接触器一般应垂直安装于立面上,倾斜度不超过 5°;安装孔的螺栓应装有垫圈,并紧固螺栓防止松脱或振动;避免异物落入接触器内。

1.2.5.2　日常维护

(1)定期检查接触器的零部件,要求可动部分灵活,紧固件无松动;已损坏的零件应及时修理或更换。

(2)保持触点表面的清洁,不允许粘有油污,当触点表面因电弧烧蚀而附有金属小颗粒时,应及时修磨。银和银合金触点表面因电弧作用而生成黑色氧化膜时,不必锉去,因为这种氧化膜的导电性很好,锉去反而缩短了触点的使用寿命。触点的厚度减小到原厚度的 1/4 时，应更换触点。

(3)接触器不允许在去掉灭弧罩的情况下使用，因为这样在触点接通或分断时很可能造成相间飞弧短路事故。陶土制成的灭弧罩易碎，避免因碰撞而损坏。要及时清除灭弧室内的碳化物。

(4)定期检查接触器铁芯端面是否有污物，若有则应及时清除，否则会造成接触器铁芯发热、噪声增加或发生振动。

(5)定期检查接触器主触点压线端子，观察有无过热变色、松动现象，若有则应及时处理或停电修理。

任务 1.3　继电器的种类和应用

继电器是一种根据电信号或非电信号的变化来接通或断开小电流(一般小于 5 A)控制电路的自动控制电器。继电器的输入量(如电流、电压、时间、温度、速度、压力等)变化到某一定值时继电器动作，其触点便接通或断开控制回路。由于继电器的触点用于控制电路中，通断的电流小，所以继电器的触点结构简单，不安装灭弧装置。

继电器的种类很多，用途广泛，按输入信号不同可以分为电流继电器、电压继电器、时间继电器、热继电器以及温度、压力、速度、液位继电器等；按工作原理可以分为电磁式继电器、感应式继电器、电动式继电器、电子式继电器等；按输出形式可分为有触点和无触点两类。下面介绍经常使用的几种继电器。

1.3.1　电磁式继电器

电磁式继电器的结构及实物如图 1-16 所示。

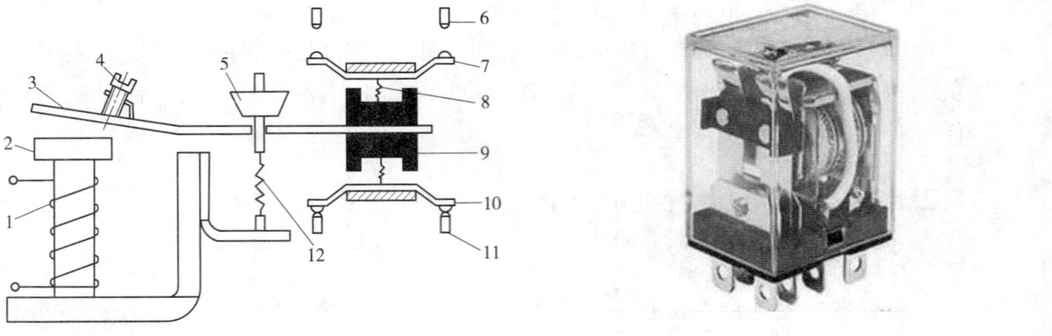

(a)结构　　(b)实物

1—线圈；2—铁芯；3—衔铁；4—止动螺钉；5—反作用调节螺母；6、11—静触点；7、10—动触点；7、6—常开触点；8—触点弹簧；9—绝缘支架；10、11—常闭触点；12—反作用弹簧

图 1-16　电磁式继电器结构及实物

电磁式继电器的主要结构有电磁机构和触点系统。继电器的工作原理和接触器相似。不同之处在于，继电器可以通过反作用调节螺母 5 来调节反作用力的大小，从而调节继电器的动作值的大小。电磁式继电器是对电压信号、电流信号的变化做出反应，其触点

用于切换小电流的控制电路。而接触器是其吸引线圈的电压信号达到一定值时，触点动作，主触点用于通断大电流的主电路，主触点上装有灭弧装置，辅助触点用于通断小电流的控制电路。

1.3.1.1　电磁式电流继电器

电流继电器的文字符号是KI，图形符号和实物如图1-17所示。

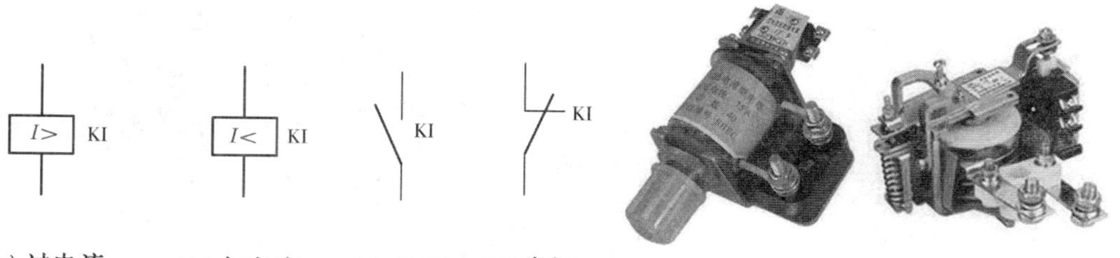

(a) 过电流继电器线圈　(b) 欠电流继电器线圈　(c) 常开触点　(d) 常闭触点　(e) 实物

图1-17　电流继电器的图形符号和实物

电流继电器的输入信号是电流，电流继电器的线圈串联在被测量的电路中，以反映电路电流的变化。电流继电器的线圈匝数少，导线粗，线圈阻抗小。电流继电器又分为过电流继电器和欠电流继电器两种。

1. 过电流继电器

正常工作时，线圈中通过正常的负荷电流，继电器不动作，即衔铁不吸合。当通过线圈的电流超过正常的负荷电流，达到某一整定值时，继电器动作，衔铁吸合，同时带动触点动作，常开触点闭合，常闭触点断开。在电力系统中常用过电流继电器构成过电流或短路保护。在控制线路中用过电流继电器构成过电流或过载保护。

使过电流继电器动作的最小电流称为继电器的动作电流，用I_{op}表示。

继电器动作以后，当流入线圈中的电流逐渐减小到某一电流值时，继电器因电磁力小于弹簧力而返回到原始位置的最大电流称为返回电流I_{re}。

电流继电器的返回电流I_{re}和动作电流I_{op}之比称为返回系数K_{re}，即$K_{re}=I_{re}/I_{op}$。显然，过电流继电器的返回系数小于1，继电器质量越好，返回系数的值越高。

2. 欠电流继电器

正常工作时，线圈中通过正常的负荷电流，衔铁吸合，其常开触点闭合、常闭触点断开。当通过线圈的电流降低到某一电流值时，衔铁动作（释放），同时带动触点动作，常开触点断开，常闭触点闭合。欠电流继电器常用于直流回路的断线保护，如直流电动机的励磁回路断线将会造成直流电动机飞车的严重后果。在现有产品中只有直流欠电流继电器，而没有交流欠电流继电器。

使欠电流继电器动作（衔铁释放）的最大电流称为继电器的动作电流，用I_{op}表示。继电器动作（衔铁释放）以后，当流入线圈中的电流上升到某一电流值时，继电器返回到衔铁吸合状态的最小电流称为返回电流I_{re}，欠电流继电器的返回系数大于1。

在电气控制系统中，用得较多的电流继电器有JL14、JL15、JT3、JT9、JT10等型号，主要根据主电路的电流种类和额定电流来选择。

1.3.1.2 电压继电器

电压继电器的输入信号是电压,电压继电器的线圈并联在被测量的电路中,以反映电路电压的变化。电压继电器的线圈匝数多、导线细、线圈阻抗大。电压继电器分为过电压继电器和欠电压继电器两种。电压继电器的文字符号是 KV,图形符号和实物如图 1-18 所示。

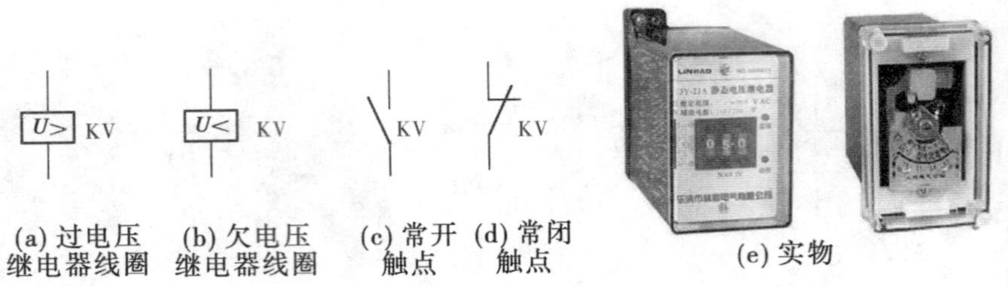

图 1-18 电压继电器的图形符号和实物

1. 过电压继电器

正常工作时,线圈的电压为额定电压,继电器不动作,即衔铁不吸合。当线圈的电压高于额定电压,达到某一整定值时,继电器动作,衔铁吸合,同时带动触点动作,常开触点闭合,常闭触点断开。直流电路一般不会产生过电压,所以在现有产品中只有交流过电压继电器,用于过电压保护。其动作电压、返回电压和返回系数的概念和过电流继电器的相似。过电压继电器的返回系数小于 1。

2. 欠电压继电器

在额定参数时,欠电压继电器的衔铁处于吸合状态,当其吸引线圈的电压降低到某一整定值时,欠电压继电器动作(衔铁释放),当线圈的电压上升后,欠电压继电器返回到衔铁吸合状态。其动作电压、返回电压和返回系数的概念和欠电流继电器的相似。欠电压继电器的返回系数大于 1。欠电压继电器常用于电力线路的欠电压和失电压保护。电气控制系统中常用的有 JT3、JT4 型,主要根据电源种类和额定电压来选择。

1.3.1.3 中间继电器

前面所讲述的接触器的辅助触点、电压继电器的触点、电流继电器的触点个数为 1 ~ 2 个,触点数少、容量小,当控制线路需要多个触点时,触点的数量不足,不能完成相应的控制,那么必须有一个电器来实现由少触点到多个触点的转换,这个电器就是中间继电器。

中间继电器触点数量多,触点容量大,在控制电路中起增加触点数量和放大触点电流的作用,有的中间继电器还有短延时功能。其线圈为电压线圈,要求当线圈电压为 0 时衔铁能可靠释放,对动作参数无要求。中间继电器没有弹簧调节装置。中间继电器的文字符号是 KA,图形符号和实物如图 1-19 所示。

常用的中间继电器有 JZ7、JZ8、JZ11、JZ14、JZ15 系列,主要依据被控电路的电压等级,触点的数量、种类来选用。如 JZ7 系列中间继电器触点共有 8 对,可以组成 4 对常开、4 对常闭,6 对常开、2 对常闭或 8 对常开。新型中间继电器触点闭合过程中,动、静触点间有一段滑擦、滚压过程,可以有效地清除触点表面的各种生成膜及尘埃,从而减小了接

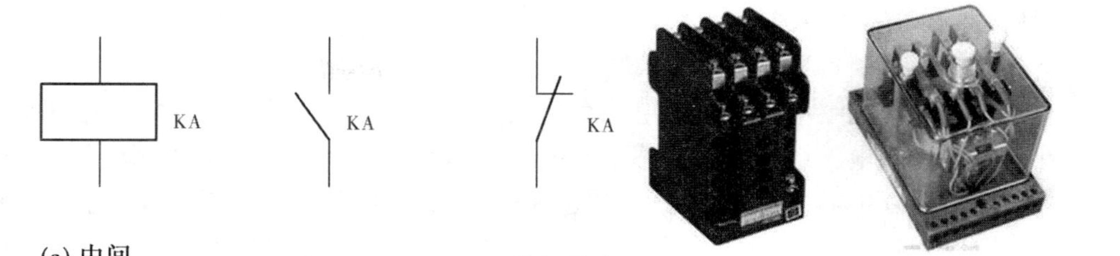

(a) 中间继电器的线圈　(b) 常开触点　(c) 常闭触点　(d) 实物

图 1-19　中间继电器的图形符号和实物

触电阻,提高了接触可靠性,有的还装了防尘罩。

产品型号含义如下:

JL 14 - □ □ □ □
- 电流继电器 — JL
- 设计序号 — 14
- 常开触点数量
- 常闭触点数量
- Z—直流;J—交流
- S—手动复位;Q—欠电流;G—高返回系数

JT 14 - □ □ □
- 通用继电器[⊖] — JT
- 设计序号 — 14
- 常开触点数量
- 常闭触点数量
- P—零电压;L—过电流;S—手动复位;A—过电压

JZ 14 - □ □ □
- 中间继电器 — JZ
- 设计序号 — 14
- 常开触点数量
- 常闭触点数量
- J—交流;Z—直流

1.3.2　时间继电器

从得到输入信号(线圈通电或断电)开始,经过一定的延时后才输出信号(触点闭合或断开)的继电器,称为时间继电器。时间继电器的文字符号为 KT,图形符号如图 1-20 所示。时间继电器有电磁式、空气阻尼式、电动式、电子式等多种。

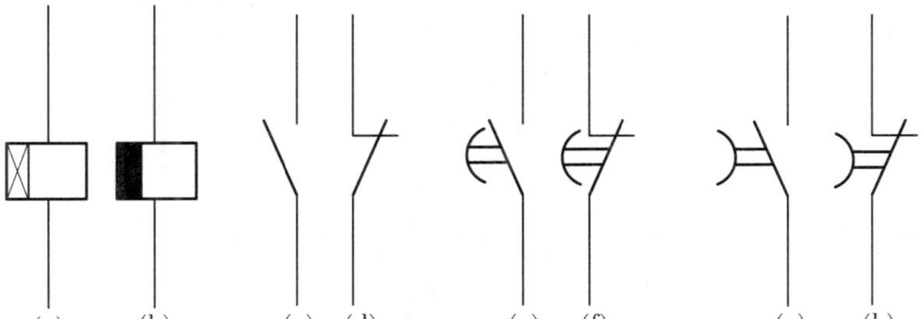

(a)　(b)　(c)　(d)　(e)　(f)　(g)　(h)

(a)通电吸合继电器的线圈;(b)断电释放继电器的线圈;(c)瞬动常开触点;(d)瞬动常闭触点;
(e)延时闭合常开触点;(f)延时断开常闭触点;(g)延时断开常开触点;(h)延时闭合常闭触点

图 1-20　时间继电器的图形符号

⊖通用继电器是指在其电磁系统上装上不同的线圈或阻尼线圈就可制成电流继电器、电压继电器或时间继电器。

1.3.2.1　直流电磁式时间继电器

1. 电磁式时间继电器的工作原理

直流电磁式时间继电器是利用电磁系统在电磁线圈断电后磁通延缓变化的原理工作的。在直流电磁式电压继电器的铁芯上增加一个铜制或铝制的阻尼套管，就可构成时间继电器。当线圈断电后，通过铁芯的磁通迅速减小，由于电磁感应，在阻尼套管中产生感应电流，感应电流产生的磁场总是阻碍原磁场的减弱，使衔铁释放推迟 0.3～5.5 s。当通电时，直流电磁式时间继电器吸合，由于衔铁处于释放位置，气隙大、磁阻大、磁通小，阻尼套管的阻尼作用相对较小，因此铁芯吸合时的延时可以忽略不计。

2. 电磁式时间继电器的特点

电磁式时间继电器的特点是，结构简单，价格低廉，延时较短(0.3～5.5 s)，只能用于直流断电延时，延时精度不高，体积大。常用的有 JT3、JT18 系列。

3. 电磁式时间继电器改变延时的方法

改变电磁式时间继电器延时长短的方法有两种：一种是粗调，改变安装在衔铁上的非磁性垫片的厚度，垫片厚时延时短，垫片薄时延时长；另一种是细调，调整反力弹簧的反力大小，弹簧紧则延时短，弹簧松则延时长。

1.3.2.2　空气阻尼式时间继电器

1. 空气阻尼式时间继电器的工作原理

空气阻尼式时间继电器是利用空气的阻尼作用而达到延时目的的。其外形和结构如图 1-21 所示，JS7－A 系列空气阻尼式时间继电器由电磁系统、触点系统（由两个微动开关构成，包括两对瞬时触点和两对延时触点）、空气室及传动机构等部分组成。

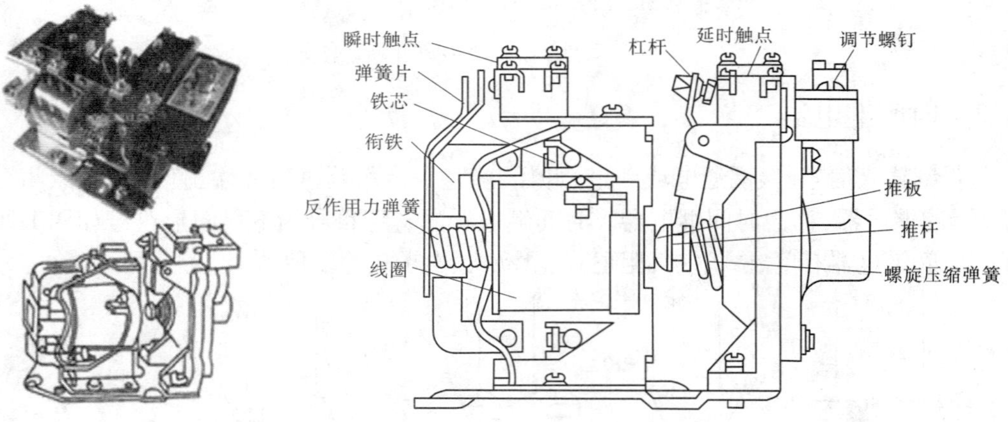

(a)外形图　　(b)结构图

图 1-21　JS7－A 系列空气阻尼式时间继电器的外形和结构

JS7－A 系列空气阻尼式时间继电器的工作原理用图 1-22 来说明。图 1-22(a)为通电延时型时间继电器，当线圈 1 通电后，衔铁 3 吸合，微动开关 16 受压，其触点瞬时动作，活塞杆 6 在弹簧 8 的作用下带动活塞 12 及橡皮膜 10 向上移动，这时橡皮膜下面空气稀薄，与橡皮膜上面的空气形成压力差，对活塞的向上移动产生阻尼作用，因此活塞杆 6 只能缓慢地向上移动，其移动速度取决于进气孔 14 的大小，可通过调节螺钉 13 进行调整。经过一段延时后，活塞杆 6 才能移动到最上端。这时通过杠杆 7 压动微动开关 15，使延时触点动作，常开触点闭合，常闭触点断开。当线圈 1 断电后，电磁力消失，衔铁 3 在复位弹簧 4 的作用下释放，并通过活塞杆 6 将活塞 12 推向下端，这时橡皮膜 10 下方空气室内的空气通过橡皮膜 10、弱弹簧 9 和活塞 12 的肩部，迅速地从橡皮膜上方的空气室缝隙中排掉，微动开关 15、16 能迅速复位，无延时。

断电延时型时间继电器的结构与通电延时型的类似，只是电磁铁安装方向不同，即当衔铁吸合时，推动活塞复位，排出空气；当衔铁释放时，活塞杆在弹簧作用下使活塞向下移动，实现断电延时，如图 1-22(b)所示。

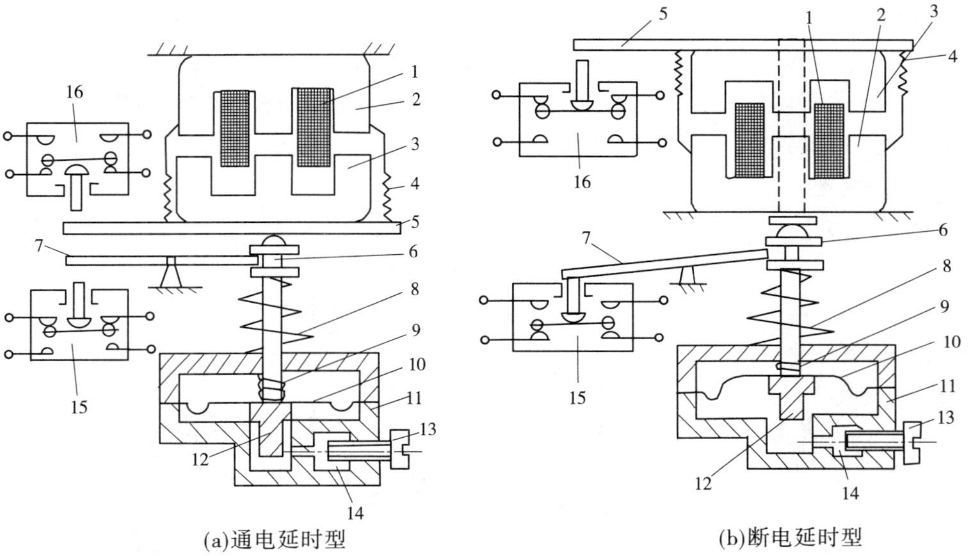

1—线圈；2—铁芯；3—衔铁；4—复位弹簧；5—推板；6—活塞杆；7—杠杆；8—塔形弹簧；9—弱弹簧；10—橡皮膜；11—空气室壁；12—活塞；13—调节螺钉；14—进气孔；15、16—微动开关

图 1-22 JS7 - A 系列空气阻尼式时间继电器的工作原理

2. 空气阻尼式时间继电器的特点

空气阻尼式时间继电器的特点是，结构简单，价格较低，延时范围较大(0.4 ~ 180 s)，不受电源电压及频率波动的影响，有通电延时型和断电延时型两种，但延时误差较大，一般用于延时精度不高的场合。常用的有 JS7 - A、JS23 等系列。

3. 空气阻尼式时间继电器改变延时的方法

通过调整进气孔的大小来调整延时。

1.3.2.3 电动式时间继电器

1. 电动式时间继电器的工作原理

电动式时间继电器是由微型同步电动机拖动减速机构，经机械机构获得触点延时动作的时间继电器。电动式时间继电器由微型同步电动机、电磁离合器、减速齿轮、触点系统、脱扣机构和延时调整机构等组成。电动式时间继电器有通电延时型和断电延时型两种。

2. 电动式时间继电器的特点

电动式时间继电器的特点是，延时精度高，不受电源电压波动和环境温度变化的影响，延时误差小；延时范围大(几秒到几十个小时)，延时时间有指针指示；其缺点是，结构复杂，价格高，不适于频繁操作，寿命短，延时误差受电源频率的影响。常用的有 JS11、JS17 系列和引进德国西门子公司制造技术生产的 7PR 系列等。

3. 电动式时间继电器调整延时的方法

延时的长短可通过改变整定装置中定位指针的位置实现，但定位指针的调整对于通电延时型时间继电器应在电磁离合器线圈断电的情况下进行，对于断电延时型时间继电器应在电磁离合器线圈通电的情况下进行。

1.3.2.4 电子式时间继电器

1. 电子式时间继电器的工作原理

常用的电子式时间继电器是阻容式时间继电器。阻容式时间继电器利用电容对电压变化的阻尼作用实现延时。图 1-23 所示为 JS20 系列场效应管做成的通电延时型时间继电器实物及原理电路。

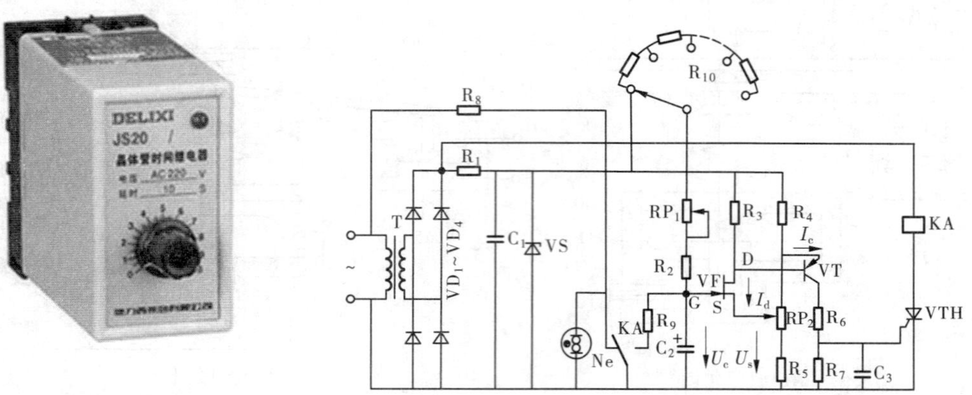

(a)实物　　　　(b)原理电路

图 1-23　JS20 系列场效应管做成的通电延时型时间继电器实物及原理电路

电子式时间继电器由稳压电源、RC 充放电电路、电压鉴别电路、输出电路和指示电路构成。接通电源，经整流滤波和稳压后的直流电压经波段开关上的电阻 R_{10}、RP_1、R_2 向电容 C_2 充电。当电容器 C_2 的电压上升到 $|U_c - U_s| < |U_p|$ 时，VF 导通，D 点电位下降，VT 导通，晶闸管 VTH 被触发导通，继电器 KA 线圈通电动作，输出延时时间信号。从时间继电器通电给电容 C_2 充电，到 KA 动作的这段时间为延时时间。KA 动作后，其常开触点闭合，C_2 经 R_9 放电，VF、VT 相继截止，为下次动作做准备。同时，KA 的常闭触点断开，Ne 氖泡起辉。VF、VT 相继截止后，晶闸管 VTH 仍保持接通，KA 线圈保持通电状态，只有切断电源，继电器 KA 才断电释放。

近期开发的电子式时间继电器产品多为数字式，又称计数式，其结构是由脉冲发生器、计数器、数字显示器、放大器及执行机构组成的，具有延时时间长、调节方便、精度高的优点，有的还带有数字显示，应用很广。

2. 电子式时间继电器的特点

电子式时间继电器的特点为，延时时间较长（几分钟到几十分钟），延时精度比空气阻尼式的好，体积小、机械结构简单、调节方便、寿命长、可靠性强，但延时受电压波动和环境温度变化的影响，抗干扰性差。常用的产品有 JS13、JS14、JS15、JS20 和 ST3P 系列。

JS20 系列有通电延时型、断电延时型，以及带有瞬动触点的通电延时型。ST3P 系列超级时间继电器是引进日本富士机电公司同类产品进行技术改进的新产品，其内部装有时间继电器专用的大规模集成电路，使用了高质量薄膜电容器和金属陶瓷可变电阻器，采用了高精度振荡回路和分频回路，它具有体积小、重量轻、精度高、延时范围宽、性能好、寿命长等优点，广泛应用于自动化控制回路中。

3. 电子式时间继电器调整延时的方法

调节单极多位开关，改变 R_{10}的值，就可以改变延时时间的长短。

4. ST3P 系列时间继电器产品介绍

ST3P 系列时间继电器适用于交流 50 Hz、工作电压 380 V 及以下或直流工作电压 24 V 的控制电路中作延时元件，按预定的时间接通或分断电路。它通过电位器来设定延时，机械寿命达到 10^6次，电气寿命为 10^5次。ST3P 系列时间继电器有通电延时型等、断电延时型等多种规格，延时范围广。交流额定电压有 24 V、110 V、220 V 几种。ST3P 系列时间继电器的接线如图 1-24 所示。

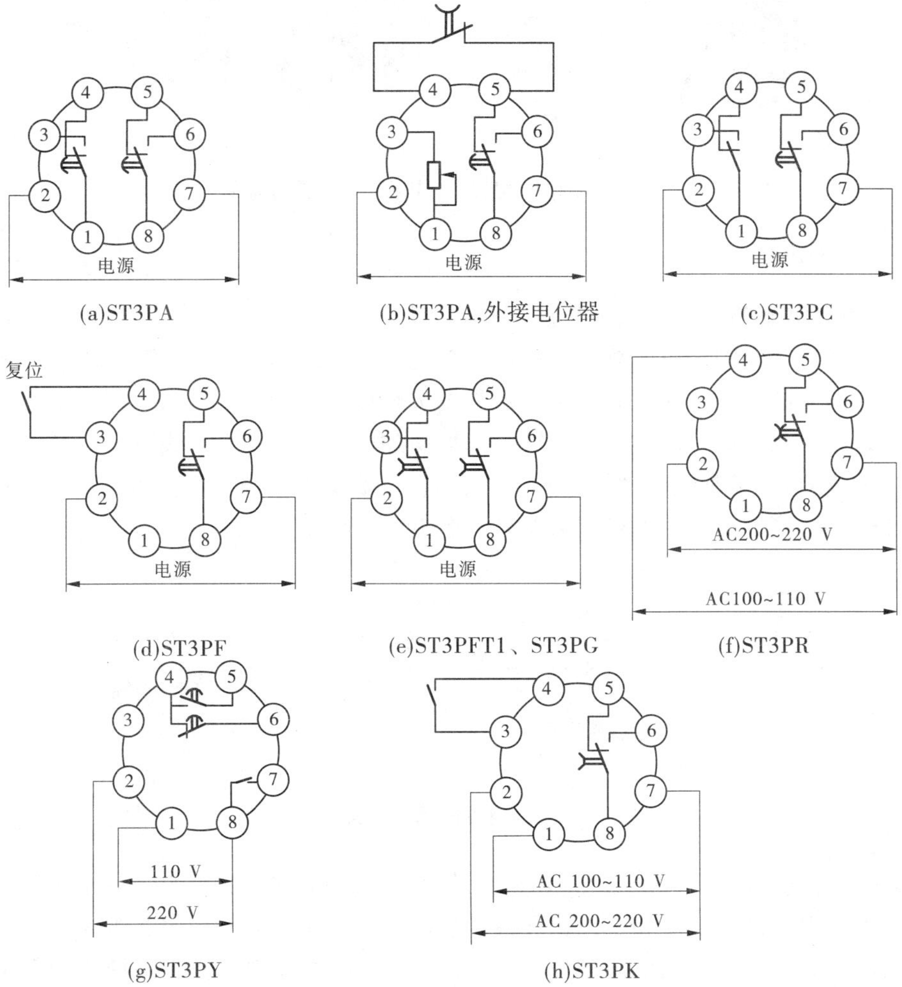

图 1-24　ST3P 系列时间继电器的引脚接线

ST3P 系列时间继电器的型号含义如下：

ST 3 P □ □
超级时间继电器——ST
设计序号——3
安装方式：插拔式——P
型式特点：A—基本型；C—瞬动型；
F—断电延时型；K—断开延时型；
Y—星-三角启动延时型；R—往复循环延时型
延时范围

ST3P 系列、NJS2 系列时间继电器实物如图 1-25 所示。

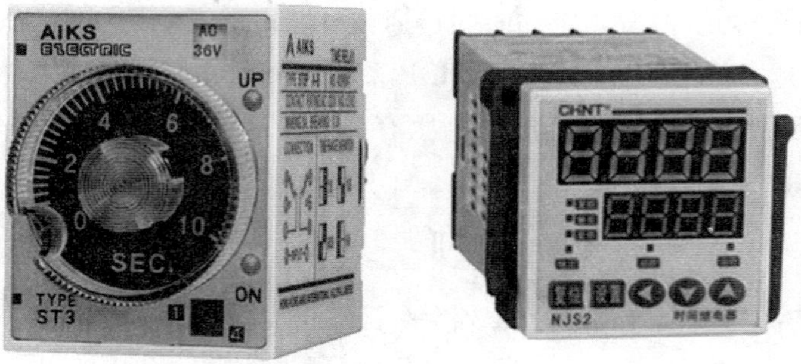

图 1-25 ST3P、NJS2 系列时间继电器实物

1.3.3 热继电器

1.3.3.1 热继电器的作用和保护特性

热继电器是专门用来对连续运行的电动机进行过载及断相保护，以防止电动机过热而烧毁的保护电器。三相交流异步电动机长期欠电压带负荷运行或长期过载运行及缺相运行等都会导致电动机绕组过热而烧毁，但是电动机又有一定的过载能力。为了既发挥电动机的过载能力，又避免电动机长时间过载运行，就要用热继电器作为电动机的过载保护。热继电器的文字符号为 FR，图形符号如图 1-26 所示。

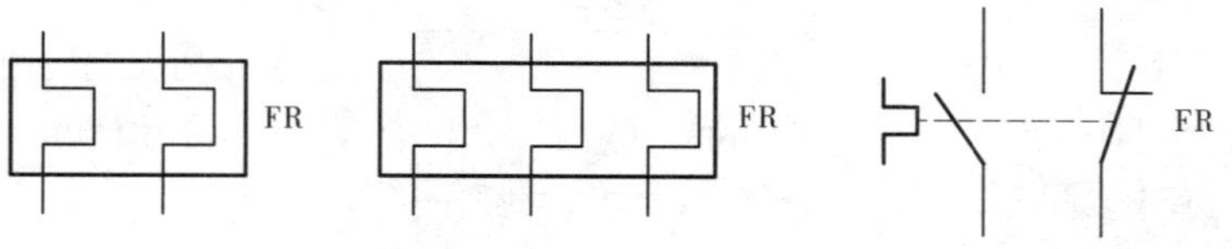

(a)热元件　　(b)常闭触点

图 1-26 热继电器的图形和文字符号

热继电器中通过的过载电流和热继电器触点动作的时间关系就是热继电器的保护特性。电动机允许的过载电流和电动机允许的过载时间的关系称为电动机的过载特性。为了适应电动机的过载特性又要起到过载保护的作用，要求热继电器的保护特性和电动机的过载特性相配合，且都为反时限特性曲线，如图 1-27 所示。

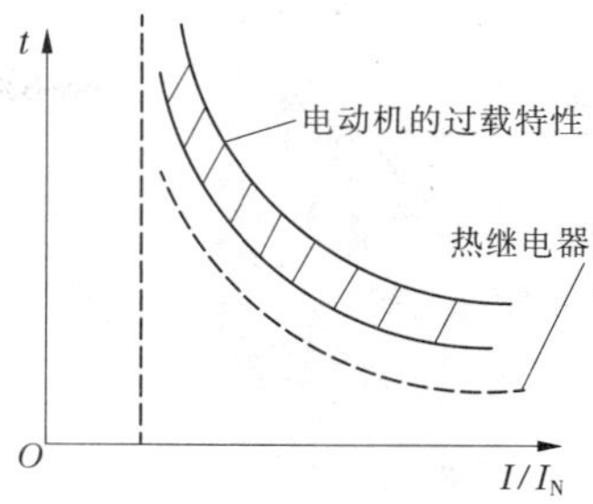

I—热继电器实际通过的电流;I_N—热继电器的额定电流

图1-27 电动机的过载特性和热继电器的保护特性及其配合

由图1-27可知,热继电器的保护特性应在电动机过载特性的下方,并靠近电动机的过载特性。这样,如果发生过载,热继电器的动作时间小于电动机最大的允许过载运行时间,在电动机未过热时,热继电器动作,将电动机电源切断,达到保护电动机的目的。

1.3.3.2 热继电器的分类及主要技术参数和型号

按相数来分,热继电器有单相、两相和三相式三种类型。按功能来分,三相式的热继电器有带断相保护装置的和不带断相保护装置的。按复位方式分,热继电器有自动复位的和手动复位的,所谓自动复位是指触点断开后能自动返回。按温度补偿分为,热继电器有带温度补偿的和不带温度补偿的。

热继电器的主要技术参数有额定电压、额定电流、相数、整定电流等。热继电器的整定电流是指热继电器的热元件允许长期通过又不致引起继电器动作的最大电流值,超过此值后热继电器就会动作。

产品型号含义如下:

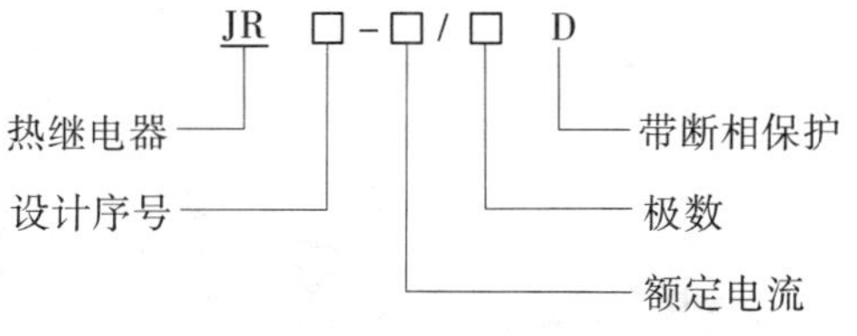

常用的热继电器有JR16、JR20、JR36、JRS1系列。这些系列的热继电器具有断相保护功能。T系列是引进德国ABB公司技术生产的,3UA系列是引进美国西门子公司技术生产的,LR1－D是引进法国TE公司技术生产的。每一系列的热继电器一般只能和相应系列的接触器配套使用,如JR20热继电器和CJ20接触器配套使用。

JR20系列热继电器实物如图1-28所示。JR20系列热继电器适用于交流50 Hz,主电路额定电压至660 V,电流至630 A的电力系统中作为三相交流电动机的过载和断相保护,有断相保护、温度补偿、脱扣指示功能,能自动复位与手动复位,并与CJ20系列交流接触器配合使用,组成电磁启动器。

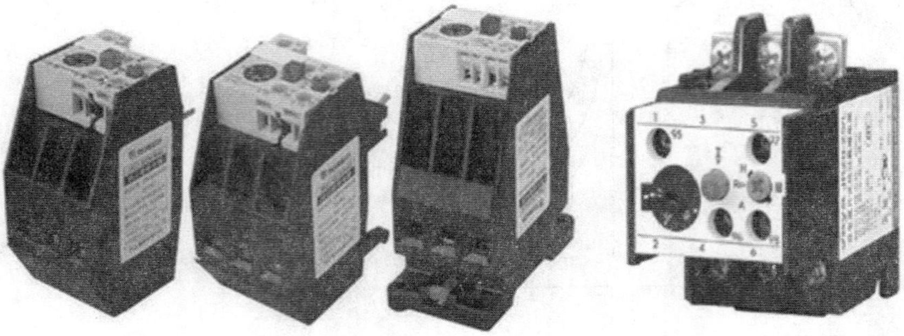

图 1-28　JR20 系列热继电器实物

JR36 系列热继电器实物如图 1-29 所示。JR36 系列热继电器适用于交流 50 Hz 或 60 Hz，主电路额定电压至 660 V，电流至 160 A 的电力系统中作为三相交流电动机的过载和断相保护，有温度补偿、自动复位与手动复位功能。

图 1-29　JR36 系列热继电器实物

JRS1（LR1－D）系列热继电器实物如图 1-30 所示。JRS1（LR1－D）系列热继电器用于交流 50 Hz 或 60 Hz，电压至 600 V，电流至 80 A 的电路中，用于交流电动机过载保护，并且有差动机构和温度补偿环节，可与 CJX2（LC1－D）交流接触器配装，也可独立安装。

图 1-30　JRS1（LR1－D）系列热继电器实物

JRS5（TH－K）系列热继电器实物如图 1-31 所示。JRS5（TH－K）系列热继电器适用于交流50 Hz、额定电压600 V、电流0.2～150 A的长期工作或间断长期工作的交流电动机的过载与断相保护。具有温度补偿、自动复位与手动复位、停止功能。该系列热继电器可与接触器接插安装，也可独立安装。

图1-31 JRS5(TH－K)系列热继电器实物

3UA(JRS2)系列热继电器实物如图1-32所示。3UA (JRS2)系列热继电器适用于交流50 Hz或60 Hz、电压690～1 000 V、电流0.1～400 A的长期工作或间断长期工作的一般交流电动机的过载与断相保护，也可用作直流电磁铁和直流电动机的过载保护。继电器具有断相保护、温度补偿、脱扣指示功能，并能自动复位与手动复位。

图1-32 3UA(JRS2)系列热继电器实物

1.3.3.3 热继电器的工作原理

热继电器主要由热元件、双金属片、触点系统、动作机构等组成。双金属片是热继电器的测量元件。它由两种不同膨胀系数的金属片采用热和压力结合或机械碾压而成，高膨胀系数的铁镍铬合金作为主动层，膨胀系数小的铁镍合金作为被动层。热继电器是利用双金属元件被加热到一定程度，双金属片将向被动层方向弯曲，通过传动机构带动触点动作的保护继电器，如图1-33所示。

图1-33中，主双金属片2与加热元件3串接在电动机主电路的进线端，当电动机过载时，主双金属片受热弯曲推动导板4，并通过补偿双金属片5和传动机构将常闭触点(动触点9和常闭静触点6)断开，常开触点(动触点9′和常开静触点7)闭合。热继电器的常闭触点串接于电动机的控制电路中，热继电器动作，其常闭触点断开后，切断电动机的控制电路，电动机断电，从而保护了电动机。热继电器的常开触点可以接入信号回路，

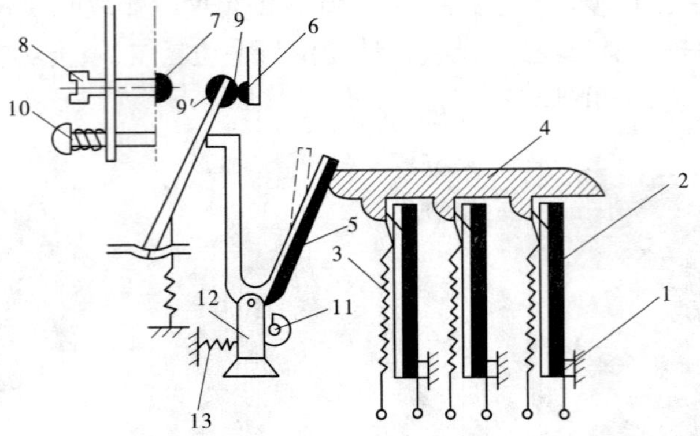

1—推杆;2—主双金属片;3—加热元件;4—导板;5—补偿双金属片;6—常闭静触点;
7—常开静触点;8—复位螺钉;9、9′—动触点;10—按钮;11—调节旋钮;12—支撑件;13—压簧

图 1-33 热继电器的结构示意图

当热继电器动作后,其常开触点闭合,接通信号回路,发出信号。在电动机正常运行时,热元件产生的热量不会使触点系统动作。调节旋钮 11 为偏心轮,转动偏心轮,可以改变补偿双金属片 5 与导板 4 的接触距离,从而调节热继电器动作电流的整定值。

热继电器动作后可以手动复位,也可以自动复位。靠调节复位螺钉 8 来改变常开静触点 7 的位置,使热继电器工作在手动复位或自动复位两种工作状态。热继电器动作后,应在 5 min 内自动复位,或在 2 min 内可靠地手动复位。若调成手动复位,在故障排除后要按下按钮 10 恢复常闭触点闭合的状态。

补偿双金属片的作用是用来补偿环境温度对热继电器的影响。若周围环境温度升高,主双金属片和补偿双金属片同时向左边弯曲,使导板和补偿双金属片之间的接触距离不变,热继电器的特性将不受环境温度的影响。

1.3.3.4 带断相保护的热继电器

三相异步电动机的断相(三相电动机一相断线),是导致三相异步电动机长时间过载运行而烧坏的常见故障。若三相异步电动机为星形联结,线电流等于相电流,流过电动机绕组的电流和流过热继电器热元件的电流相同。当线路发生一相断线时,另外两相的电流过载,由于流过电动机绕组的电流和流过热继电器的电流增加的比例相同,因此普通的两相或三相热继电器动作,保护电动机。若三相异步电动机为三角形联结,正常运行时相电流等于线电流的 $1/\sqrt{3}$,即流过电动机绕组的电流是流过热继电器热元件电流的 $1/\sqrt{3}=\sqrt{3}/3$,而当发生断相时,流过电动机的电流是线电流(流过热继电器热元件电流)的 2/3,如图 1-34 所示。

如果热继电器的整定动作电流是 I,则电动机中允许通过的最大电流为 $\sqrt{3}I/3$,但是当发生断相时,热继电器的动作电流仍然是 I,但是电动机一相绕组中的电流将达到 $2I/3$,这样便有烧毁绕组的危险,所以三角形联结的电动机必须采用带有断相保护的热继电器。带有断相保护的热继电器的工作原理如图 1-35 所示。

图 1-35 中将热继电器的导板改为差动导板。图 1-35(a)为通电前各部件的位置;

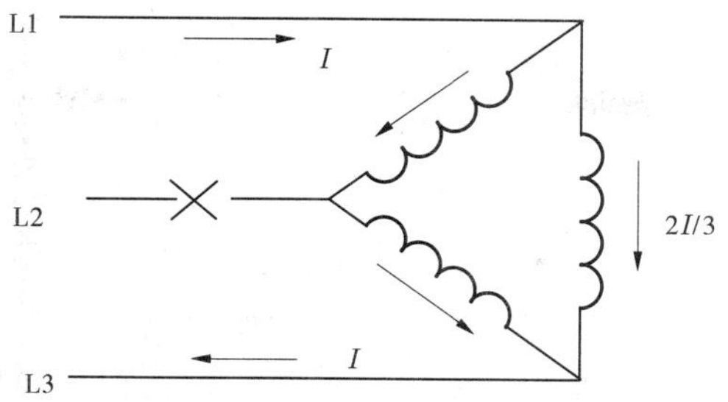

图 1-34 电动机为三角形联结、一相断路时的电流分配

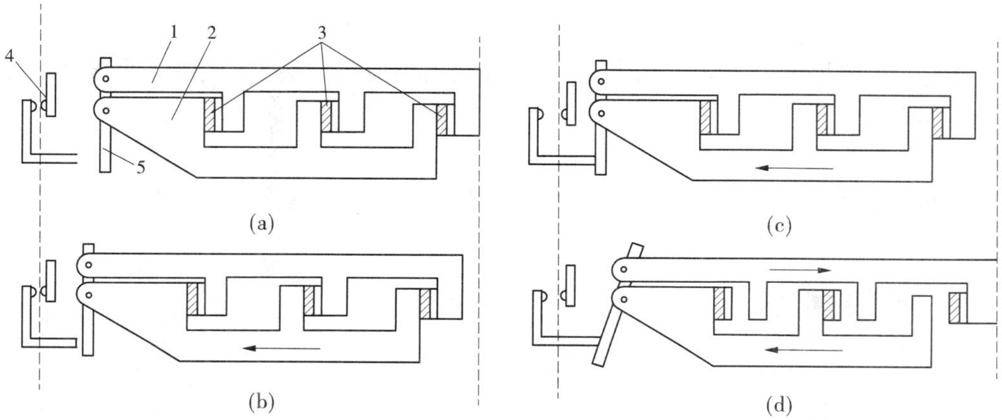

1—上导板；2—下导板；3—主双金属片；4—触点；5—杠杆

图 1-35 带有断相保护的热继电器的工作原理

图1-35(b)为正常通电时的位置，三相双金属片都受热向左弯曲一小段距离，继电器不动作；图1-35(c)为三相同时过载，三相双金属片同时向左弯曲，通过传动机构使常闭触点打开；图1-35(d)为C相断线的情况，此时C相的双金属片逐渐冷却，其端部向右移动，推动上导板向右移动，而另外两相的双金属片在电流加热下，端部仍然向左移动，上下导板的差动作用经杠杆放大，迅速使常闭触点打开，实现了断相保护的作用。各种型号的热继电器系列中都有带断相保护的产品，使用时应认真选择。

1.3.3.5 热继电器的选用

(1)一般情况下可以选用两相结构的热继电器。对于电网均衡性差的电动机，宜选用三相结构的热继电器。定子绕组做三角形联结，应采用有断相保护的3个热元件的热继电器作过载和断相保护。

(2)热元件的额定电流等级一般应等于0.95～1.05倍电动机的额定电流，热元件选定后，再根据电动机的额定电流调整热继电器的整定电流，使整定电流与电动机的额定电流相等。

(3)对于工作时间短、间歇时间长的电动机，以及虽长期工作，但过载可能性小的电动机(如风机电动机)，可不装设过载保护。

1.3.3.6 热继电器的故障及维修

热继电器的故障主要有热元件烧断、误动作、不动作、接触不良四种情况。

1. 热元件烧断

当热继电器负荷侧出现短路或电流过大时，会使热元件烧断。这时应切断电源检查线路，排除电路故障，重新选用合适的热继电器，更换后应重新调整整定电流值。

2. 热继电器误动作

误动作的原因有整定值偏小，以致未出现过载就动作；电动机启动时间过长，引起热继电器在启动过程中动作；设备操作频率过高，使热继电器经常受到启动电流的冲击而动作；使用场合有强烈的冲击及振动，使热继电器操作机构松动而使常闭触点断开；环境温度过高或过低，使热继电器出现未过载而误动作，或出现过载而不动作，这时应改善使用环境条件，使环境温度不高于 +40 ℃、不低于 -30 ℃。

3. 热继电器不动作

整定值调整得过大或动作机构卡死、推杆脱出等原因均会导致过载，而热继电器不动作。

4. 接触不良

热继电器常闭触点接触不良，将会使整个电路不工作。这时应清除触点表面的灰尘或氧化物。

1.3.4 速度继电器

速度继电器是按速度原则动作的继电器，主要用于笼型异步电动机的反接制动控制，又称为反接制动继电器。感应式速度继电器主要由定子、转子和触点三部分组成，转子是一个圆柱形永久磁铁，定子是一个笼形空心圆环，由硅钢片叠成，并装有笼形绕组。工作原理如图 1-36 所示，转子轴与电动机的轴相连接，当电动机转动时，速度继电器的转子随之转动，产生旋转磁场，定子绕组切割旋转磁场产生感应电流，定子感应电流位于磁场中受到电磁力的作用，产生电磁转矩，使定子随转子的转动方向而旋转。当达到一定的转速，定子转动到一定角度时，装在定子轴上的摆锤推动动触点动作，使常闭触点断开，常开触点闭合。当电动机的转速低于某一数值时，定子产生的转矩减小，触点返回，即常开触点断开，常闭触点闭合。一般速度继电器的转速在 130 r/min 时触点动作，在 100 r/min 时触点返回。

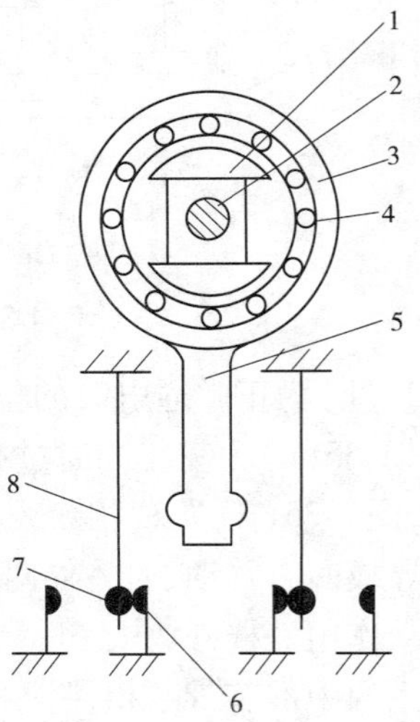

1—转子；2—电动机的轴；3—定子；4—绕组；5—定子摆锤；6—静触点；7—动触点；8—簧片

图 1-36 速度继电器工作原理示意图

常用的速度继电器有 JY1 和 JFZ0 型，都具有正转时动作的一组转换触点和反转时动作的一组转换触点。JY1 系列的额定工作转速在 100 ~ 3 600 r/min，JFZ0 系列的额定转速在 300 ~ 3 600 r/min。速度继电器的文字符号为 KS，其图形符号如图 1-37 所示。

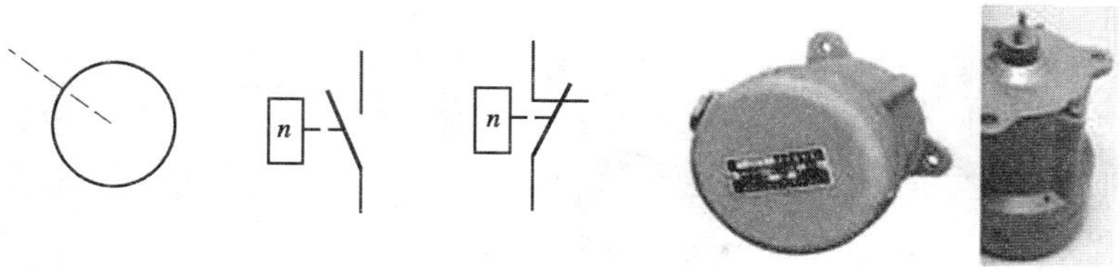

(a) 转子 (b) 常开触点 (c) 常闭触点 (d)实物

图 1-37 速度继电器的图形符号及实物

1.3.5 温度继电器

温度继电器用于电动机、变压器和一般电气设备的过载堵转等过热的保护。使用时将温度继电器埋入电动机绕组或介质，当绕组或介质温度超过允许温度时，继电器就快速动作断开电路，将电气设备退出运行。当温度下降到复位温度时，继电器又自动复位。温度继电器常用的有双金属片式温度继电器和热敏电阻式温度继电器。温度继电器的文字符号为 K^{θ}，图形符号如图 1-38 所示。θ 可以标注实际的动作温度。

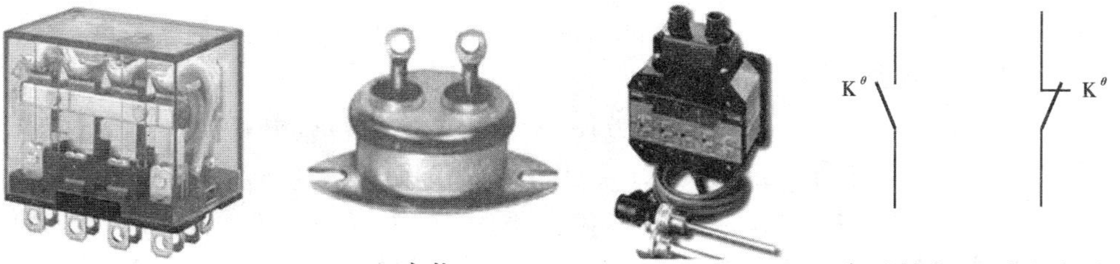

(a) 实物 (b) 常开触点 (c) 常闭触点

图 1-38 温度继电器的实物及图形文字符号

双金属片式温度继电器是封闭式结构，内部有盘式双金属片，双金属片受热后线性膨胀，双金属片弯曲，带动触点动作。双金属片式温度继电器的动作温度是以电动机绕组的绝缘等级为基础来划分的，共有 50 ℃、60 ℃、70 ℃、80 ℃、95 ℃、105 ℃、115 ℃、125 ℃、135 ℃、145 ℃、165 ℃共 11 个规格。继电器的返回温度一般比动作温度低 5 ~ 40 ℃。

电动机不论是过载（电流过大）或其他原因（如铁芯过热而导致绕组过热）引起的绕组过热，温度继电器都可以动作。双金属片式温度继电器加工工艺复杂，且容易老化。常用的有 JW2、JW4、JW6 系列，如 JW6 – 105，其中“JW”代表温度继电器，“6”代表设计序号，“105”代表额定动作温度。

1.3.6 液位继电器

液位继电器的作用是根据液位的高低变化来发出控制信号。根据工作原理不同有浮球液位继电器、光电液位继电器、激光液位继电器、音叉液位继电器等。液位继电器的文字符号为 SL，部分常用液位继电器实物和图形符号如图 1-39 所示。

下面主要介绍浮球液位继电器和光电液位继电器。

(a) 浮球液位开关

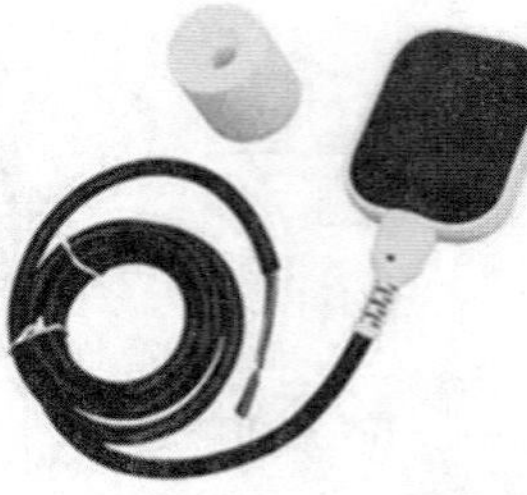

(b) 电缆浮球液位开关

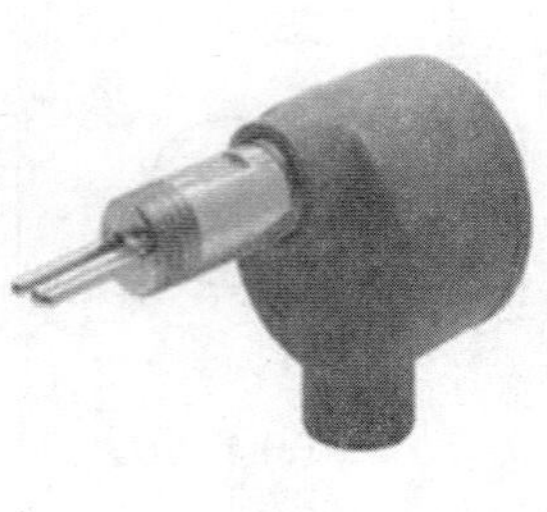

(c) 防爆液位开关

(d) 电极式液位开关

(e) 电容式液位开关

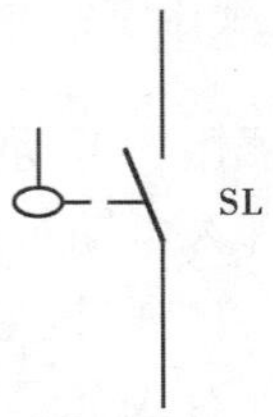

(f) 液位继电器图形符号

图 1-39　液位继电器的实物及图形符号

1.3.6.1　浮球液位继电器

浮球继电器是一种结构简单、使用方便、安全可靠的液位控制器，具有比一般机械开关体积小、速度快、工作寿命长的优点；与电子开关相比，它又有抗负载冲击能力强的特点。其工作原理是，在密闭的非导磁性管内安装有一个或多个干簧管继电器，然后将此管穿过一个或多个中空且内部有环形磁铁的浮球，将浮球置于被控制的液体内，液位的上升或下降会带动浮球一起移动，从而使该非导磁性管内的干簧管继电器产生吸合或断开的动作，并输出一个开关信号。

1.3.6.2　光电液位继电器

光电液位继电器是一种结构简单、使用方便、安全可靠的液位控制器，它使用红外线探测，可避免阳光或灯光的干扰而引起误动作。这种继电器体积小、安装容易，有杂质或带黏性的液体均可使用，外壳材质为 PC（聚碳酸酯的简称，又叫工程塑料），所以耐油、耐水、耐酸碱。图 1-40 所示为两种光电液位继电器。

(a) 槽形光电液位继电器

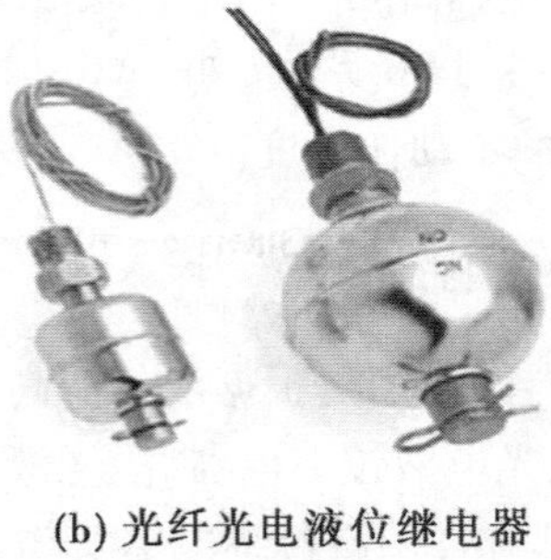

(b) 光纤光电液位继电器

图 1-40　光电液位继电器

其工作原理是：利用光线的折射及反射原理，光线在两种不同介质的分界面将产生反射或折射现象。当被测液体处于高位时，被测液体与光电开关形成一种分界面，当被测液体处于低位时，则空气与光电开关形成另一种分界面，这两种分界面使光电开关内部光接收晶体所接收的反射光强度不同，即对应两种不同的开关状态。

技术参数包括：电源电压为 DC 10～40 V，输出电流≤200 mA，工作温度为 -20～80 ℃（介质温度 100 ℃），工作压力≤1 MPa，消耗电流<12 mA，感应头材质为玻璃纤维/玻璃。

1.3.7 固态继电器

固态继电器（Solid State Relay，SSR）是采用半导体器件组装而成的无触点开关。固态继电器在许多自动控制装置中替代了常规的继电器，固态继电器目前已广泛应用于计算机外部接口装置、电炉加热恒温系统、数控机械、遥控系统、工业自动化装置；另外，在化工、煤矿等需防爆、防潮、防腐蚀场合中都有大量使用。随着电子技术的发展，其应用范围越来越广。

1.3.7.1 固态继电器的结构及特点

单相的固态继电器是一个四端有源器件，有输入、输出端口，中间采用隔离器件，输入、输出之间的隔离形式有光电隔离、变压器隔离和干簧继电器隔离等。图1-41所示为变压器隔离型固态继电器的内部结构，图1-42所示为光隔离型固态继电器的内部结构。

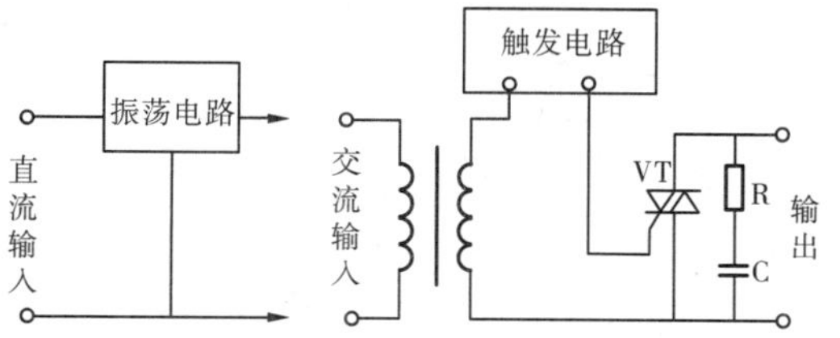

图1-41 变压器隔离型固态继电器的内部结构

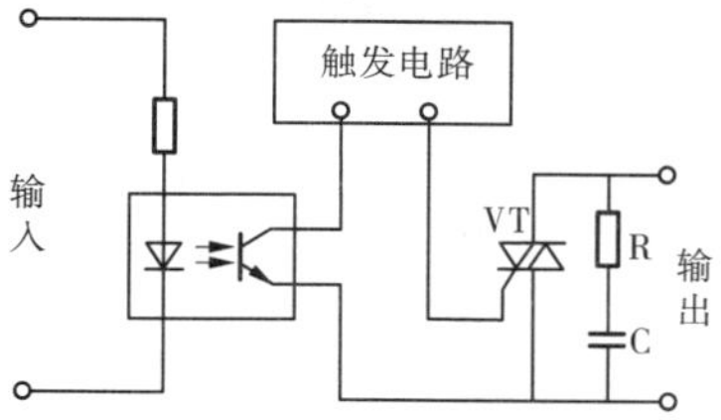

图1-42 光隔离型固态继电器的内部结构

固态继电器是电子器件，所以其输入功率小、开关速度快、工作频率高、使用寿命长、抗干扰能力强、耐冲击、耐振荡、防爆、防潮、防腐蚀，能与 TTL、DTL、HTL 等逻辑电路兼容，以微小的控制信号直接驱动大电流负载，动作可靠，因为没有触点，所以在开断电路时没有电火花。固态继电器的不足之处主要是过载能力差，存在通态压降（需要相应散热措施），有断态漏电流，交直流不能通用，触点组数少；过电流、过电压及电压上升率、电流上升率等指标差，使用温度范围窄及价格高。

1.3.7.2 固态继电器分类

固态继电器按输出端负载的电源类型可分为直流型和交流型两类。直流型是以功率晶体三极管的集电极和发射极作为输出端负载的控制开关。交流型是以双向晶闸管的两个电极作为输出端负载的控制开关。固态继电器的输出电路形式有常开式和常闭式两种。当固态继电器的输入端加控制信号时，其常开式输出电路接通，常闭式输出电路断开。交流型固态继电器，按双向晶闸管的触发方式分有电压过零导通型（简称过零型）和随机导通型（简称随机型）；按输出开关器件分为双向晶闸管输出型（普通型）和单向晶闸管反并联型(增强型);按安装方式分为印制电路板上用的针插式(自然冷却,不必带散热器)和固定在金属底板上的装置式(靠散热器冷却)。另外,输入端又有宽范围输入(DC 3~32 V)的恒流源型和串电阻限流型等。

过零型和随机型固态继电器的区别如图1-43所示。当输入端施加有效的控制信号时,随机型固态继电器输出端立即导通(速度为微秒级),而过零型固态继电器则要等到负载电压过零区域(约±15 V)时才开启导通。当输入端撤销控制信号后,过零型固态继电器和随机型固态继电器均在小于维持电流(负载电源电压接近0 V)时关断。虽然过零型固态继电器有可能造成最多半个周期的延时,但却减少了对负载的冲击和产生的射频干扰,而成为理想的开关器件,在单刀单掷的开关场合中应用最为广泛。随机型固态继电器的特点是反应速度快,它可以控制移相触发脉冲,方便地改变交流电网电压,可应用于精确调温、调光等阻性负载及部分感性负载场合。

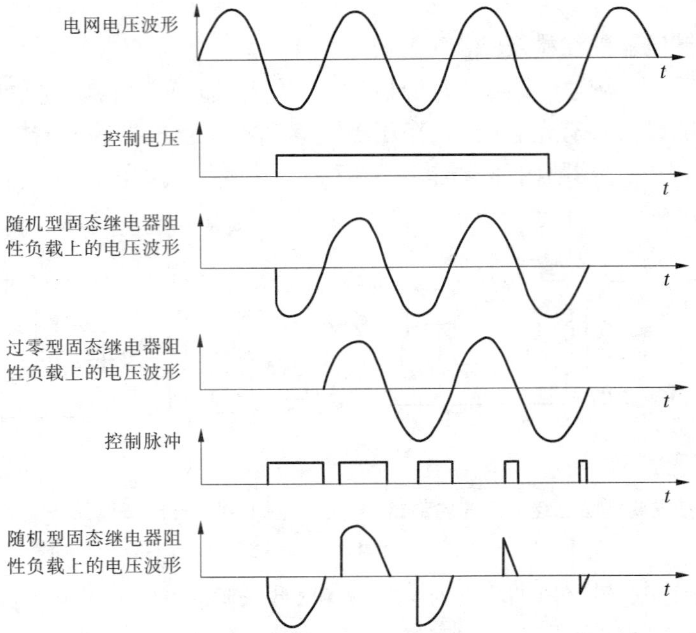

图1-43 过零型和随机型固态继电器的区别

双向晶闸管输出的普通型固态继电器和单向晶闸管反并联输出的增强型固态继电器的区别是:在感性负载的场合,当固态继电器由通态关断时,由于电流、电压的相位不一致,将产生一个很大的电压上升率 dv/dt(换向 dv/dt)加在双向晶闸管两端,如果此值超过双向晶闸管的换向 dv/dt 指标(典型值为10 V/μs),则将导致延时关断,甚至失败;而单向晶闸管为单极性工作状态,只受静态电压上升率 dv/dt(典型值为100 V/μs)影响,由两只单向晶闸管反并联构成的增强型固态继电器比由一只双向晶闸管构成的普通型固态继电器的换向 dv/dt 有了很大提高,因此在感性或容性负载场合宜选取增强型固态继电器。

1.3.7.3 单相交流固态继电器

单相交流固态继电器为四端有源器件,如图1-44所示。中间采用光电隔离,在输入端加上直流信号,输出就能从关断状态转成导通状态,从而可实现对较大负载的控制,整个产品无可动部件及触点，尺寸标准，易更换，是交流接触器和直流继电器理想的更新换代产品。

单相交流固态继电器内部结构原理如图1-45所示。其中有两个输入控制端、两个输出端，输入输出间为光隔离，输入端加上直流或脉冲信号到一定电流值后，输出端就能从断态转变成通态。

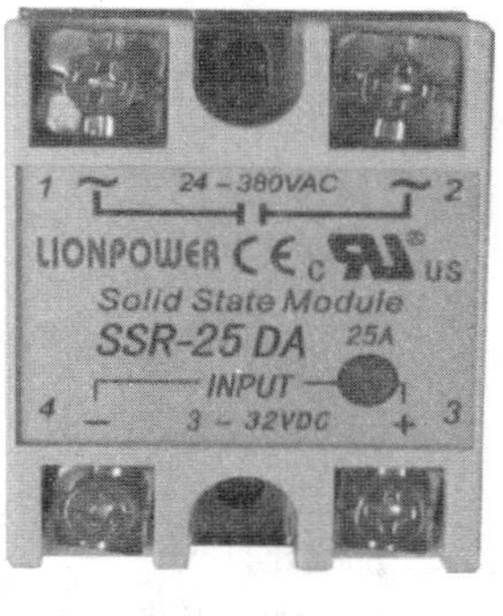

图1-44 单相交流固态继电器

一般情况下，万用表不能判别交流固态继电器的好坏，正确的方法是采用图1-46所示的测试电路。当输入电流为零时，电压表测出的为电网电压，电灯不亮（灯泡功率须25 W以上）；当输入电流达到一定值以后，电灯亮，电压表测出单相交流固态继电器的导通压降（在3 V以下）。注意，因单相交流固态继电器内部有RC回路而带来漏电流，因此不能等同于普通触点式的继电器、接触器。

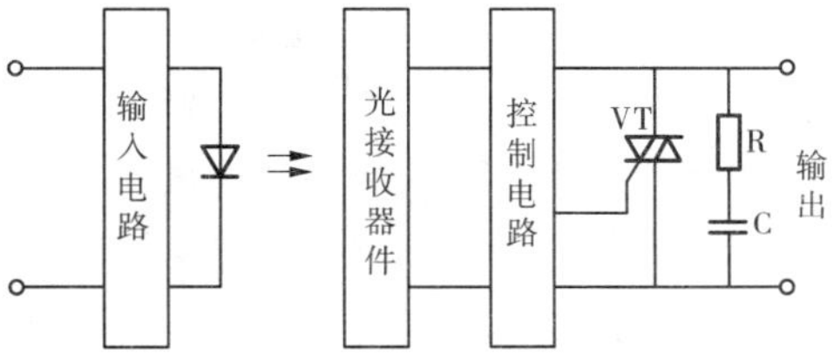

图1-45 单相交流固态继电器内部结构原理

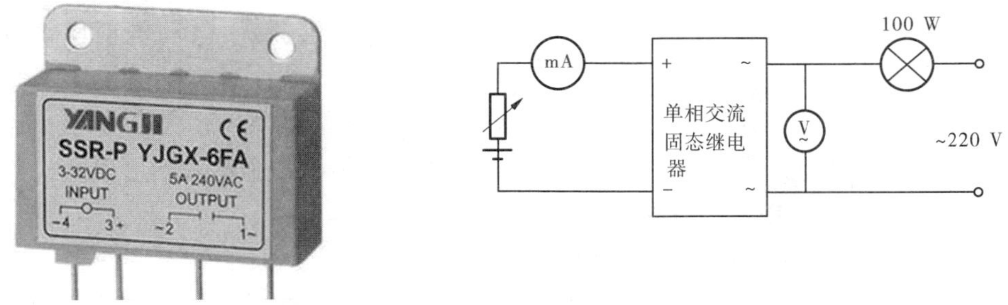

图1-46 单相交流固态继电器基本性能测试电路

1.3.7.4 三相交流固态继电器

三相交流固态继电器是集3只单相交流固态继电器为一体，并以单一输入端对三相负载进行直接开关切换，可方便地控制三相交流电动机、加热器等三相负载。

三相普通型交流固态继电器是以3只双向晶闸管作为A、B、C三相的输出开关触点，电流等级有10 A、25 A、40 A，电压等级只有380 V一个系列，型号为SSR－3－380D；三相增强型交流固态继电器是以3组反并联单向晶闸管作为A、B、C三相的输出开关触点，电流等级有15 A、35 A、55 A、75 A、120 A，电压等级分380 V、480 V两大系列，型号为SSR－3H－380D和SSR－3H－480D。

380 V系列的三相固态继电器的输入电压为4～32 V，驱动电流为6～30 mA；而480 V系列的输入电压为4～8 V，驱动电流为16～30 mA。当输入电压大于5 V时，可以串电阻使其输入电流限制在16～30 mA,480 V时限流电阻$R=35\ \Omega(U_{in}=5\ V)$,380 V时不需限流电阻如图1-47(b)所示。

(a)实物图

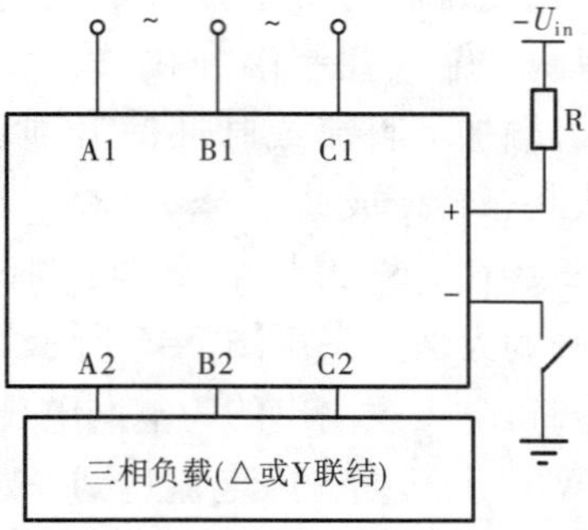

(b)接线图

图1-47 三相交流固态继电器

三相交流固态继电器的相与相之间、输入与输出之间,以及与基板之间的绝缘电压大于AC 2 000 V。三相交流固态继电器由于集三相于一体,在使用中应特别注意散热问题。散热可采用安装面涂导热硅脂、强制风冷或水冷等措施。

三相电网(380 V)上负载为阻性时可以选取380 V系列的三相固态继电器。除此之外,如具有电动机等感性负载(特别为正反转需切换的场合)和电力补偿电容器等负载,原则上选取480 V系列的三相固态继电器。需要注意的是,电动机正反转切换还须有0.3 s以上的时间间隔。

三相交流固态继电器的有关技术指标以及使用注意事项请参考单相交流固态继电器。如果要求电流更大,可用3只单相固态继电器代替,3个输入端可串联或并联。

1.3.7.5 固态继电器的使用

(1)固态继电器为电流驱动型。

固态继电器的输入端要求有几毫安到20 mA的驱动电流,最小工作电压为3 V。在逻辑电路驱动时应尽可能采用低电平输出进行驱动,以保证有足够的带负载能力和尽可能低的零电平。图1-48、图1-49为正确的电流驱动电路图,则在5 V电平时尽量不要使用图1-48所示TTL、DTL、HTL电流驱动电路,而采用图1-50所示电路。

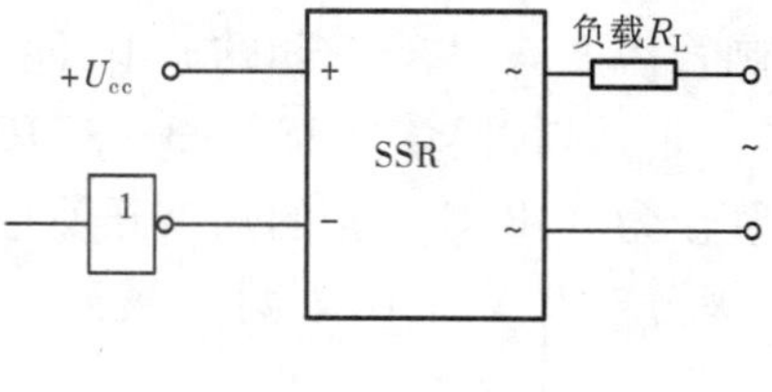

图1-48 TTL、DTL、HTL **电流驱动电路**

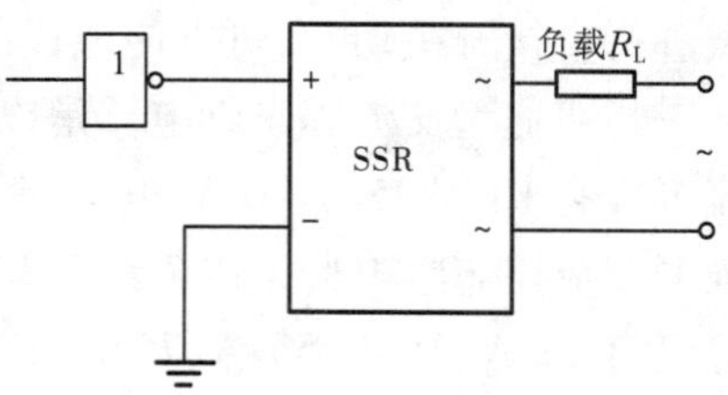

图1-49 CMOS **驱动**

(2)固态继电器输入端的串并联。

多个固态继电器的输入端可以串并联，但应满足每个固态继电器高电平时，过零型触发电流大于 5 mA，随机型触发电流大于 10 mA，低电平电压小于 1 V 的要求，即并联驱动电流应大于多个固态继电器的输入电流之和，串联时驱动电压应大于多个开启电压（以 4 V 计算）之和。

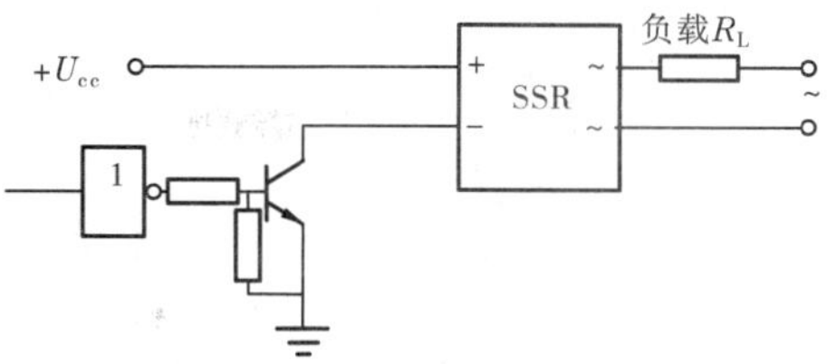

图 1-50　在 5 V 电平时采用的电路

（3）RC 吸收回路和断态漏电流以及测试固态继电器时应注意的事项。

对于容性或电阻类负载，应限制其开通瞬间的浪涌电流（一般为负载电流的 7 倍），输出端采用 RC 吸收回路。RC 吸收回路的作用为吸收浪涌电压和提高 dv/dt 指标，但固态继电器内部的 RC 回路带来断态漏电流，一般来说，2～6 A 的固态继电器漏电流对 10 W以上功率的负载（如电动机）基本无影响，10 A 以上的固态继电器漏电流对 50 W 以上功率的负载基本无影响。另外，在实际应用大感性负载场合，对于电感性负载，应限制其瞬时的过电压，以防损坏固态继电器，输出端采用非线性压敏电阻吸收瞬时的过电压，还可以在固态继电器两输出端再并联 RC 吸收回路以保护固态继电器。

一些负载功率小（如中间继电器、接触器的线圈、电磁吸铁等负载）的用户可以选用漏电流小于 1 mA 的固态继电器。

（4）严禁负载侧短路，以免损坏固态继电器。

万用表电阻挡测量出固态继电器交流两端电阻接近为 0 时，说明此固态继电器内部的晶闸管已损坏。除此之外，判断固态继电器的好坏必须采用带负载的电路。

（5）固态继电器电压等级的选取及过电压保护。

当加在固态继电器交流两端的电压峰值超过固态继电器所能承受的最高电压峰值时，固态继电器内的元件便会被电压击穿而造成固态继电器损坏，选取合适的电压等级和并联压敏电阻可以较好地保护固态继电器。

①交流负载为 220 V 的阻性负载时可选取 220 V 电压等级的固态继电器。

②交流负载为 220 V 的感性负载或交流负载为 380 V 的阻性负载时可选取 380 V 电压等级的固态继电器。

③交流负载为 380 V 的感性负载时可选取 480 V 电压等级的固态继电器（480 V 等级的固态继电器还具有更高的 dv/dt 指标）；其他要求特殊、可靠性要求高的场合（如电力补偿电容器切换、电动机正反转等）均须选取 480 V 电压等级的固态继电器。

固态继电器过电压的保护除固态继电器内部本身有 RC 吸收回路保护外，还可以并联金属氧化物压敏电阻（MOV），MOV 的面积决定吸收功率，MOV 的厚度决定保护电压值。一般 220 V 系列固态继电器可选取 500～600 V 的压敏电阻；380 V 系列固态继电器可选取 800～900 V的压敏电阻；480 V 系列固态继电器可选取 1 000～1 100 V 的压敏电阻。

需要特别注意的是，压敏电阻电压值选取太小，容易造成经常烧毁压敏电阻而短路（但固态继电器不损坏）；电压值选取太大，起不到保护固态继电器的目的。

（6）固态继电器电流等级的选取及过流保护。

过电流（最严重的情况为负载短路）是造成固态继电器内部输出晶闸管永久性损坏

的最主要原因。过电流保护采用专门保护半导体器件的熔断器或动作时间小于 10 ms 的断路器。小容量固态继电器也可选用熔丝。许多负载在接通瞬间会产生很大的浪涌电流，由于散热不及时，浪涌电流和过电流一样也是造成固态继电器内部输出晶闸管损坏的主要原因之一。因此，选取固态继电器时，留有一定的电流裕量是极其重要的。

①阻性负载时，选取固态继电器的电流等级宜大于或等于 2 倍的负载额定电流。

②负载为交流电动机时，选取固态继电器的电流等级须大于或等于 6～7 倍的电动机额定电流。

③负载为交流电磁铁、中间继电器线圈、电感线圈等时，选取固态继电器的电流等级宜大于或等于 4 倍的负载额定电流，变压器则为 5 倍的负载额定电流，特种感性、容性负载则应根据实际经验还须放大固态继电器的电流裕量。

④负载为电力补偿电容器类时，选取固态继电器的电流等级须大于 5 倍的负载额定电流。

需要注意的是，由于固态继电器内部的晶闸管在负载短路时的过电流烧毁速度与快速熔断器的熔断速度在同一数量级内，故快速熔断器并不能百分之百地保护固态继电器。选取快速熔断器的电流等级的原则为略大于最大负载电流，而固态继电器的电流等级则尽可能大，这样快速熔断器就能比较可靠地保护固态继电器。电动机、电力补偿电容器类负载因有很大的开启冲击电流，故宜选取断路器作保护。断路器分“慢速”和“快速”两类，“慢速”类主要应用于如电动机、电力电容器等有很大启动冲击电流的负载，“快速”类主要应用于阻性、其他感性类负载。断路器的保护速度低于快速熔断器，因此在负载短路时也不能百分之百地保护固态继电器。

(7)固态继电器的发热与散热。

当温度超过 35 ℃时，固态继电器的负载能力随着温度升高而降低，因此使用时必须安装散热器或减低电流使用。固态继电器的允许壳温为 75 ℃以下。单相固态继电器在导通时的最大发热量按实际工作电流 ×1.5 W/A 来计算，在散热设计时，应考虑到环境温度、通风条件(自然冷却、风扇冷却)及固态继电器安装密度等因素。2 A、3 A、4 A、5 A 系列在印制电路板上使用，不需外加散热器；装置式固态继电器，当应用于 10 A 以下的额定电流时可以安装在散热较好的金属平板上；对于 10 A 以上需加散热器，自然风冷的固态继电器与散热器安装面间须涂一薄层导热硅脂。额定电流大于 30 A 时最好用风扇冷却；条件允许，且电流较大(如 150 A 以上)时，水冷最佳。

当通过固态继电器实际电流较大、有可能散热不良时，为了保证固态继电器不至于过热而损坏，在固态继电器所固定的散热器上(靠近固态继电器处)，可安装 75 ℃的温度开关，把温度开关的常闭触点串入固态继电器的控制回路，这样当测试点温度达到 75 ℃时切断固态继电器控制回路，使其停止工作。

(8)电网频率。

固态继电器适用于 50 Hz 或 60 Hz 的工频电网上，不宜用于低频或高次谐波分量大的场合，如变频器输出端有多组负载需要分别切换，采用固态继电器作为开关则可能由于高次谐波使其不能可靠关断，并且高次谐波还可能使固态继电器内部的 RC 吸收回路因过热而炸裂。

1.3.7.6 电动机正反转控制

单相交流异步电动机正反转控制接线及实物接线如图1-51所示。

当两个固态继电器轮流导通时，单相交流异步电动机的主副绕组交替运行完成正反转控制。注意，正反转换须有20 ms以上间隙，限流电阻 $R_S = 30/I_{SSR}$，I_{SSR} 为所选用固态继电器的电流等级。

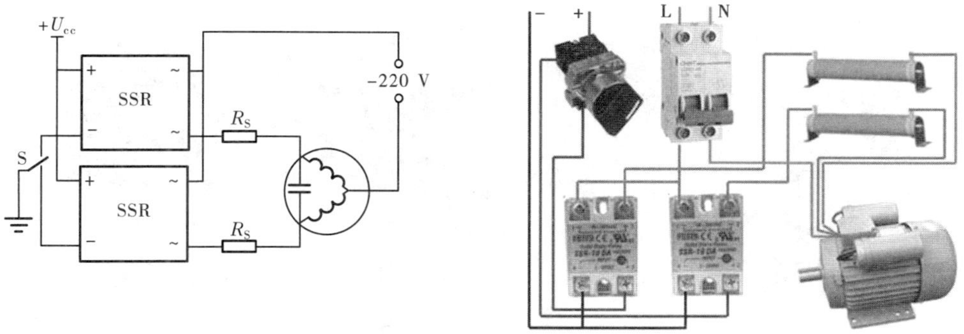

图1-51 单相交流异步电动机正反转控制接线及实物接线

任务1.4 常用开关电器的特性和应用

开关电器广泛用于供配电系统和控制系统中，用作电源开关，起接通或隔离电源、保护电气设备和控制的作用。

1.4.1 刀开关

刀开关在低压电路中，用于不频繁地手动接通、断开电路和作为电源隔离开关使用。刀开关可以分为单极、双极和三极3种，有单方向投掷的单投开关、双方向投掷的双投开关，有带灭弧罩的刀开关和不带灭弧罩的刀开关。没有灭弧罩的刀开关可以通断 $0.3I_N$，带灭弧罩的刀开关可以通断 I_N，但都不能用于频繁地接通和断开电路。刀开关的文字符号为Q、QS，其图形符号如图1-52所示。

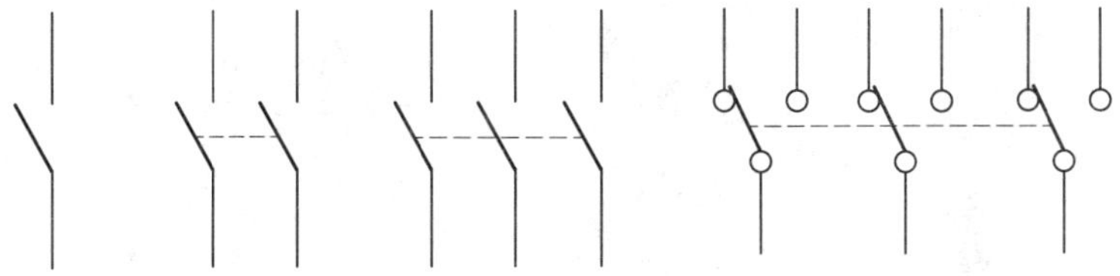

(a)单极开关 (b)双极开关 (c)三极开关 (d)双投开关

图1-52 刀开关的图形符号

刀开关主要由手柄、触刀、静插座和绝缘底座组成。刀开关在安装时，手柄要向上推为合闸，不得倒装或平装，避免由于重力下落引起误动作和合闸。接线时，应将电源线接在上端,负载线接在下端。

在选择刀开关时,其额定电压应大于或等于电路的额定电压,额定电流应大于或等于线路的额定电流,当用刀开关控制电动机时,额定电流要大于电动机额定电流的 3 倍。

近年来我国研制的新产品有 HD18、HD17、HS17 等系列刀开关。图 1-53 所示为几种常用的刀开关。

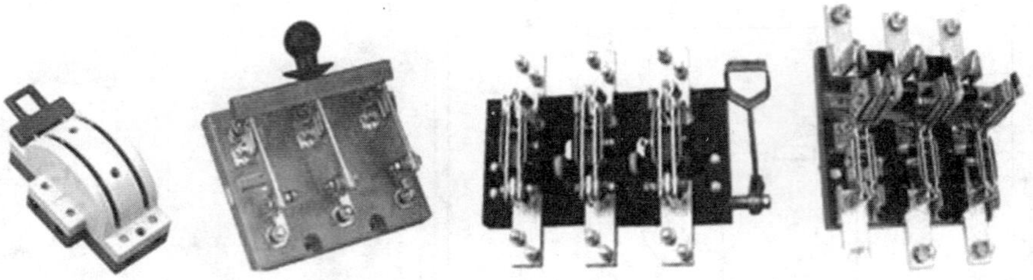

(a) 双极　(b) 三极　(c) 三极间接操作　(d) 双投

图 1-53　几种常用的刀开关

1.4.2　组合开关

组合开关又称转换开关,实质上为刀开关,只是将刀开关的平面结构变为立体结构且可组合触点数。组合开关是一种多触点、多挡位式,可以控制多个回路的电器。组合开关主要用作电源引入开关,或用于控制 5 kW 以下小功率电动机的直接启动、停止、换向,每小时通断的换接次数不宜超过 20 次。组合开关应根据电源的种类、电压等级、所需触点数及电动机的功率选用,组合开关的额定电流应取电动机额定电流的 1.5 ~2 倍。手柄能沿任意方向转动 90°,并带动 3 个动触片分别和 3 个静触片接通或断开。图 1-54 所示为 HZ10 系列组合开关的实物与结构图。

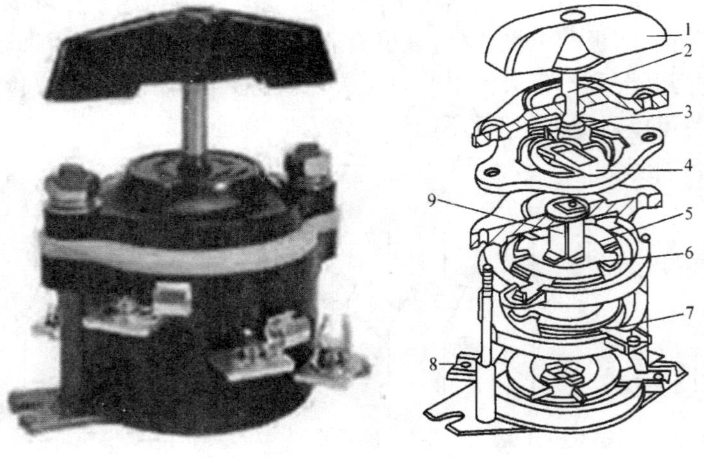

(a) 实物　(b) 结构

1—手柄;2—转轴;3—弹簧;4—凸轮;5—绝缘垫板;
6—动触片;7—静触片;8—接线柱;9—绝缘杆

图 1-54　HZ10 系列组合开关的实物与结构

组合开关的文字符号为 S、QS，其图形符号如图 1-55(a)、(b)所示。组合开关在电路图中的触点用状态图及状态表表示，如图 1-55(c)、(d)所示。图中虚线表示操作位置，不同操作位置的各对触点的通断表示于触点右侧，与虚线相交的位置上涂黑点表示接通，没有涂黑点表示断开。触点的通断状态还可以列表表示，表中“+”表示闭合、“-”或无记号表示断开。

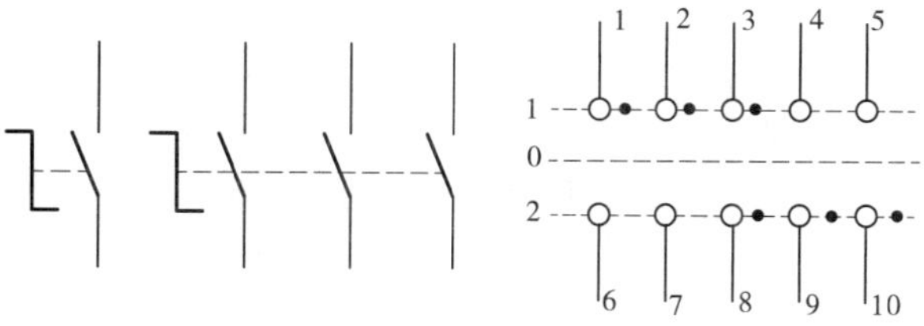

位置	触点				
	1-6	2-7	3-8	4-9	5-10
1	+	+	+	-	-
0	-	-	-	-	-
2	-	-	+	+	+

(a)单极　(b)三极　(c)多级组合开关触点的状态图　(d)多级组合开关的状态表

图 1-55　组合开关的图形符号

常用的组合开关有 HZ10、HZ5、HZ15 等系列，以及从德国西门子公司引进技术生产的 3ST、3LB 系列。

产品型号含义如下：

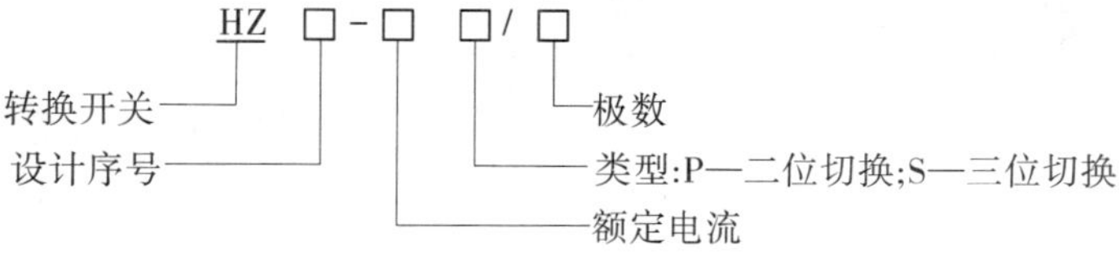

1.4.3　开启式负荷开关

开启式负荷开关又称胶盖瓷底开关，主要用作电气照明电路和电热电路的控制开关。与刀开关相比，负荷开关增设了熔丝和防护外壳胶盖。负荷开关内部装设了熔丝，可以实现短路保护；由于有胶盖，在分断电路时产生的电弧不至于飞出，同时防止极间飞弧造成相间短路。其选择和安装注意事项与普通刀开关相同，电源进线应接在静插座一边的进线端，用电设备应接在动触刀一边的出线端，当闸刀断开时，闸刀和熔丝均不带电，以保证更换熔丝时的安全。HK 系列开启式负荷开关的结构如图 1-56(a)所示，图形符号和文字符号如图 1-56(b)所示。

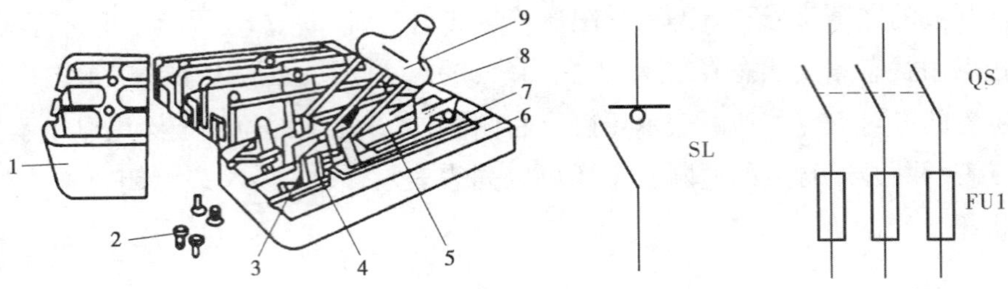

(a) (b)

1—胶盖;2—胶盖固定螺钉;3—进线座;4—静插座;5—熔丝;
6—瓷底板;7—出线座;8—动触刀;9—瓷柄

图 1-56 HK 系列开启式负荷开关的结构和图形、文字符号

1.4.4 封闭式负荷开关

1.4.4.1 结构特点

封闭式负荷开关俗称铁壳开关,常用的 HH 系列如图 1-57 所示。

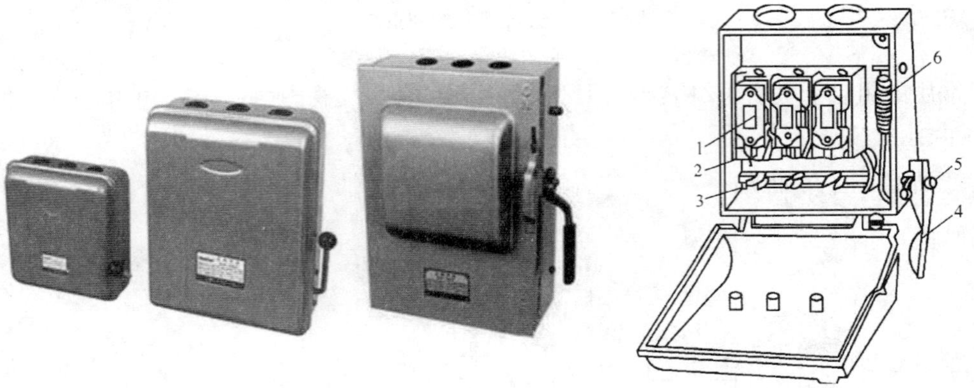

(a) 实物 (b) 结构

1—熔断器;2—夹座;3—闸刀;4—手柄;5—转轴;6—速动弹簧

图 1-57 HH 系列封闭式负荷开关的实物和结构

封闭式负荷开关主要由闸刀、熔断器、灭弧装置、操作机构和金属外壳构成。三相动触刀固定在一根绝缘的方轴上,通过操作手柄操纵。操作机构采用储能合闸方式,在操作机构中装有速动弹簧,使开关迅速通断电路,其通断速度与操作手柄的操作速度无关,有利于迅速断开电路,熄灭电弧。操作机构装有机械连锁,保证盖子打开时手柄不能合闸,当手柄处于闭合位置时,盖子不能打开,以保证操作安全。

1.4.4.2 选择及使用注意事项

由于封闭式负荷开关操作的安全性、方便性和开断负荷的能力较大,所以在独立的设备,特别是单台的电动机控制中仍有较多的适用场合。在选择使用时,其额定电压应大于或等于电路的额定电压,额定电流应大于或等于电路的额定电流,当用封闭式负荷开关控制电动机时,其额定电流应是电动机额定电流的 2 倍。

封闭式负荷开关在使用中其金属外壳应可靠接地,为防止外壳漏电,接线时应将电源进线接在静触座的接线端子,负荷接在熔断器一侧。

常用的封闭式负荷开关有 HH3、HH4、HH10、HH11 等系列。

产品型号含义如下:

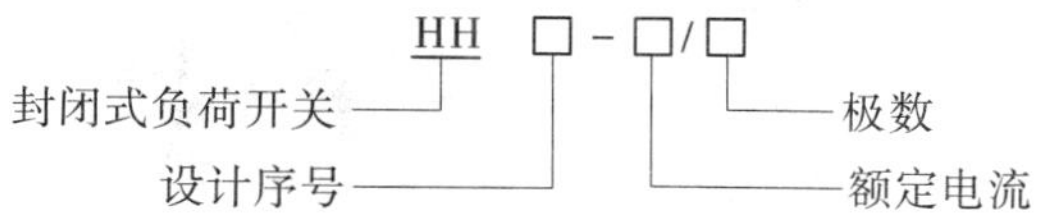

1.4.5 倒顺开关

倒顺开关用于控制电动机的正反转及停止。它由带静触点的基座、带动触点的鼓轮和定位机构组成。开关有 3 个位置:向左 45°(正转)、中间(停止)、向右 45°(反转)。倒顺开关触点的状态图及状态表如图 1-58 所示。图 1-58 中虚线表示操作位置,不同操作位置的各对触点的通断表示于触点右侧,与虚线相交的位置上涂黑点表示接通,没有黑点表示断开。触点的通断状态还可以列表表示,表中"+"表示闭合、"-"表示断开。

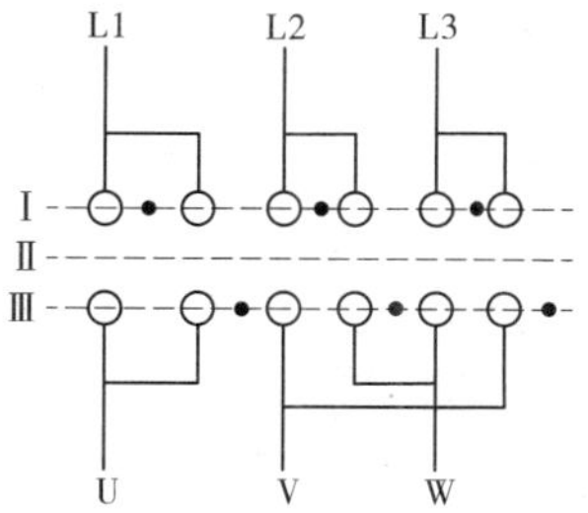

(a)状态图

位置	触点				
	L1-U	L2-V	L2-W	L3-V	L3-W
Ⅰ	+	+	-	-	+
Ⅱ	-	-	-	-	-
Ⅲ	+	-	+	+	-

(b)状态表

图 1-58 倒顺开关触点的状态图及状态表

1.4.6 低压断路器与智能型断路器

低压空气断路器俗称低压自动开关或低压断路器,它用于不频繁地接通和断开电路,而且当电路发生过载、断路或失电压等故障时,能自动断开电路。低压断路器的文字符号为 QF,其实物外形及图形、文字符号如图 1-59 所示。

1.4.6.1 低压断路器的结构和工作原理

低压断路器的结构主要包括三部分:带有灭弧装置的主触点、脱扣器和操作机构。其原理结构和接线如图 1-60 所示。

图 1-60 中,主触点由操作机构手动或电动合闸,当操作机构处于闭合位置时,可由自由脱扣器(2~9 构成的整体装置)进行脱扣,将主触点断开。当线路上出现短路故障时,其过电流脱扣器动作(4、7、11),使开关跳闸,进行短路保护;如果出现过负荷,串联在主电路的加热电阻丝 12 升温,双金属片 10 弯曲带动自由脱扣器动作,使开关跳闸,进行过载保护;当主电路电压消失或降低到一定的数值时,欠电压脱扣器(5、8、13)的衔铁被释

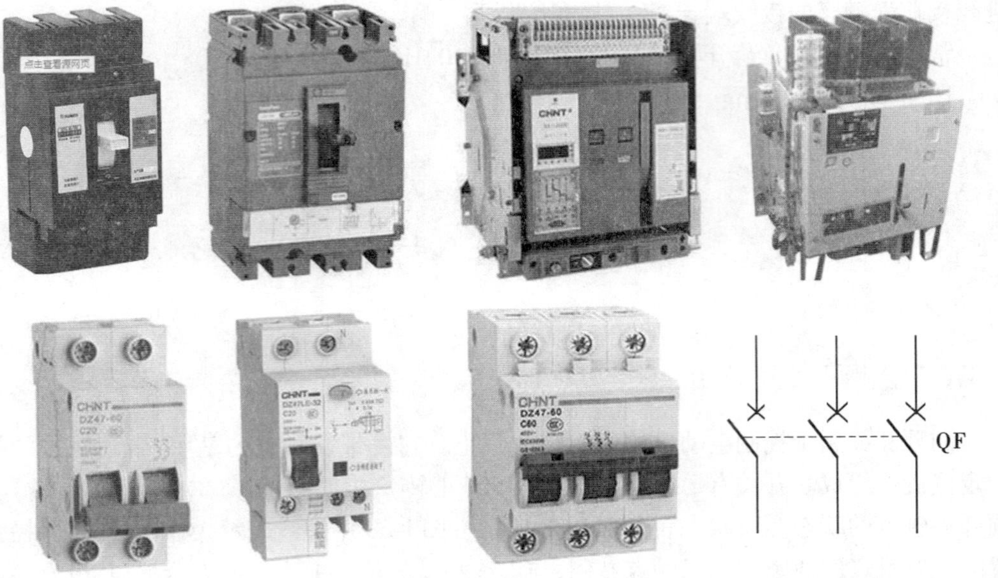

图 1-59　几种低压断路器的实物及低压断路器图形、文字符号

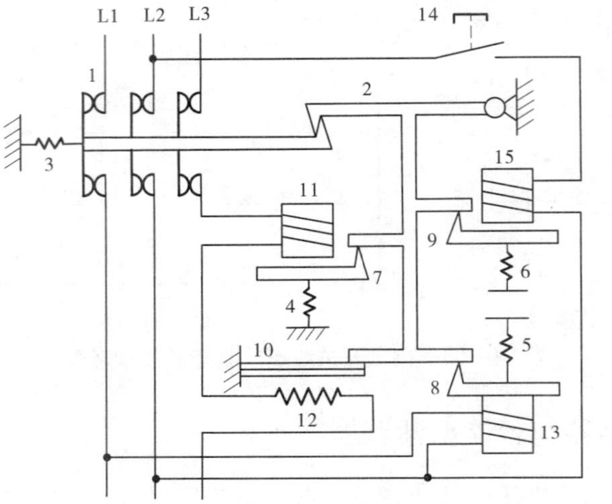

1—触头;2—搭钩;3、4、5、6—弹簧;7、8、9—衔铁;10—双金属片;
11—过电流脱扣线圈;12—加热电阻丝;13—失压脱扣线圈;14—按钮;15—分励线圈

图 1-60　低压断路器的原理结构和接线

放,衔铁的顶板推动自由脱扣器,使断路器跳闸,进行欠电压和失电压保护;有的低压断路器还有分励脱扣器,主要用于远距离操作,按下按钮 14,分励脱扣器(6、9、15)的衔铁吸合,推动自由脱扣器动作,低压断路器跳闸,主电路断开后,分励脱扣器的线圈断电,分励脱扣器的线圈不允许长期通电。

1.4.6.2　低压断路器的类型

低压断路器按结构类型分为塑壳式(装置式)低压断路器、万能式(框架式)低压断路器和智能化低压断路器。

1. 塑壳式低压断路器

塑壳式低压断路器具有模压绝缘材料制成的封闭型外壳，将所有构件组装在一起。作为配电、电动机和照明电路的过载及短路保护，也可以用于电动机不频繁的启动。塑壳式低压断路器主要有DZ5、DZ10、DZ15、DZ20、3VE系列。其中，3VE系列是从德国西门子公司引进技术生产的，主要用于小功率电动机和线路的过载及短路保护；DZ20系列塑壳式低压断路器实物如图1-61(a)所示，其结构如图1-61(b)所示。

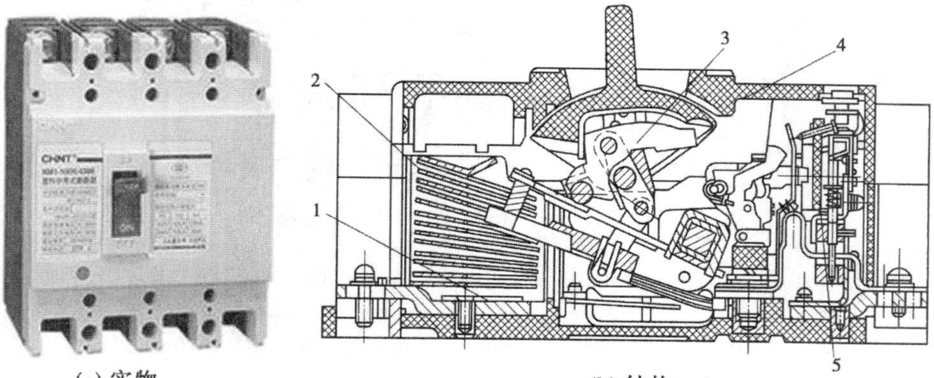

(a) 实物　　(b) 结构

1—触点；2—灭弧罩；3—操作机构；4—外壳；5—脱扣器

图1-61　DZ20系列塑壳式低压断路器

塑壳式低压断路器的操作手柄有3个位置：①合闸位置，手柄扳向上边，自由脱扣器锁住，触点在闭合状态；②自由脱扣位置，自由脱扣器脱扣，手柄移至中间位置，触点断开；③分闸和再扣位置，手柄扳向下边，触点在断开位置，自由脱扣器被锁住，完成再扣操作，为下次合闸做好准备。如果断路器自动跳闸后，不将手柄扳向再扣位置(分闸位置)，而直接合闸是合不上的。万能式断路器也是如此。

2. 框架式低压断路器

框架式低压断路器有一个钢制的或压塑的底座框架，所有部件都装在框架内，导电部分加以绝缘。DW型万能式(框架式)低压断路器的结构如图1-62所示，目前常用的有DW15、DW16及引进生产的ME、AH等。

3. 智能化低压断路器

智能化低压断路器采用了以微处理器或单片机为核心的智能控制器，其具有各种保护功能，还可以实时显示电路中的各种电气量(电压、电流、功率因数等)，对电路进行在线监视、测量、试验、自诊断、通信等，能够对各种保护的动作参数进行显示、设定和修改。将电路故障时的参数存储在非易失存储器中，以便分析。目前国内生产的有塑壳式和框架式两种，主要型号有DW45、DW40、DW914(AH)、DW19(3WE)(如图1-63所示)。

1.4.6.3　低压断路器的选用

选择低压断路器，应根据线路或设备的保护要求及使用环境，确定断路器的选用类型和保护形式，即框架式、装置式或限流式。额定电压和额定电流应大于或等于电路、设备的正常工作电压和电流。断路器的分断能力应大于或等于电路的最大的三相短路电流，欠电压脱扣器的额定电压应等于电路的额定电压，过电流脱扣器的额定电流应大于或等

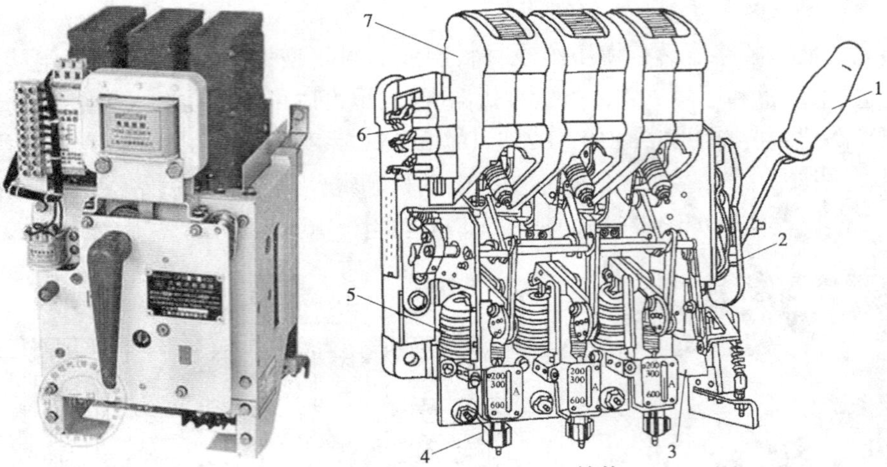

(a) 实物　　(b) 结构

1—操作手柄;2—脱扣器;3—失电压脱扣器;4—过电流脱扣器电流调节螺母;
5—过电流脱扣器;6—辅助触点;7—灭弧罩

图 1-62　DW 万能式(框架式)低压断路器的实物和结构

图 1-63　塑壳式和框架式智能化低压断路器

于线路的最大负载电流。长延时脱扣电流应小于导线允许的持续电流。具有剩余电流(漏电流)保护功能的断路器,在选择时应注意安装位置(前后级)所要求的零序电流保护动作电流和动作时间,应认真整定动作电流和时间值。

1.4.7　新型开关产品

1.4.7.1　双电源自动转换开关

随着微处理器的广泛使用,近年推广上市了一种由微处理器和断路器、熔断器等组合而成的开关新产品,即双电源自动转换开关,如图 1-64 所示。

1. 双电源自动转换开关的定义

双电源自动转换开关是新开发的一种能在两路电源之间进行可靠切换的装置。它是由一个或几个转换开关电器和其他必需的电器组成的,用于检测电源电路,并将一个或多个负载电路从一个电源自动转换到另一个电源的电器。

KT-GA 系列
双电源自动转换开关

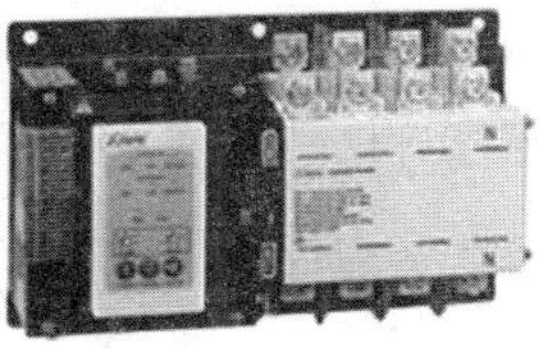

KT-N/M/Q 系列
双电源自动转换开关

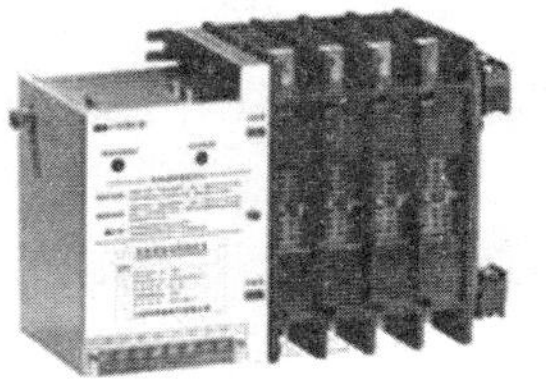

KT-WN 系列
双电源自动转换开关

KA2-63M 系列
双电源自动转换开关

KA2-63N 系列
双电源自动转换开关

KA2-63G 系列
双电源自动转换开关

KA2-Z 系列
双电源自动转换开关

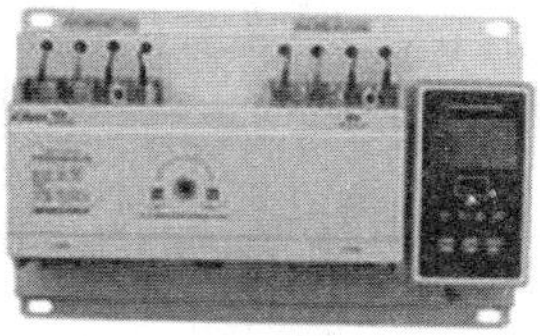

KA2-Y 系列
双电源自动转换开关

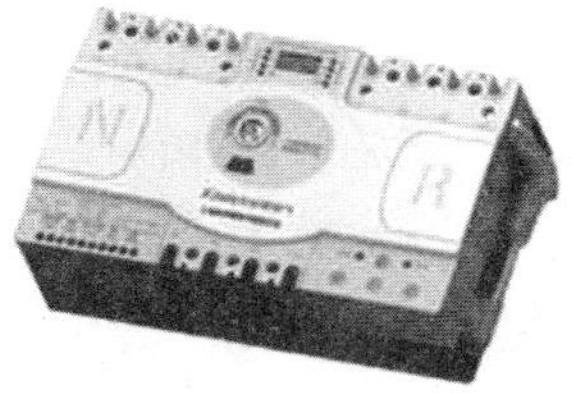

KA2-C 系列
双电源自动转换开关

图1-64　几种常用双电源自动转换开关

双电源自动转换开关有着自投自复、自投不自复和电网—发电机三种切换功能，对三相四线制电网供电的两路电源的三相线电压有效值、相电压有效值及相位进行实时检测，当任一相发生过压、欠压（包括缺相）时，能自动从异常电源切换到正常电源。简单来说，就是一路常用一路备用，当常用电源突然故障或停电时，通过双电源切换开关，自动投入到备用电源上（小负荷下备用电源也可由发电机供电），使设备仍能正常运行。双电源自动转换开关还可以用于电网—发电系统的产品，能发出发电和卸载指令，是一种性能完善、安全可靠、自动化程度高、使用范围广的双电源系统产品。目前，最常见的是在电梯、消防、监控设备上使用；银行用的 UPS 不间断电源也是，不过其备用电源是电池组；一些一类负荷和二类负荷的厂矿或单位大多采用。

2. 双电源自动转换开关的工作原理

开关进入工作状态后，控制器将自动对两路电源各项电压连续进行数据采样，并计算出各项的电压有效值。根据整定的数据，微处理器做出各种判断处理，处理结果通过延时（可调）驱动电路向操作机构发出分闸或合闸指令，通过控制电机的正反转来实现开关的常、备用及双分转换，且故障的状况可由 LED 数码管和指示灯反映出来。

3. 双电源自动转换开关的组成

双电源自动转换开关由两台三极或四极 BM1 系列塑壳断路器及附件（辅助、报警触头)、电机传动机构、机械连锁机构、智能控制器等组成,分为整体式和分体式。整体式是控制和执行机构同装在一个底座上;分体式是控制器装在柜体面板上,执行机构装在底座上,由用户安装在柜体内,控制器与执行机构用约 2 m 长的电缆连接。两台执行断路器之间具有可靠的机械连锁装置和电气连锁保护,彻底杜绝了两台断路器同时合闸的可能性。

4. 双电源自动转换开关的结构形式

(1)接触器式:用两台交流接触器和一些连锁装置搭接而成。

(2)断路器式:用两台断路器和外在的机械连锁装置组合而成。

(3)负荷开关式:用两台负荷开关和一套内置的连锁机构组合而成。

(4)双投式:用电磁力驱动内置的连锁机构,采用单刀双掷一体化的转换开关。

5. 双电源自动转换开关的分类

双电源自动转换开关分为两类,STS 和 ATS。

(1)STS(Static Transfer Switch)静态开关,又叫静态转换开关。为电源二选一自动切换系统,第一路出现故障后 STS 自动切换到第二路给负载供电,若第二路故障则 STS 自动切换到第一路给负载供电。STS 适合用于 UPS—UPS、UPS—发、UPS—市电、市电—市电等任意两路电源的不断电转换。STS 静态切换开关主要由智能控制板、高速可控硅、断路器构成。其标准切换时间≤8 ms,不会造成 IT 类负载断电,既对负载可靠供电,同时又能保证 STS 在不同相切换时的安全性。

(2)ATS(Automatic Transfer Switch)自动转换开关。ATS 主要用在紧急供电系统,是将负载电路从一个电源自动换接至另一个(备用)电源的开关电器,以确保重要负荷连续、可靠运行。ATS 为机械结构,转换时间为 100 ms 以上,会造成负载断电,适合照明、电机类负载。自动转换开关采用双列复合式触头、横拉式机构、微电机预储能以及微控制技术,基本实现了零飞弧。驱动电机为聚氯丁橡胶绝缘湿热型电机,装有安全装置,在超出 110 ℃温度和过电流状态时自动跳闸,待故障消失后即自动投入工作,很大程度上保证了开关寿命。

6. 双电源自动转换开关的特点

其特点为:采用双列复合式触头、横接式机构、微电机预储能及微电子控制技术,基本实现零飞弧(无灭弧罩);采用过零位技术,紧急情况下可强制置零(同时切断两路电源);采用可靠的机械连锁和电气连锁,安全性能好;具有明显通断位置指示、挂锁等功能,可靠实现电源与负载间的隔离;机电一体化设计,开关转换准确、灵活、顺畅;自动化程度高,全自动型不需外接任何控制元器件;开关具有多路输入/输出接口,便于实现远程 PLC 控制及系统自动化;电磁兼容好,抗干扰能力强,对外无干扰,可靠性高,使用寿命 8 000 次以上;外形美观、体积小、重量轻。

7. 双电源自动转换开关的功能

(1)由逻辑控制板,以不同的逻辑来管理直接装于开关内的电机,通过变速箱的运行操作来保证开关的位置。

(2)电机为聚氯丁橡胶绝缘湿热型电机,装有安全装置,在超出 110℃温度和过电流状态时跳闸。两台断路器之间具有可靠的机械连锁装置和电气连锁保护,彻底社绝了两台断路器同时合闸的可能性。

(3)智能化控制器采用单片机为控制核心,硬件简洁,功能强大,扩展方便,可靠性高。

自动转换参数可在外部自由设定,具有操作电机智能保护功能,及短路、过载保护功能,过压、欠压、缺相自动转换功能与智能报警功能。

(4)本装置带有消防控制电路,当消防控制中心给一控制信号进入智能控制器后,两台断路器都进入分闸状态。

(5)留有计算机联网接口,以备实现遥控、遥调、遥信、遥测等四遥功能。

(6)带有发电机启动信号功能,当常用电源异常时,ATS 控制器发出启动信号,自动启动发电机。

8. 双电源自动转换开关的应用范围

双电源自动转换开关适用于额定工作电压 240/415 V、频率 50/60 Hz 的供电系统。当一路电源发生故障时,可以自动完成常用电源和备用电源之间的转换,而无需人工操作,以保证重要用户供电的可靠性,主要用于医院、商场、银行、人防、冶金、高层建筑、军事设施和消防等不允许断电的重要场所。其产品符合 IEC60947 -6 -1、GB/T 14048.11(自动化转换开关电器)标准,也符合《高层民用建筑防火规定》《建筑设计防火规范》《应急照明设计指南》《民用建筑电气设计规范》等。

9. 双电源自动转换开关的控制功能/工作模式

1)自动

当用户设定为自动功能时,自动转换开关的切换由控制器根据故障状况自动控制。当自动转换开关用于电网与发电机系统(F2 模式)时,控制器对电网与发电机两路电源进行切换,在电网电源出现故障时发出无源触点信号(以一组常开、常闭触点输出),用来启动发电机系统,当发电机发电电压达到额定要求时,控制器将进行转换。至于系统容量,由用户自行配置;当发电机容量有限时,可先除去部分负载,以免过载;当电网恢复正常后,自动转换开关将自动转换至电网电源供电。

2)手动

当在手动模式下时,用户可根据需要操纵控制器面板上的按键来进行转换开关的切换,有三种位置可供选择:常用电源位置、备用电源位置、双分位置。

10. 双电源自动转换开关的操作规程

(1)当因故停电,且在较短时间内无法恢复供电时,必须启用备用电源。其步骤为:①切除市电供电各断路器(包括配电室控制柜各断路器、双电源切换箱市供电断电器),拉开双投防倒送开关至自备电源一侧,保持双电源切换箱内自备电供电断路器处于断开状态。②启动备用电源(柴油发电机组),待机组运转正常时,顺序闭合发电机空气开关、自备电源控制柜内各断路器。③逐个闭合电源切换箱内各备用电源断路器,向各负载送电。④备用电源运行期间,操作值班人员不得离开发电机组,并根据负荷的变化及时调整电压、厂频率等,发现异常及时处理。

(2)市电恢复供电时,应及时做好电源转换工作,切断备用电源,恢复市电供电。其步骤为:①按顺序逐个断开自备电源各断路器,顺序是:双电源切换箱内自备电源断路器→自备电源配电柜内各断路器→发电机总开关→将双投开关拨至市电供电一侧。②按柴油机停机步骤停机。③按顺序,从市电供电总开关至各分路开关逐个闭合各断路器,将双电源切换箱自市电供电断路器置于闭合。

11. 双电源自动转换开关接线

如图 1-65 所示，双电源自动转换开关接线较简单，上端分别接两独立的电源，下端接负载，注意开关极数。

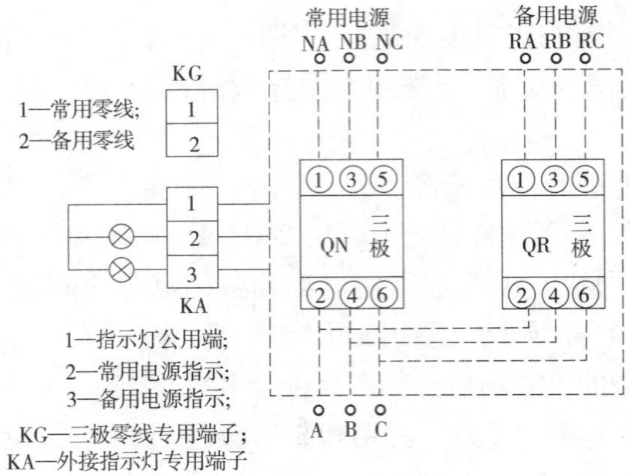

(a)三极开关接线

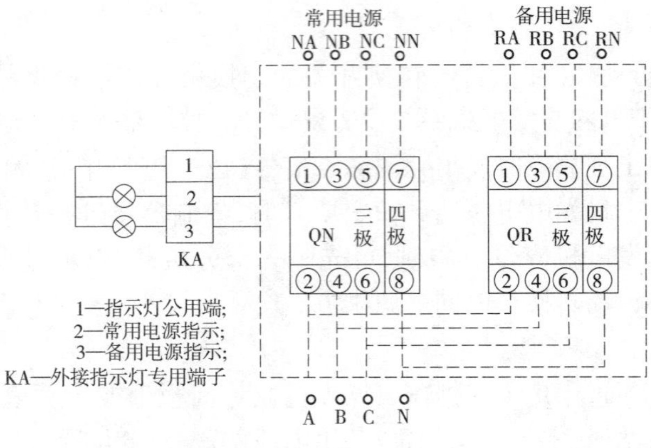

(b)四极开关接线

图 1-65 双电源自动转换开关接线原理

12. 选择及使用注意事项

(1)双电源自动转换开关的额定电压和额定电流应大于或等于电路、设备的正常工作电压和电流。其分断能力应大于或等于电路的最大三相短路电流，欠电压脱扣器的额定电压应等于电路的额定电压，过电流脱扣器的额定电流应大于或等于线路的最大负载电流。还应考虑功能、环境等条件。

(2)双电源自动转换开关是否加漏电保护（剩余电流保护），主要取决于负载的使用性质和特点。为了防触电和确保人身安全，要加装漏电保护，但在消防负载时为了保证电源的连续性和可靠性，不希望加装。建议非消防使用的双电源自动转换开关在电源侧和负载侧不加装总漏电保护，若必须加装，最好加装在转换开关后各出线支路上；消防使用的双电源自动转换开关电源侧和负载侧不宜加装总漏电保护。

(3)双电源自动转换开关的中线(N线、零线)的接线:四极双电源自动转换开关的N线单独分开,各自接常用电网和备用电网的N线(零线);三极双电源自动转换开关的N线有两种,一种是常用电网和备用电网的N线(零线)单独分开,另一种是接在一起连通。当双电源自动转换开关常用电网和备用电网的N线(零线)接在一起连通时,不能在两个电源线路的上一级装设剩余电流动作的断路器,否则在双电源自动转换开关进行切换时,上级断路器会自动跳闸,导致上级电源误动作,造成停电事故。

(4)双电源自动转换开关在选择时应注意安装位置(前后级)所要求的保护动作电流(短路、过载、漏电等)和动作时间的整定关系,应认真整定动作电流和时间值。

1.4.7.2 控制与保护开关

控制与保护开关是断路器、接触器、热继电器、熔断器等低压电器的最佳替代新型产品。其应符合GB 14048.9《低压开关设备和控制设备多功能电器(设备) 第2部分 控制与保护开关电器(设备)》和IEC60947-6-2《低压开关设备和控制设备 第6部分 多功能电器 第2节 控制与保护开关电器》标准。控制与保护开关实物和应用如图1-66所示。

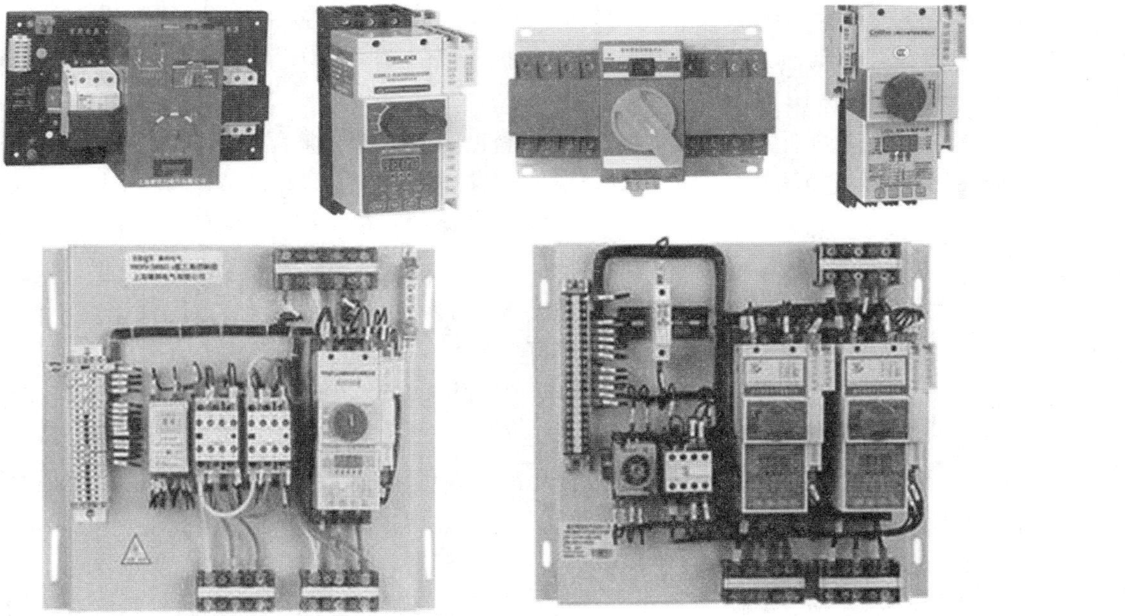

图1-66 几种常用控制与保护开关外形及实物盘内布置图

从其结构和功能上来说,控制与保护开关系列产品已不再是接触器、断路器、热继电器等单个产品,而是一套控制保护系统。根据需要选配功能模块或附件,即可实现对各类电动机负载、配电负载的控制与保护。它的出现从根本上解决了传统的采用分立元器件(通常是断路器或熔断器+接触器+过载继电器)由于选择不合理而引起的控制和保护配合不合理等种种问题,特别是克服了采用不同考核标准的电气产品组合在一起时保护特性与控制特性配合不协调的现象,极大地提高了控制与保护系统的运行可靠性和连续运行性能。

1. 结构及用途

控制与保护开关产品采用模块化的单一产品结构形式,集成了传统的断路器、熔断器、接触器、过载(或过流、断相)保护继电器、启动器、隔离器等的主要功能。它主要包括操作机构、智能控制线路板、主电路接触器、电磁传动机构、辅助触头模块5个组成部件;主要用于交流50 Hz(60 Hz)、额定电压至690 V、额定电流自0.8 A至630 A、可调工作电流自0.8 A至630 A的电力系统中接通、承载和分断正常条件(包括规定的过载条件)下的电路,且能够接通、承载并分断规定的非正常条件(如短路)下的电路。

2. 控制和保护功能

(1)具有短路保护功能。特大短路瞬时保护,保护电流与开关主体额定电流有关,其整定电流为$20I_n \pm 20\%$、动作时间$t_4 \leqslant 2 \sim 3$ ms;短路瞬时保护,保护电流与电子脱扣器额定工作电流有关,其整定电流为$16I_n \pm 15\%$、动作时间$t_3 \leqslant 0.1$ ms。

(2)过载、断相、缺相保护功能。过载长延时保护,保护电流与电子脱扣器额定工作电流有关,其整定电流I_{r1}面板可调$0.4 \sim 1I_e$,反时限特性为$I_{2T}=(1.5I_{r1})2t_1$,t_1为长延时电流$1.5I_{r1}$时的整定时间,配电用$t_1=64$ s,电动机用$t_1=128$ s;缺相、断相保护,动作整定时间为2 s;三相不平衡保护,任意二相电流相差超过50%,动作整定时间为2 s。

(3)具有过压、欠压保护功能。过压保护,三相(470±10)V,动作整定时间5 s;欠压保护,三相(270±10)V,动作整定时间5 s。

(4)具有协调配合的时间—电流保护特性。启动延时,短路短延时或定时限不保护,整定时间为2 s;短路短延时或定时限保护,保护电流与电子脱扣器额定工作电流有关,其整定电流面板上可调$(6 \sim 12I_{r1}) \pm 15\%$(电动机保护)、$(3 \sim 6I_{r1}) \pm 10\%$(配电保护),延时动作整定时间$t_2=0.2$ s。

(5)具有反时限、定时限和瞬时三段保护特性。漏电保护,剩余电流根据客户要求定制,动作时$t_1 \leqslant 0.1$ s(延时型为0.3 s)(可选)。

(6)具有远距离自动控制和就地手动控制功能。消防接口,直流24 V消防接口输出(可选)。

(7)具有面板指示及机电信号报警功能。在线编程、动作电流调整、指示预报警、故障、试验。

3. 适用领域

控制与保护开关功能集成化、模块化、小型化结构,对环境污染的防护等级高,具有分断短路电流能力强、飞弧距离短、电寿命长、保护功能齐全、连续运行性能和可靠性高、安装使用及维修操作方便等一系列优点,因此特别适用于以下系统:

(1)工业设施。现代工业中的冶金、煤矿、石化、港口、船舶、铁路等领域的配电和电动机保护与控制系统,单电机控制与保护系统,配电中心,高速公路照明或通风系统等。

(2)商业及民用设施。现代化建筑中的照明、电源转换、泵、风机、空调、消防、照明等电气控制与保护系统、远程控制照明系统,医院、电信通信机房、商业大楼(大型购物中心、超级市场、超市等)、消防系统中各种场合的消防泵,风机等。

4. 控制与保护开关使用特点

1) 配套附件齐全

可配套的附件有辅助触头与信号报警触头、分励脱扣器、远距离再扣器、门或抽屉的面板操作机构、控制电路转换模块等,在单一产品上可构成完整的控制与保护单元,实现协调配合的控制与保护功能。

2) 安装灵活

横装、垂直安装、水平安装均不影响使用性能。可广泛应用于紧凑型成套装置中,包括固定式或抽屉式的 MCC 柜中,特别是在抽屉中的应用,具有分离元器件不可比拟的优越性。

3) 安全可靠、防护等级高

板前、板后、插入式接线的接线端子均具有防触电功能,配备高防护等级外壳后,可适用于民用建筑的潮湿场所、地下室、水泵房、煤矿、港口、船舶、石化等领域,是替代电磁启动器、保护式和组合式启动器的理想产品。控制与保护开关可用于Ⅲ类(690 V 系统)、Ⅳ类(380 V)系统,控制电源电压应在(85% ~110%)U_s 的波动范围内。

5. 图形符号和文字符号

控制与保护开关的图形符号和文字符号如图 1-67 所示。

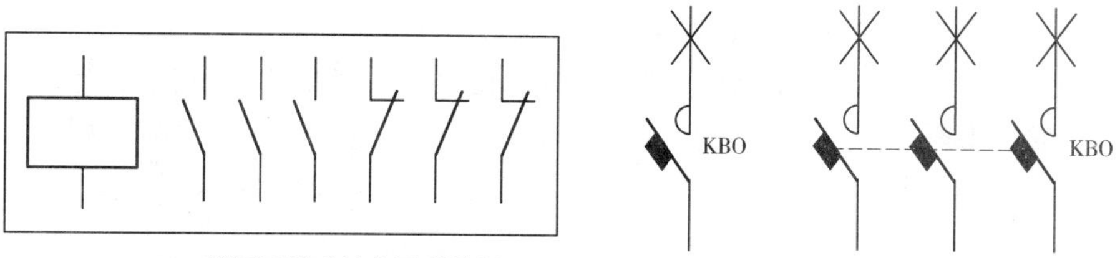

(a)KBO线圈及辅助触点图形符号　(b)图形符号和文字符号

图 1-67　控制与保护开关的图形符号和文字符号

任务 1.5　熔断器的种类和应用

熔断器是一种结构简单、使用方便、价格低廉的保护电器,广泛用于供电线路和电气设备的短路保护。熔断器串入电路,当电路发生短路或过载时,通过熔断器的电流超过限定的数值后,由于电流的热效应,熔体的温度急剧上升,超过熔体的熔点,熔断器中的熔体熔断而分断电路,从而保护了电路和设备。熔断器的实物图和图形文字符号如图 1-68 所示。

1.5.1　熔断器的结构及分类

熔断器由熔体和安装熔体的熔管两部分组成。

熔体是熔断器的核心,熔体的材料有两类:一类为低熔点材料,如铅锡合金、锌等;另一类为高熔点材料,如银丝或铜丝等。低熔点材料熔化时所需热量小,有利于过载保护,但由于低熔点的熔体电阻率大,熔体的截面面积较大,熔断时产生的金属蒸气多,不利于

图 1-68 几种熔断器的外形及图形、文字符号

灭弧,所以分断能力较低。高熔点的金属材料,熔化时所需热量大,不利于过载保护,但是高熔点材料的电阻率小,熔体的截面面积较小,熔断时产生的金属蒸气少,有利于灭弧。

熔管一般采用硬制纤维或瓷制绝缘材料制成,既便于安装熔体,又有利于熔体熔断时电弧的熄灭。

熔断器按其结构类型分为瓷插式、螺旋式、有填料密封管式、无填料密封管式、自复式等;按用途分,有保护一般电气设备的熔断器,如在电气控制系统中经常选用的螺旋式熔断器,还有保护半导体器件用的快速熔断器,用以保护半导体硅整流器件及晶闸管的 RLS2 产品系列。

国产低压熔断器型号含义如下:

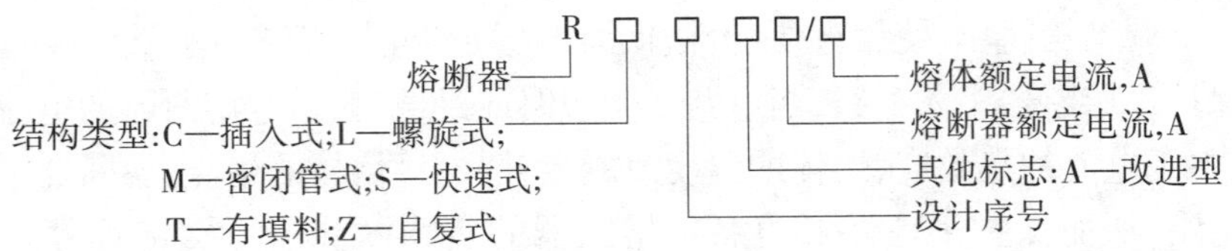

下面主要介绍工厂电气控制中应用较多的几种熔断器。

1.5.1.1 瓷插式熔断器

瓷插式熔断器是低压分支线路中常用的一种熔断器。它结构简单,分断能力小,多用于民用和照明电路中。常用的瓷插式熔断器为 RC1A 系列,其结构如图 1-69 所示。

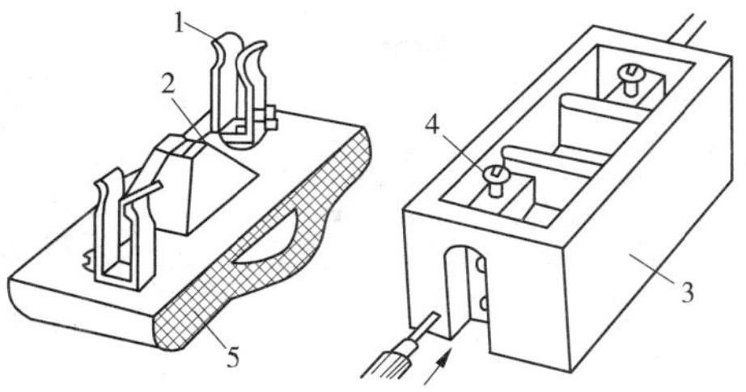

（a）实物　　　　（b）结构

1—触点；2—熔丝；3—外壳；4—螺钉；5—瓷盖

图 1-69　RC1A 系列瓷插式熔断器的实物和结构

1.5.1.2　螺旋式熔断器

螺旋式熔断器的熔管内装有石英砂或惰性气体，有利于电弧的熄灭，因此螺旋式熔断器具有较高的分断能力。熔体的上端盖有一个熔断指示器，熔断时红色指示器弹出，可以通过瓷帽上的玻璃孔观察到。常用的有 RL6、RL7 系列，多用于电动机主电路中。螺旋式熔断器的结构如图 1-70 所示。螺旋式熔断器的优点是有明显的分断指示，并且不用任何工具就可取下或更换熔体。

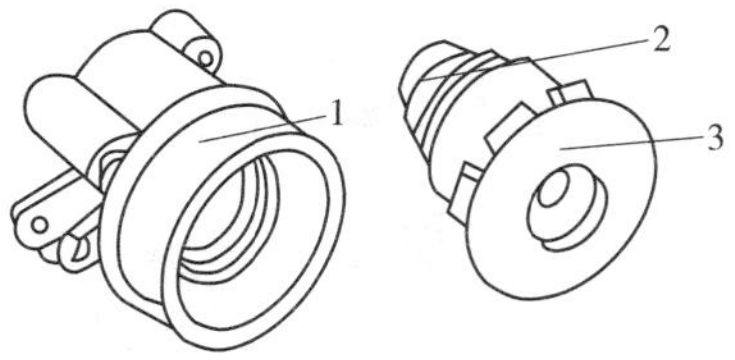

（a）实物　　　　（b）结构

1—底座；2—熔体；3—瓷帽

图 1-70　螺旋式熔断器的实物和结构

1.5.1.3　密闭管式熔断器

密闭管式熔断器分为有填料和无填料两种。无填料密闭管式熔断器常用的有 RM10 系列，如图 1-71 所示。RM10 型熔断器由纤维熔管、变截面锌熔片和触点底座等几部分组成，将锌熔片冲成宽窄不一的变截面，是为了改变熔断器的保护性能。短路时，短路电流首先使熔片窄部（电阻较大）加热熔断，使熔管内形成几段串联短弧，而且中段熔片熔断后跌落，迅速拉长电弧，从而使电弧迅速熄灭。在过负荷电流通过时，由于电流加热时间较长，熔片窄部散热较好，往往不在窄部熔断，而在宽窄之间的斜部熔断。根据熔片熔断的部位，可以大致判断故障的性质。这种熔断器结构简单，更换熔片方便，常用于低压配电网或成套配电设备中。

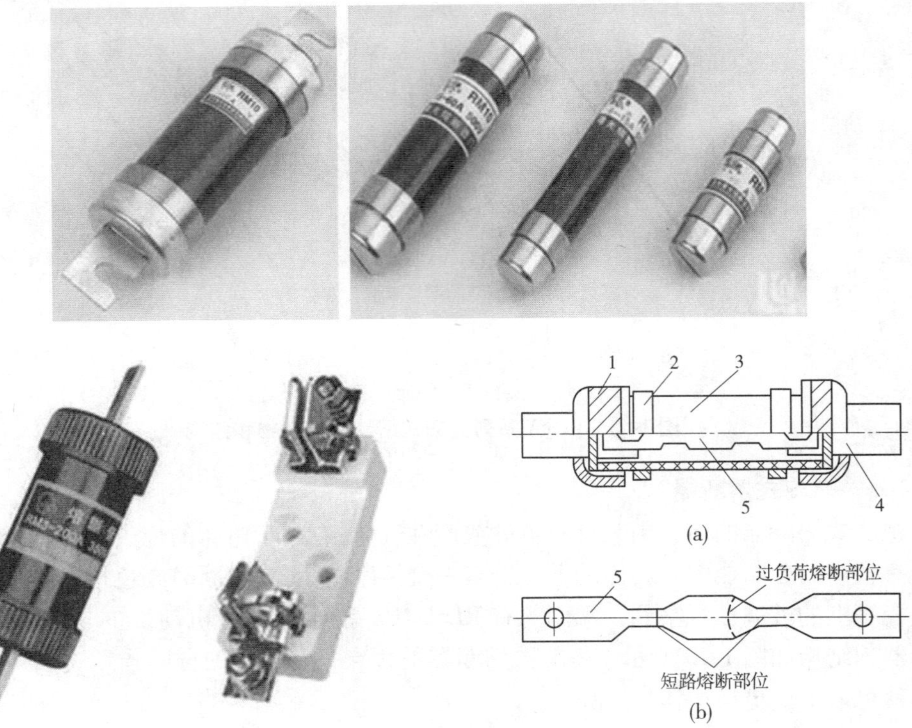

1—铜管帽;2—管夹;3—纤维熔管;4—触刀;5—变截面锌熔片

图 1-71　RM10 型熔断器

有填料密闭管式熔断器如图 1-72 所示。

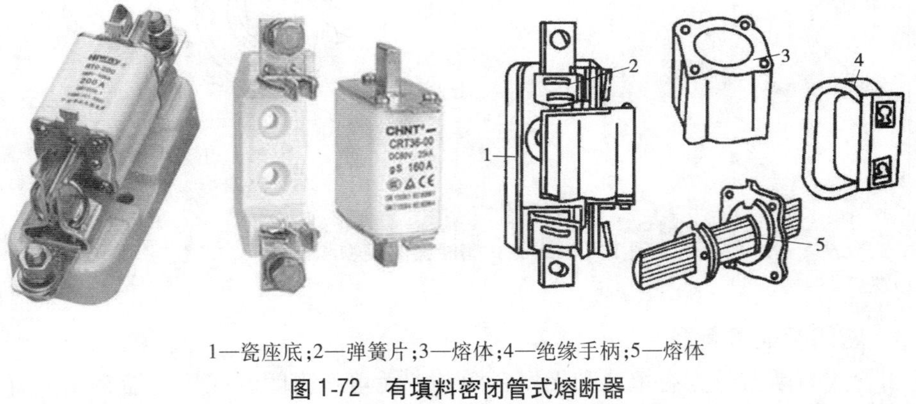

1—瓷座底;2—弹簧片;3—熔体;4—绝缘手柄;5—熔体

图 1-72　有填料密闭管式熔断器

熔管内装有石英砂作填料,用来冷却和熄灭电弧,因此具有较强的分断电流的能力,常用的有 RT12、RT14、RT15、RT17、NT 等系列。RT12、RT15 系列带有熔断指示器。RT14 系列带有撞击器,熔断时撞击器弹出,既可作熔断信号指示,也可触动微动开关以切断接触器线圈电路,使接触器断电,实现三相电动机的断相保护。NT 系列是我国引进德国技术生产的一种分断能力高、体积小、功耗低、性能稳定的熔断器。有填料密闭管式熔断器常用于大容量的电力网和配电设备中。

1.5.1.4 快速熔断器

快速熔断器主要用于半导体器件或整流装置的短路保护。半导体器件的过载能力很低,因此要求短路保护具有快速熔断的能力。快速熔断器的熔体采用银片冲成的变截面的V形熔片,熔管采用有填料的密闭管。常用的有ELS2、RS3等系列。NGT是我国引进德国技术生产的一种分断能力高、限流特性好、功耗低、性能稳定的熔断器。

1.5.1.5 自复式熔断器

自复式熔断器的最大特点是既能切断短路电流,又能在故障消除后自动恢复,无须更换熔体。我国设计生产的RZ1型自复式熔断器如图1-73所示,它采用钠作为熔体。常温下,钠的电阻率很小,可以顺畅地通过正常的负荷电流,但在短路时,钠受热迅速汽化,其电阻率变得很大,从而可以限制短路电流。在金属钠汽化限流的过程中,装在熔断器一端的活塞将压缩氩气而迅速后退,减低由于钠汽化产生的压力,以防熔管爆裂。在限流动作结束后,钠蒸气冷却,又恢复为固态钠;而活塞在压缩的氩气的作用下,迅速将金属钠推回原位,使之恢复正常的工作状态。自复式熔断器的优点是能重复使用,不必更换熔体,但在线路中只能限制短路电流,不能切除故障电路。所以,自复式熔断器通常与低压断路器配合使用,甚至组合为一种电器。我国生产的RZ10－100R型低压断路器,就是DZ10－100型低压断路器和RZ1－100型自复式熔断器的组合。利用自复式熔断器来切断短路电流,而利用低压断路器来通断电路和实现过负荷保护。

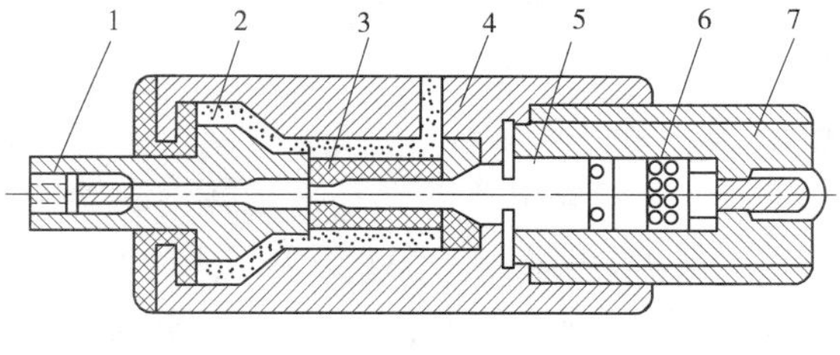

1—接线端子;2—云母玻璃;3—氧化铍瓷管;4—不锈钢外壳;5—钠熔体;6—氩气;7—接线端子

图1-73 自复式熔断器

1.5.2 熔断器的安秒特性

熔断器熔体的熔化电流与熔断时间的关系称为熔断器的保护特性曲线,也称为熔断器的安秒特性,如图1-74所示。熔断器的安秒特性具有反时限特性,流过熔体的电流越大,熔断所需的时间越短,图中I_q为最小熔化电流,当通过熔断器的电流小于此电流时熔断器不会熔断。所以,熔断器的额定电流I_N应小于最小熔断电流。通常$K_q = I_q/I_N = 1.5 \sim 2.0$,$K_q$称为熔化系数,若要熔断器保护小的过载电流,熔化系数应选得低些;为躲过电动机启动时的启动电流,熔化系数应选得高些。熔化系数主要取决于熔体的材料及结构。低熔点的金属材料,熔化系数小;高熔点的材

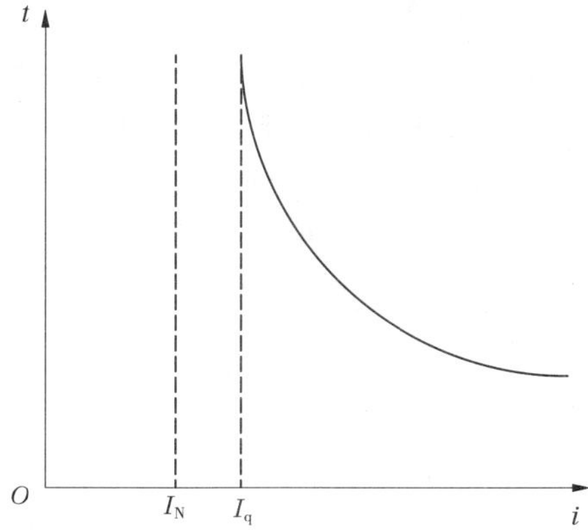

图1-74 熔断器的安秒特性

料，熔化系数高。

1.5.3 熔断器的技术参数

1.5.3.1 额定电压

熔断器的额定电压是指熔断器长期工作时和分断后能正常工作的电压，其值一般应等于或大于熔断器所接电路的工作电压；否则，熔断器在长期的工作中可能造成绝缘击穿，或熔体熔断后电弧不能熄灭。

1.5.3.2 额定电流

熔断器的额定电流是指熔断器长期工作，温升不超过规定值时所允许通过的电流。为了减少熔断器的规格，熔管的额定电流的规格比较少，而熔体的额定电流的等级比较多，一个额定电流等级的熔管，可以配合选用不同的额定电流等级的熔体。但熔体的额定电流必须小于或等于熔断器的额定电流。

1.5.3.3 极限分断能力

熔断器的极限分断能力是指在规定的额定电压下能分断的最大的短路电流值，它取决于熔断器的灭弧能力。

1.5.4 熔断器的选择

熔断器的选择主要是选择熔断器的种类、额定电压、额定电流和熔体额定电流等。熔断器的种类主要由电控系统整体设计来确定。

1.5.4.1 熔断器类型的选择

主要根据负载的过载特性和短路电流的大小来选择熔断器的类型。例如，对于容量较小的照明电路或电动机的保护，可采用 RCA1 系列或 RM10 系列无填料密闭管式熔断器；对于容量较大的照明电路或电动机的保护，短路电流较大的电路或有易燃气体的地方，则应采用螺旋式或有填料密闭管式熔断器；用于半导体器件保护的，则应采用快速熔断器。

1.5.4.2 熔断器额定电压的选择

熔断器的额定电压应大于或等于实际电路的工作电压。

1.5.4.3 熔断器额定电流的选择

熔断器的额定电流应大于或等于所装熔体的额定电流，因此确定熔体电流是选择熔断器的主要任务，具体来说有下列几条原则：

(1) 对于照明电路或电阻炉等没有冲击性电流的负载，熔断器作过载和短路保护用，熔体的额定电流应大于或等于负载的额定电流，即 $I_{RN} \geqslant I_N$。式中，I_{RN} 为熔体的额定电流；I_N 为负载的额定电流。

(2) 电动机的启动电流很大，熔体在短时通过较大的启动电流时，不应熔断，因此熔体的额定电流选得较大，熔断器对电动机只宜作短路保护而不用作过载保护。

保护一台异步电动机时，考虑电动机冲击电流的影响，熔体的额定电流按下式计算：

$$I_{RN} \geqslant (1.5 \sim 2.5) I_N$$

式中 I_N——电动机的额定电流。

保护多台异步电动机时，当出现尖峰电流时，熔断器不应熔断，则应按下式计算：

$$I_{RN} \geqslant (1.5 \sim 2.5) I_{Nmax} + \sum I_N$$

式中　I_{Nmax}——容量最大的一台电动机的额定电流；

$\sum I_N$——其余各台电动机额定电流的总和。

（3）快速熔断器熔体额定电流的选择。在小容量变流装置中（晶闸管整流器件的额定电流小于200 A），熔断器的熔体额定电流则应按下式计算：

$$I_{RN} = 1.57 I_{SCR}$$

式中　I_{SCR}——晶闸管整流器件的额定电流。

1.5.4.4　校验熔断器的保护特性

熔断器的保护特性与被保护对象的过载特性要有良好的配合，同时熔断器的极限分断能力应大于被保护电路的最大电流值。

1.5.4.5　熔断器的上、下级的配合

为使两级保护相互配合良好，两级熔体额定电流的比值应不小于1.6∶1，或对于同一个过载或短路电流，上一级熔断器的熔断时间至少是下一级的3倍。

1.5.5　熔断器的运行与维修

熔断器在使用中应注意以下事项：

（1）检查熔管有无破损变形现象、有无放电的痕迹，有熔断信号指示器的熔断器，其指示是否保持正常状态。

（2）熔体熔断后，应首先查明原因，排除故障。一般过载保护动作，熔断器的响声不大，熔丝熔断部位较短，熔管内壁没有烧焦的痕迹，也没有大量的熔体蒸发物附在管壁上。变截面熔体在小截面倾斜处熔断，是由过负荷引起的；反之，熔丝爆熔或熔断部位很长，变截面熔体大截面部位被熔化，一般由短路引起。

（3）更换熔体时，必须将电源断开，防止触电。更换熔体的规格应和原来的相同，安装熔丝时，不要把它碰伤，也不要拧得太紧，把熔丝轧伤。

任务1.6　主令电器的特点和应用

主令电器是用来发命令，以接通和分断控制电路的电器。主令电器只能用于控制电路，不能用于通断主电路。主令电器种类很多，本任务主要介绍控制按钮、万能转换开关、行程开关、接近开关和光电开关。

1.6.1　控制按钮

控制按钮是发出短时操作信号的主令电器。一般由按钮帽、复位弹簧、桥式动触点和静触点以及外壳等组成。图1-75所示为复合按钮的实物和结构。控制按钮的文字符号为SB，图形符号如图1-76所示。

图 1-75　复合按钮的实物及结构

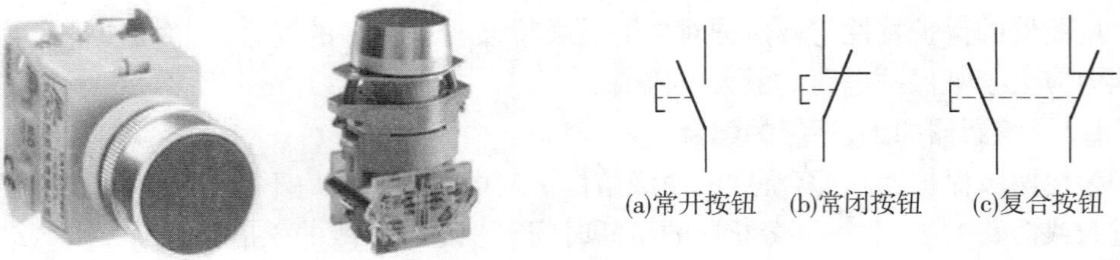

图 1-76　按钮的实物和图形符号

按下按钮时，其常闭触点先断开，常开触点后闭合；当松开按钮时，在复位弹簧的作用下，其常开触点先断开，常闭触点后闭合。常用按钮的规格一般为交流额定电压 220 V、380 V，额定电流 5 A。控制按钮可以做成单式（一个常开触点或一个常闭触点）和复合式按钮（一个常开触点和一个常闭触点）。为了便于操作，根据按钮作用的不同，按钮帽常做成不同的颜色和形状。通常，红色表示停止按钮，绿色表示启动按钮，黄色表示应急或干预，如抑制不正常的工作情况，红色蘑菇形表示急停按钮等。控制按钮在结构上有按钮式、紧急式、自锁式、钥匙式、旋钮式、保护式等，常用的型号有 LA19、LA20、LA25、LA101、LA38、NP1 等。

其型号含义如下：

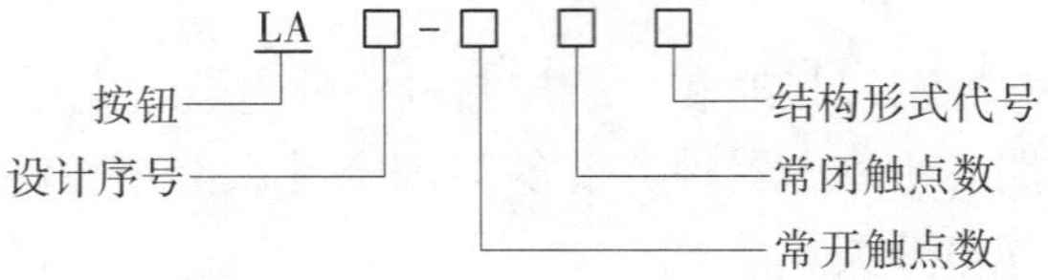

1.6.2　万能转换开关

万能转换开关是一种具有多操作位置，可以控制多个回路的主令电器，在控制电路中主要用于电路的转换。万能转换开关的结构和组合开关的结构相似，由多组相同结构的触点组件叠装而成，它依靠凸轮转动及定位，用变换半径操作触点的通断，当万能转换开关的手柄在不同的位置时，触点的通断状态是不同的。万能转换开关的手柄操作位置是用手柄转换的角度表示的，有90°、60°、45°、30°四种。万能转换开关在电路图中图形符号的表示方法和组合开关的相似。常用的有LW5、LW6、LW8、LW12、LW16系列等。LW6系列万能转换开关由操作机构、面板、手柄及几层触点座等部件组成，用螺栓组成整体。触点座可有1~10层，每层均可装3对触点，这样万能转换开关的触点数量可达3对×10=30对。由于每层凸轮可做成不同的形状，因此当手柄转到不同位置时，可使各对触点按一定的规律接通和分断。万能转换开关实物及一层结构示意图如图1-77所示。

图1-77　几种万能转换开关实物及一层结构示意图

1.6.3　行程开关

行程开关又叫限位开关或位置开关，其原理和按钮相同，只是靠机械运动部件的挡铁撞击行程开关而使其常开触点闭合、常闭触点断开，从而对控制电路发出接通、断开的转换命令。行程开关主要用于控制生产机械的运动方向、行程的长短和限位保护。行程开关可以分为直动式、滚轮式和微动行程开关。行程开关的文字符号为SQ，实物和图形符号如图1-78所示。

(a) 常开触点　(b) 常闭触点

图1-78　行程开关的实物及图形符号

1.6.3.1　直动式行程开关

直动式行程开关的结构如图1-79所示，它是靠运动部件的挡铁撞击行程开关的推杆发出控制命令的。当挡铁离开行程开关的推杆后，直动式行程开关可以自动复位。直动式行程开关的缺点是其触点的通断速度取决于生产机械的运动速度，当运动速度低于0.4 m/min时，触点通断太慢，电弧存在的时间长，触点的烧蚀严重。

1.6.3.2　滚轮式行程开关

滚轮式行程开关可以分为单滚轮式和双滚轮式，其实物外形如图1-80所示。

(a) 实物

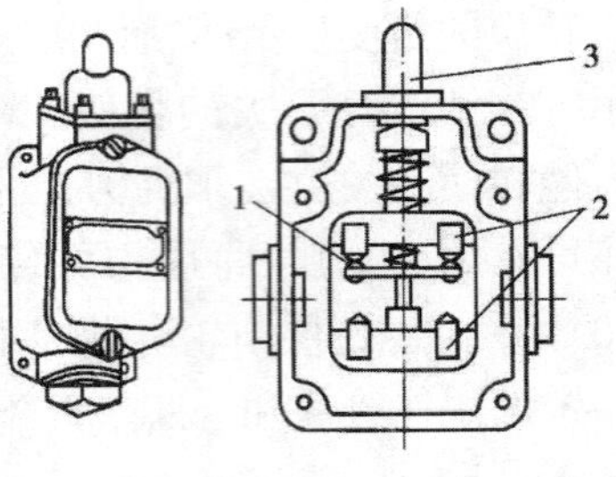

1—动触点；2—静触点；3—推杆

(b) 结构

图 1-79　直动式行程开关实物和结构

滚轮式行程开关适用于低速运动的机械，单滚轮式行程开关可以自动复位，双滚轮式的行程开关不能自动复位。单滚轮式行程开关的结构如图 1-81 所示，当运动机械的挡铁碰到行程开关的滚轮时，杠杆连同转轴一起转动，使凸轮推动撞块，当撞块被压到一定位置时，推动微动开关迅速动作，使其常开触点闭合、常闭触点断开。当挡铁离开滚轮后，复位弹簧使行程开关复位。双滚轮式行程开关不能自动复位，当挡铁压其中一个轮时，摆杆转动一定的角度，使其触点瞬时切换，挡铁离开滚轮后，摆杆不会自动复位，触点也不复位。当部件返回，挡铁碰动另一只轮后，摆杆才回到原来的位置，触点再次切换。

(a) 单滚轮旋转式　　(b) 双滚轮旋转式

图 1-80　单滚轮式和双滚轮式行程开关实物外形

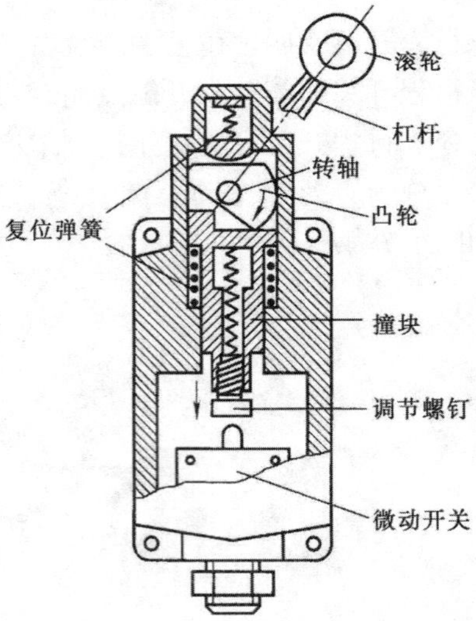

图 1-81　单滚轮式行程开关的结构

1.6.3.3　微动行程开关

微动行程开关是具有瞬时动作和微小行程的灵敏开关。它采用弓簧片的瞬动机构，靠弓簧片发生变形时存储的能量完成快速动作。其结构如图 1-82 所示。

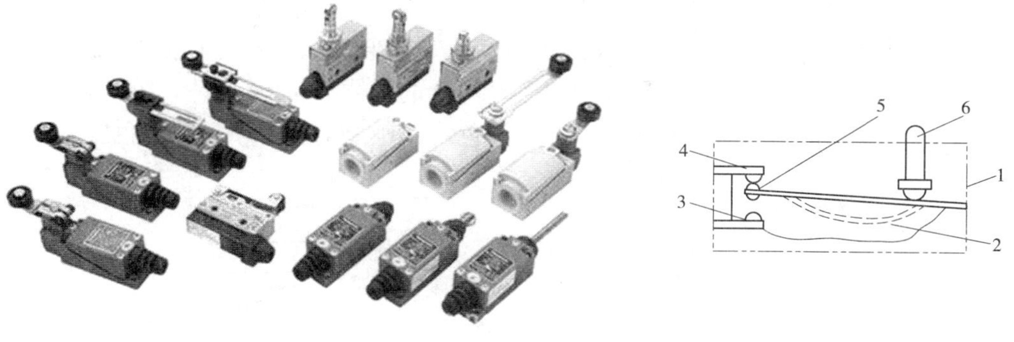

1—壳体；2—弓簧片；3—常开触点；4—常闭触点；5—动触点；6—推杆

图1-82　微动行程开关的实物和结构

当推杆被压下时，弓簧片变形存储能量，当推杆被压下一定距离时，弓簧片瞬时动作，使触点快速切换，当外力消失后，推杆在弓簧片的作用下迅速复位，触点也复位。

常用的行程开关有JLXK1系列、LX2系列、LX3系列，它们都有1对常开触点和1对常闭触点，额定电流为5 A；LX5系列，有1对常开触点和1对常闭触点，在电路中用于微量行程控制，额定电流为3 A；LX12－2型行程开关，有1对常开触点和2对常闭触点，额定电流为5 A；LX19A系列，有1对常开触点和1对常闭触点。额定电流为5 A；LX31、LX32系列微动开关，额定电流为0.79 A等。

1.6.4　接近开关

接近开关是一种无触点的行程开关，当物体与之接近到一定距离时就发出动作信号。接近开关也可作为检测装置使用，用于高速计数、测速、检测金属等。接近开关的文字和图形符号如图1-83所示。

图1-83　接近开关的实物及文字和图形符号

接近开关按工作原理可以分为高频振荡型、电容型、磁感应式接近开关和非磁性金属接近开关几种。

（1）高频振荡型接近开关（又叫涡流式接近开关或电感式接近开关）应用最广。高频振荡型接近开关主要由高频振荡器构成的感应头、放大电路和输出电路组成。其原理是，高频振荡器在接近开关的感应头产生高频交变的磁场，当金属物体进入高频振荡器的线圈磁场时,即金属物体接近感应头时,在金属物体内部感应产生涡流损耗,吸收了振荡器的能量,破坏了振荡器起振的条件,使振荡停止。振荡器起振和停振两个信号经放大电路放大,转换成开关信号输出。这种接近开关所能检测的物体必须是导电体,其基本接线形式如图 1-84 所示。其中,BN 为棕色线,BK 为黑色线,BU 为蓝色线,WH 为白色线。

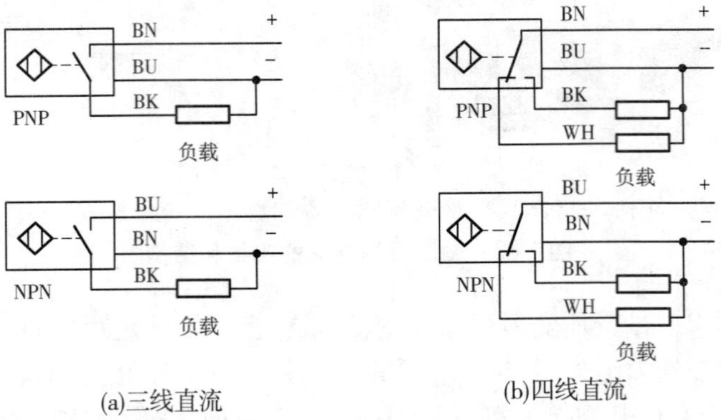

图 1-84　高频振荡型接近开关的基本接线形式

(2)电容型接近开关主要由电容式振荡器和电子电路组成,电容型接近开关的感应面由两个同轴金属电极构成,电极 A 和电极 B 连接在高频振荡器的反馈回路中。该高频振荡器没有物体经过时不感应,当测试物体(不论是否为导体)接近传感器表面时,它就进入由这两个电极构成的电场,引起 A、B 之间的耦合电容增加,电路开始振荡,振荡的振幅均由数据分析电路测得,并形成开关信号。这种接近开关检测的对象不限于导体,可以是绝缘的液体或粉状物等。图 1-85 所示为电容型接近开关,LED 为工作指示灯,使用电位器来调节接近开关的灵敏度。电容型接近开关的基本接线形式和高频振荡型接近开关的基本接线形式相同。

(3)磁感应式接近开关适用于气动、液动、气缸和活塞泵的位置测定,也可作限位开关用。磁感应式接近开关的内部电路如图 1-86 所示。当磁性目标接近时,舌簧闭合经放大输出开关信号。

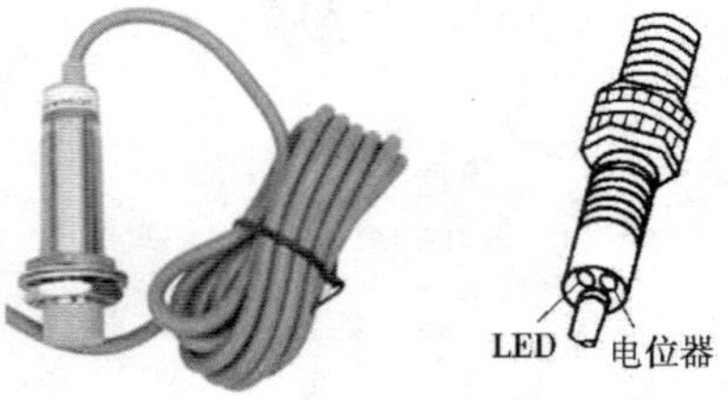

图 1-85　电容型接近开关

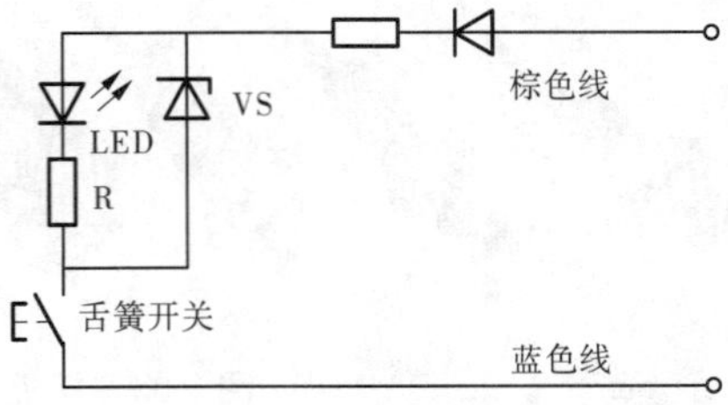

图 1-86　磁感应式接近开关的内部电路

磁感应式接近开关上设有 LED 显示,用于显示磁性开关的信号状态,供调试使用。磁感应式接近开关动作时,输出信号“1”,LED 灯亮;磁感应式接近开关不动作时,输出信号“0”,LED 灯不亮。磁感应式接近开关有蓝色和棕色两根引出线,棕色线接“+”,蓝色线接“-”。为了防止错误接线时损坏磁感应式接近开关,可以在磁感应式接近开关的棕色引出线上串入电阻和二极管,使用时若引出线极性接反,磁感应式接近开关不能正常工作。

(4)非磁性金属接近开关由振荡器、放大器组成,当非磁性金属(如铜、铝、锡、金、银等)靠近检测面时,引起振荡频率的变化,经差频后产生一个信号,经放大,转换成二进制开关信号,起到开关作用,而对磁性金属(如铁、钢等)则不起作用,可以在铁金属中进行埋入式安装。

常用的接近开关有LJ5、LXJ6、LXJ18系列。

1.6.5　光电开关

光电开关能够处理光的强度变化,利用光学元器件,在传播媒介中间使光束发生变化,利用光束来反射物体,使光束发射经过长距离后瞬间返回。光电开关由发射器、接收器和检测电路三部分组成。发射器对准目标发射光束,发射的光束一般来源于发光二极管(LED)和激光二极管。接收器由光敏二极管或光敏晶体管组成。在接收器的前面装有光学元器件,如透镜和光圈等。在其后面装的是检测电路,它能滤出有效信号,并应用该信号。

1.6.5.1　光电开关的分类

1. 按检测方式分

根据光电开关在检测物体时,发射器所发出的光线被折回到接收器的途径的不同,即检测方式不同,可分为漫反射式、镜面反射式、对射式等。

2. 按输出状态分

按光电开关的输出状态可以分为常开型和常闭型。当无检测物体时,常开型的光电开关所接通的负载,由于光电开关内部的输出晶体管的截止而不工作;当检测到物体时,晶体管导通,负载得电工作。

3. 按输出形式分

按光电开关的输出形式分为NPN型二线、NPN型三线、NPN型四线、PNP型二线、PNP型三线、PNP型四线、AC二线、AC五线(自带继电器)及直流NPN型/PNP型/常开/常闭多功能等几种。

1.6.5.2　光电开关的介绍

1. 对射式光电开关

如图1-87所示,对射式光电开关包含在结构上相互分离且光轴相对放置的发射器和接收器,发射器发出的光线直接进入接收器。当被检测物体经过发射器和接收器之间且阻断光线时,光电开关就产生了开关信号。典型的方式是位于同一轴线上的光电开关可以相互分开达50 m。其特点是:可辨别不透明的反光物体;有效距离大,因为光束跨越感应距离的时间仅一次;不易受干扰,可以可靠地使用在野外或者有灰尘的环境中;装置的消耗高,两个单元都必须敷设电缆。当检测物体为不透明时,对射式光电开关是最可靠的检测模式。

2. 漫反射式光电开关

如图 1-88 所示，漫反射式光电开关是一种集发射器和接收器于一体的传感器，当有被检测物体经过时，将光电开关发射器发射的足够量的光线反射到接收器，于是光电开关就产生了开关信号。作用距离的典型值一直到 3 m。其特点是，有效作用距离由目标的反射能力决定，由目标表面性质和颜色决定；当被检测物体的表面光亮或其反光率极高时，漫反射式的光电开关是首选的检测模式。

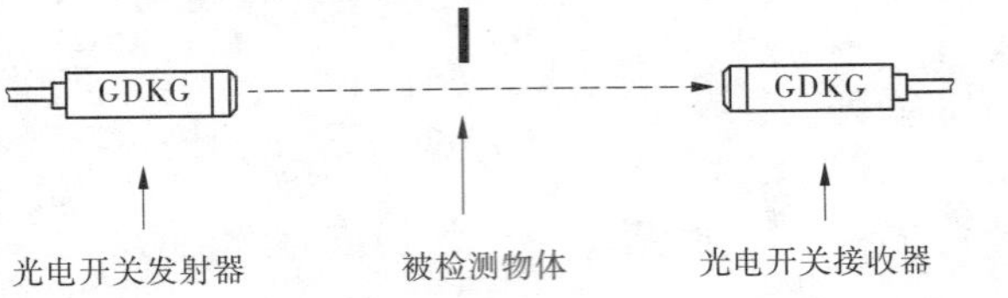

图 1-87　对射式光电开关

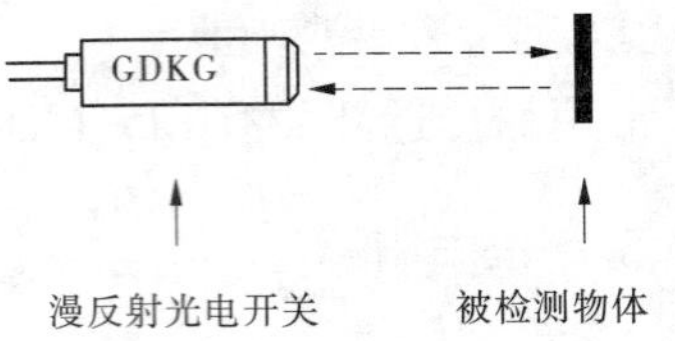

图 1-88　漫反射式光电开关

3. 镜面反射式光电开关

如图 1-89 所示，镜面反射式光电开关集发射器与接收器于一体，光电开关发射器发出的光线经过反射镜，反射回接收器，当被检测物体经过且完全阻断光线时，光电开关就产生了检测开关信号。光的通过时间是信号持续时间的 2 倍，有效作用距离为 0.1 ~ 20 m。其特点是，辨别不透明的物体时借助于反射镜部件，形成高的有效距离范围且不易受干扰，可以可靠地使用在野外或者有灰尘的环境中。

4. 槽式光电开关

如图 1-90 所示，槽式光电开关通常是标准的 U 形结构，其发射器和接收器分别位于 U 形槽的两边，并形成一光轴，当被检测物体经过 U 形槽且阻断光轴时，光电开关就产生了检测到的开关量信号。槽式光电开关比较安全可靠，适合于检测高速变化、透明与半透明物体。

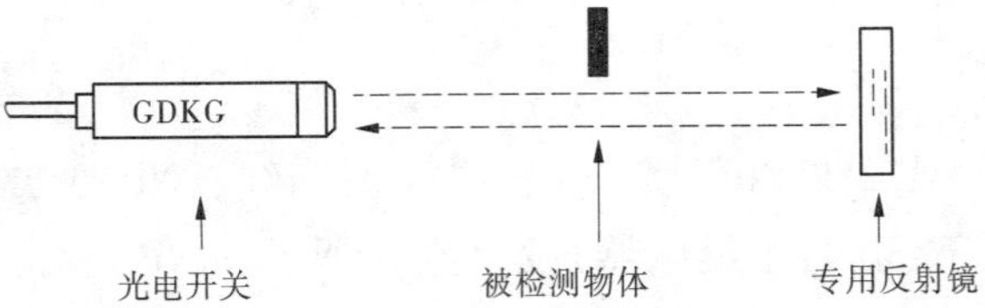

图 1-89　镜面反射式光电开关

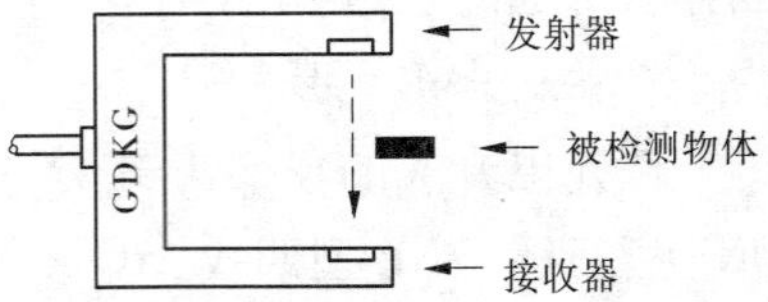

图 1-90　槽式光电开关

5. 光纤式光电开关

如图 1-91 所示，光纤式光电开关采用塑料或玻璃光纤传感器来引导光线，以实现被检测物体不在相近区域的检测。光纤式光电开关由光纤检测头和光纤放大器两部分组成，光纤检测头安装在检测位置，光纤放大器可以安装在安全合适的区域。通常，光纤式光电开关分为对射式和漫反射式。D11 系列光纤式光电开关的外形如图 1-92 所示，其输出和接线形式如图 1-93 所示。

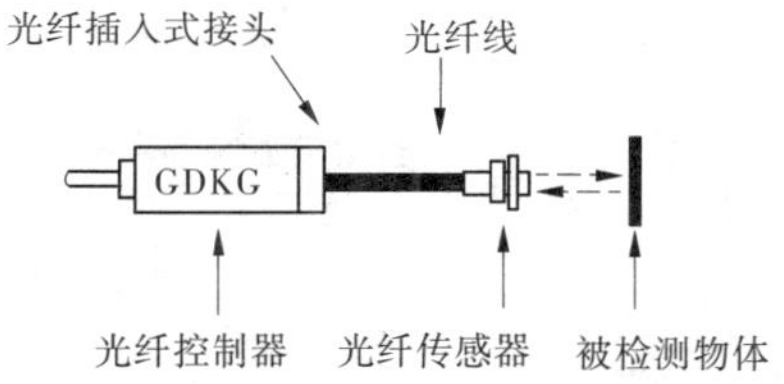

图1-91　光纤式光电开关

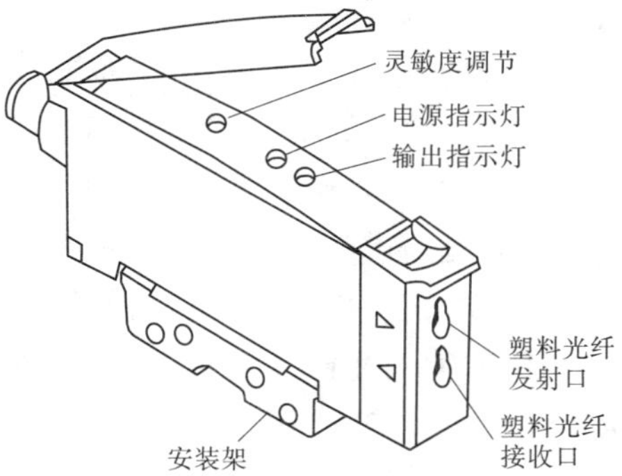

图1-92　D11 系列光纤式光电开关的外形

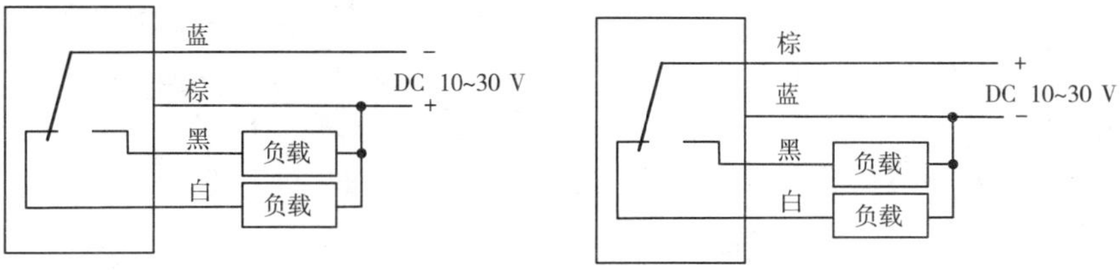

(a)NPN型输出的标准接线　　(b)PNP型输出的标准接线

图1-93　光纤式光电开关的输出和接线形式

任务1.7　执行电器的应用

1.7.1　电磁铁

电磁铁利用通电线圈在铁芯中产生的电磁吸力吸引衔铁,以完成所需要的动作。衔铁的运动方式有直动式和转动式两种。常用的电磁铁有牵引电磁铁、阀用电磁铁、制动电磁铁和起重电磁铁等。电磁铁的文字符号为YA,图形符号如图1-94(a)所示。

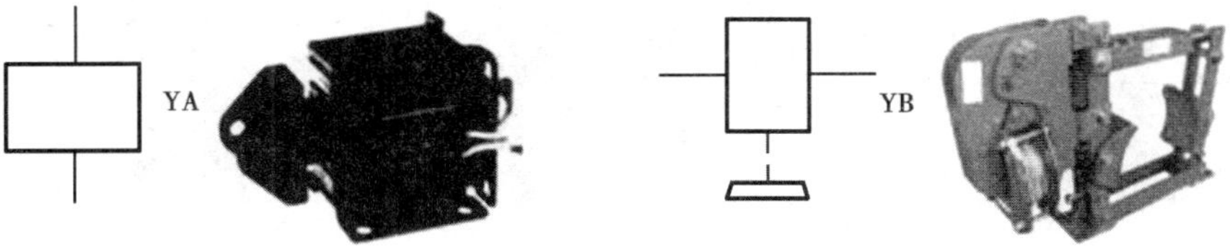

(a) 电磁铁　　(b) 电磁制动器

图1-94　电磁铁和电磁制动器的图形符号和文字符号

1.7.1.1　牵引电磁铁

MQ型牵引电磁铁常用于自动控制设备中,用以开关阀门或牵引其他机械装置。牵引电磁铁一般采用开启的交流单相螺管,能在较长的行程保持较大的吸引力。

1.7.1.2　制动电磁铁

MZ 型制动电磁铁通常与闸瓦制动器组成电磁制动器,以实现对电动机机械制动的控制。电磁制动器的文字符号为 YB,图形符号如图 1-94(b)所示。

电磁制动器的示意图如图 1-95 所示。当电动机通电启动时,电磁制动器的线圈也通电,吸引衔铁动作,克服弹簧力推动杠杆,使闸瓦松开闸轮,电动机便能正常运转。当电源切断时,线圈也同时断电,衔铁与铁芯分离,在弹簧的作用下,闸瓦与闸轮紧紧抱住,电动机被迅速制动而停转。

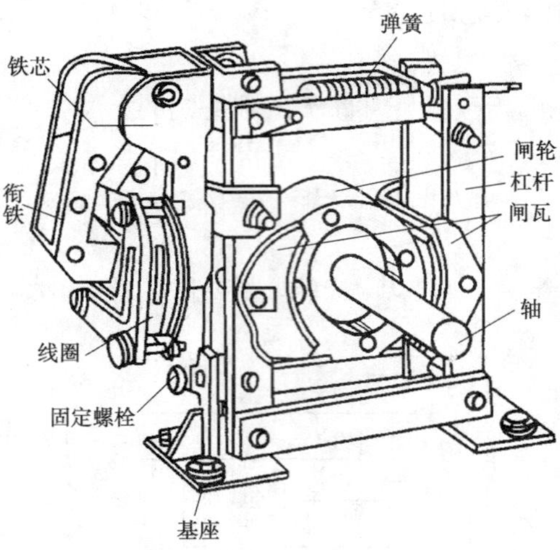

图 1-95　电磁制动器(电磁抱闸)

1.7.2　电磁换向阀

电磁换向阀利用电磁铁的吸力推动阀芯改变阀的工作位置,简称电磁阀。电磁阀的文字符号为 YV。电磁阀用于液压阀或气动阀的远距离控制。当线圈通电时,电磁力使阀杆移动,控制油路或气路的开闭。当线圈断电时,靠弹簧的弹力复位。根据电磁线圈所用的电源不同,电磁阀可以分为交流型和直流型。直流型工作可靠,换向冲击小、噪声小,但需要直流电源。

图 1-96 所示是三位四通电磁阀。该电磁阀是双向电控的,即两边都有电磁线圈。两边电磁铁都不通电时,阀芯在两边对中弹簧的作用下处于中位,P、T、A、B 口互不相通;当右边的电磁铁通电时,推杆将阀芯推向左端,P 通 B,A 通 T;当左边电磁铁通电时,推杆将阀芯推向右端,P 通 A,B 通 T。

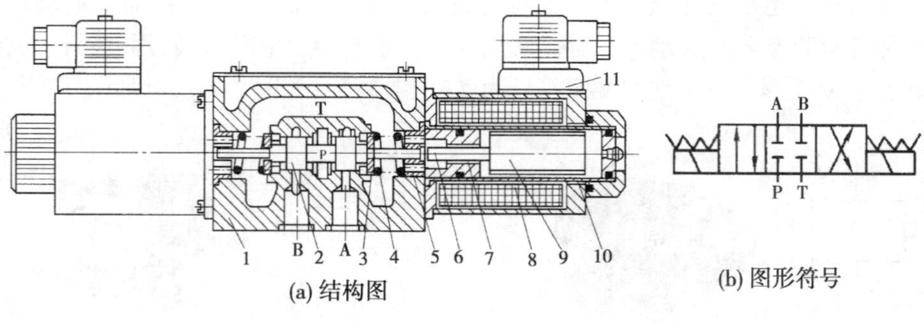

1—阀体;2—阀芯;3—定位套;4—对中弹簧;5—挡圈;6—推杆;
7—环;8—线圈;9—铁芯;10—导套;11—插头组件

图 1-96　三位四通电磁阀

说明:

(1)阀的工作位置数称为位,用方格表示,三格即 3 个工作位置。

(2)与一个方格的相交点数为油口的通路数,简称通。箭头"↑"表示两油口相通,堵塞符号“┬”表示该油口不通流，中位箭头可省略。

(3)P 表示通泵或压力油口，T 表示通油箱的回油口，A 和 B 表示连接两个工作油路的油口。

(4)控制方式和复位弹簧的符号画在方格的两侧(如“⍂”表示电磁铁控制，“╲╱╲╱”表示复位弹簧)。

(5)三位阀的中位、二位阀靠近弹簧的位为常态位。二位二通阀有常开型和常闭型两种。在液压系统图中，换向阀与油路在常态位连接。

如三位四通电磁阀：通过控制左右电磁铁的通断，控制液流方向。

不通电：中位—P、A、B、T 口不通；

左边通电，阀芯通电：阀芯右移，看左位，P 通 A，B 通 T；

右边通电，阀芯通电：阀芯左移，看右位，P 通 B，A 通 T。

任务1.8 常用低压电器故障的排除

各种低压电器长期使用，缺乏经常性的维护，可能产生故障，必须及时做好修理工作。修理时拆卸须仔细，注意各零部件的装配次序。

1.8.1 触点的故障维修及调整

触点的一般故障有触点过热、磨损、熔焊等。其检修顺序和方法如下：

(1)打开外盖，卸下灭弧装置，检查触点表面的氧化情况和有无污垢。银触点氧化层的导电率和纯银差不多，银触点氧化层可不作处理。对于铜触点的氧化层，要用小刀轻轻地刮去其表面的氧化层。如触点沾有污垢，要用酒精将其清洗干净。

(2)观察触点表面有无灼伤烧毛，如有烧毛现象，要用小刀或整形锉整修毛面。整修时不必将触点表面整修得过分光滑，因为过分光滑会使触点接触面减小，不允许用纱布或砂纸来修整触点的毛面。

(3)触点如有熔焊，应更换触点。如因触点容量不够而产生熔焊，更换时应选容量大一些的电器。

(4)检查触点的磨损情况，若磨损到原厚度的1/3～1/2则应更换触点。

(5)检查触点有无机械损伤使弹簧变形，造成压力不够。需调整其压力，使触点接触良好。用纸条测试触点压力，将一条比触点稍宽的纸条，放在动、静触点之间，若纸条很容易拉出，说明触点的压力不够，如调整达不到要求，则应更换弹簧。用纸条测定压力需凭经验，一般小容量的电器稍用力纸条便可拉出，而较大容量的电器，纸条拉出后有撕裂现象，则说明触点压力比较合适。若纸条被拉断，则说明触点压力太大。

1.8.2 电磁系统的故障维修

铁芯和衔铁的端面接触不良或衔铁歪斜、短路环损坏、电压太低等，都会使衔铁噪声大，甚至造成线圈过热或烧毁。

1.8.2.1 衔铁噪声大

修理时应拆下线圈,检查铁芯和衔铁之间的接触面是否平整,有无油污。若不平整应锉平或磨平,如有油污要清洗。若铁芯歪斜或松动应加以校正或紧固。检查短路环有无断裂,如断裂应按原尺寸用铜块制好换上,或将粗铜丝敲成方截面,按原尺寸制好,在接口处气焊修平即可。

1.8.2.2 线圈故障

线圈的主要故障是由于所通过的电流过大以致过热或烧毁。这类故障通常由于线圈绝缘损坏,或受机械损伤造成匝间短路或接地。电源电压过低、铁芯和衔铁接触不紧密,也都使线圈电流过大,线圈过热以致烧毁。线圈若因短路烧毁,需更换。如果线圈短路的匝数不多,短路点又在接近线圈的端头处,其余部分均完好,可将损坏的几圈拆去,线圈可继续使用。

1.8.2.3 衔铁吸不上

当线圈接通电源后,衔铁不能被铁芯吸合,应立即切断电源,以免线圈被烧毁。若线圈通电后无振动和噪声,要检查线圈引出线连接处有无脱落,用万用表检查是否断线或烧毁。通电后如有振动和噪声,应检查活动部分是否被卡住、铁芯和衔铁之间是否有异物、电源电压是否过低。

1.8.3 常用低压电器故障的检修

低压电器种类很多,除触点和电磁系统的故障外,还有本身特有的故障。

1.8.3.1 接触器的故障及排除

接触器除了触点和电磁系统的故障外,还常见下列故障:

(1)触点断相。某相触点接触不好或连接螺钉松脱,使电动机缺相运行,发出“嗡嗡”声,此时应立即停车检修。

(2)触点熔焊。接触器的触点因为长时间通过过载电流而引起两相或三相触点熔焊,此时虽然按“停止”按钮,但触点不能断开,电动机不会停转,并发出“嗡嗡”声。此时应立即切断电动机控制的前一级开关,停车检查修理。

(3)灭弧罩碎裂。原本带有灭弧罩的接触器决不允许不带灭弧罩使用,若发现灭弧罩碎裂应及时更换。

交流接触器常见故障、可能原因和排除方法如表1-5所示。

1.8.3.2 熔断器的故障及排除

熔断器的常见故障是电动机启动瞬间,熔体便熔断。造成这种故障的原因有:熔体电流等级选择太小,电动机侧有短路或接地。排除方法是更换熔体及排除短路或接地故障。

1.8.3.3 热继电器的常见故障及排除

热继电器的常见故障有热原件烧坏、误动作和不动作等。

1. 热元件烧坏

若热元件中的电阻丝烧坏,电动机则不能启动或启动时有“嗡嗡”声。发生这类故障的原因是热继电器的动作频率太高,或负载侧发生短路,短路电流过大。排除故障的方法是:立即切断电源,检查电路,排除短路故障,更换合适的热继电器。

表1-5 交流接触器常见故障、可能原因及排除方法

故障现象	可能原因	排除方法
吸不上或吸力不足(即触点已闭合而铁芯尚未完全吸合)	(1)电源电压太低或波动过大; (2)线圈断电,配线错误及触点接触不良; (3)线圈的额定电压与使用条件不符; (4)衔铁或机械可动部分被卡住; (5)触点弹簧压力过大	(1)调高电源电压; (2)更换线圈,检查线路,修理控制触点; (3)更换线圈; (4)清除卡阻物; (5)按要求调整触点参数
不释放或缓慢释放	(1)触点弹簧压力过小; (2)触点熔焊; (3)机械可动部分被卡住,转轴生锈或歪斜; (4)反力弹簧损坏; (5)铁芯端面有油污或灰尘附着; (6)E形磁铁寿命结束,剩磁增大	(1)调整触点压力; (2)排除熔焊故障,更换触点; (3)排除卡住现象,修理受损零件; (4)更换反力弹簧; (5)清理铁芯端面; (6)更换E形铁芯
电磁铁噪声大	(1)电源的电压过低; (2)弹簧反作用力过大; (3)短路环断裂(交流); (4)铁芯端面有污垢; (5)磁系统歪斜,使铁芯不能吸平; (6)铁芯端面过度磨损而不平	(1)提高操作回路电压; (2)调整弹簧压力; (3)更换短路环; (4)清刷铁芯端面; (5)调整机械部分; (6)更换铁芯
线圈过热或烧损	(1)电源电压过高或过低; (2)线圈的额定电压与电源电压不符; (3)操作频率过高; (4)线圈由于机械损伤或附有导电灰尘而匝间短路	(1)调整电源电压; (2)更换线圈或接触器; (3)选择其他适合的接触器; (4)排除短路故障,更换线圈并保持清洁
触点灼伤或熔焊	(1)触点压力过小; (2)触点表面有金属颗粒物; (3)操作频率过高,或工作电压过大,断开容量不够; (4)长期过载使用; (5)负载侧短路,触点的断开容量不够大	(1)调高触点弹簧压力; (2)清理触点表面; (3)调换容量较大的接触器; (4)调换合适的接触器; (5)改用较大容量的电器

2. 热继电器误动作

热继电器误动作的主要原因有:整定电流偏小,以致未过载就动作;电动机启动时间过长,使热继电器在电动机启动的过程中动作;操作频率过高或点动控制,使热继电器经常受到启动电流的冲击;环境温差太大,使用场合强烈的冲击和振动使其动作机构松动而脱扣;连接导线太细,电阻增大等。

故障的处理方法是:合理地选用热继电器,并合理调整整定电流值,在启动时将热继电器短接,限定操作方法或改用过电流继电器;改善使用环境;按要求使用连接导线。

3. 热继电器不动作

热继电器不动作的主要原因有:整定电流值偏大,以致过载很久,热继电器仍不动作;导板脱出或动作机构卡住。处理的方法是:根据负载合理调整整定电流值,将导板重新放入,并试验动作的灵敏程度,或排除卡阻故障。

1.8.3.4 时间继电器的常见故障及排除

空气阻尼式时间继电器的主要故障是延时不准,延时时间缩短或延时时间变长。气室装配不严漏气或橡皮膜损坏,会使延时时间缩短至不延时,此时应重新装配气室,若是橡皮膜损坏或老化应更换;排气孔阻塞,继电器的延时时间会变得很长,处理方法是拆开气室,清除气道中的灰尘。

1.8.3.5 刀开关的常见故障及排除

刀开关常见的故障是动、静触点烧坏和闸刀短路。造成的原因是开关容量太小,拉闸或合闸时动作太慢,或金属异物落入开关内引起相间短路。处理的方法是:更换大容量开关,改善操作方法,清除开关内异物。

1.8.3.6 低压断路器的常见故障及排除

低压断路器常见的故障有不能合闸、不能分闸、自动掉闸等。

1. 不能合闸

合闸时,操作手柄不能稳定在接通的位置上。不能合闸的原因有电源电压太低,失电压脱扣器线圈开路,热脱扣器的双金属片未冷却复原,以及一些机械原因。排除的方法是:将电源电压调到规定值;更换失电压脱扣器线圈双金属片,复位后再合闸;更换锁链及搭钩,排除卡阻。

2. 失电压脱扣器不能使低压断路器分闸

当操作失电压脱扣器的按钮时,低压断路器不动作,仍保持接通。产生此故障的原因是传动机构卡死,不能动作,或主触点熔焊。排除的方法是:检修传动机构,排除卡死故障,更换主触点。

3. 自动掉闸

当启动电动机时自动掉闸,可能的原因是热脱扣器的整定值太小,应重新整定。若是工作一段时间后自动掉闸,造成电路停电,则可能的原因是:过载脱扣装置长延时整定值调得太短,应重新调整;或者是热元件损坏,应更换热元件。

任务 1.9 实用技能训练

1.9.1 组合开关的拆装与维修

1.9.1.1 训练目的

(1)熟悉组合开关的基本结构,了解各组成部分的作用。

(2)掌握组合开关拆卸、组装的方法,并对其进行维护。

(3)学会对组合开关进行简单的检测。

(4)掌握组合开关的选用、安装、接线要领。

1.9.1.2 训练器材

尖嘴钳、螺钉旋具、活扳手等常用电工工具及万用表、绝缘电阻表(兆欧表)各1块，HZ10系列组合开关1只。

1.9.1.3 训练内容

(1)记录组合开关的极数，用万用表电阻挡测量触点的通断;转动手柄再次测量触点通断的情况，并记录手柄断开的位置。将结果记录在表1-6中。

表1-6 组合开关拆装记录

<table>
<tr><td>型号</td><td>额定电流(A)</td><td>极数</td><td colspan="2">操作位置及通断情况</td></tr>
<tr><td></td><td></td><td></td><td colspan="2"></td></tr>
<tr><td rowspan="6">主要零部件</td><td>名称</td><td colspan="2">作用</td><td>检查记录</td></tr>
<tr><td></td><td colspan="2"></td><td></td></tr>
<tr><td></td><td colspan="2"></td><td></td></tr>
<tr><td></td><td colspan="2"></td><td></td></tr>
<tr><td></td><td colspan="2"></td><td></td></tr>
<tr><td></td><td colspan="2"></td><td></td></tr>
</table>

(2)拆装组合开关，观察组合开关的基本结构，了解各部分的作用并进行维护。

松去手柄紧固螺钉，取下手柄。松去支架上的紧固螺母，取下顶盖、转轴弹簧和凸轮等操作机构。抽出绝缘杆，取下绝缘垫板上盖。拆卸3对动静触点。检查触点有无烧毛，如有烧毛，应用0号砂布或砂纸进行修整。更换损坏的触点。检查转轴弹簧是否松脱，检查消弧垫是否严重磨损，根据情况调换新的。

把所有的零件按类别或拆卸顺序摆放整齐进行拍照，以便核对。

装配组合开关按拆卸的逆顺序进行。装配时，应注意活动触点和固定触点的相互位置是否正确及叠片连接是否紧密。对已修复和装配好的组合开关，进行通断试运行，手柄置于不同位置，用万用表测试触点通断情况。合上组合开关，用兆欧表测量每两相触点之间的绝缘电阻，如不合格应重新装配。

(3)开关装配检修完成后，对组合开关的安装接线加以练习，要求做到安装牢固，接线正确。可翻阅资料或上网搜索组合开关的有关型号种类和参数。

注意:组合开关的强力弹簧弹性很大，在拆装时应注意用力和技巧，且注意防止回弹造成损伤。拆下的零部件应放入容器，以免丢失。

1.9.1.4 实训考核及成绩评定

填写成绩评定表(见表1-7)。

1.9.2 接触器的拆装与维修

1.9.2.1 训练目的

(1)掌握交流接触器的结构，了解各组成部分的作用。

(2)学会用万用表检测交流接触器。

(3)会更换触点、电磁线圈等部件，掌握接触器的选用、安装、接线要领。

表 1-7 成绩评定表

项目内容	要求	评分标准	得分
手柄通断位置	手柄通断判断位置正确(10 分)	不会判断扣 10 分	
拆卸与装配	拆卸方法正确(20 分) 保持零件完好(20 分) 触点维修正确(10 分) 手柄转动灵活(10 分) 用万用表检查通断测试成功(30 分)	顺序错一次扣 10 分 丢失零件每个扣 5 分 检修不正确扣 10 分 手柄不能转动扣 10 分 一次不成功扣 10 分	
安全文明操作	工具的正确使用 执行安全操作规定	损坏工具扣 50 分 违反安全规定扣 50 分	
工时 120 min	每超过 5 min 扣 5 分		

1.9.2.2 训练器材

CJ10－20 型交流接触器、万用表及螺钉旋具、尖嘴钳、锉刀等常用工具。

1.9.2.3 训练内容

(1)拆卸和组装交流接触器的电磁系统，观察其组成，将结果记录在表 1-8 中。

表 1-8 交流接触器拆装记录

<table>
<tr><td colspan="3">型号及含义</td><td colspan="3"></td><td>容量/A</td><td colspan="2"></td></tr>
<tr><td rowspan="6">触点系统</td><td colspan="4">主触点</td><td colspan="4">辅助触点</td></tr>
<tr><td colspan="2">数量</td><td colspan="2">结构</td><td>常开数量</td><td colspan="2">常闭数量</td><td>结构</td></tr>
<tr><td colspan="2"></td><td colspan="2"></td><td></td><td colspan="2"></td><td></td></tr>
<tr><td rowspan="3">测量触点</td><td colspan="3">动作前</td><td colspan="4">动作后</td></tr>
<tr><td colspan="2">常开触点</td><td>常闭触点</td><td colspan="2">常开触点</td><td colspan="2">常闭触点</td></tr>
<tr><td colspan="2"></td><td></td><td colspan="2"></td><td colspan="2"></td></tr>
<tr><td rowspan="6">电磁结构</td><td colspan="8">电磁线圈</td></tr>
<tr><td colspan="2">工作电压(V)</td><td colspan="2">直流电阻(Ω)</td><td>线径(mm)</td><td colspan="2">匝数</td><td>形状</td></tr>
<tr><td colspan="2"></td><td colspan="2"></td><td></td><td colspan="2"></td><td></td></tr>
<tr><td colspan="8">电磁铁</td></tr>
<tr><td colspan="2">铁芯形状</td><td colspan="2">衔铁的形状</td><td colspan="4">短路环的位置及大小</td></tr>
<tr><td colspan="2"></td><td colspan="2"></td><td colspan="4"></td></tr>
<tr><td rowspan="2">灭弧罩</td><td colspan="2">材料</td><td colspan="2">位置</td><td colspan="4">灭弧方式</td></tr>
<tr><td colspan="2"></td><td colspan="2"></td><td colspan="4"></td></tr>
</table>

拆下灭弧罩，观察灭弧罩内部的结构，并检查灭弧罩有无碳化现象，如有碳化现象，用锉刀或小刀刮掉，并将灭弧罩内吹刷干净。记录主触点和常开、常闭辅助触点的数量，用万用表检测触点的通断情况，并记录。用手或工具压下主触点，模拟触点吸合，观察辅助触点的动作情况，并用万用表测量其通断情况。

拆底盖螺钉，取下盖板，取出铁芯(注意衬垫纸片不要丢弃)、铁皮支架和缓冲弹簧。用尖嘴钳拔出线圈与接线柱之间的连接线，取出电磁线圈、反作用弹簧、衔铁和胶木支架。检查动静铁芯结合处是否紧密，检查短路环是否完好。

把所有的零件按类别或拆卸顺序摆放整齐进行拍照，以便核对。

注意:陶土灭弧罩易碎,应轻拿轻放,防止碰撞损坏;记住弹簧的作用和位置,避免混淆;拆下的零部件应放入容器,以免丢失。

按与拆卸相反的顺序进行安装:装反作用弹簧,装电磁线圈,装缓冲弹簧,装铁芯,装底盖,上螺钉。

(2)更换和修整触点。

①更换辅助触点。

拆下辅助触点:松开压线螺钉,拆下静触点,用尖嘴钳夹住动触点向外拆,拆下动触点。

安装辅助触点:将静触点插在应装位置上,将螺钉拧紧,用镊子或尖嘴钳夹住动触点插入原位,注意应插在触点弹簧两端金属片与胶木框之间。

②更换主触点。

首先,拆下固定螺钉取下静触点,接着将金属框向上拉起,触点弹簧被压缩。然后,将动触点翻转一定角度即可取出动触点;检查触点的磨损状况,决定是否需要修整或调换触点;组装时应注意各部分零件必须到位,无卡阻现象。最后,安装灭弧罩。

在整个拆装过程中,不允许硬撬,拆装灭弧罩时要轻拿轻放,避免碰撞。

(3)装配后进行通断试运行,测量主触点和辅助触点的接触电阻。

(4)装配检修完成后,对接触器的安装接线加以练习,要求做到安装牢固,接线正确。之后,可翻阅资料或上网搜索接触器的有关型号种类和参数。

(5)最后清点、整理工具。

1.9.2.4　实训考核及成绩评定

填写成绩评定表(见表1-9)。

表1-9　成绩评定表

项目内容		要求	评分标准	得分
拆卸与装配		拆卸方法正确(10分) 保持零件完好(30分) 触点拆卸维修正确(10分) 吸合时铁芯被卡住(20分) 通电时有震动和噪声(20分) 用万用表检查通断测试成功(10分)	方法错扣10分 每丢失或损坏一件扣10分 方法错扣10分 每出现一次扣10分 每出现一次扣10分 一次不成功扣10分	
安全文明操作		工具的正确使用 执行安全操作规定	损坏工具扣50分 违反规定扣50分	
工时	120 min	每超过5 min扣5分		

1.9.3　熟悉中间继电器和时间继电器

1.9.3.1　实训目的

(1)熟悉中间继电器和空气阻尼式时间继电器的基本结构和各部分的作用。

(2)学会用万用表检测继电器的触点,并记录。

(3)翻阅资料或上网搜索中间继电器、时间继电器的有关型号种类和参数。

1.9.3.2 训练器材

中间继电器、时间继电器（空气阻尼式时间继电器、电子式时间继电器）、万用表及常用电工工具。

1.9.3.3 训练内容

(1)观察中间继电器的结构并记录于表1-10中。

表1-10 中间继电器基本结构记录

型号及含义	接线端子号		
	线圈	常开触点	常闭触点
主要结构		衔铁动作方式	

(2)观察时间继电器的结构及动作过程，并记录于表1-11中。

表1-11 时间继电器的结构及动作过程记录

型号及含义	主要结构			延时范围	
触点组合	瞬动触点的数量			延时动作触点的数量	
	常开触点		常闭触点	常开触点	常闭触点
用手操作电磁机构，用万用表测量触点通断动作情况	吸合				
	释放				
反转电磁机构重复上述操作	吸合				
	释放				

1.9.4 熟悉热继电器、按钮

1.9.4.1 实训目的

(1)掌握热继电器的基本结构及各组成部分的作用，学会对其进行检测和进行整定值的调整。

(2)学会按钮的检测和接线方法。

(3)掌握热继电器的选择方法和动作电流的调整。

1.9.4.2 训练器材

训练器材为：热继电器、按钮、万用表、绝缘电阻表（兆欧表）等常用电工工具。

1.9.4.3 实训内容

(1)拆开热继电器的外壳，观察其内部结构，并将各部分的作用记录在表1-12中。

(2)用螺钉旋具轻轻推动双金属片，模拟其动作，观察其触点的动作情况。

(3)调整热继电器的整定值调节旋钮，观察其内部结构的动作。

表1-12 热继电器观察记录表

型号		额定电流		相数	
主要组件的名称		作用			
加热元件					
主双金属片					
导板					
补偿双金属片					
调节旋钮					
手动复位按钮					
触点数目					

(4)拆开按钮盒观察其内部结构,并测量其动作情况。

(5)装配检修完成后,对热继电器的安装接线加以练习,要求做到安装牢固,接线正确。之后可翻阅资料或上网搜索热继电器、按钮的有关型号种类和参数。

思考与练习题

1. 什么是低压电器?如何分类?常用的低压电器有哪些?
2. 简述接触器的用途及分类。
3. 简述交流接触器的组成部分及各部分的作用。
4. 交流接触器的主要技术参数有哪些?各如何定义?
5. 交流接触器和直流接触器是如何划分的?在结构上有何不同?
6. 如何选用接触器?
7. 接触器在运行维护中有哪些注意事项?
8. 交流接触器的短路环断裂后会出现什么现象?
9. 电流继电器、电压继电器和中间继电器各有什么作用?
10. 中间继电器和接触器的不同之处有哪些?
11. 时间继电器常用的有几种?简述其工作原理,如何调整延时?各有何特点?
12. 简述热继电器的主要结构及工作原理。
13. 热继电器的主要技术参数有哪些?各有何含义?
14. 如何选用热继电器?在什么情况下选用带断相保护的热继电器?
15. 温度继电器有什么作用?说明JW6－105型号的含义。
16. 液位继电器有何作用?常用的有几种?
17. 什么是固态继电器?如何分类?在使用中注意事项有哪些?

18. 速度继电器的作用是什么？在什么情况下使用？简述其工作原理。

19. 简述刀开关、组合开关、开启式负荷开关和封闭式负荷开关的作用、主要结构及使用注意事项。

20. 倒顺开关的作用如何？画图说明在电路中如何表示开关的通断状态。

21. 低压断路器有何作用？主要组成部分有哪些？各有什么作用？

22. 常用的低压断路器有哪两种类型？一般具有哪些保护功能？塑壳式低压断路器的操作手柄有哪几个动作位置？

23. 简述双电源自动转换开关的主要结构及工作原理。

24. 如何选择双电源自动转换开关？

25. 控制与保护开关主要组成部分有哪些？一般具有哪些保护功能？

26. 常用的熔断器有哪几种？主要的技术参数有哪些？如何选用熔断器？

27. 熔断器的额定电流、熔体的额定电流和熔体的极限分断电流有何不同？

28. 安装螺旋式熔断器时应注意些什么？

29. 热继电器与熔断器作用是什么？两者可以相互替换吗？

30. 按钮由哪几部分组成？常用按钮的规格是什么？按钮的颜色有哪些？各有何含义？

31. 万能转换开关的主要用途是什么？在电路中其通断状况如何表示？

32. 行程开关有几种？各有何特点？作用如何？

33. 接近开关的作用是什么？按工作原理分有几种类型？常用的是哪种？

34. 画图说明接近开关常用的输出接线形式。

35. 光电开关的作用是什么？如何分类？画图说明光纤式光电开关的输出和接线形式。

36. 常用的电磁铁有哪几种？

37. 电磁阀的作用是什么？画出三位四通阀的图形符号并说明符号的意义。

38. 低压电器触点系统有哪些常见的故障？原因是什么？如何排除？

39. 低压电器电磁系统有哪些常见的故障？原因是什么？如何排除？

40. 接触器常见的故障有哪些？原因是什么？如何排除？

41. 熔断器、空气阻尼式时间继电器、刀开关和低压断路器常见的故障有哪些？原因是什么？如何排除？

42. 画出本项目中所介绍的低压电器元器件的图形符号，并标出其文字符号。

项目2 三相异步电动机运行的电气控制线路基本技能训练

引言

三相异步电动机作为方便动力，广泛用于工矿企业、农业、国防军工及民用设施中，因此三相异步电动机运行的电气控制成为重要而常规的通用技术。本学习项目就是针对实际生产需要，着重介绍三相异步电动机启动、制动、调速等运行电气控制线路的基本单元和典型的实用线路，熟练掌握三相异步电动机基本控制线路安装调试的技能。

【任务要点】 电气控制线路安装、检查、调试试车的基本要求和方法步骤；三相异步电动机电气控制线路的基本单元训练和典型控制线路的安装、检查、调试试车综合技能训练。

【实操训练目标】 熟练掌握三相异步电动机运行控制线路的基本工作原理和控制过程分析，学会电气线路控制、电气保护的基本形式，学会线路设备安装、配线工艺、线路检查、整体调试试车的方法步骤，熟练地把电气技能运用到工作实际中。

【岗位目标】 通过训练，能满足各行业电工电气工作中操作、安装、调试、维护维修岗位的基本技能要求，达到中级维修电工的职业资格水平，为高一级控制形式的学习及取得高级维修电工职业资格打下基础，培养爱岗敬业的职业精神。

任务2.1 装配电动机控制线路的步骤

装配电动机控制线路训练遵循以下步骤：根据电动机控制运行要求绘制电气原理图；根据原理图选取电气元件及设备，并绘制电气元件布置图和电气安装接线图；按照原理图和规范要求进行安装接线；检测检查试车。

2.1.1 了解电气原理图、电气元件布置图和接线图

2.1.1.1 电气原理图

电气原理图是用国家统一规定的图形符号和文字符号，表示各个电气元件的连接关系和电气控制线路的工作原理的图形。电气原理图结构简单，层次分明，便于阅读和分析线路的工作原理。图2-1为某一设备的电气原理图(图上面为说明栏，下面为原理图的分区)。

绘制电气原理图时应遵循下面的基本原则：

(1)电气原理图包括主线路和辅助线路两部分。主线路是从电源到电动机的大电流通过的路径，一般从电源开始，经过电源引入的刀开关(或组合开关)、断路器(熔断器)、接触器的主触点、热继电器的热元件到电动机，如图2-1中1～3部分；辅助线路包括控制线路、信号回路、保护线路和照明线路，如图2-1中4～6部分。辅助线路中经过的电流比较小，一般不超过5 A。控制线路一般由熔断器、主令电器(如按钮)、接触器线圈及辅助触点、继电器线圈和触点、热继电器的常闭触点、保护电器的触点等组成。信号回路主要

由接触器辅助触点、继电器触点和信号灯等组成。

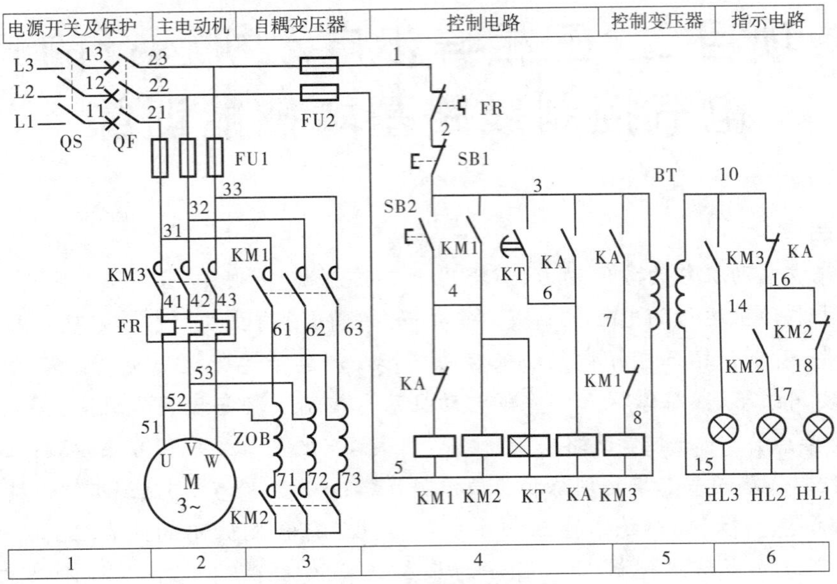

图 2-1　某一设备的电气原理图

(2)在电气原理图中,电气元件采用展开的形式绘制,如属于同一接触器的线圈和触点分开来画,但同一元件的各个部件必须标以相同的文字符号。电气原理图包括所有电气元件的导电部件和接线端子,但并不是按照各电气元件的实际位置和实际接线情况绘制的。

(3)电气原理图中所有的电气元件必须采用国家标准中规定的图形符号和文字符号。属于同一电器的各个部件要用同一个文字符号表示。当使用多个相同类型的电器时,要在文字符号后面标注不同的数字序号。

(4)电气原理图中所有的电气设备的触点均在常态下绘出,所谓常态是指电气元件没有通电或没有外力作用时的状态,此时常开触点断开,常闭触点闭合。

(5)电气原理图的布局安排应便于阅读分析。采用垂直布局时,动力线路的电源线绘成水平线,主线路应垂直于电源线路画出。控制回路和信号回路应垂直地画在两条电源线之间,耗能元件(如线圈、电磁铁、信号灯等)应画在线路的最下面,且交流电压线圈不能串联。

(6)在电气原理图中,各电气元件应按照动作顺序从上到下、从左到右依次排列,并尽量避免线条交叉。有直接电气连接导线的交叉点,要用黑圆点表示。

(7)在电气原理图的下方,将图分成若干图区,从左到右用数字编号,这是为了便于检索电气线路,方便阅读和分析。图上方的文字表明其对应下方元件或线路的功能,以便于理解线路的工作原理。

(8)标准机电设备电气原理图的下方附图表示接触器和继电器的线圈与触点的从属关系。在接触器和继电器线圈的下方给出相应文字符号,文字符号的下方要标注其触点的位置的索引代号,数字表示该线圈的接触器或继电器的触点在哪个区中,对未使用的触点用“×”表示,如图 2-2 所示。

对于接触器,左栏表示主触点所在的图区号,中栏表示辅助常开触点所在的图区号,右栏表示辅助常闭触点所在的图区号。对于继电器,左栏表示常开触点所在的图区号,右栏表示常闭触点所在的图区号。

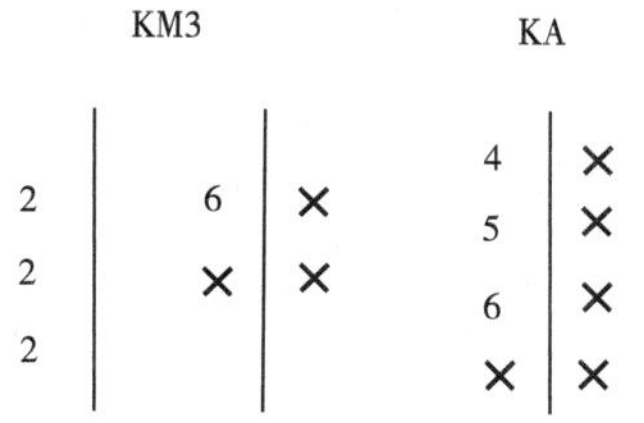

图2-2　线圈与触点的从属关系及所在图中位置

2.1.1.2　电气元件布置图

电气元件布置图主要用来表明在控制盘或控制柜中电气元件的实际安装位置。图中各电器的代号应与电气原理图和电气清单上元器件代号相同。要求位置合理、接线方便、布局紧凑美观,并便于拆卸、更换、维修。图2-3为某机电设备的电气元件布置图。

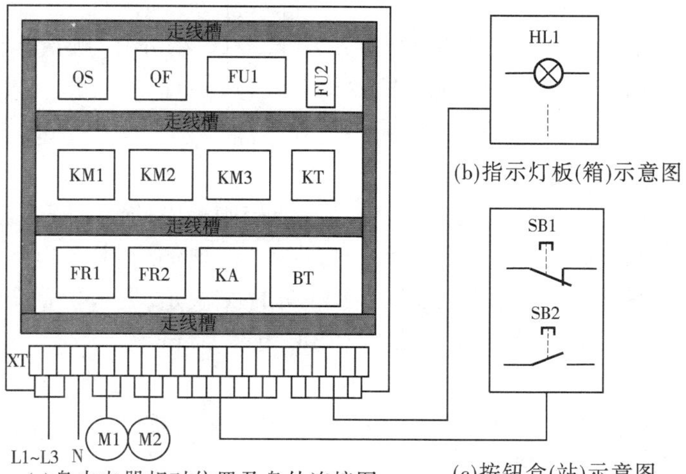

(a)盘内电器相对位置及盘外连接图　(b)指示灯板(箱)示意图　(c)按钮盒(站)示意图

图2-3　某机电设备控制箱电气设备安装布置图及外围设备连接图

2.1.1.3　电气接线图

电气接线图用来表明电气控制线路中所有电器的实际位置,标出各电器之间的界限关系和接线去向。接线图主要在安装电气设备和电气元件时用于配线。接线图根据表达对象和用途不同,可以分为单元接线图、互联接线图和端子接线图。单元接线图表示单元内部的连接关系,不包括单元之间的外部连接,应根据位置图布置各个电气元件。根据电器位置布置最合理,连接导线最经济的原则绘制。图2-3中为某机电设备的部分相互连接线图。绘制接线图应注意:

(1)在接线图中各电器以国家标准规定的图形符号代表实际的电器,各电器的位置与实际安装位置一致。一个元件的所有部件应该画在一起,并用虚线框起来;各电气元件的图形符号及文字代号必须与原理图完全一致,并要符合国家标准。

(2)各电气元件上凡是需要接线的部件端子都应该绘出,并且一定要标注端子编号,各接线端子的编号必须与原理图上相应的线号一致;同一端子(线路连接点)上连接的所有导线的编号应该相同,即等电位点的标号相同。

(3)同一控制盘上的电气元件可以直接连接,而盘内和外部元器件连接时必须经过接线端子排进行,走向相同的相邻导线可绘成一股线。在接线图中一般不表示导线的实际走线途径,施工时由操作者根据实际情况选择最佳走线方式。接线图一般用于机电产品控制箱(盘或柜)的生产中,实际检修中主要阅读使用原理图和元件布置图。

2.1.2 安装电动机控制线路的步骤

2.1.2.1 熟悉电气原理图

为了顺利地安装接线、检查调试和排除故障,必须认真阅读原理图,明确电气元件的数目、种类和规格;看懂线路图中各电气元件之间的控制关系及连接顺序;分析线路的控制动作过程,以便确定检查线路的步骤方法;对于比较复杂的线路,还应该看懂是由哪些基本环节组成的,分析这些环节之间的逻辑关系。

为了方便线路投入运行后的日常维护和排除故障,必须按规定给原理图标注线号。应将主线路与辅助线路分开标注,各自从电源端起,各相线分开,顺次标注到负荷端。标注时应做到,每段(每一降压元件两端)导线均有线号,并且一线(同一连接点上的线)一号,不得重复。

2.1.2.2 绘制安装接线图

在接线图中,各电气元件都要按照在安装板或控制柜中的实际安装位置绘出,与布置图一致,元件所占据的面积按它的实际尺寸依照统一的比例绘制;各电气元件之间的位置关系视安装盘的面积大小、长宽比例及连接线的顺序来决定,要求位置合理、易于操作、走线路径短、接线方便、布局整齐美观,并便于拆卸、更换、维修。

2.1.2.3 检查电气元件

电气元件先检查后使用,避免安装接线后发现问题再拆换,提高制作线路的工作效率。对电气元件的检查应包括以下几个方面:

(1)外观检查:电气元件的外观是否清洁完整;外壳有无碎裂;零部件是否齐全有效;各接线端子及紧固件有无缺失、生锈等现象。

(2)触点检查:电气元件的触点有无熔焊粘连、变形错位、氧化锈蚀等现象;触点的闭合、分断动作是否灵活;触点的开距、超程是否符合标准;接触压力弹簧是否有效。

(3)电磁机构和传动机构的检查:电器的电磁机构和传动部件的动作是否灵活;有无衔铁卡阻、吸合位置不正等现象;新产品使用前应先拆开并清除铁芯端面的防锈油;检查衔铁复位弹簧是否正常。用万用表检查所有元器件的电磁线圈的通断情况,测量其直流电阻并做好记录,以备检查线路和排除故障时参考。

(4)其他器件的检查:检查有延时作用的所有电气元件的功能,如时间继电器的延时动作、延时范围及整定机构的作用;检查热继电气的热元件和触点的动作情况。

(5)电气元件规格的检查:核对各电气元件的规格(如电器的电压等级和电流容量、触点的数目和开闭状况,时间继电器的延时类型等)与原理图、图纸要求是否一致,不符合要求的应更换或者调整。

2.1.2.4 固定电气元件

按照接线图规定的位置将电气元件固定在安装底板上,元件之间的距离要适当,既要节省板面,又要方便走线和投入运行后的检修。固定元件的步骤如下:

(1)定位:将电气元件摆放在确定好的位置,用尖锥在安装孔中心做好标记,元件应排列整齐,以保证连接导线做到横平竖直、整齐美观,同时尽量减少弯折。

(2)打孔:用钻在做好标记的位置处打孔,孔径应略大于固定螺钉的直径。

(3)固定:所有的安装孔打好后,用螺钉将电气元件或卡轨固定在安装底板上。固定元件时,应注意在螺钉上加装平垫圈和弹簧垫圈。紧固螺钉时将弹簧垫圈压平即可,不要过分用力,防止用力过大将元件塑料底板压裂造成损坏。

2.1.2.5 接线

接线前应做好准备工作,按主线路、控制线路的电流容量选好相应截面面积的导线;准备适当的线号管;使用多股线时应准备烫锡工具或压线钳。接线时,必须按照接线图规定的方位进行。一般从电源端起,按线号顺序做,先做主电路,然后做控制线路。

接线时应按照以下步骤进行:

(1)选适当截面面积的导线,按接线图规定的方位,在规定好的电气元件之间测量所需的长度,截取适当长短的导线,剥去两端绝缘外皮。为保证导线与端子接触良好,需要用电工刀将芯线表面的氧化物刮掉,必要时应进行烫锡处理;使用多股芯线时要将线头绞紧,按要求压接线针或接线鼻。

(2)走线时应尽量避免导线交叉,先将导线校直,把同一走向的导线汇成一束,依次弯向所需的方向。走线时应做到横平竖直,若拐直角弯,做线时要将拐角做成90°的"慢弯",导线的弯曲半径为导线直径的3~4倍,不要用钳子将导线做成"死弯",以免损伤绝缘层和线芯。做好的导线束用铝线卡垫上绝缘物卡好。现在机电设备配电盘(箱、柜)内常用的是线槽走线形式,线槽内的走线尽量顺直,减少占槽空间,线槽以外的线要求横平竖直,不允许架空走线。

(3)将成型好的导线套上线号管,根据接线端子的情况,将芯线围成圆环或直接压进接线端子。

(4)接线端子应紧固好,大截面导线的压线板加装弹簧垫圈紧固,防止电器动作时因振动而松脱。接线过程中注意按照图样核对,防止接错,必要时用万用表校线。同一接线端子内压接两根导线时,可以只套一只线号管,导线截面面积不同时,应将截面面积大的放在下层,截面面积小的放在上层,一个压线端子下最多压两条线。

2.1.3 检查线路和试车

制作好控制线路后,必须经过认真地检查才能通电试车,以防止错接、漏接及电气故障引起线路动作不正常,甚至造成短路事故,检查线路应按以下步骤进行。

2.1.3.1 核对接线

对照原理图、接线图,从电源端开始逐段核对端子接线的线号,排除漏接、错接现象。

重点检查控制线路中易接错处的线号,还应核对同一根导线的两端是否错号。

2.1.3.2 检查端子接线是否牢固

检查所有端子上接线的接触情况,用手一一摇动、拉拨端子上的接线,不允许有松脱现象,避免通电试车时因虚接造成异常,将故障排除在通电之前。

2.1.3.3 电阻测量法检查电路

电阻测量法必须断电进行。电阻测量法可以分为分段测量法和分阶测量法。检查时,把万用表拨到(R×1)电阻挡,若用分段测量法,就逐段测量各个触点之间的电阻。若所测线路并联了其他线路,测量时必须将被测电路与其他电路断开,如图2-4所示。

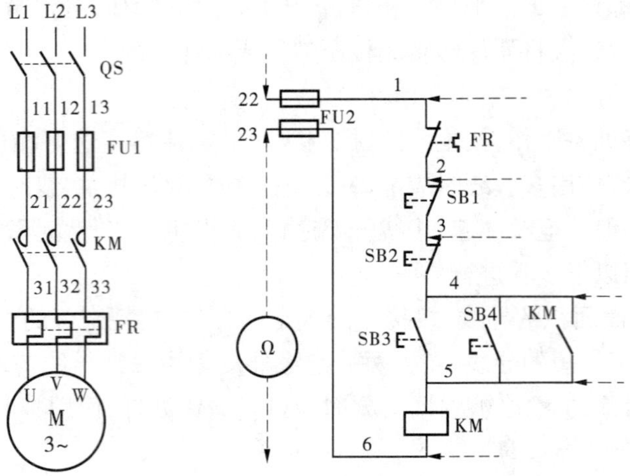

图2-4 电阻测量法检查电路

用手动来模拟电器的操作动作,根据线路的动作来确定检查步骤和内容。若测得某两点间的电阻很大,说明该触点接触不良或导线断开,对于接触器线圈,其进出线两端的电阻值应与铭牌上标注的电阻值相符;若测得KM线圈间的电阻为无穷大,则线圈断线或接线脱落;若测得KM线圈间的电阻接近于零,则线圈内部绝缘损坏,线圈可能短路。测量时根据原理图和接线图选择测量点。一般情况下,按下列步骤进行。

(1)断开控制电路,检查主电路。

断开电源开关,取下控制电路熔断器的熔体,断开控制电路,用万用表检查下述内容:主电路不带负荷(电动机)时相间应绝缘;摘下灭弧罩,用手按下接触器主触点支架,检查接触器主触点动作的可靠性;正反转控制线路的电源换相线路及热继电器热元件是否良好、动作是否正常等。

(2)断开主电路,检查控制电路的动作情况。

主要检查内容:控制电路的各个控制环节及自锁、连锁装置的动作情况及可靠性;与设备的运动部件联动的元件(如行程开关、速度继电器等)动作的正确性和可靠性;保护电器动作的准确性等。

2.1.3.4 通电试车与调整

通电试车步骤如下。

1. 无负荷操作试验

先切除主电路(可断开主电路熔断器),装好控制电路熔断器,接通三相电源,使线路不带负荷(电动机)通电操作,以检查辅助电路工作是否正常。操作各按钮检查它们对接触器、继电器的控制作用;检查接触器的自锁、连锁等控制作用;用绝缘棒操作行程开关,检查它的行程控制或限位控制作用等。同时观察各电器操作动作的灵活性,有无过大的噪声,线圈有无过热等现象。

在不带负荷操作试验时,若出现故障,可以采用电压测量法检查故障。电压法可以分为分阶测量法和分段测量法。

分段测量法如图2-5所示。将万用表调到交流500 V挡,接通电源,按下启动按钮SB2,正常时,KM吸合并自锁。这时电路中1—2、2—3、3—4各段电压均为0,4—5段为线圈的工作电压380 V。

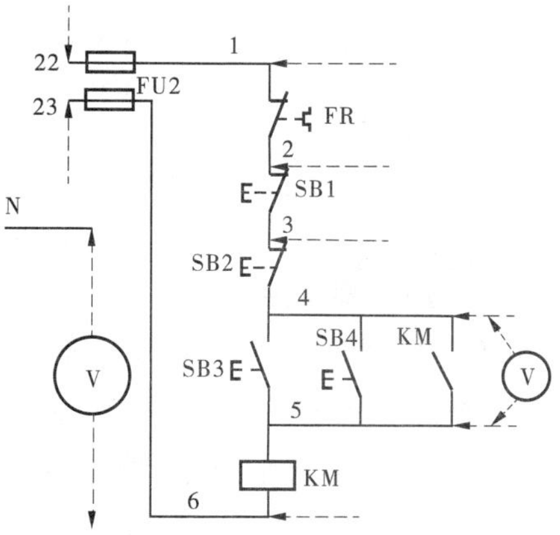

图2-5 电压测量法检测电路

当触点故障时,按下按扭SB2,若KM不吸合,先测电源两端的电压,若测得电压为380 V,说明电源电压正常,熔断器完好。接着测量各个触点之间的电压,若测得热继电器触点之间的电压为380 V,说明热继电器FR保护触点已动作或接触不良,应检查触点本身是否接触不好或连线松脱,若测得SB1两端(2—3段)的电压为380 V,则SB1的触点没有复位或连接导线断开,依此类推。

当线圈故障时,若各个触点之间的各段电压均为0,KM线圈两端的电压为380 V,而KM不吸合,则故障是KM线圈或连接导线断开。

分阶测量法是将电压表的一支表笔固定在线路电源的一端,如图2-5中6点,另一支表笔依次按顺序接到5、4、3、2、1的每个接点上。正常时,电压表的读数为电源电压;若没有读数,说明连线断开,将电压表的表笔逐级上移,当移至某点,电压表的读数又为电源电压时,说明该点以上的触点接线完好,故障点就是刚跨过的接点。也可以设中性线N为固定点,分别测量线路各点的电压进行比较,判断故障点所在位置。

2. 带负荷试车

控制电路经过数次空操作试验动作无误,即可切断电源,接通主电路,带负荷试车。如果发现电动机启动困难、发出噪声及线圈过热等异常现象,应立即停车,切断电源后进行检查,检查主电路是否有断线、缺相等现象,直到找出原因、排除故障后再次通电试车。

任务2.2 三相异步电动机直接启动控制线路分析、安装及检查试车

三相异步电动机具有结构简单、价格便宜、坚固耐用、维修方便等优点,因而获得广泛应用。据统计,在一般工矿企业中,三相异步电动机的数量占电力拖动设备总台数的85%左右。实际应用中三相异步电动机的启动方式常采用直接启动与减压启动两种方法。

电动机的直接启动是一种简便、经济的启动方法。但直接启动时的启动电流为电动机额定电流的4~7倍,过大的启动电流会造成电压明显下降,直接影响在同一电网工作的其他负载的正常工作,所以直接启动的电动机的容量受到一定限制。可根据电动机启

动的频繁程度、供电变压器容量的大小来决定允许直接启动的电动机的容量。启动频繁、允许直接启动的电动机容量应不大于变压器容量的 20%；不经常直接启动的电动机容量不大于变压器容量的 30%。通常容量小于 11 kW 的笼型电动机可采用直接启动。

2.2.1 三相异步电动机点动控制线路

点动控制是指按下按钮电动机才会运转，松开按钮即停转的线路。生产机械有时需要作点动控制，如用于电动葫芦、地面操作的小型起重机及某些机床辅助运动电动机的电气控制。

2.2.1.1 点动控制线路

图 2-6(a)所示是电动机点动控制线路的原理图，由主电路和控制电路两部分组成。

主电路中刀开关 QS 为电源开关起隔离电源的作用；熔断器 FU1 对主电路进行短路保护，主电路由接触器 KM 的主触点控制接通或断开。由于点动控制，电动机运行时间短，有操作人员在近处监视，所以一般不设过载保护环节。

控制电路中熔断器 FU2 用于短路保护；常开按钮 SB(也可用转换开关 SA)控制接触器 KM 电磁线圈的通断。

线路控制动作如下：合上隔离开关 QS，按下 SB→KM 线圈通电→KM 主触点闭合→电动机 M 得电启动并进入运行状态；松开 SB→KM 线圈断电→KM 主触点断开→电动机 M 失电停转。

图 2-6(b)所示是电动机点动控制的实用电路连接示意图，图中刀开关用断路器代替，脚踏开关相当于点动按钮。

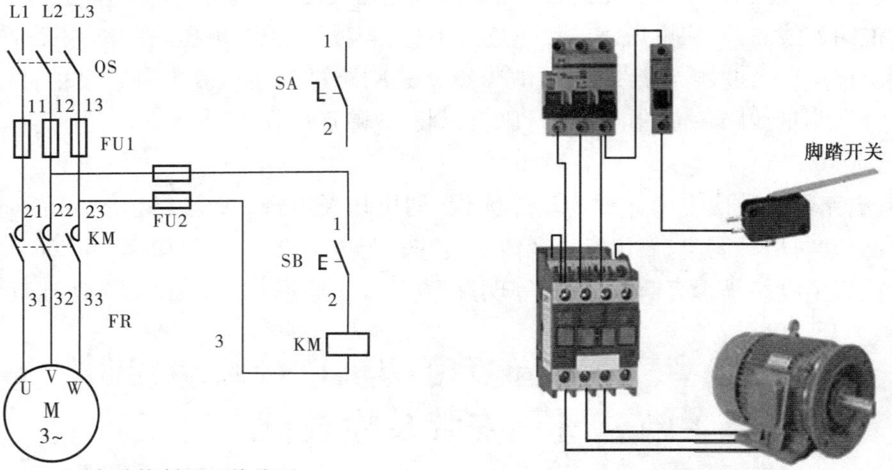

(a)点动控制原理接线图

(b)点动控制实用电路接线示意图

图 2-6 电动机单向运行点动控制线路

2.2.1.2 按照原理图接线

在原理图上，按规定标好线号，如图 2-6(a)所示，按照原理图进行接线。在试验台上接线，从刀开关 QS 的下接线端子开始，先做主电路的连接线，后做控制电路的连接线。主电路使用导线的横截面面积应按电动机的工作电流适当选取。将导线先校直，剥好两端的绝缘皮后成型。套上线号管接到对应端子上。做线时要注意水平走线尽量靠近底板;中间一相线路的各段导线做成一直线,左右两相导线对称。三相电源线(断电状态)通过接线端子排接入刀开关 QS 的上接线端子。利用线槽配线时,线槽内线尽量顺直少占线槽空间,线槽以外的导线要求横平竖直,整齐美观。电动机接线盒至安装盘上的接线端子排之间应使用护套线连接。注意做好电动机外壳的接地保护线。

对中小功率电动机控制线路而言,一般可以使用截面面积为 1 ~1.5 mm^2 的导线连接。将同一走向的相邻导线并成一束。要用螺钉压接的一端的导线先套好线号管,将芯线按顺时针方向围成圆环,压接入端子,避免旋紧螺钉时将导线挤出,造成虚接。

2.2.1.3　检查线路

接线完成后首先对照原理图逐线检查,核对线号,用手拨动导线,检查所有端子接线的接触情况,排除虚接处,接着用万用表检查,检查步骤如下:断开 QS,卸下接触器的灭弧罩,以便用手操作来模拟触点的分合动作,用万用表 R ×1 挡测量阻值,判断通断情况。

1. 检查主电路

取出 FU2 熔断器芯,以切除辅助电路,用万用表分别测量开关下端各段之间、各相之间的电阻,判断通断情况。检查过程应仔细认真。

用手按压接触器主触点架,使三极主触点都闭合,重复上述测量,应分别测得电动机各相绕组的阻值。若某次测量结果为断路($R\to\infty$),则应仔细检查所测两相的各段接线。例如测量 12 ~13 之间电阻值 $R\to\infty$,则说明主电路 L2、L3 两相之间的接线有断路处。可将一支笔接 12 处,另一支表笔依次测 22、23、13、23、33。利用分段测量法逐段、逐相地测量检查,发现故障或异常及时予以排除。

2. 检查控制电路

装好 FU2 的熔芯,万用表表笔接刀开关下端子 22、23(辅助电路电源线)处,应测得断路;按下按钮 SB,应测得接触器 KM 线圈的电阻值。如所测得的结果不正常,则将一支表笔接 22 处,另一支表笔依次接 1 号,2 号,……各段导线两端端子,即可查出短路或断路点,并予以排除。移动表笔测量、逐步缩小故障范围是一种快速可靠的探查方法。

2.2.1.4　通电试车

完成上述检查后,清点工具,清理试验板上的线头杂物,装好接触器的灭弧罩,检查三相电源电压。一切正常后,在指导老师的监护下通电试车。

1. 空载操作试验

空载操作试验是指不接电动机,只检查控制电路的试验方法。在试验时必须拆下电动机接线,合上刀开关 QS,按下点动按钮 SB,接触器 KM 应立即动作;松开 SB,则 KM 应立即复位、细听 KM 主触点分合动作的声音和接触器线圈电动运行的声音是否正常。反复做几次试验,检查线路动作的可靠性。

2. 带负荷试车

切断电源后,接好电动机接线,重新通电试车。合上 QS,按下 SB 后注意观察电动机启动和运行的情况,松开 SB 观察电动机能否停车。

试车中如发现接触器振动、发出噪声、主触点燃弧严重,以及电动机“嗡嗡”响,不能启动等现象,应立即停车断电。重新检查接线和电源电压,必要时拆开接触器,检查电磁机构,排除故障后重新试车。

2.2.1.5 线路故障检查及排除

(1)线路进行空载操作试验时,按下 SB 后,接触器 KM 衔铁剧烈振动,发出严重噪声。

分析:线路经过万用表检测未见异常,电源电压也正常。怀疑控制线路熔断器 FU2 接触不实,当接触器动作时,振动造成辅助线路电源时通时断,使接触器振动;或接触器电磁机构有故障造成振动。

检查:先检查熔断器接触情况,将各熔断器瓷盖上的触刀向内按紧,保证与静插座接触良好。装好后通电试验,接触器振动如前。再将接触器拆开,检查电磁机构,发现铁芯端面的短路环断裂。

处理:更换短路环(或更换铁芯)后恢复装配,将接触器装回线路。重新检查后试验,故障排除。

(2)线路空载操作试验正常,带负荷试车时,按下 SB 发现电动机"嗡嗡"响不能启动。

分析:线路空载操作试验未见异常,带负荷试车时接触器动作正常,而电动机启动异常现象是缺相造成的。怀疑线路中间有一相连接线有断路点,因主电路、辅助电路共用 L2、L3 相电源,而接触器电磁机构工作正常,表明 L2、L3 相电源正常。

检查:用万用表检查各接线端子之间连接线,未见异常。摘下接触器灭弧罩,发现一极主触点歪斜,接触器动作时,这一极触点无法接通,致使电动机缺相无法启动。

处理:仔细装好接触器主触点,装回灭弧罩后重新试车,故障排除。

2.2.2 三相异步电动机全压启动连续运转控制线路

2.2.2.1 全压启动连续运行控制线路

图 2-7 为电动机全压启动连续运转控制线路,其中图 2-7(a)为没有过载保护的控制线路,一般用于较短时或轻载的设备中;图 2-7(b)为有过载保护的控制线路,用于长时间或易于过载的场合。图中 QS 为电源开关,FU1、FU2 为主电路与控制电路熔断器,KM 为接触器,FR 为热继电器,SB1、SB2 分别为停止按钮与启动按钮,M 为三相笼型感应电动机。

电动机控制如下:

合上电源开关 QS。

(1)启动时,按下启动按钮 SB2(3—4),接触器 KM 线圈(4—5)通电吸合,其主触点闭合,电动机接通三相电源启动。同时,与启动按钮 SB2 并联的接触器常开辅助触点 KM(3—4)闭合,使 KM 线圈经 SB2 触点与接触器 KM 自身常开辅助触点 KM(3—4)通电,当松开 SB2 时,KM 线圈仍通过自身常开辅助触点继续保持通电,从而使电动机获得连续运转。这种利用接触器自身辅助触点保持线圈通电的电路,称为自锁电路,而这对常开辅助触点称为自锁触点。

(2)电动机需停转时,可按下停止按钮 SB1,接触器 KM 线圈断电释放,KM 常开主触点与辅助触点均断开,切断电动机主电路及控制电路,电动机停止旋转。

继电器、接触器电路中常用的保护有短路保护、过载保护、欠电压和失电压保护。

(1)短路保护。由熔断器 FU1、FU2 分别实现主电路与控制电路的短路保护。大型

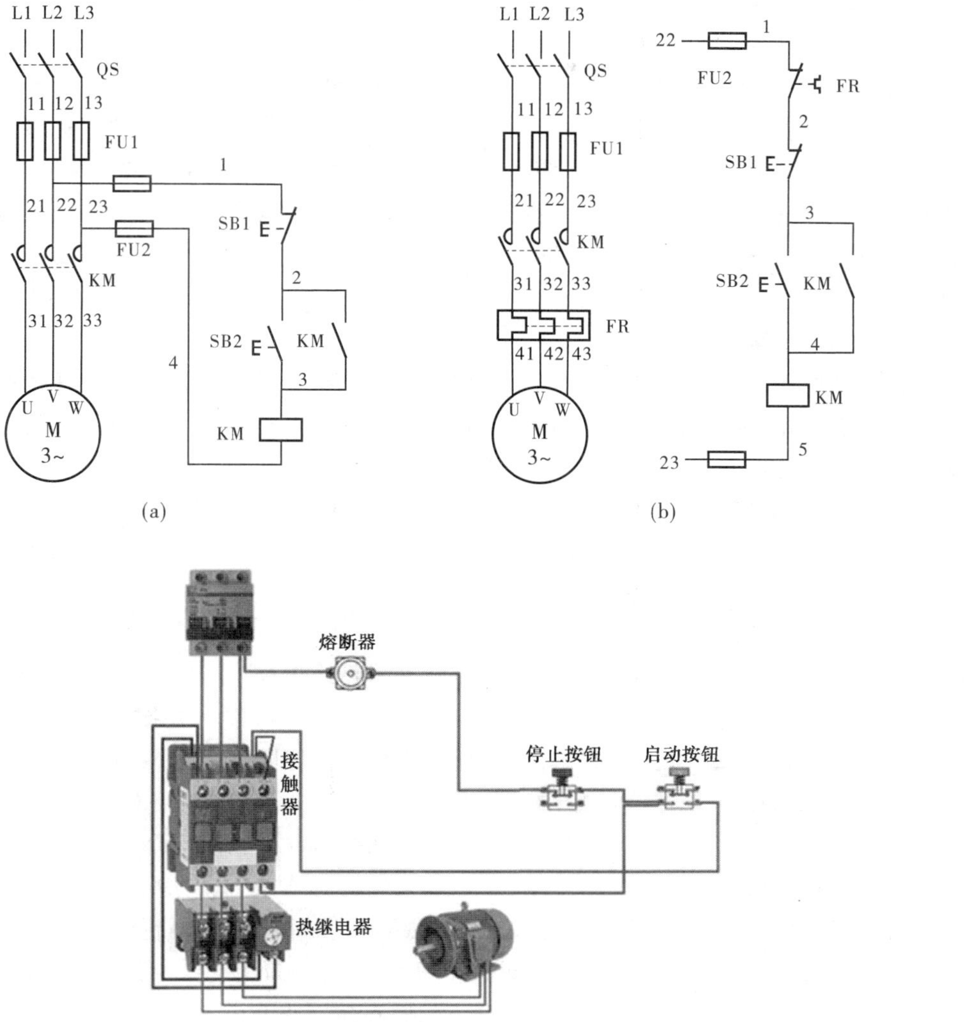

(c)实用连接图

图 2-7　全压启动连续运行控制线路

负载或要求较高的设备常采用断路器实现短路保护，利用断路器还可以实现过压保护。

(2)过载保护。由热继电器 FR 实现电动机的长期过载保护。当电动机出现长期过载时，串接在电动机电路中的发热元件使双金属片受热弯曲，热继电器动作，使串接在控制电路中的热继电器的常闭触点断开，切断 KM 线圈电路，KM 主触点断开，使电动机断电，实现电动机的过载保护。

(3)欠电压和失电压保护。当电源电压严重下降或电压消失时，接触器电磁吸力急剧下降或消失，衔铁释放，各触点复原，断开电动机电源，电动机停止旋转。一旦电源电压恢复时，电动机也不会自行启动，从而避免事故发生。因此，具有自锁电路的接触器、继电器控制线路自身就具有欠电压与失电压保护作用。

2.2.2.2　按照原理图接线

在原理图上，按规定标好线号，如图 2-7 所示。可参考图 2-7(c)连接示意图，在试验台或网孔板上按照原理图进行接线。

1. 接主电路

从刀开关 QS 的下接线端子开始,先做主电路。电动机的连续运转要考虑电动机的过载保护,若用 JR16 系列有三相热元件的热继电器,主电路接触器 KM 主触点三只端子分别与三相热元件上端子连接;如使用其他(两相式)系列只有两相热元件的热继电器,则 KM 主触点只有两只端子与热元件端子连接,而第三只端子直接经过端子排 XT 相应端子接电动机。注意:切不可将热继电器触点的接线端子当作热元件端子接入主电路,否则将烧毁触点。

2. 接控制电路

在连续运转的控制电路中,增加了自锁触点和热继电器的常闭触点。在控制电路中出现了并联支路,则应先接串联支路,在串联支路接完,并检查无误后,再连接并联支路,如并联连接接触器的自锁触点 KM(3—4)。

注意:按钮盒中引出三根(2、3、4 号线)导线,使用三芯护套线与接线端子排连接,用一般绝缘线时,应用缠绕管绑扎,经过接线端子排再接入控制电路;接触器 KM 的自锁触点的上、下端子接线分别为 3 号和 4 号,不可接错。

2.2.2.3 检查线路

接线完成后,要进行常规检查。应对照原理图逐线核查,重点检查按钮盒内的接线和接触器的自锁触点的接线位置,防止错接。用手拨动各接线端子处接线,排除虚接故障。之后,在断电的情况下,用万用表电阻挡(R×1)检查。断开 QS,摘下接触器灭弧罩。

1. 检查主电路

检查主电路的方法与步骤和点动控制主电路的检查相同。

2. 检查控制电路

装 FU2,将万用表表笔跨接刀开关 QS 下端子 22、23 处,应测得断路。按下 SB2,应测得 KM 线圈的电阻值,检查自锁线路,松开 SB2 后,按下 KM 触点架,使其常开辅助触点也闭合,应测得 KM 线圈的电阻值;检查停车控制,在按下 SB2 或按下 KM 触点架测得 KM 线圈电阻值后,同时按下停车按钮 SB1,则应测出辅助电路由通而断。如操作 SB2 或按下 KM 触点架后,测得结果为断路,应检查按钮及 KM 自锁触点是否正常,连接线是否正确、有无虚接及脱落。必要时用移动表笔缩小故障范围的方法探查断路点。

如在上述测量中测得短路,则重点检查不同线号的导线是否错接到同一端子上了。例如,启动按钮 SB2 下端子引出的 4 号线如果错接到 KM 线圈下端的 5 号端子上,则控制电路的两相电源线经 KM 线圈直接连通,只要按下 SB2 就会造成短路。再如,停止按钮 SB1 下接线端子引出的 3 号线,如果错接到接触器 KM 自锁触点下接线 4 号端子上,则启动按钮 SB2 被短接,不起作用。此时只要合上隔离开关 QS(未按下 SB2),线路就会自行启动而造成危险。

如检查停车控制时停止按钮不起作用,则应检查自锁触点的连接位置和按钮盒内接线,并排除错接。

3. 检查过载保护环节

拆下热继电器盖板后,按下 SB2 测得 KM 线圈阻值,同时用小螺钉旋具缓慢向右拨动热元件自由端，在听到热继电器常闭触点分断动作声音的同时，万用表应显示辅助线路由通而断，否则，应检查热继电器的动作及连接线情况，并排除故障。检查结束后，要按下复位按钮让热继电器复位。

2.2.2.4 通电试车

完成上述各项检查后，清理好工具和安装板，将接触器的灭弧罩装好，检查三相电源。将热继电器电流整定值按电动机的需要调节好，在指导老师的监护下试车。

1. 空载操作试验

在试验时必须拆下电动机接线，合上 QS，按下 SB2 后，接触器 KM 应立即得电动作，而松开 SB2，接触器 KM 能保持吸合状态；按下停止按钮 SB1，KM 应立即释放。反复操作几次，以检查线路动作的可靠性。

2. 带负荷试车

切断电源后，接好电动机，合上 QS，按下 SB2，电动机 M 应立即得电启动后进入运行；松开 SB2，电动机继续运转；按下 SB1 时电动机停车。

2.2.2.5 线路常见故障检查及排除

(1)合上刀开关 QS(未按下 SB2)接触器 KM 立即得电动作；按下 SB1 则 KM 释放，松开 SB1 时，KM 又得电动作。

故障现象说明停止按钮 SB1 停车控制功能正常，而启动按钮 SB2 不起作用。从原理图分析可知，故障是由于 SB1 下端连接线 3 直接接到 SB2 下端 4 或接触器自锁触点的下端 4 引起的。

先检查线路，拆开按钮盒，核对接线，再检查接触器辅助触点接线，找到接错的线后改正，再重新试车。

(2)试车时合上 QS，没有按下启动按钮，接触器剧烈振动(振动频率低，10 ~ 20 Hz)，主触点严重起弧，电动机时转时停。按下 SB1，则 KM 立即释放；松开 SB1，接触器又剧烈振动。

故障现象表明，启动按钮 SB2 不起作用，而停止按钮 SB1 有停车控制作用，接触器剧烈振动且频率低，不像是因为电源电压低(噪声约 50 Hz)和短路环损坏(噪声约 100 Hz)，而是由于接触器反复的接通、断开造成，可能是自锁触点接错。若把接触器的常闭触点错当自锁触点使用，合上 QS 时，电流经 QS→SB1→KM 的常闭触点→FR 的常闭触点→KM 线圈→电源形成回路，使 KM 线圈立即得电动作，其常闭触点分断，使 KM 线圈失电，常闭触点又接通而使线圈得电，这样就引起接触器剧烈振动，原因是接触器的衔铁在全行程内往复运动，所以振动频率低。

检查自锁触点，找到错误的接线，将 KM 常开辅助触点的端子并接在启动按钮 SB2 的两端，经检查核对后重新试车。

(3)试车时，操作按钮 SB2 时 KM 不动作，而同时按下 SB1 时 KM 动作，松开 SB1 则 KM 释放。故障现象表明，SB1 是一个常开按钮。打开按钮盒核对接线，将 2 号、3 号线接到停止按钮常闭触点接线端子上。

(4)试车时按下 SB2 后 KM 不动作，检查接线无错接处；检查电源，三相电压均正常，线路无接触不良处。

故障现象表明，问题出在电气元件上，怀疑按钮的触点、接触器线圈、热继电器触点有断路点。分别用万用表电阻挡（R×1）（也可以用数字万用表测二极管挡）测量上述元件，表笔跨接辅助线路SB1上端子和SB2下端子（2号和3号端子），按下SB2时测得R→0，证明按钮完好；测量KM线圈阻值正常，测量热继电器常闭触点，测得结果为断路。说明FR没有复位，其常闭触点断开，切断了辅助电路，因此KM不能启动。按下FR复位按钮，重新试车。

2.2.3 三相异步电动机既能点动又能连续运转的控制线路

2.2.3.1 既能点动又能连续运转的控制线路

图2-8为既能点动控制又能连续运转的控制线路。连续控制的技术要点是自锁，解除自锁就失去连续运转控制。

图2-8(b)由手动开关SA来完成接入自锁或断开自锁。当SA闭合时为连续控制，SA断开时为点动控制。这种控制电路由于点动和连续运转的控制共用SB2按钮，若是忘记操作开关SA，就会导致操作错误。

图2-8(a)为采用两个按钮，分别实现点动与连续运转的控制电路，其中SB2为连续运转启动按钮，复合按钮SB3为点动按钮，利用SB3的常闭触点来断开自锁电路，实现点动控制，SB1为连续运转的停止按钮。操作时先合上电源开关QS。

若进行连续控制，启动时按下SB2，KM线圈得电吸合，KM主触点闭合，电动机M启动，KM自锁触点(4—6)闭合，进行自锁，电动机连续运转；停止时按下SB1，KM线圈断电，其主触点断开，电动机停止，KM自锁触点(4—6)断开，切断自锁回路。

若进行点动控制，按下点动控制按钮SB3，其常闭触点SB3(3—6)先断开，切断自锁回路，其常开触点SB3(3—4)后闭合，接通KM线圈回路，KM线圈得电，其主触点闭合，电动机运转。当松开点动按钮SB3时，其常开触点SB3(3—4)先断开，KM线圈断电释放，KM自锁触点(6—4)断开，KM主触点断开，电动机停止运转，常闭触点SB3(3—6)后闭合，此时KM自锁触点(6—4)已经断开，KM线圈不会得电动作。

这种控制方式中，在松开SB3时，必须在KM自锁触点断开后SB3的常闭触点再闭合，如果接触器发生缓慢释放，KM的自锁触点还没有断开，SB3的常闭触点已经闭合，KM线圈就不会断电，这样就变成连续控制了。

图2-8(c)是用中间继电器实现既能点动控制又能连续运转控制的。其中，SB1为连续运转的停止按钮，SB3为连续运转的启动按钮，SB2为点动按钮。操作时先合上电源开关QS。

若进行连续控制，启动时按下SB3，KA线圈得电吸合，其触点KA(3—6)闭合自锁，KA(3—4)闭合，接通KM线圈回路，KM线圈得电，其主触点吸合，电动机连续运转。停止时，按下SB1，KA线圈断电释放，KA(3—6)断开，切断自锁回路；KA(3—4)断开，切断KM线圈回路，KM线圈断电，其主触点断开，电动机停止。

图2-8(d)是三相异步电动机既能点动又能连续运转控制的实际元件接线示意图。

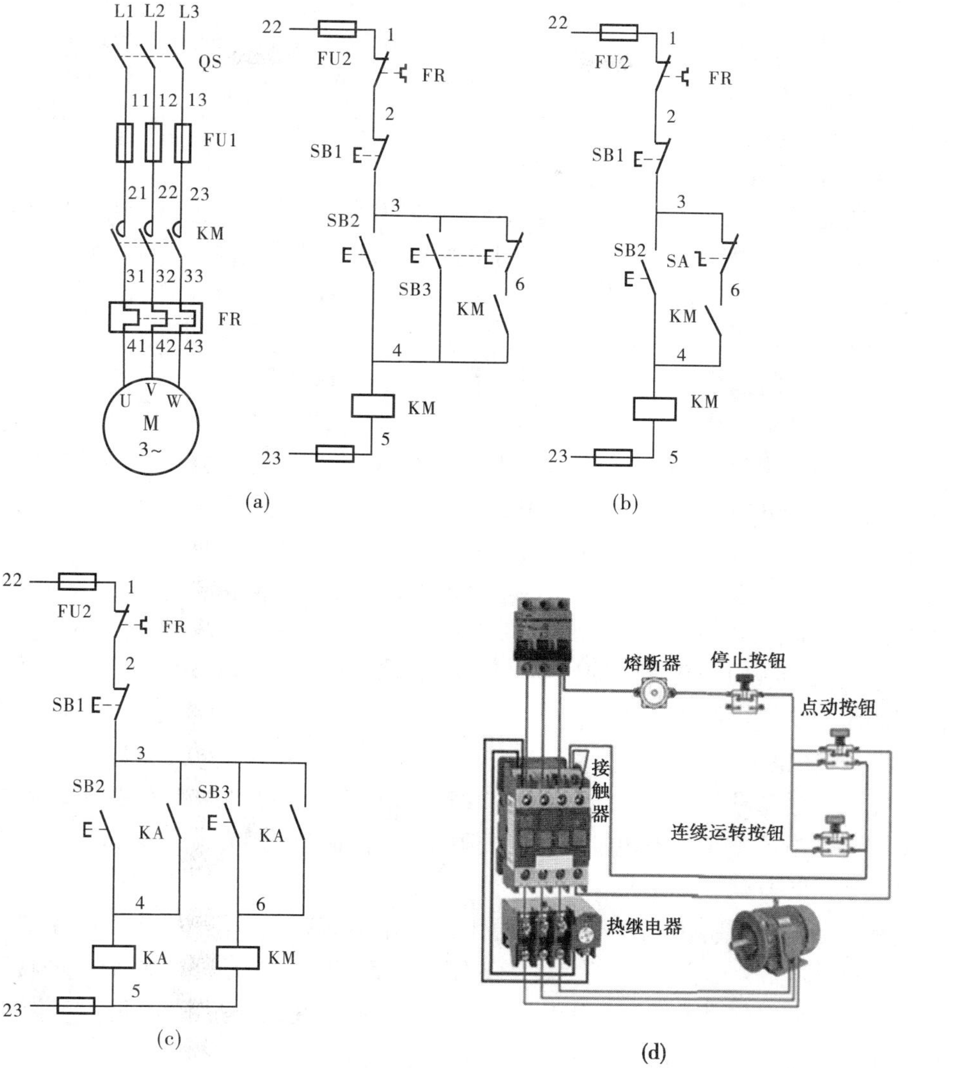

图 2-8 既能点动又能连续运转的控制线路

2.2.3.2 按照原理图接线

在原理图上,按规定标好线号(见图 2-8)。在试验台或网孔板上按照图 2-8(a)进行接线。图 2-8(d)是既能点动又能连续运转控制线路接线示意图,可参考接线。

1. 接主电路

从电源线(未接通电源)开始,接刀开关 QS、熔断器、接触器、热继电器、端子,通过端子接电动机,先按配线要求接好主电路。

2. 接控制电路

在图 2-8(a)中使用了复合按钮。接线时从左到右,先接串联支路:FU2(22—1)→FR(1—2)→SB1(2—3)→SB2(3—4)→KM 线圈(4—5)→FU2(5—23),在串联支路接完,检查无误后,再将复合按钮 SB3 的常开触点并联在 SB2 两端,将 SB3 的常闭触点的一端连接 SB3 的常开触点的一端(3 号),将 SB3 的常闭触点的另一端串联接触器 KM 常开触点,

KM 常开触点的另一端接 KM 线圈的进线端。

接线时注意，按钮盒中引出 3 根导线（2、4、6 号线），使用 3 芯护套线与接线端子排连接，经过接线端子排再接入控制电路；接触器 KM 的常开触点上，下端子接线分别为 6 号和 4 号，不可接错。

2.2.3.3 检查线路

接线完成后，先进行常规检查。对照原理图逐线核查。重点检查按钮盒内的接线和接触器的常开自锁触点，防止接错。用手拨动各接线端子处接线，排除虚接故障。接着在断电的情况下，用万用表电阻挡（R×1）检查。断开 QS，摘下接触器灭弧罩。

1. 检查主电路

检查主电路方法、步骤和点动控制主电路的检查相同。

2. 检查控制电路

装好 FU2 的瓷芯，万用表表笔接刀开关下端子 11、12（辅助电路电源线）处，应测得断路；按下按钮 SB2，应测得接触器 KM 线圈的电阻值；松开 SB2，按下 SB3，同样应测得接触器 KM 线圈的电阻值；松开 SB3，用手按下接触器主触点的支架，此时接触器主触点闭合，其常开辅助触点也闭合，同样应测得接触器 KM 线圈的电阻值；在用手按下接触器主触点的支架后，再用手按下 SB3 按钮，这时万用表的指针应该是先指向无穷（即测得短、断、开路），随后万用表应测得接触器线圈的电阻值。若在检查中测得的结果和上述不符，则移动万用表的表笔进行逐段检查。

2.2.3.4 通电试车

完成上述各项检查后，清理好工具和安装板，将接触器的灭弧罩装好，检查三相电源。将热继电器电流整定值按电动机的需要调节好，在指导老师的监护下试车。

1. 空载操作试验

在试验时必须拆下电机动接线，合上 QS，按下 SB2 后，接触器 KM 应立即得电动作。松开 SB2，接触器能保持吸合状态；按下停止按钮 SB1，KM 应立即释放。若按下 SB3，接触器 KM 立即得电动作，松开 SB3，KM 应立即释放。在操作过程中注意听接触器动作声音。反复操作几次，以检查线路动作的可靠性。

2. 带负荷试车

切断电源后，接好电动机，合上 QS，按下 SB2 后，电动机 M 应立即得电启动后运转；松开 SB2，电动机继续运转，按下 SB1 时电动机停车。若按下 SB3，电动机应立即得电启动后运转，松开 SB3，电动机立即停车。

2.2.3.5 常见线路故障检查及排除

(1) 合上刀开关 QS，按下 SB2，接触器 KM 得电动作；松开 SB2，接触器 KM 保持通电状态；但是按下 SB1，则 KM 释放；按下 SB3（没有按到底时），接触器 KM 先断电释放，当 SB3 按到底时，接触器 KM 又通电吸合，松开 SB3，接触器 KM 断电。

故障现象说明，启动按钮工作正常，并且能够自锁；停止按钮 SB1 不起作用；点动控制按钮 SB3 也能实现点动控制。从原理图分析可知，故障是由于 SB3 上端错接到 SB1 上端引起的。

先检查线路，拆开按钮盒，核对接线，重新试车。

（2）合上刀开关QS（未按下SB2），接触器KM立即得电动作；按下SB1，则KM释放，松开SB1时，KM又得电动作，按下SB3，KM接触器断电，而松开SB3，KM又得电动作。

故障现象说明，停止按钮SB1停车控制功能正常，而启动按钮SB2不起作用。点动控制按钮没有起到点动控制的作用，只起到停车的作用。从原理图分析可知，启动按钮不起作用是由于被短接造成的，同时点动控制按钮SB3没有实现点动控制，所以故障是由于SB3复合按钮接错造成的。

用万用表的电阻挡在断电时逐段测量，测量SB3（3—4）端点之间应为断开，SB3（3—6）两端之间应为闭合，实测结果相反。

拆开按钮盒，核对接线，应按原理图把SB3的常闭按钮并接在SB2两侧，而把SB3的常开触点和KM的自锁触点串联。改正接线后重新试车。

2.2.4　三相异步电动机多点控制线路

2.2.4.1　多点控制线路

多点控制就是要在两个及以上的地点根据实际情况设置控制按钮，在不同的地点可以进行相同的控制。如有的机床在正面和侧面都安装启动或停止操作按钮，又如多层楼梯的呼叫控制等。

如果要在两个地点对同一台电动机进行控制，必须在两个地点分别装一组按钮，这两端按钮连接的方法是：常开的启动按钮要并联，常闭的停止按钮要串联，这个原则对多个地点的控制同样适用。实现两地控制的控制线路原理图如图2-9（a）所示。图2-9（b）所示为电气元件实物连接示意图，其中用断路器代替图2-9（a）中的刀开关和熔断器。

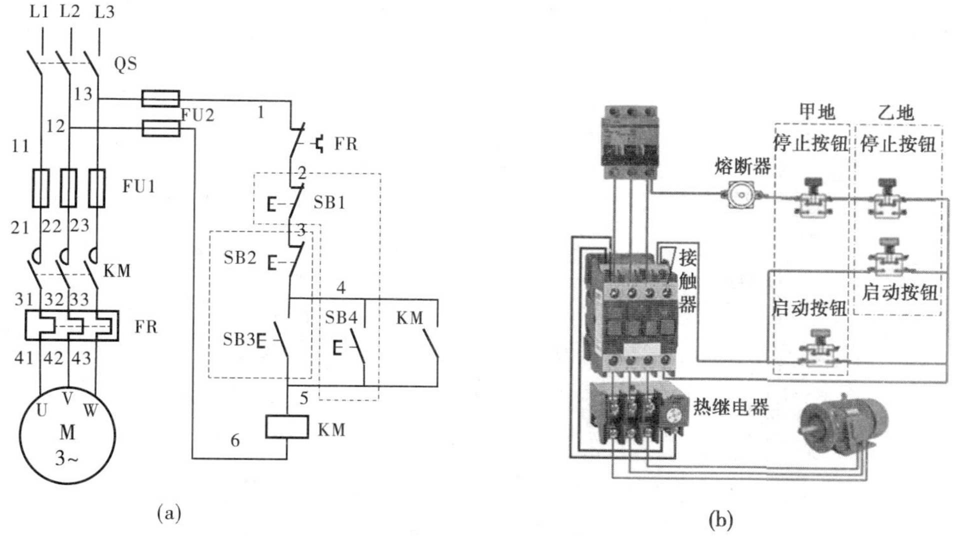

图2-9　电动机两地控制线路

2.2.4.2　按照原理图接线

在原理图上，按规定标好线号，接线时选用两个按钮盒，并放置在接线端子排的两侧，经接线端子排连接。接线图参考图2-3，各电器的位置依据原理图重新安排，布局整齐合理，易于走线接线，安全可靠。

2.2.4.3 检查线路

接线完成后,先进行常规检查。对照原理图逐线核查。重点检查按钮的串并联接线,防止错接。用手拨动各接线端子处接线,排除虚接故障。之后,在断电的情况下,用万用表电阻挡(R×1)检查。断开 QS,摘下接触器灭弧罩。

检查主电路:方法和步骤与点动控制主电路的检查相同。

检查控制电路:装好 FU2,万用表表笔接刀开关下端子 11、12(辅助电路电源线)处,应测得断路;按下按钮 SB3,应测得接触器 KM 线圈的电阻值;松开 SB3,按下 SB4,同样应测得接触器 KM 线圈的电阻值;而松开 SB4,用手按下接触器主触点的支架,此时接触器主触点闭合,其常开辅助触点也闭合,同样应测得接触器 KM 线圈的电阻值;用手按下接触器主触点的支架,再按下 SB1(SB2),线路断开,松开 SB1(SB2),线路接通。若检查结果不符,仔细检查接线情况。

2.2.4.4 通电试车

经检查无误后可通电试车。若操作中出现故障或没有实现控制要求,自行分析加以排除。

2.2.5 三相异步电动机顺序控制线路

在生产实践中例如加热设备、传送机械、液体混合设备等常常要求控制生产机械的各个运动部件的电动机之间能够按顺序工作。因此,在控制线路中就要反映出多台电动机之间的启动顺序和停止顺序,这就是顺序控制。

2.2.5.1 常用的几种顺序控制线路

(1)两台电动机 M1 和 M2,要求 M1 启动后 M2 才能启动,M1 停止后 M2 立即停止,M1 运行时 M2 可以单独停止。其控制线路如图 2-10 所示。

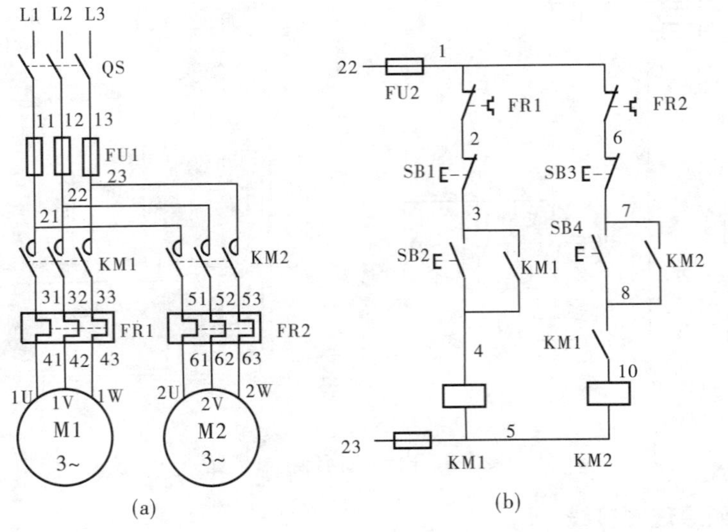

图 2-10 顺序控制线路(启动有先后)

图 2-10(a)为主电路,图 2-10(b)为控制电路。将电动机 M1 的控制接触器 KM1 的常

开辅助触点串入电动机M2的控制接触器KM2的线圈回路。这样就保证了只有在电动机M1启动后，即KM1吸合，其常开辅助触点KM1(8—10)闭合后，按下SB4才能使KM2的线圈通电动作，其主触点才能启动电动机M2。实现了电动机M1启动后，M2才能启动。

在停止时，按下SB1，KM1线圈断电，其主触点断开，电动机M1停止，同时KM1的常开辅助触点KM1(3—4)断开，切断自锁回路，KM1的常开辅助触点KM1(8—10)断开，使KM2线圈断电释放，其主触点断开，电动机M2断电。实现了当电动机M1停止时，电动机M2立即停止。当电动机M1运行时，按下电动机M2的停止按钮SB3，电动机M2可以单独停止。

(2)两台电动机M1、M2，其主电路如图2-10(a)所示，其控制电路如图2-11(a)所示。要求M1启动后M2才能启动，M1和M2同时停止，任一台过载时也同时停止。

这种顺序启动，同样是通过将接触器KM1的常开辅助触点串入KM2线圈回路实现M1和M2同时停止，只需要一个停止按钮控制两台电动机的停止。若一台电动机发生过载，则两台电动机同时停止。

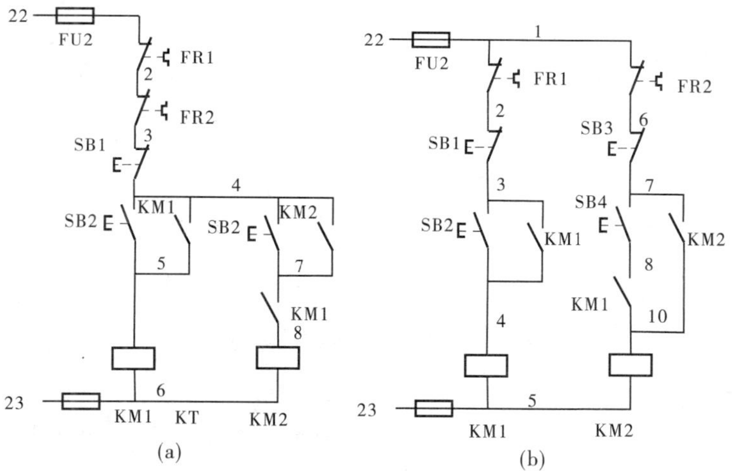

图2-11　两种形式的顺序控制线路

(3)两台电动机M1、M2，要求M1启动后M2才能启动，M1和M2可以单独停止，任一台过载独立停止。控制线路如图2-11(b)所示。这种顺序启动，同样是通过将接触器KM1的常开辅助触点KM1(8—10)串入KM2线圈回路实现M1和M2可以单独停止。需要两个停止按钮控制两台电动机的停止，但是KM2自锁回路应将KM1的常开辅助触点KM1(8—10)自锁在内，这样当KM2通电后，其自锁触点KM2(7—8)闭合，KM1(8—10)则失去了作用。SB1和SB3可以单独使电动机M1和M2停止。

(4)两台电动机M1、M2，要求M1启动后M2才能启动，M2停止后M1才能停止。过载时，两台电动机同时停止。

控制线路如图2-12(a)所示，在M1的停止按钮SB1两端并联KM2的常开辅助触点KM2(3—4)，只有KM2接触器线圈断电(即电动机M2停止)后，其常开辅助触点KM2(3—4)断开，M1的停止按钮SB1才起作用，此时按下SB1，电动机M1停止。这种控制线路的先后动作是电动机顺序启动,而逆序停止,当发生过载时,两台电动机同时停止。

(5)按固定时间顺序控制电动机启动。

两台电动机 M1、M2,要求 M1 启动后,经过固定时间 t(如 5 s)后 M2 自行启动,按钮操作时 M1 和 M2 同时停止,M2 过载时 M2 独立停止,M1 过载时两台电动机同时停止。这种控制需要用时间继电器实现延时,时间继电器的延时时间设置为某一数值(如 5 s),如图 2-12(b)所示。按下 M1 的启动按钮 SB2,接触器 KM1 的线圈通电并自锁,其主触点闭合,电动机 M1 启动,同时时间继电器 KT 线圈通电,开始延时。经过 5 s 的延时后,时间继电器的延时闭合的常开触点 KT(7—8)闭合,接触器 KM2 的线圈通电,其主触点闭合,电动机 M2 启动,其常开辅助触点 KM2(7—8)闭合自锁,同时其常闭辅助触点 KM2(4—6)断开,时间继电器的线圈断电,KT 退出运行。

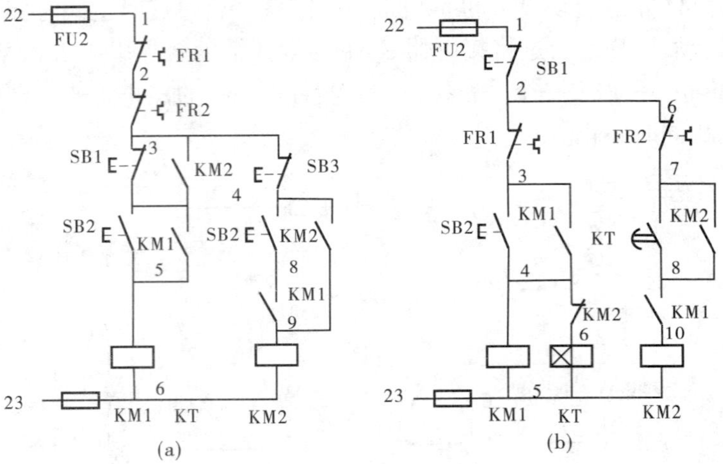

图 2-12　另两种形式的顺序控制线路

2.2.5.2　按照原理图接线

选取图 2-10 中的主电路和图 2-10 ~ 图 2-12 中任一控制线路,在原理图上按规定标好线号(可参考图中线路标号),画出接线图。按图 2-3 所示形式,选择好电器重新布局定位、安装、接线。接线时注意按钮盒中引出导线的线号,SB1、SB2、SB3、SB4 使用护套线或普通导线(有多根线时应用缠绕管绑扎)与接线端子排连接,经过接线端子排再接入控制电路。

2.2.5.3　检查线路接线

接线完成后,先进行常规检查,对照原理图逐线核查。用手拨动各接线端子处接线,排除虚接故障。之后,在断电的情况下,用万用表电阻挡(R × 1)检查。断开 QS,摘下接触器灭弧罩。先检查主电路,再检查控制电路,方法同前。重点检查控制电路中顺序控制的触点,将万用表的一支表笔放在 SB3 的上端,另一支表笔放在 KM2 线圈的下端,按下 SB4 此时应为断开。按下接触器 KM1 的触点支架,再按下 SB4,此时应测得 KM2 线圈的电阻值,即电路为接通状态,松开 KM1 的触点支架,电路断开。

2.2.5.4　通电试车

完成上述各项检查后,清理好工具和安装板,检查三相电源。将接触器的灭弧罩装好，将热继电器电流整定值按电动机的需要调节好，在指导老师的监护下试车。

1. 空载操作试验

在试验时必须拆下电动机接线，合上 QS，按下 SB2 后，接触器 KM1 应立即得电动作，而松开 SB2，接触器 KM1 能保持吸合状态；按下按钮 SB4，KM2 应立即得电动作，而松开 SB4，KM2 保持吸合；按下停止按钮 SB1，KM1、KM2 相继释放。若先按下按钮 SB4，接触器不动作。在操作过程中注意听接触器动作的声音，反复操作几次，以检查线路动作的可靠性。

2. 带负荷试车

切断电源后，接好电动机，合上 QS，按下 SB2，电动机 M1 应立即得电启动后进入运行，松开 SB2，电动机继续运转；按下 SB1 时电动机 M1 停车。若按下 SB4，电动机 M2 不动作。先按下按钮 SB2，电动机 M1 启动并保持，再按下按钮 SB4，电动机 M2 启动并保持，电动机 M1、M2 相继停止。

2.2.5.5 线路故障检查及排除

通电试车时，若出现故障或异常，应立即停车检查，查找原因排除故障，重新试车。

2.2.6 三相异步电动机正反转控制线路

生产设备或机械的运动部件往往要求实现正反两个方向的运动，这就要求拖动电动机能作正反向运转。从三相异步电动机的转动原理可知，改变异步电动机三相电源相序即可改变电动机的旋转方向，根据三相电源实现换相的要求来设计控制电路。

2.2.6.1 常用的电动机正反转控制线路

1. 倒顺转换开关（或组合开关）控制的电动机正反转控制线路

倒顺转换开关控制电动机正反转的控制线路如图 2-13 所示。由于倒顺转换开关无灭弧装置，若直接用来控制电动机，如图 2-13（a）所示，则仅适用于控制容量为 5.5 kW 以下的电动机。若只用倒顺转换开关来预选电动机的旋转方向，由接触器 KM 来接通与断开电动机的电源，并且接入热继电器 FR，线路具有长期过载保护和欠电压与失电压保护，如图 2-13（b）所示，则可以控制容量大于 5.5 kW 的电动机。

2. 无电气互锁和只有按钮互锁的正反转控制线路

互锁（连锁）是指两个电器或回路工作（通电或断电）进行相互制约的控制，就是利用两个及以上按钮的常闭触点、接触器的辅助常闭触点、继电器的常闭触点分别串入对方的线圈回路中，实现动作唯一性的控制目的。

图 2-14 所示为简易的三相异步电动机正反转控制线路，其中图 2-14（a）是正反转控制的主电路，图 2-14（b）是无连锁的正反转控制线路，图 2-14（c）是按钮连锁的正反转控制线路。无连锁三相异步电动机正反转控制线路虽然简单，但存在严重的控制缺陷，也就是说，若同时按下 SB2、SB3，将会使 KM1、KM2 同时通电吸合，导致两接触器触点出现两相短路的严重故障。为了避免此故障的发生，采取图 2-14（c）所示接线形式，当同时按下 SB2、SB3 时，其常闭触点同时断开对方电路 KM2、KM1 线圈，使 KM1、KM2 不能吸合，从而不会产生短路故障。

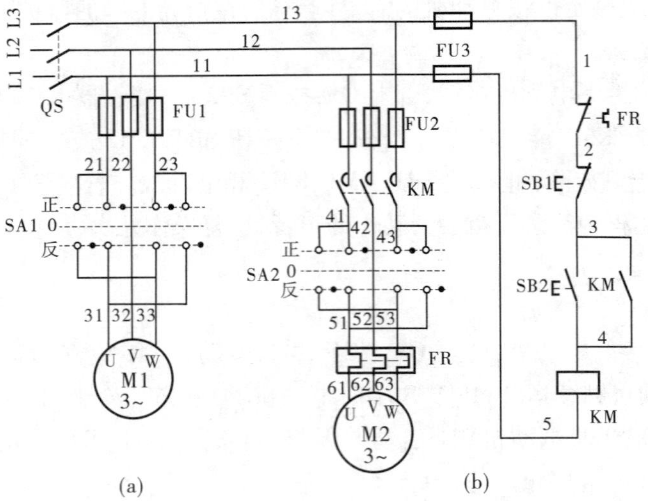

图 2-13 手动控制的三相异步电动机正反转控制线路

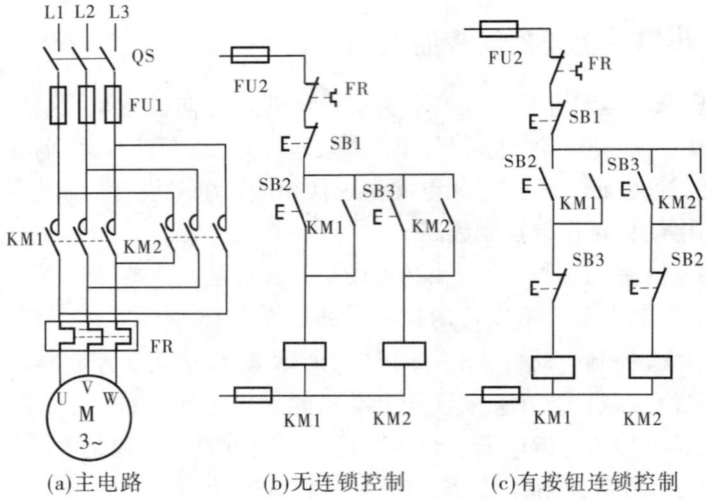

图 2-14 三相异步电动机正反转的简易控制线路

3. 电气互锁的正反转控制线路

图 2-15(a)所示为正反转主电路,线路中使用两只交流接触器来改变电动机的电源相序。显然,两只接触器不能同时得电动作,否则将造成电源短路,因而必须设置互锁电路。KM1 闭合时,接通电动机的正序电源,电动机正转;KM2 闭合时,两相电源 21、23 互换,变为反相序,电动机反转。图 2-15(b)是接触器辅助触点电气互锁的正反转控制线路的电气原理图。KM1、KM2 使用一副常开触点进行自锁,另外 KM1、KM2 将常闭触点串在对方线圈电路中,形成电气互锁。当 KM1 先接通时,常闭触点 KM1(7—8)断开,KM2 线圈则无法通电;当 KM2 先接通时,其常闭触点 KM2 (4—5)断开,KM1 线圈无法接通,这样两只接触器不能同时得电动作,防止了电源短路。要想实现由正转到反转的控制或由反转到正转的控制,都必须先按下停止按钮 SB1,使接触器断电释放,互锁的常闭触点闭

合,再按下正转或反转的启动按钮,这就构成了正转—停止—反转、反转—停止—正转的控制。

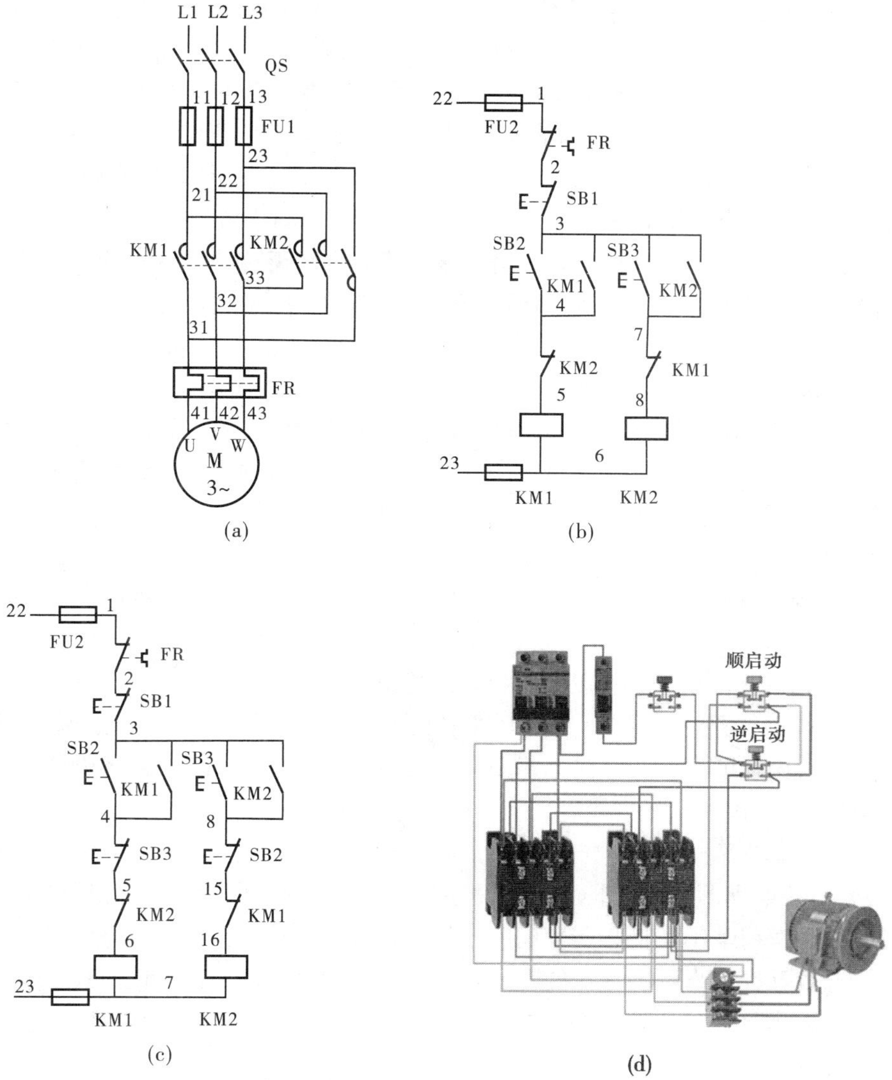

图 2-15　电气互锁及双重互锁的控制线路

线路控制动作如下:

合上刀开关 QS。

(1) 正向启动,按下 SB2→KM1 线圈得电;常闭辅助触点 KM1(7—8)断开,实现互锁;KM1 主触点闭合,电动机 M 正向启动运行;常开辅助触点 KM1(3—4)闭合,实现自锁。

(2)反向启动,先按停止按钮 SB1→KM1 线圈失电;常开辅助触点 KM1(3—4)断开,切除自锁;KM1 主触点断开,电动机断电;KM1(7—8)常闭辅助触点闭合。再按下反转启动按钮 SB3→KM2 线圈得电,KM2 (4—5)常闭辅助触点分断,实现互锁,KM2 主触点闭合,电动机 M 反向启动;KM2 (3—7)常开辅助触点闭合,实现自锁。

4. 双重互锁的正反转控制线路

电气互锁的正反转控制线路能消除由于接触器主触点熔焊(粘连)而导致的短路现象;按钮互锁可避免同时按下启动按钮时导致的短路现象,双重互锁是最完善的控制线路。另外,单互锁进行电动机由正转变反转或由反转变正转的操作中,须先按下停止按钮 SB1,而后再进行反向或正向启动的控制,要求电动机直接由正转变反转或反转直接变正转时,可采用按钮电气双重互锁的正反转控制线路,如图 2-15(c)所示。它是在图 2-15(b)的基础上,采用了复合按钮,用启动按钮的常闭触点构成按钮互锁,形成具有电气、按钮双重互锁的正反转控制电路。该电路既可现正转—停止—反转、反转—停止—正转操作,又可实现正转—反转—停止、反转—正转—停止的操作。图 2-15(d)所示为双重互锁实物元件连接示意图。

2.2.6.2　按照原理图接线

在电气双重互锁的正反转控制线路的原理图(见图 2-15)上,按规定标好线号,画出互连接线图。参照图 2-3 所示基本布局,对照原理图选择电器,重新布置电器,确定位置画接线图并安装接线。

接线时应注意以下几个问题:

(1)主线路从 QS 到接线端子板 XT 之间的走线方式与单向启动线路完全相同。两只接触器主触点端子之间的连线可以直接在主触点高度的平面内走线(仅限于靠近两接触器),不必向下贴近安装底板,以减少导线的弯折。

(2)做辅助线路接线时,可先接好两只接触器的自锁线路,然后做按钮连锁线,核查无误后,最后做辅助触点连锁线。每做一条线,就在图上标一个记号,随做随核查,反复核对,避免漏接、错接和重复接线。

2.2.6.3　检查线路

首先对照原理图、接线图逐线核查。重点检查主电路两只接触器之间的换相线,辅助电路的自锁、按钮互锁及接触器辅助触点的互锁线路。特别注意,自锁触点用接触器自身的常开触点,互锁触点是将自身的常闭触点串入对方的线圈回路。同时,检查各端子处接线是否牢靠,排除虚接故障。之后,在断电的情况下,用万用表电阻挡($R\times1$)检查。断开 QS,摘下 KM1、KM2 的灭弧罩。

1. 检查主电路

断开 FU2 以切除辅助电路。首先检查各相通路,两支表笔分别接 11 ~ 12、12 ~ 13 和 11 ~ 13 端子,测量相间电阻值。未操作前应测得断路;分别按下 KM1、KM2 的触点架,均应测得电动机绕组的直流电阻值。接着检查电源换相通路,两支表笔分别接 11 端子和接线端子板上的 U 端子,按下 KM1 的触点架时应测得 $R\rightarrow0$;松开 KM1 而按下 KM2 触点架时应测得电动机绕组的电阻值。用同样的方法测量 12 ~ V、13 ~ W 之间的通路。

2. 检查辅助电路

拆下电动机接线,接通 FU2,将万用表笔接于 QS 下端 11、12 端子,操作按钮前应测得断路。按下 SB2 应测得 KM1 线圈电阻值,同时再按下 SB1,万用表应显示线路由通而断,这样是检查正转停车控制。用同样的方法可以检查反转停车控制线路。

按下 KM1 触点支架应测得 KM1 线圈电阻值,说明自锁回路正常,用同样的方法检测 KM2 线圈的自锁回路。

检查电气互锁线路,按下 SB2(或 KM1 触点架),测得 KM1 线圈电阻值后,再同时按下 KM2 触点架使其常闭触点分断,万用表应显示线路由通而断,说明 KM2 的电气互锁触点工作正常。用同样方法检查 KM1 对 KM2 的互锁作用。

检查按钮互锁线路,按下 SB2(或 KM1 触点架),测得 KM1 线圈电阻值后,再同时按下反转启动按钮 SB3,万用表应显示线路由通而断,说明 SB3 的互锁按钮工作正常。用同样方法检查 SB2 互锁按钮的工作情况。此电路检查较复杂,同组同学应相互帮助,协调配合,做好检查任务。

按前述的方法检查 FR 的过载保护作用,然后使 FR 触点复位。

2.2.6.4 通电试车

上述检查一切正常后,检查三相电源,装好接触器的灭弧罩,清理试验台上的杂物,在老师监护下试车。

1. 空载操作试验

拆下电动机接线,合上刀开关 QS。

检查正转—反转—停止、反转—正转—停止的操作。按一下 SB2,KM1 应立即动作并能保持吸合状态;按下 SB3,KM1 应立即释放,将 SB3 按到底后松开,KM2 动作并保持吸合状态;按下 SB2,KM2 应立即释放,将 SB2 按到底后松开,KM1 动作并保持吸合状态;按下 SB1,接触器释放,操作时注意听接触器动作的声音,检查互锁按钮的动作是否可靠,操作按钮时速度放慢一些。

2. 带负荷试车

切断电源后接好电动机接线,合上刀开关后试车,操作方法同空载操作试验。注意观察电动机启动时的转向和运行声音,如有异常则应立即停车检查。

2.2.6.5 常见的故障分析及处理

(1)将 KM1 的常开辅助触点并接到 SB3 常开按钮上,KM2 的常开辅助触点并接到 SB2 的常开按钮上,使 KM1、KM2 均不能自锁,如图 2-16(a)所示。这种故障的现象是:按下 SB2,KM1 动作,但松开按钮 SB2 时接触器 KM1 释放;按下 SB3 时,KM2 动作,松开按钮 SB3 时,KM2 释放,自锁触点接线错误,导致无法自锁。

(2)将 KM1 的常闭互锁触点接入 KM1 线圈的回路,将 KM2 的常闭互锁触点接入 KM2 线圈回路,如图 2-16(b)所示。这种故障的现象是:按下 SB2,接触器 KM1 剧烈“啪啪”振动(接触器铁芯连续吸合、释放的撞击声),主触点严重起弧,电动机时转时停;松开 SB2 则 KM1 释放。按下 SB3 时 KM2 的现象与 KM1 相同。因为当按下按钮 SB2 时,接触器 KM1 得电动作后,常闭互锁触点 SB2 断开,切断自身线圈通路,造成线圈失电,其触点复位,又使线圈 KM1 得电而动作,接触器 KM1 将不断地接通、断开,产生振动。

2.2.7 设备运动部件限位控制和自动往复循环控制线路

2.2.7.1 三相异步电动机拖动的设备运动部件限位控制线路

限位控制线路是指电动机拖动的运动部件达到规定位置后自动停止,然后按返回按

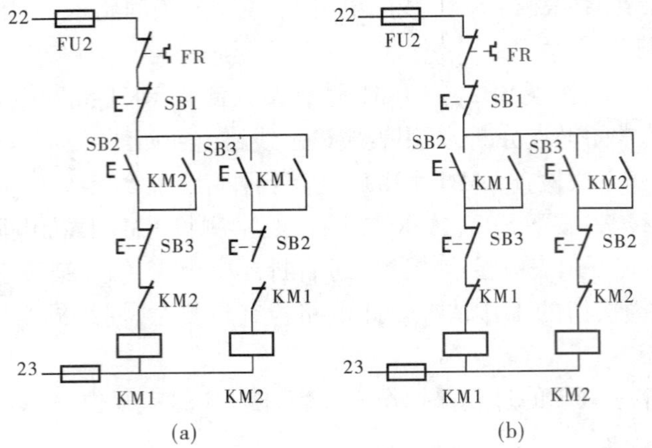

图 2-16　正反转控制线路常见接线错误

钮使机械设备返回到起始位置后自动停止。停止信号是由安装在规定位置的行程开关发出的，当运动部件到达规定的位置，其挡铁压下行程开关，行程开关的常闭触点断开，发出停止的信号。限位控制线路如图 2-17 所示，图 2-17(a)为主电路，图 2-17(b)为控制电路，图 2-17(c)为实物接线示意图。图中，SB1 为停止按钮，SB2 为电动机正转启动按钮，SB3 为电动机反转启动按钮，SQ1 为前行到位行程开关，SQ2 为后退到位行程开关。

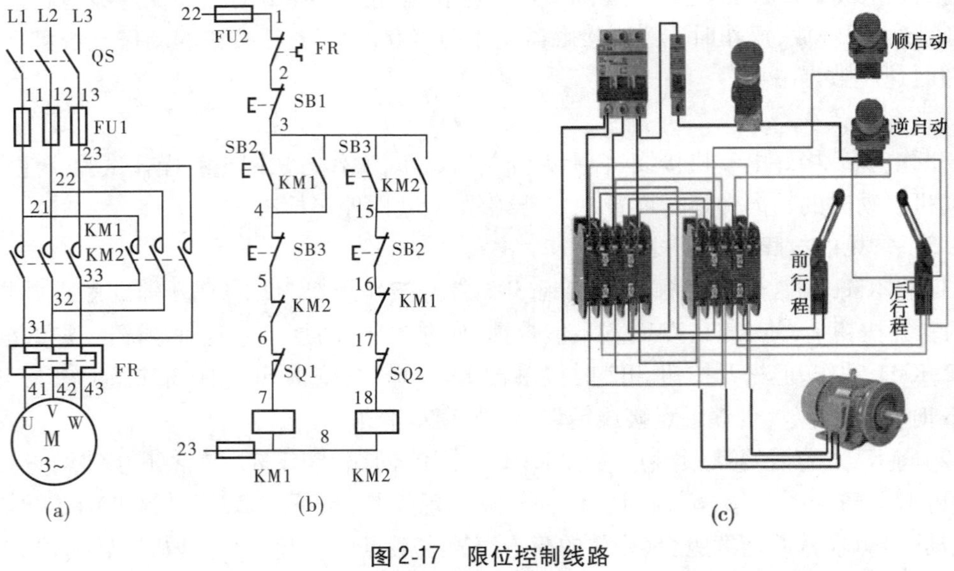

图 2-17　限位控制线路

线路控制动作如下：合上刀开关 QS，当按下正转启动按钮 SB2 时，KM1 线圈通电吸合，电动机正向启动，拖动运动部件前进，到达规定的位置后，运动部件的挡铁压下行程开关 SQ1，其常闭触点 SQ1(6—7)断开，KM1 线圈断电释放，电动机停止，运动部件停止在行程开关的安装位置。此时，如果操作人员再按下 SB2，KM1 线圈也不会通电，电动机也不会正向启动。当需要运动部件后退、电动机反转时，按下电动机反转启动按钮 SB3，KM2 线圈通电吸合，电动机反向启动，拖动运动部件后退，到达规定的位置后，运动部件的挡铁压下行程开关 SQ2，其常闭触点 SQ2(17—18)断开，KM2 线圈断电释放，电动机停止，运动部件停止在行程开关的安装位置。由此可以看出，行程开关的常闭触点相当于运动部件到位后的停止按钮。

2.2.7.2　三相异步电动机拖动的工作台自动往复运动控制线路

生产机械的运动部件需要自动的往复运动，为此通过常用行程开关作控制元件控制电动机的正反转来实现。

图 2-18(a)为工作台自动往复运动示意图。图 2-18(a)中 SQ1、SQ2、SQ3、SQ4 为行程开关，SQ1、SQ2 用来控制工作台的自动往返，相当于双重连锁正反向控制线路中的正向启动按钮 SB2 和反向启动按钮 SB3，只不过它们不是由操作者按动的，而是由运动部件上的挡铁来操作的，因而实现了自动往复控制。SQ3、SQ4 进行限位保护，即限制工作台的极限位置。当按下正向(或反向)启动按钮，电动机正向(或反向)启动旋转，拖动运动部件前进(或后退)，当运动部件上的挡铁压下换向行程开关 SQ1(或 SQ2)时，将使电动机改变转向，如此循环往复，实现电动机可逆旋转控制，工作台就能实现往复运动，直到操作人员按下停止按钮，电动机才停止旋转。往复运动的控制线路如图 2-19 所示。控制线路电气元件接线示意图如图 2-18(b)所示。

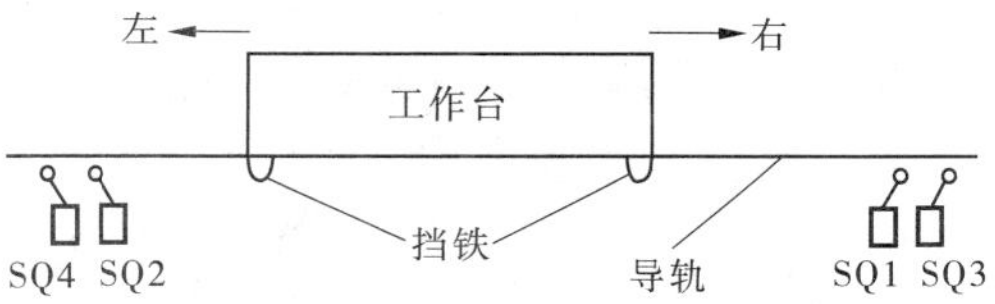

(a)工作台自动往复运动示意图

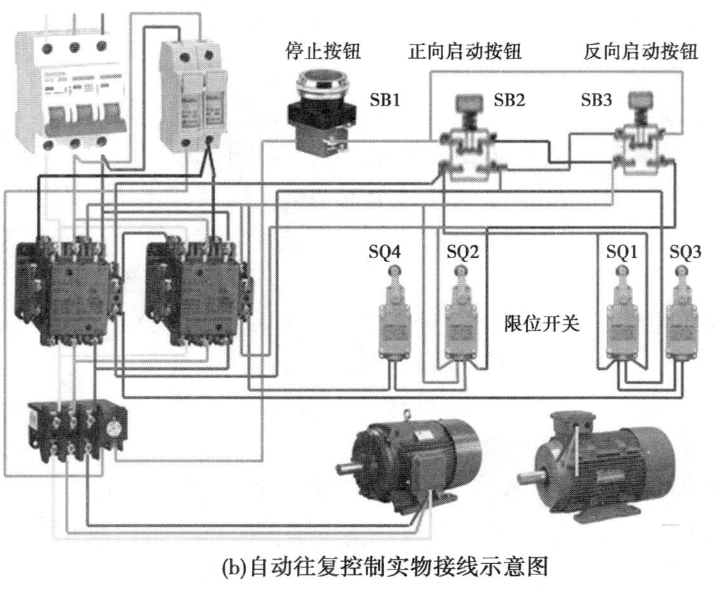

(b)自动往复控制实物接线示意图

图 2-18　工作台自动往复运动和控制实物接线示意图

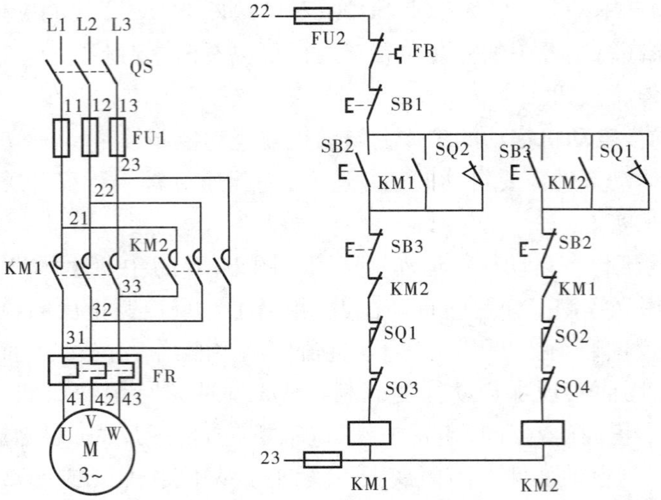

图 2-19　自动往复运动的控制线路接线

2.2.7.3　按照原理图接线

按照图 2-19 所示往复运动的控制线路接线，参照图 2-18(b)所示实物元件连接示意图，接线要求与正反转控制线路基本相同。应注意，接线端子排 XT 与各行程开关之间的连接线应使用护套线，走线时应将护套线固定好，走线路径不可影响运动部件正、反两个方向的运动。接线前，应先用万用表认真校线，套上写好的线号管，核对无误后再接到端子上。特别注意区别行程开关的常开、常闭触点端子，防止错接。接线时参看图 2-3 所示形式，选择好电器(本次接线与前面接线相比不同的是行程开关)，重新布局定位、安装、接线。SQ1 和 SQ2 的作用是行程控制，而 SQ3 和 SQ4 的作用是限位保护，这两组开关不可装反，否则会引起错误动作。

2.2.7.4　检查线路

对照电气原理图和接线图逐线检查线路并排除虚接的情况。接着用万用表按规定的步骤检查。断开 QS，先检查主电路，再拆下电动机接线，检查辅助电路的正、反向启动、自锁，按钮及辅助触点连锁等控制和保护作用。方法同双重连锁正反转控制线路，排除发现的故障。最后做下面的检查：

(1)检查限位控制。先按下 SB2 不松开(或 KM1 触点架)测得 KM1 线圈电阻值后，再按下行程开关 SQ3 的滚轮，使其常闭触点断开，万用表应显示线路由通而断。先按下 SB3 不松开(或 KM2 触点架)测得 KM2 线圈电阻值后，再按下行程开关 SQ4 的滚轮，使其常闭触点断开，万用表应显示线路由通而断。

(2)检查行程控制。按下 SB2 不要放开，测得 KM1 线圈电阻值，再轻轻按下 SQ1 的滚轮，使其常闭触点断开，万用表应显示线路由通而断；将 SQ1 的滚轮按到底，万用表应显示线路由断而通，测得 KM2 线圈的电阻值。按下 SB3 不放，应测得 KM2 线圈的电阻值，再轻轻按下 SQ2 的滚轮，使其常闭触点断开，万用表应显示线路由通而断；将 SQ2 的滚轮按到底，万用表应显示线路由断而通，测得 KM1 线圈的电阻值。

2.2.7.5 通电试车

做好清理准备工作,安装好接触器的灭弧罩,检查三相电源,在指导老师的监护下,每一小组同学协调配合完成通电试车任务。

1. 空载操作试验

合上刀开关 QS,按照双重连锁的正反转控制线路的试验步骤,检查各控制、保护环节的动作。若试验结果一切正常,再按一下 SB2 使 KM1 得电动作并吸合,然后用绝缘棒按下 SQ3 的滚轮,使其触点分断,则 KM1 应失电释放。再按下 SB3 使 KM2 得电动作,按下 SQ4 滚轮,KM2 应失电释放。反复试验几次,检查限位保护动作的可靠性。

按下 SB2 使 KM1 得电动作后,用绝缘棒轻按 SQ1 滚轮,使其常闭触点分断,KM1 应释放,将 SQ1 滚轮按到底,则 KM2 得电动作;再用绝缘棒缓慢按下 SQ2 滚轮,则应先后看到 MK2 释放、KM1 得电动作。反复试验几次,检查行程控制动作的可靠性。

2. 带负荷试车

断开 QS,接好电动机接线。合上刀开关 QS,做好立即停车的准备后,进行下述几项试验:

(1)检查电动机转向。按下 SB2 电动机启动,拖动设备上的运动部件开始移动,如移动方向为前进(指向 SQ1),则符合要求;如果运动部件后退,则应立即断电停车,将刀开关 QS 上端子处的任意两相电源线交换位置后,再接通电源试车。电动机的转向符合要求后,操作 SB3 使电动机拖动部件反向运动,检查 KM2 改换相序的作用。

(2)正反转控制试验。方法同双重连锁的正反转控制,试验 SB1、SB2、SB3 每个按钮的控制作用。

(3)行程控制试验。做好立即停车的准备,正向启动电动机,运动部件前进,当部件移动到规定位置附近时,要注意观察挡铁与行程开关 SQ1 滚轮的相对位置。SQ1 被挡铁压下后,电动机应先停转再反转,运动部件后退,当部件移动到规定位置附近时,要注意观察挡铁与行程开关 SQ2 滚轮的相对位置,SQ2 被挡铁压下后,电动机应先停转再正转,运动部件前进。观察设备上的运动部件在正、反两个方向的规定位置之间往返的情况,试验行程开关及线路动作的可靠性。如果部件到达行程开关,挡铁已将开关滚轮压下而电动机不能停车,应立即断电停车进行检查。重点检查这个方向上的行程开关的接线、触点及有关接触器的触点动作,排除故障后重新试车。

(4)限位控制试验。启动电动机,在设备运行中用绝缘棒按压该方向上的限位保护行程开关,电动机应断电停车;否则,应检查限位行程开关的接线及其触点动作的情况,排除故障后重新试车。

2.2.7.6 常见的故障

(1)运动部件的挡铁和行程开关滚轮的相对位置不对正,滚轮行程不够,造成行程开关常闭触点不能分断,电动机不能停转。

故障现象:挡铁压下行程开关后,电动机不停车,检查接线没有错误,用万用表检查行程开关的常闭触点的动作情况以及线路的连接情况均正常;在正反转试验时,操作按扭 SB1、SB2、SB3,电路工作正常。

处理方法:用手摇动电动机轴,观察挡铁压下行程开关的情况。调整挡铁与行程开关的相对位置后，重新试车。

(2)主电路接错，KM1、KM2 主触点接入线路时没有换相。

故障现象：电动机启动后设备运行，运动部件到达规定位置、挡铁操作行程开关时接触器动作，但部件运动方向不改变，继续按原方向移动而不能返回；行程开关动作时两只接触器可以切换，表明行程控制作用及接触器线圈所在的辅助线路接线正确。

处理方法：改正主电路换相连线后重新试车。

任务 2.3　三相异步电动机减压启动控制线路分析、安装及检查试车

三相笼型异步电动机采用全电压启动，优点是控制线路简单、可靠，广泛用于小功率设备电动机；缺点是启动电流大，所以当电动机容量较大时，全压启动就会影响自身或其他设备。当不允许采用全压直接启动时，应采用减压启动。有时为了减小或限制电动机启动时对机械设备的冲击，即便是允许采用直接启动的电动机，也往往采用减压启动。减压启动的目的是限制启动电流。启动时，通过启动电气设备使加到电动机定子绕组上的电压小于额定电压，待电动机的转速上升到一定数值时，再给电动机加上额定电压运行。减压启动虽然限制了启动电流，但是由于启动转矩和电压的二次方成正比，因此减压启动时电动机的启动转矩也减小，所以减压启动多用于空载或轻载启动。

三相笼型异步电动机减压启动方法有定子串电阻(或电抗器)减压启动、Y—△转换减压启动、自耦变压器减压启动等。

2.3.1　定子串电阻(或电抗器)减压启动控制线路

图 2-20、图 2-21(a)所示为三相异步电动机定子串电阻、串电抗器减压启动控制线路。从图中看出，电动机启动时定子串入电阻或电抗器起到降压作用，达到降低启动电流的目的。控制电路与前面介绍的电路有相似之处，区别在于通电延时时间继电器的延时控制，具体控制过程请同学们认真读图自行分析。

定子串电阻(或电抗器)减压启动控制方式结构简单、可靠、经济、使用方便，在不经常启动或较小型设备中使用。其缺点是串电阻启动有较大的电能损耗，串电抗器启动使线路的功率因数降低，因此使用有所受限。

图 2-21(b)为电抗器示意图，图 2-21(c)为电抗器图形符号，电抗器文字符号为 LS。

2.3.2　三相异步电动机 Y—△转换减压启动控制电路

三相异步电动机 Y—△减压启动是启动时将定子绕组接成星形，启动结束后将定子绕组接成三角形运行。这种方法只是用于正常运行时定子绕组为三角形联结的电动机。一般用途的小型异步电动机，当容量大于 4 kW 时，定子绕组都采用三角形联结。Y—△减压启动方法简单、可靠、经济，不需外加启动设备，只增加两台接触器，电动机容量从十几千瓦到几百千瓦都可以采用此种启动方法。Y—△减压启动时，启动电流和启动转矩都降为直接启动时的 1/3，这种方法多用于空载或轻载启动。

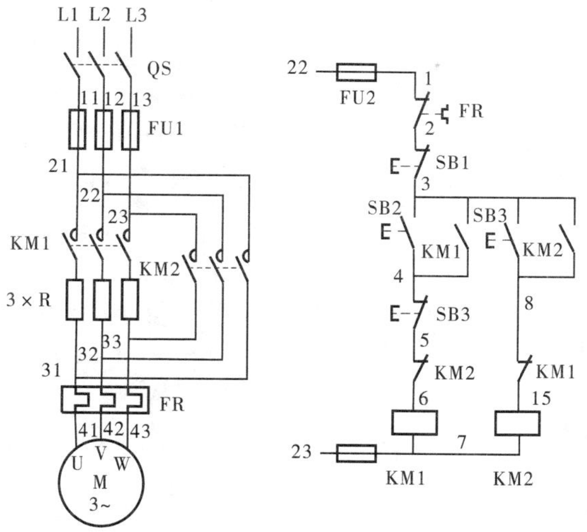

图 2-20　定子串电阻减压启动控制线路

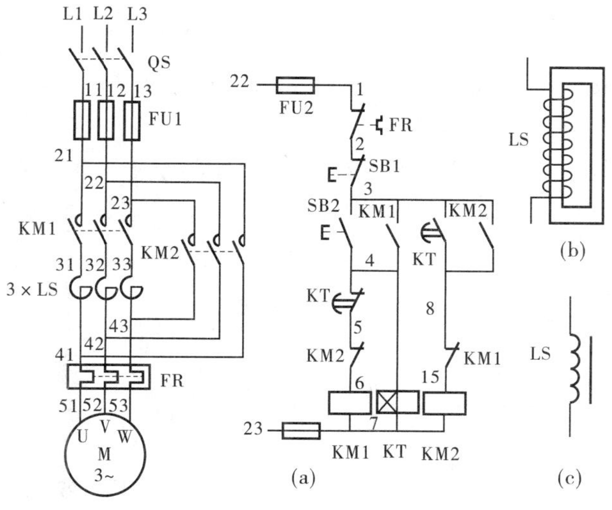

图 2-21　定子串电抗器减压启动控制线路

2.3.2.1　三相异步电动机 Y—△减压启动控制的主电路和控制线路

(1)图 2-22 所示为三相异步电动机 Y—△减压启动控制的两个主电路。图 2-22(a)中采用断路器作为主保护,KM1 接在 KM2 内侧,KM1 主触点流过的是电动机的相电流;图 2-22(b)图中采用熔断器作为主保护,KM1 接在 KM2 的外侧,KM1 主触点流过的是电动机的线电流。当电动机容量相同时,图 2-22(b)中的 KM1 要比图 2-22(a)中的 KM1 选择大一个或两个额定电流型号,所以图 2-22(a)形式的主接线一般用于较大容量电动机的 Y—△减压启动,而图 2-22(b)形式的接线一般用于较小容量电动机,生产实际中这样既经济又可靠。

(2)图 2-23 所示是手动和按时间原则转换的异步电动机 Y—△转换减压启动的控制线路。主电路如图 2-22 所示。在图 2-22(b)中 KM1 是引入电源的接触器,KM2 是将电动

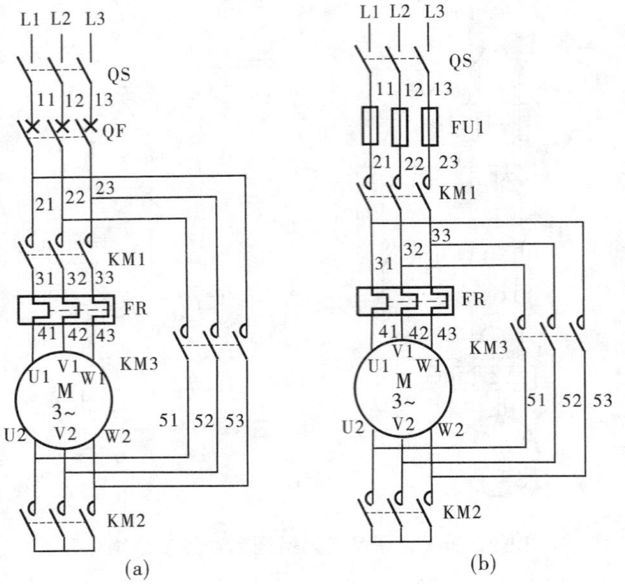

图 2-22　三相异步电动机 Y—△减压启动主电路两种接线形式

机接成星形联结的接触器，KM3 是将电动机接成三角形联结的接触器，它的主触点将电动机三相绕组首尾相接。KM1、KM2 接通，电动机进行星形连接启动，KM1、KM3 接通，电动机进入三角形运行，KM2、KM3 不能同时接通，否则将产生三相短路，所以 KM2、KM3 之间必须互锁。主电路中热继电器 FR 与电动机定子绕组串联，FR 的热元件中流过的是电动机的定子相电流，所以 FR 的额定电流选为相电流即可。

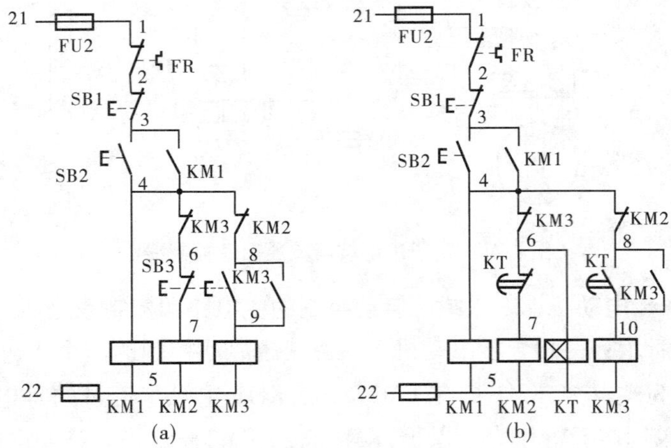

图 2-23　三相异步电动机 Y—△转换减压启动的控制线路

控制线路工作情况：如图 2-23(b)所示，合上电源开关 QS，按下按钮 SB2→KM1 通电并自锁；KM2 通电，其主触点将电动机接成星形联结，接入三相电源进行减压启动，其互锁常闭触点 KM3(4—8)断开进行互锁，切断 KM2 线圈回路；同时 KT 线圈通电，经一定时间延时后，KT 延时断开的常闭触点 KT(6—7)延时断开，KM3 断电释放，电动机中性点断开；KT 延时闭合的常开触点 KT(8—10)延时闭合，KM2 通电并自锁，电动机接成三角形联结运行，同时 KM2 常闭触点 KM2(4—6)断开，断开 KM3、KT 线圈回路，使 KM3、KT 在电动机三角形联结运行时处于断电状态，使线路工作更可靠。

图 2-23(a)是按钮手动实现的 Y—△转换减压启动的控制线路，具体工作情况同学们可参照上述控制过程自行分析。

2.3.2.2 按照主电路和控制电路原理图接线

接线前要用万用表检查时间继电器的动作情况，图 2-23(b)所示控制线路中若选用的是通电延时型空气阻尼式时间继电器，将万用表的表笔分别放在延时闭合的常开触点和延时断开的常闭触点两端，用手模拟时间继电器电磁铁吸合，观察时间继电器触点动作的情况，是否符合延时闭合和延时断开的要求，并做好记录。注意在接线时不要接错。

如果延时类型不符合要求，则将电磁机构拆下，倒转方向后装回，注意电磁机构的安装位置，并测量触点的动作情况，直到触点可靠动作。将延时时间调整到 5 s。如果选用电子式时间继电器，则在老师的指导下进行测试。

按照原理图中标注的线号顺序进行接线，如图 2-24 所示，选择好电器，合理布局，确立位置后固定安装。注意主电路中接触器主触点之间的接线，特别是 KM3 主触点两端的线号要认真核对，一定要保证电动机绕组首尾相接。主电路中的电流较大，适用的导线截面面积较大，连接时各接线端要压接可靠；否则，会引起接线端过热。控制电路中时间继电器的接点不要接错。

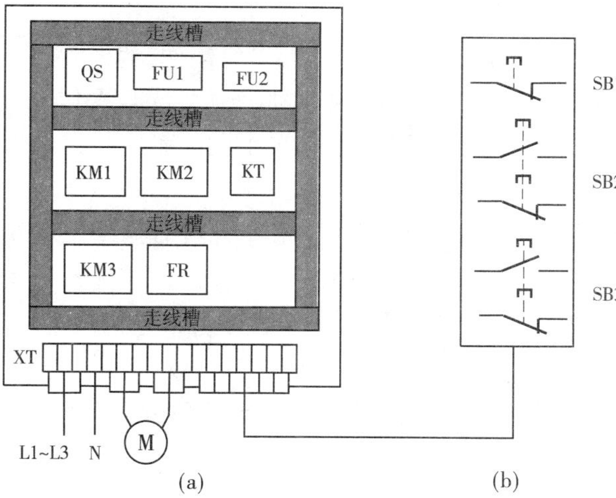

图 2-24 三相异步电动机 Y—△转换减压启动的接线图

2.3.2.3 检查线路

按原理图检查线路，并排除虚接情况。断开 QS，摘下接触器的灭弧罩，将万用表拨到电阻挡 R×1，用万用表检查。

(1)检查主电路，如图 2-22(b)所示。断开 FU2，切除控制线路。

检查 KM1 的控制作用：将万用表表笔分别接 QS 下端的 11 和 U2 端子，应测得断路；而按下 KM1 触点架时，应测得电动机一相绕组的电阻值。再用同样的方法检测 12 ~ V2、13 ~ W2 之间的电阻值。

检查 Y 启动线路：将万用表表笔接 QS 下端的 11、12 端子，同时按下 KM1 和 KM2 的触点架，应测得电动机两相绕组串联的电阻值。用同样的方法测量12～13及11～13之间的电阻值。

检查△运行线路：将万用表表笔接QS下端的11、12端子，同时按下KM1和KM3的触点架，应测得电动机两相绕组串联后再与第三相绕组并联的电阻值（小于一相绕组的电阻值）。

（2）检查控制线路。拆下电动机接线。

检查启动控制：万用表表笔接FU2的21、22端子处，按下SB2应测得KM1、KM2、KT线圈的并联电阻值；按下KM1的触点支架，也应测得上述3只线圈的并联电阻值。

检查连锁线路：再轻按KM3触点架使其常闭触点KM3（4—6）分断（不要放开KM1触点架），切除了KM3、KT线圈，KM2（8—10）常开触点闭合，接通KM3线圈，此时应测得两只线圈的并联电阻值，测量的电阻值应增大。

检查KT的控制作用：将万用表的表笔放在KT(6—7)两端，此时应为接通，用手按下时间继电器的电磁机构不放，经过5 s的延时，万用表断开。用同样的方法检查KT（8—10）触点。

2.3.2.4 通电试车

装好接触器的灭弧罩，检查三相电源，在指导老师的监护下学习小组同学相互协调，通电试车。

1. 空载操作试验

合上QS，按下SB2，KM1、KM3和KT应立即得电动作，约经5 s后，KT和KM2断电释放，同时KM3得电动作；按下SB1则KM1和KM3释放；反复操作几次，检查线路动作的可靠性和延时时间，调节KT的延时旋钮，使其延时更准确。

2. 带负荷试车

断开QS，接好电动机接线，仔细检查主电路各熔断器的接触情况，检查各端子的接线，合上QS，按下SB2，电动机应得电启动转速上升，此时应注意电动机运转的声音；约5 s后线路转换，电动机转速再次上升，进入全压运行。

2.3.2.5 常见故障分析

（1）使用空气阻尼式时间继电器，在调整电磁机构的安装方向后，电磁机构的位置安装不准确。

故障现象：进行空操作试车时，操作SB2后KM1、KM3、KT得电动作，但过5 s延时后，线路没有转换。此时应检查时间继电器的电磁机构的安装位置是否准确，用手按压KT的衔铁，约经过5 s，延时器的顶杆已放松，顶住了衔铁，而未听到延时触点动作的声音。因电磁机构与延时器距离太近，使气囊动作不到位。

排除方法：调整电磁机构位置，使衔铁动作后，气囊顶杆可以完全复位。

（2）KM2主触点的Y联结的中性点的短接线接触不实，使电动机一相绕组末端引线未接入线路，电动机形成单相启动。

故障现象：空操作试验时线路工作正常，带负荷试车时，按下SB2，KM1及KM3均得电动作，但电动机发出嗡嗡异响，转子正、反两个方向颤动；立即按下SB1停车，KM1及KM2释放时，灭弧罩内有较强的电弧。空操作试验时线路工作正常，说明控制电路接线正确。带负荷试车时，电动机的故障现象是由缺相启动引起的。检查主电路熔断器及KM1、KM2主触点未见异常，检查连线时，发现KM2主触点的中性点短接线接触不实，使电动机W相绕组末端引线未接入线路，电动机形成单相启动，大电流造成强电弧。由于缺相，绕组内不能形成旋转磁场，使电动机转轴的转向不定。

排除方法：接好中性点的接线，紧固好各端子，重新通电试车。

(3)控制线路中，KM3接触器的自锁触点的接线松脱。

故障现象：空操作试验时，Y联结启动正常，过5 s接触器换接，再过5 s，又换接一次，如此重复。

排除方法：接好KM3自锁触点的接线，重新试车。

2.3.3 自耦变压器减压启动

自耦变压器减压启动是通过自耦变压器把电压降低后，再加到电动机的定子绕组上，以达到减小启动电流的目的。启动时电源电压接到自耦变压器的一次侧，自耦变压器的二次侧接电动机的定子绕组，启动结束后，切除自耦变压器，电源电压直接接到电动机的定子绕组上。

采用自耦变压器减压启动时，启动电流和启动转矩都降低到直接启动时的$1/K^2$(K^2为变压器的变比)，启动用的自耦变压器有QJ2、QJ3两个系列，QJ2型的3个抽头比(抽头比即$1/K$)分别为73%、64%、55%，QJ3型的3个抽头比分别为80%、60%、40%。

这种启动方法对定子绕组采用星形或三角形接法的电动机都适用，可以获得较大的启动转矩，根据需要选用自耦变压器二次侧的抽头，这种方法常用于10 kW以上较大启动转矩设备的三相异步电动机。其缺点是自耦变压器体积大、一次性投资大。

当设备电动机的容量在14～300 kW且要求较大启动转矩时，可选用自耦变压器减压启动器进行减压启动。这种减压启动器有手动操作和自动操作两种形式，手动操作的有QJ3、QJ5、QJ10等型号，自动操作的有XJ01型和CTZ型。图2-25为XJ01型自隅变压器减压启动控制线路图。

自耦变压器启动由于电动机功率一般较大，所以电源引入常用刀开关和断路器的配置形式，QS主要起电源隔离作用，断路器用于短路保护。主电路中KM1、KM2为减压启动的接触器，KM1用于接通电源，KM2用于接通自耦变压器的星点；KM3为全压运行的接触器。在控制线路中，KA为中间继电器，KT为减压启动的时间继电器，HL1为电源指示灯，HL2为减压启动的指示灯，HL3为全压运行的指示灯。

控制线路的工作原理是：合上电源断路器，合上开关QS，指示灯HL1亮。按一下按钮SB2，KM1、KM2线圈和KT线圈同时通电。KM1线圈通电，自锁触点KM1(3—4)闭合；KM1、KM2主触点闭合，电动机接入自耦变压器降压启动，互锁触点KM1(7—8)断开，切断KM3线圈回路；KM2(16—18)断开，电源指示灯HL1灭；KM2(16—17)闭合，指示灯HL2亮。

KT线圈通电开始延时。延时时间到，KT延时闭合的常开触点KT(3—6)闭合，中间继电器KA的线圈通电，其自锁触点KA(3—6)闭合；KA常闭触点(4—5)断开，使KM1、KM2线圈断电释放，KM1主触点将自耦变压器切除，其常闭互锁触点KM1(7—8)闭合；

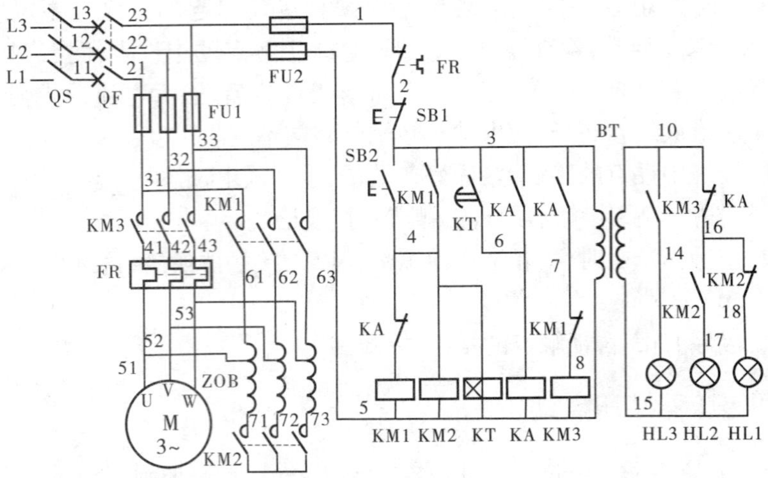

图 2-25　XJ01 型自耦变压器减压启动控制线路

KA 常开触点 (3—7)闭合,使 KM3 线圈通电吸合;KA 常闭触点(10—16)断开,HL2 指示灯灭。

由于 KM3 线圈通电吸合,其主触点闭合,电动机全压运行,KM3(10—14)闭合,指示灯 HL3 亮。KM2 的常开触点将自耦变压器的中性点断开。由于流入自耦变压器中性点的电流是一、二次的电流之差,所以可以采用小一个电流等级的接触器。

2.3.4　软启动器及其使用

三相异步电动机在直接启动的方式下,启动电流为额定值的 4 ~ 8 倍,启动转矩为额定值的 50% ~150%;在定子串电阻减压启动方式下,启动电流为额定值的 4.5 倍,启动转矩为额定值的 50% ~75%;在 Y—△启动方式下,启动电流为额定值的 1.4 ~2.6 倍,在 Y—△切换时会出现电流冲击,且启动转矩为额定值的 50%,而自耦变压器减压启动方式下,启动电流为额定值的 1.7 ~4 倍,在电压切换时会出现电流冲击,启动转矩为额定值的 40% ~85%。因而,上述这些方法经常用于对启动特性要求不高的场合。在一些对启动要求较高的场合,可选用软启动装置,即采用电子启动方法。其主要特点是:具有软启动和软停车功能,启动电流、启动转矩可调节,还具有电动机过载保护等功能。

2.3.4.1　软启动器的工作原理

图 2-26 所示为软启动器内部原理示意图。它主要由三相交流调压线路和控制线路构成。其基本原理是利用晶闸管的移相控制原理,通过晶闸管的导通角,改变其输出电压,达到通过调压方式来控制启动电流和启动转矩的目的。控制线路按预定的不同启动方式,通过检测主线路的反馈电流,控制其输出电压,可以实现不同的启动特性。最终软启动器输出全压,电动机全压运行。由于软启动器为电子调压并对电流实时检测,因此还具有对电动机和软启动器本身的热保护,限制转矩和电流冲击、三相电源不平衡、缺相、断相等保护功能,并可实时检测并显示如电流、电压、功率因数等参数。

2.3.4.2　软启动器的控制功能

异步电动机在软启动过程中,软启动器通过控制加到电动机上的电压来控制电动机

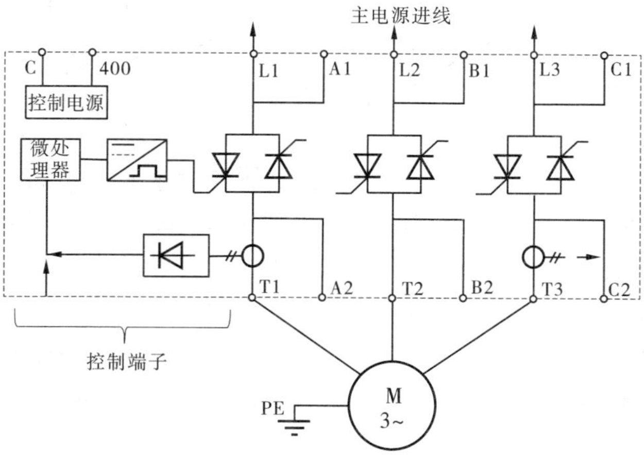

图 2-26　软启动器内部原理示意图

的启动电流和启动转矩，启动转矩逐渐增加，转速也逐渐增加。一般软启动可以通过改变参数设定得到不同的启动特性，以满足不同的负载特性要求。

1. 斜坡升压启动方式

斜坡升压启动方式一般可以设定启动初始电压 U_{qo} 和启动时间 t_1。这种启动方式断开了电流反馈，属于开环控制方式。在电动机启动过程中，电压线性逐渐增加，在设定的时间内达到额定电压。这种启动方式主要用于一台软启动器并接多台电动机或电动机功率远低于软启动器额定值的应用场合。

2. 转矩控制及启动电流限制启动方式

转矩控制及启动电流限制启动方式一般可设定启动初始转矩 T_{qo}、启动阶段转矩的最大值 T_{L1}、转矩斜坡上升时间 t_1 和启动电流的最大值 I_{L1}，这种启动方式引入了电流反馈，通过计算间接得到负载转矩，属于闭环控制方式。由于控制目标为转矩，故软启动器输出电压为非线性上升，转矩为恒加速度上升。

在电动机启动的过程中，保持恒定的转矩以恒定的加速度上升，实现平稳启动。在电动机启动的初始阶段，启动转矩逐渐增加，当转矩达到预先设定的最大值后保持恒定，直至启动完毕。在启动过程中，转矩上升的速率可以根据电动机负载情况调整设定。斜坡陡，转矩上升速率大，即速度上升速率大，启动时间短。当负载较轻或空载启动时，所需转矩较低，可使斜坡缓和一些。由于在启动过程中，控制目标为电动机转矩，即电动机的加速度，即使电网电压发生波动或负载发生波动，通过控制线路自动增大或减少启动器的输出电压，也可以维持转矩设定值不变，保持启动的恒定速度。此种控制方法可以使电动机以最佳的启动加速度、最快的时间完成平稳的启动，是应用最多的启动方式。

随着软启动器控制技术的发展，目前大多采用转矩控制方式，也有采用电流控制方式，即电流斜坡控制及恒流升压启动方式。这种方式间接控制电动机电流，以达到控制转矩的目的，与转矩控制方式相比，启动效果略差，但控制相对简单。

3. 电压提升脉冲启动方式

电压提升脉冲启动方式一般可设定提升脉冲最大电压 U_{L1}。升压脉冲宽度一般为 5

个电源周波，即 100 ms。在启动开始阶段，晶闸管在极短时间内按设定的最大电压 U_{L1} 启动，可得到较大的启动转矩，此阶段结束后，转入转矩控制及启动电流限制启动。该启动方式适用于重载并需克服较大静摩擦的启动场合。

4. 转矩控制软停车方式

当电动机需要停车时，立即切断电动机电源，属自由停车。传统的控制方式大都采用这种方法。但许多应用场合，不允许电动机瞬间停机，如高层建筑、楼宇的水泵系统，要求电动机逐渐停机，采用软启动器可以满足这个要求。

软停车方式通过逐渐降低软启动器的输出电压而切断电源，这一过程时间较长且一般大于自由停车时间，故称为软停车方式。转矩控制软停车方式是在停车过程中，匀速调整电动机转矩的下降速率，实现平滑减速。减速时间 t_1 一般是可以设定的。

5. 制动停车方式

当电动机需要快速停机时，软启动器具有能耗制动功能。在实施能耗制动时，软启动器向电动机定子绕组通入直流电，由于软启动器是通过晶闸管对电动机供电的，因此很容易通过改变晶闸管的控制方式而得到直流电。制动停车方式一般可设定加入的制动电流幅值 I_{L1} 和时间 t_1，但制动开始到停车的时间不能设定，时间长短与制动电流有关，应根据实际应用情况，调节加入的制动电流幅值和时间来调节制动时间。

2.3.4.3 软启动器的应用举例

下面以法国 TE 公司生产的 Altistart46 型软启动器为例，介绍软启动器的典型应用。Altistart46 型软启动器有标准负载和重型负载应用两大类，额定电流为 17 ~ 1 200 A 共 21 种额定值，电动机功率为 4 ~ 800 kW。其主要特点是：具有斜坡升压、转矩控制与启动电流限制、电压提升脉冲 3 种启动方式；具有转矩控制软停车、制动停车、自由停车 3 种停车方式；具有对电动机和软启动器本身的热保护、限制转矩和电流冲击、三相电源不平衡、缺相、断相和电动机运行中过电流等保护功能，并提供故障输出信号；具有实时检验、显示如电流、电压、功率因数等参数的功能，并提供模拟输出信号；提供本地端子控制接口和远程控制 RS－485 通信接口。

通过人机对话操作盘或 PC 与通信接口连接，Altistart46 型软启动器可显示和修改系统配置、参数，其主要参数设置范围如下：启动电源可调节范围在额定值的 2 ~ 5 倍；启动转矩可调节范围在额定值的 15% ~ 100%；加速转矩斜坡时间可调节范围为 1 ~ 60 s；减速转矩斜坡时间可调节范围为 1 ~ 60 s；制动转矩可调节范围为额定值的 0 ~ 100%；电压提升脉冲幅值可调节范围为额定电压的 50% ~ 100%；电动机运行时过电流保护动作电流值可调节范围为额定值的 50% ~ 300%。

1. 电动机单向运行带旁路接触器软启动、软停车或自由停车控制线路

图 2-27 所示为三相异步电动机用软启动器启动控制线路。

图 2-27 中虚线框所示为软启动器，其中 C 和 400 为软启动器控制电源进线端子；L1、L2、L3 为软启动器主电源进线端子；T1、T2、T3 为连接电动机的出线端子；A1、A2、B1、B2、C1、C2 端子由软启动器三相晶闸管两端分别直接引出。当相对应端子短接时，相当于图 2-27 中 KM2 主触点闭合，将软启动器内部晶闸管短接，但此时软启动器内部的电流检测环节仍起作用，即此时启动器对电动机的保护功能仍在起作用。

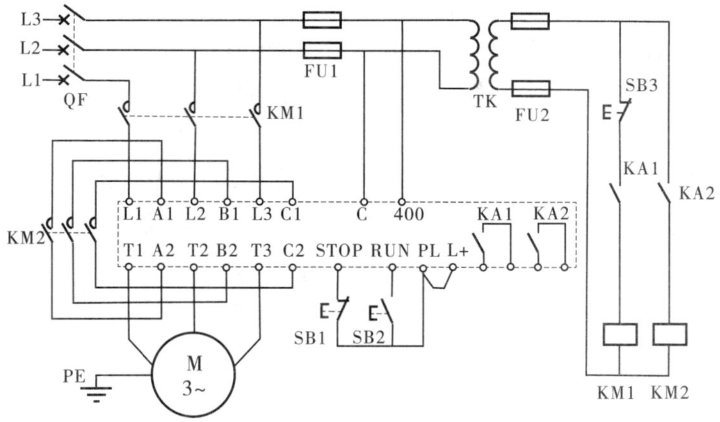

图 2-27 三相异步电动机单向运行软启动、软停车、自由停车控制线路

图中 PL 是软启动器为外部逻辑输入提供的 +24 V 电源;L + 为软启动器逻辑输出部分的外接输出电源,直接由 PL 提供。STOP、RUN 分别为软停车和软启动控制信号,接线方式分为三线制控制、二线制控制和通信远程控制。三线制控制,要求输入信号为脉冲输入型;二线制控制,要求输入信号为电平输入型;通信远程控制时,在图 2-27 中将 PL 与 STOP 端子短接,起停要使用通信口远程控制。图 2-27 所示控制线路采用三线制控制方式。KA1 和 KA2 为输出继电器。KA1 为可编程输出继电器,可设置成故障继电器或隔离继电器。

若 KA1 设置为故障继电器,则当软启动器控制电源上电时,KA1 闭合;当软启动器发生故障时,KA1 断开。若 KA1 设置为隔离继电器,则当软启动器接收到启动信号时,KA1 闭合;当软启动器软停车结束时,或软启动器在自由停车模式下接收到停车信号时,或在运行过程中出现故障时,KA1 断开。KA2 为启动结束继电器,当软启动器完成启动过程后,KA2 闭合;当软启动器接收到停车信号或出现故障时,KA2 断开。图 2-27 为电动机单向运行软启动、软停车或自由停车控制线路。

若 KA1 设置为隔离继电器,KM1 为此软启动器的进线接触器。当开关 QF 合闸,按启动按钮 SB2,则 KA1 触点闭台,KM1 线圈上电,使其主触点闭合,主电源加入软启动器。电动机按设定的启动方式启动,当启动完成后,内部继电器 KA2 常开触点闭合,KA2 接触器线圈吸合,电动机由接触器 KM1 和旁路接触器 KM2 的主触点供电,同时将软启动器内部的功率晶闸管短接,电动机通过接触器由电网直接供电。但此时过载、过电流等保护仍起作用,KA1 相当于保护继电器的触点,若发生过载、过电流,则切断接触器 KM1 电源,且软启动器进线电源被切除。因此,电动机不需要额外增加过载保护线路。正常停车时,按停车按钮 SB1,停车指令使 KA2 触点断开,旁路接触器 KM2 跳闸,使电动机软停车,软停车结束后,KA1 触点断开,按钮 SB3 用于紧急停车,当按下 SB3 时,接触器 KM1 失电,软启动器内部的 KA1 和 KM2 触点复位,使 KM2 失电,电动机自由停转。由于带有旁路接触器,该线路有如下优点:在电动机运行时可以避免软启动器产生谐波;软启动器仅在启动和停车时工作,可以避免长期运行使晶闸管发热,延长使用寿命。

2. 单台软启动器启动多台电动机

用一台软启动器对多台电动机进行软启动,可以降低控制系统的成本。通过设计可以实现对多台电动机软启动、软停车控制,但不能同时启动或停机,只能一台一台分别启动或停机。考虑到实现一台软启动器对多台电动机既能软启动又能软停车,控制线路比较复杂,还要使用软启动器内部的一些特殊功能,所以下面仅介绍用一台软启动器对两台电动机进行软启动、自由停车控制的线路,如图 2-28、图 2-29 所示。

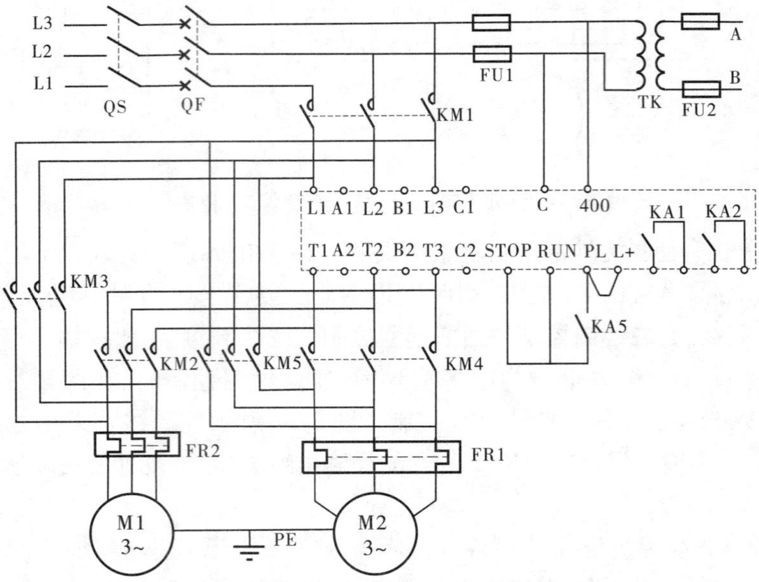

图 2-28 单台软启动器启动两台电动机控制的主电路

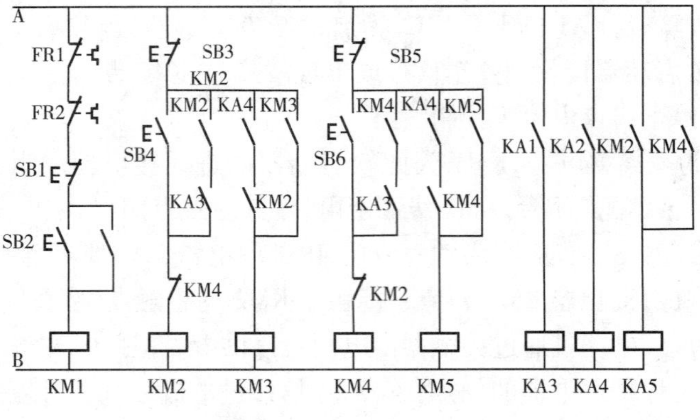

图 2-29 单台软启动器启动两台电动机的控制电路

软启动器的启动、停车采用二线制控制方式,即将 RUN 和 STOP 端子连接到一起,通过控制触点 KA5 和 PL 端子相连。KA5 触点接通表示启动信号,断开表示停车信号。由于电动机启动结束后,由旁路接触器为电动机供电,图 2-28 中主电路的接线方式将整个软启动器短接,因此软启动器的各种保护对电动机无效,故每台电动机要各自增加过载保护的热继电器。

在图 2-29 控制线路中,将 KA1 设置为隔离继电器。按 SB2 按钮,接触器 KM1 线圈通电并自锁,软启动器的进线电源上电。若启动第一台电动机 M1,按启动按钮 SB4,接触器 KM2 线圈通电、中间继电器 KA5 线圈通电,启动信号加入软启动器,隔离继电器 KA1 触点接通,中间继电器 KA3 线圈通电,KA3 常开触点使 KM2 自锁,电动机软启动开始。当启动结束时,软启动器的继电器 KA2 触点闭合,中间继电器 KA4 线圈通电,KA4 常开触点使旁路接触器 KM3 线圈通电并自锁,此时 KM2 和 KM3 均接通。软启动器旁路后,使隔离继电器 KA1 触点断开,启动结束继电器 KA2 触点也断开,KA3 线圈断电,KA3 常开触点使 KM2 线圈自锁回路断开,KM2 线圈失电,第一台电动机从软启动器上切除,此时软启动器处于空闲状态。同理,若对第二台电动机软启动,则按启动按钮 SB6。若使第一台电动机停机,按停止按钮 SB3,则 KM3 线圈失电,主触点断开,电动机自由停机。第二台电动机的启、停控制过程与上述分析类似。

为防止软启动器带两台电动机同时启动,KM2 和 KM4 线圈回路增加了互锁触点。

随着软启动器国产化制造成本的下降、可靠性和自动化程度的进一步提高、工业控制技术的更新和电动机应用技术的普及,三相异步电动机软启动控制将得到进一步的推广。

任务 2.4　三相异步电动机的制动控制线路及检查试车

三相异步电动机工作状态有启动、稳定运行、变速运行和停止。停止情况有两种:一是自由停车;二是强迫停车(强迫减速),强迫停车和减速运行过程也就是制动状态。电动机运行于电动状态时,电磁转矩与转速的方向相同,是驱动性质的。运行于制动状态时,转矩和转速的方向相反,是制动转矩,制动可以使电动机减速和快速停车。例如使位能性负载(在起重机下放重物时,或在运输工具下坡运行时)通过制动获得稳定的下降速度。异步电动机的制动方法有机械制动和电气制动。机械制动是利用机械设备产生摩擦转矩(如电磁抱闸,有通电制动和断电制动两种形式),在电动机断电后,使电动机迅速停转或减速。电气制动是利用电磁转矩与转速方向相反的原理制动,常用的制动方法有反相序接线制动、能耗制动和再生发电制动等。

2.4.1　三相异步电动机电源两相对调的反相序制动控制

在电动机处于电动运行时,将定子绕组的电源两相对调,因机械惯性,转子的转向不变。电源相序的改变,使旋转磁场的方向变为和转子的旋转方向相反,转子绕组中的感应电动势、感应电流和电磁转矩的方向都改变,电磁转矩变为制动转矩。如图 2-30(a)所示,设电动机处于电动运行状态时,KM1 闭合,KM2 断开,其机械特性为图 2-30(b)中的曲线 1,其工作点在固有机械特性曲线的 A 点。当把定子绕组的电源进线两相对调时,KM1 断开,KM2 闭合,其机械特性为图 2-30(b)中的曲线 2。当定子电源两相对调瞬间,转子的转速不能突变,工作点由 A 点平移到 B 点,在制动的电磁转矩的作用下,电动机迅速减速,工作点沿曲线 2 移动,到达 C 点时,转速为 0,制动过程结束,如需停车,应立即切断电源,否则电动机将反向启动。所以,在一般的变相序制动线路中常利用速度继电器来反映转速,以实现自动控制。

由于变相序制动时,转子与旋转磁场的相对速度接近于 2 倍的同步转速,定子绕组中

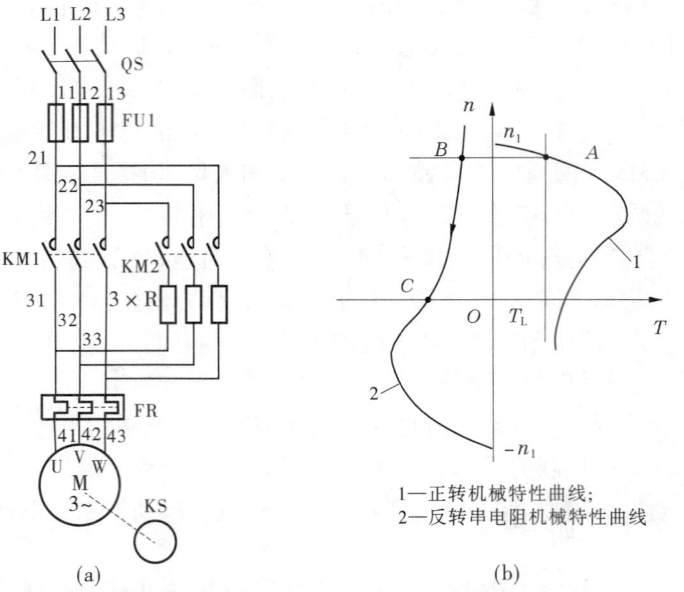

图 2-30 三相异步电动机电源两相对调的反相序制动主电路和机械特性曲线

流过的制动电流相当于直接启动时电流的 2 倍，冲击很大。为了减小冲击电流，通常在笼型异步电动机的定子回路中串接电阻以限制反相序电流（如图 2-30（b）中曲线 2 特性变软）。制动电阻可以采用对称接法和不对称接法。图 2-30（a）中采用的是对称接法，对称接法是在定子三相绕组中都串入相同的制动电阻，不对称接法是只在两相绕组中串入制动电阻。制动电阻的对称接法可以在限制制动转矩的同时，也限制制动电流。在制动电阻的不对称接法中，没有串入制动电阻的那一相，仍具有较大的电流，因此一般采用对称接法。电动机定子绕组正常工作的相电压为 380 V（电动机△形连接）时，若要限制变相序制动电流不大于启动电流，如采用对称接法，则每相应串入的电阻值可按 $R = 1.5 \times 220/I_{st}$，$I_{st}$ 为电动机直接启动的电流。如采用不对称接法，则电阻值应为对称接法电阻值的 1.5 倍。绕线转子异步电动机则可在转子回路中串入制动电阻。

变相序制动的优点是制动转矩大，效果好，制动迅速，控制设备简单。但是制动过程冲击强烈，易损坏传动部件，在这种制动过程中，电动机转子靠惯性旋转的机械能和从电网吸收的电能全都转变成电能消耗在电枢绕组上，能量消耗大，变相序制动适用于制动要求迅速且不频繁的场合。

2.4.1.1 电动机单向运行反相序制动控制线路

图 2-31 为制动电阻对称接法的电动机单向运行反相序制动的控制线路。

在图 2-31（a）所示主电路中，KM1 接通，KM2 断开时，电动机单向电动运行；KM1 断开，KM2 接通时，电动机电源相序改变，电动机进入反相序制动的运行状态，用速度继电器检测电动机转速的变化。KM1、KM2 不能同时吸合，否则将发生短路事故，可通过 KM1、KM2 连锁加以解决。在图 2-31（b）所示控制电路中，当电动机转速 $n > 130$ r/min 时，速度继电器的触点动作（其常开触点闭合、常闭触点断开）；当转速 $n < 100$ r/min 时，速度继电器的触点复位（其常开触点断开、常闭触点闭合）。这样可以利用速度继电器的

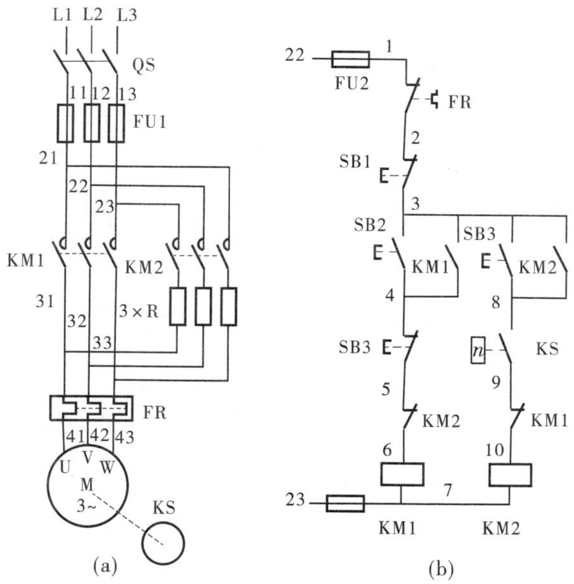

图 2-31　三相异步电动机单向运行反相序制动控制线路

常开触点，当转速下降到接近于 0 时，使 KM2 接触器断电，自动及时地将电源切除。在控制线路中有自由停止按钮 SB1 和制动停止复合按钮 SB3。

线路的工作情况如下：先合上 QS。启动时，按下启动按钮 SB2，接触器 KM1 线圈通电并自锁，其主触点闭合，电动机启动运行。KM1 辅助常闭触点（9—10）断开，实现互锁。当电动机的转速大于 130 r/min 时，速度继电器 KS 的常开触点 KS（8—9）闭合，为反相序制动做准备。停车时，按下停止按钮 SB3，其常闭触点（4—5）先断开，KM1 线圈断电；KM1 主触点断开，电动机的电源断开；KM1（3—4）断开，切除自锁；KM1（9—10）闭合，此时电动机的电源虽然断开，但在机械惯性的作用下，电动机的转速仍然很高，KS 常开触点（8—9）仍处于闭合状态。将 SB3 按到底，其常开触点（3—8）闭合，接通反相序接触器 KM2 的线圈；KM2 常闭触点（5—6）断开，实现互锁，KM2 常开触点（3—8）闭合自锁；KM2 主触点闭合，使电动机定子绕组 U、W 两相交流电源换相，电动机进入反相序的制动运行状态，电动机的转速迅速下降。当转速 $n < 100$ r/min 时速度继电器的触点复位，KS（8—9）断开，KM2 线圈断电，制动结束。

2.4.1.2　可逆运行的反相序制动控制线路

图 2-32 为可逆运行的反相序制动控制线路的主电路。在主电路中，KM1、KM2 为正、反转接触器，KM3 为短接电阻 R 的接触器，电阻 R 既是反相序制动限流电阻，也是启动限流电阻。

图 2-33 控制线路中，KA1 ~ KA4 为中间继电器，速度继电器 KS 常开触点（2—19）在正转时闭合，速度继电器 KS 常开触点（2—24）在反转时闭合。

线路的工作情况如下：先合上 QS。按下正转启动按钮 SB2，中间继电器 KA3 线圈通电，KA3（3—4）闭合并自锁，其常闭触点 KA3（15—16）断开，实现互锁 KA4 中间继电器回路，KA3（3—8）常开触点闭合，使接触器 KM1 线圈通电，KM1 主触点闭合，使定子绕组经电阻 R 接通电动机正相序的三相电源串电阻减压启动。KM1 常开辅助触点(19—20)闭合,当电动机转速上升到一定值时,速度继电器正转闭合的常开触点 KS(2—19)闭合,使中间继电器 KA1 通电并自锁,KA1 触点(2—17)闭合(为制动做好准备)。这时由于 KA1(2—26)、KA3(26—28)常开触点闭合,接触器 KM3 的线圈通电,其主触点闭合,电阻 R 被短接,电动机全压正向运行。在电动机正转运行的过程中,若按下停止按钮 SB1,则 KA3、KM1、KM3 三只线圈相继断电。由于惯性,电动机转子仍然高速旋转,KS(2—19)仍处于闭合状态,中间继电器 KA1 仍处于工作状态,KA1(2—17)已通,所以在接触器 KM1 断电、常闭触点(17—18)复位后,接触器 KM2 线圈通电,其主触点闭合,使定子绕组经电阻 R 接通反相序的三相交流电源,对电动机进行反相序制动,电动机的转速迅速下降。当电动机的转速低于速度继电器 KS 的动作值(速度接近于0)时,正转速度继电器的常开触点 KS(2—19)断开,KA1 线圈断电,KA1(2—17)断开,KM2 释放,电动机反相序制动过程结束。电动机反向启动与制动停车的过程,与上述过程基本相同,读者自行分析。

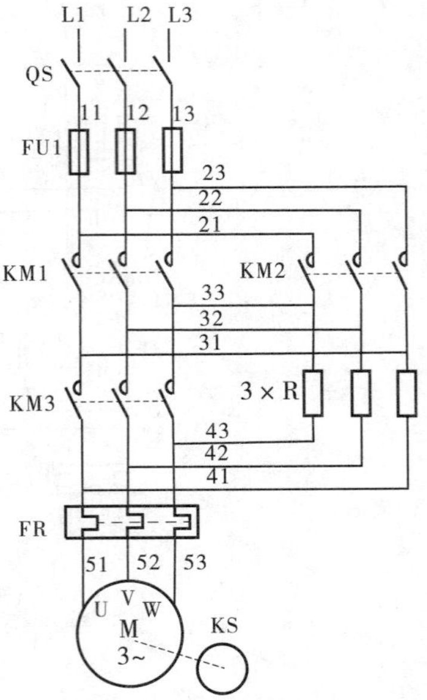

图 2-32 电动机可逆运行反相序制动控制的主线路

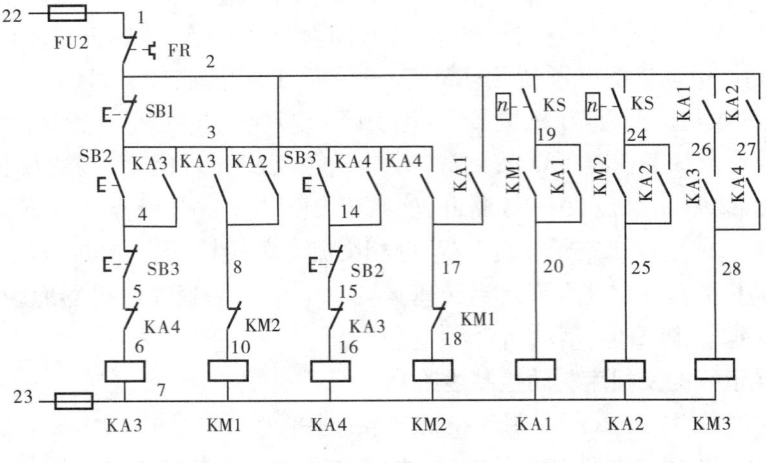

图 2-33 电动机可逆运行反相序制动的控制线路

2.4.1.3 按照原理图接线

按照图 2-32、图 2-33 接线。接主电路时,注意 KM1 及 KM2 主触点的相序不可接错。接线端子板 XT 与电阻箱之间使用护套线(使用单芯软线时应缠绕管绑扎)。速度继电器装在电动机轴头或传动箱上预留的安装平面上,用护套线通过接线端子排与控制线路连接,JY1 系列速度继电器有两组触点,每组都有常开、常闭触点,使用公共触点。接线前用万用表测量分辨,防止错接造成线路故障。注意,使用速度继电器时,一定先根据电动机的运转方向正确选择速度继电器的触点，然后接线。接线时可参照安装接线图 2-3 的形式，选择电器，重新布局、定位、固定接线。

2.4.1.4　线路检查

检查速度继电器的转子、联轴器与电动机轴（或传动轴）的转动是否同步，检查它的触点切换动作是否正常，还应检查限流电阻箱的接线端子及电阻的情况，检查电动机和电阻箱的接地情况。测量每只电阻的阻值并作记录。接线完成后按控制线路图逐线进行检查并排除虚接的情况。接着断开 QS，摘下 KM1、KM2 的灭弧罩，用万用表的电阻挡进行以下几项检测。

1. 检查主电路

断开 FU2，切除辅助电路。按下 KM1 触点架，分别测量 QS 下端之间电阻，应测得电动机各相绕组的电阻值；松开 KM1 触点架，则应测得断路。

按下 KM2 触点架，分别测量 QS 下端 11 ~ 12、12 ~ 13 及 11 ~ 13 之间电阻，应测得电动机各相绕组串联两只限流电阻后的电阻值；松开 KM2 触点架，应测得断路。

2. 检查辅助电路

拆下电动机接线，接通 FU2，将万用表表笔分别接 11 ~ 13 端子，做以下测量：

（1）检查启动控制。按下 SB2，应测得 KM1 线圈电阻值；松开 SB2，则应测得断路。按下 KM1 触点架，应测得 KM1 线圈电阻值；放松 KM1 触点架，应测得断路。

（2）检查反相序控制。按下 SB2，再按下 SB1，万用表显示由通而断；松开 SB2，将 SB1 按到底，同时转动电动机轴，使其转速约达 130 r/min，使 KS 的常开触点闭合，应测得 KM2 线圈电阻值；电动机停转则测得线路由通而断。同样，按下 KM2 触点架，同时转动电动机轴使 KS 的常开触点闭合，应测得 KM2 线圈电阻值。在此应注意，电动机轴的转向应能使速度继电器的常开触点闭合。

（3）检查连锁线路。按下 KM1 触点架，测得 KM1 线圈电阻值的同时，再按 KM2 触点架使其常闭触点分断，应测得线路由通而断；同样将万用表的表笔接在 8 号线端和 23 号线端，将测得 KM2 线圈电阻值，再按下 KM1 触点架使其常闭触点分断，也应显示线路由通而断。

2.4.1.5　通电试车

用万用表检查且情况正常后，检查三相电源，装好接触器的灭弧罩，装好熔断器，在老师监护下试车。

合上 QS，按下 SB2，观察电动机启动情况；轻按 SB1，KM1 应释放使电动机断电后惯性运转而停转。在电动机转速下降的过程中观察 KS 触点的动作。再次启动电动机后，将 SB1 按到底，电动机应刹车，在 1 ~ 2 s 内停转。

2.4.1.6　常见故障

（1）电动机启动后，速度继电器 KS 的摆杆摆向没有使用的一组触点，使线路中使用的 KS 的触点不起控制作用，致使停车时没有制动作用。这时应断电，将控制电路中的速度继电器的触点换成另外一组，重新试车。注意使用速度继电器时，一定先根据电动机的转向正确选择速度继电器的触点，然后接线。

（2）速度继电器 KS 的常开触点在转速较高（远大于 100 r/min）时就复位，致使电动机制动过程结束,KM2 断开时,电动机转速仍较高,不能很快停车。速度继电器出厂时切换动作转速已调整到 100 r/min,但在运输过程中因振动等因素,可能使触点的复位机构螺钉松动造成误差。处理办法是:切断电源,松开触点复位弹簧的锁定螺母,将弹簧的压力调小后再将螺母锁紧。重新试车观察制动情况,反复调整几次,直至故障排除。

(3)速度继电器 KS 的常开触点断开过迟,在转速降低到 100 r/min 时还没有断开,造成 KM2 释放过晚,在电动机制动过程结束后,电动机又慢慢反转。处理办法是:将复位弹簧压力适当调大,反复试验调整后,将锁定螺母紧好即可。

2.4.2 能耗制动控制线路

能耗制动就是在电动机脱离三相电源之后,在定子绕组上加一个直流电压,通入直流电流,如图 2-34(a)所示。定子绕组产生一个恒定的磁场,转子因惯性继续旋转而切割该恒定的磁场,在转子导体中便产生感应电动势和感应电流,如图 2-34(b)所示。

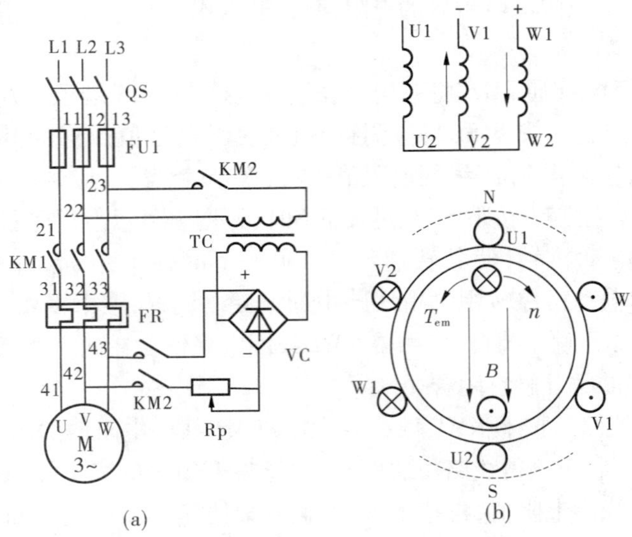

图 2-34 三相异步电动机能耗制动电路和原理

按图 2-34(b)设定的磁场方向和转子旋转的方向,用右手定则可以判断转子导体中的感应电流和感应电动势的方向,转子感应电流在恒定的磁场中受到电磁力的作用,用左手定则可以判断转子导体受力的方向,该电磁力在电动机转轴上形成的电磁转矩为制动转矩,因此转速迅速下降。当转速下降到零时,转子的感应电动势和感应电流都为零,制动过程结束。这种制动方法实质上是把转子靠惯性旋转的动能转变为电能消耗在转子绕组上,故称为能耗制动。能耗制动时其机械特性曲线穿过原点,即 $n=0, T_{em}=0$。如果电动机拖动的是反抗性负载(即由摩擦力产生转矩的机械),则电动机停转,实现制动停车。如果电动机拖动的负载是位能性负载(即由重力产生转矩的机械),当转速过零时,若要停车,必须立即用机械抱闸将电动机轴刹住,否则电动机在位能性负载的倒拉下反转。能耗制动时的制动转矩的大小与通入定子绕组的直流电流的大小有关,电流大,产生的恒定磁场强,制动转矩就大,电流可以通过 R_P 进行调节。但通入的直流电流不能太大,一般为空载电流的 3 ~ 5 倍，否则会烧坏定子绕组。

能耗制动广泛应用于要求平稳、准确停车的场合，也可应用于起重机等带位能性负载的机械上，用以限制重物下降的速度，使重物保持匀速下降。能耗制动常用于不频繁制动场合，否则将会使电动机的转子发热严重，影响电动机的使用寿命。

2.4.2.1　电动机单向运行的能耗制动控制线路

1. 按时间原则控制的电动机单向运行的能耗制动控制线路

图 2-35 是按时间原则控制的电动机单向运行的能耗制动控制线路。图 2-35 中 KM1 为单向运行的接触器，KM2 为能耗制动的接触器，TC 为整流变压器，VC 为桥式整流线路，KT 为通电延时型时间继电器，复合按钮 SB3 为停止按钮，SB2 为启动按钮。能耗制动时的制动转矩的大小与通入定子绕组的直流电流的大小有关。电流大，产生的恒定磁场强，制动转矩就大，电流可以通过 R_P 进行调节。但通入的直流电流不能太大，一般为空载电流的 3 ~ 5 倍，否则会烧坏定子绕组。

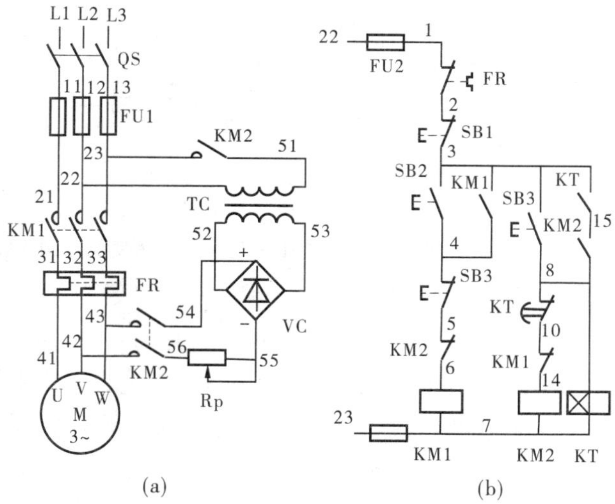

图 2-35　按时间原则控制的电动机单向运行的能耗制动控制线路

线路的工作情况：按下 SB2，KM1 线圈通电并自锁，其主触点闭合，电动机正向运转，KM1(10—14)断开，对 KM2 线圈互锁。若要电动机停止运行，则按下按钮 SB3，其常闭触点 SB3(4—5)先断开，KM1 线圈断电，KM1 主触点断开，电动机断开三相交流电源，同时 KM1 常闭触点(10—14)复位闭合，SB3 按到底，其常开触点 SB3(3—8)闭合，能耗制动接触器 KM2 和时间继电器 KT 线圈同时通电，并由时间继电器的瞬动触点 KT(3—15)和能耗制动接触器 KM2 的常开触点 KM2(15—8)串联自锁。KM2 线圈通电，其主触点闭合，将直流电源接入电动机的二相定子绕组中，进行能耗制动，电动机的转速迅速降低。KT 线圈通电，开始延时，当延时时间到后，其延时断开的常闭触点 KT(8—10)断开，KM2 线圈断电，其主触点断开，将电动机的直流电源断开，KM2(15—8)断开，自锁回路断开，KT 线圈断电，制动过程结束。时间继电器的时间应整定为电动机由额定转速降到转速接近于零的时间。当电动机的负载转矩较稳定时，可采用时间原则控制的能耗制动，这样时间继电器的整定值比较固定。

2. 按速度原则控制的电动机单向运行能耗制动控制线路

图 2-36 是按速度原则控制的电动机单向运行能耗制动控制线路。它和按时间原则控制的电动机单向运行的能耗制动控制线路基本相同,只是在主电路中增加了速度继电器,在控制线路中不再使用时间继电器,而是用速度继电器的常开触点代替了时间继电器延时断开的常闭触点。

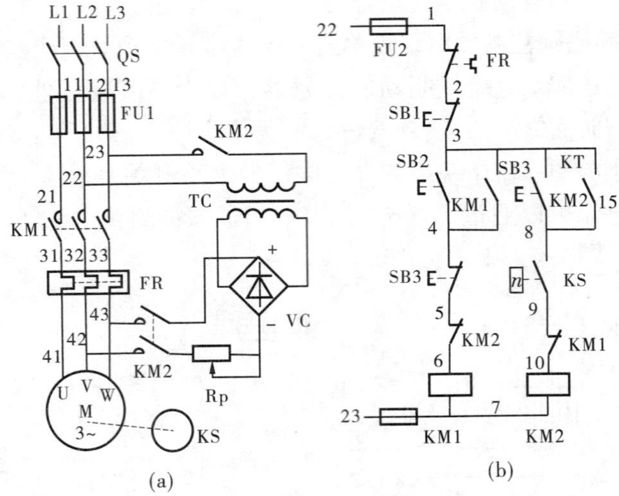

图 2-36　按速度原则控制的电动机单向运行能耗制动控制线路

线路的工作情况:按下 SB2,KM1 线圈通电并自锁,其主触点闭合,电动机正向运转,KM1(9—10)断开,对 KM2 线圈互锁。当电动机转速上升到一定值时,速度继电器常开触点 KS(8—9)闭合。若要电动机停止运行,则按下按钮 SB3,其常闭触点 SB3(4—5)先断开,KM1 线圈断电,KM1 主触点断开,电动机断开三相交流电源,由于惯性,电动机转子的转速仍然很高,速度继电器常开触点 KS(8—9)仍然处于闭合状态。将 SB3 按到底,其常开触点 SB3(3—8)闭合,KM1(9—10)已经闭合,能耗制动接触器 KM2 线圈通电并自锁,其主触点闭合,将直流电源接入电动机的二相定子绕组,进行能耗制动,电动机的转速迅速降低。当电动机的转速接近于零时,速度继电器复位,其常开触点 KS(8—9)断开,接触器 KM2 线圈断电释放,能耗制动结束。如果电动机能够通过传动系统实现速度的变换,准确停车,则可以采用按速度原则控制的能耗制动。

2.4.2.2　电动机可逆运行能耗制动控制线路

1. 按时间原则控制的电动机可逆运行的能耗制动控制线路

按时间原则控制的电动机可逆运行的能耗制动控制线路如图 2-37 所示。在图 2-37(a)所示主电路中,KM1、KM2 为正、反转接触器,KM3 为能耗制动接触器。从主电路可以看出,正、反转接触器 KM1、KM2 之间要有互锁,同时能耗制动接触器 KM3 和正反转运行接触器 KM1、KM2 之间也必须有互锁。在图 2-37(b)所示控制电路中,SB2 为正转启动按钮,SB3 为反转启动按钮,复合按钮 SB1 是停止按钮。

线路的工作情况:按下 SB2,KM1 线圈通电并自锁,其主触点闭合,电动机正向运转,KM1(8—10)断开,对 KM2 线圈互锁;KM1(15—16)断开,对 KM3 线圈互锁。若要电动机

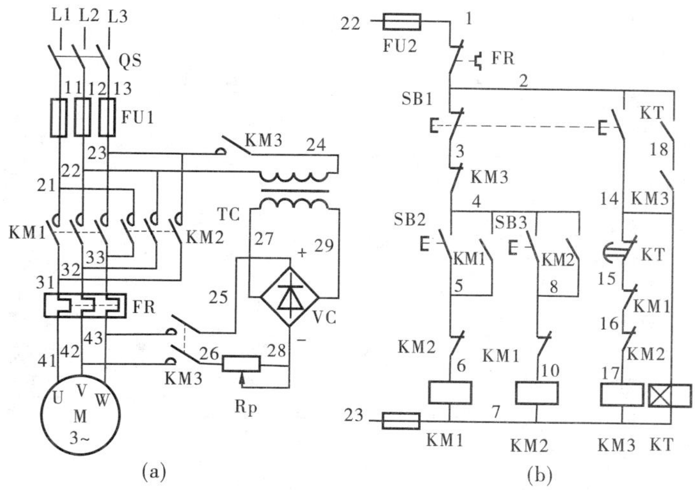

图 2-37　按时间原则控制的电动机可逆运行的能耗制动控制线路

停止运行，则按下按钮 SB1，其常闭触点 SB1(2—3)先断开，KM1 线圈断电，KM1 主触点断开，电动机断开三相交流电源，KM1(15—16)闭合，将 SB1 按到底，其常开触点 SB1(2—14)闭合，能耗制动接触器 KM3 和时间继电器 KT 线圈同时通电，并由时间继电器的瞬动触点 KT(2—18)和能耗制动接触器 KM3 的常开触点 KM3(18—14)串联自锁。KM3 线圈通电，其主触点闭合，将直流电源接入电动机的二相定子绕组中，进行能耗制动，电动机的转速迅速降低。KT 线圈通电，开始延时，当延时时间到后，其延时断开的常闭触点 KT(14—15)断开，KM3 线圈断电，其主触点断开，将电动机的直流电源断开，KM3(18—14)断开，自锁回路断开，KT 线圈断电，制动过程结束。

2. 按速度原则控制的电动机可逆运行的能耗制动控制线路

按速度原则控制的电动机可逆运行的能耗制动控制线路如图 2-38 所示。图 2-38(a)所示主电路中，KM1、KM2 为正、反转接触器，KM3 为能耗制动接触器，KS 为速度继电器。图 2-38(b)所示控制线路中 KS(2—14)为正、反转时闭合的常开触点，SB2 为正转启动按钮，SB3 为反转启动按钮，复合按钮 SB1 是停止按钮。

线路的工作情况：合上 QS，按下 SB2，电动机正转并自锁，同时速度继电器 KS(2—14)闭合。停车时，按下停止按钮 SB1，其常开触点断开，KM1 线圈断电，电动机断开三相交流电源，将 SB1 按到底，KM3 线圈通电并自锁，电动机接入直流电源进行能耗制动，当电动机转速降到 100 r/min 时，KS(2—14)断开，KM3 断电释放，将电动机的直流电源断开，能耗制动结束。

2.4.2.3　无变压器单管能耗制动

前面所讲的能耗制动是由一套整流装置及整流变压器构成的单相桥式整流线路作为电源，制动效果好，但制动的成本较高。而无变压器单管能耗制动控制线路适用于 10 kW 以下电动机，这种线路结构简单，附加设备较少，体积小，采用一只二极管半波整流器作为直流电源，如图 2-39 所示。

图 2-39 中 KM1 为单向运行的接触器， KM2 为单管能耗制动的接触器，KT 为能耗制

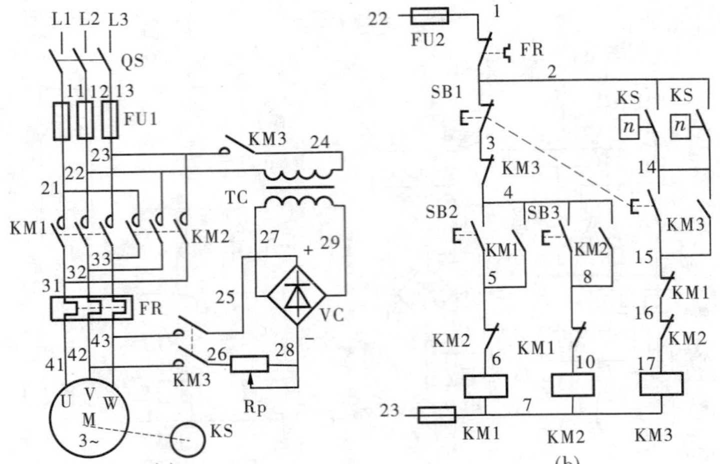

(a)　　　　　　　　　　　　　　(b)

图 2-38　按速度原则控制的电动机可逆运行的能耗制动控制线路

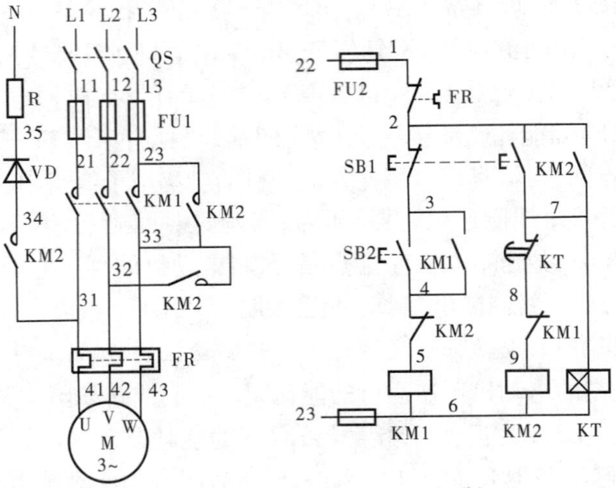

(a)　　　　　　　　　　　　　　(b)

图 2-39　无变压器单管能耗制动控制线路

动时间继电器。该线路的整流电源为 220 V,由 KM2 主触点接至电动机定子绕组,经整流二极管 VD 接到中性线 N 构成回路。线路工作情况与图 2-35 相同。

能耗制动比反相序制动消耗的能量少,制动电流比反相序制动时的小,只是需要增加整流设备。能耗制动所需的直流电流不能太大,一般取 $1.5I_N$ 或 $(3\sim5)I_0$,其中 I_N 为电动机的额定电流,I_0 为电动机的空载线电流。可以通过调节制动电阻 R 来调节制动电流。

2.4.2.4　无变压器单管能耗制动控制线路操作训练

1. 元件准备

电气元件明细表如表 2-1 所示。根据电气元件明细表预先制作安装整流二极管和制动电阻的支架。

表2-1　无变压器单管能耗制动控制线路实际操作所需要的电气元件

符号	名称	型号	规格	数量	检测结果及备注
QS	开关	HZ10、HZ15、DZ47LE -	10 ~ 30 A	1	自选,完好
FU1	熔断器	RL1 - 、RT0 -	10 ~ 25 A	3	自选,完好
FU2	熔断器	RL1 - 、RT18 - 32X	5 A	2	自选,完好
KM	接触器	CJ10、CJ15、CJ20、	25 ~ 40 A	2	自选,完好
FR	热继电器	JR16 - 、JRS1D -	20 A	1	自选,完好
SB	按钮	LA4 -	5 A	2	完好
KT	时间继电器	JS7 - 、JSZ3 -	0.5 ~ 60 s	1	自选,完好
VD	整流二极管	2CZ30	30 A/600 V	1	自选,完好
XT	接线端子	JDO -	25 A/380 V、5 A/380 V	1	自选,完好
R	制动电阻		0.5 Ω/500 W	3	完好
M	电动机	Y - 112M4	3 ~ 11 kW	1	自选,完好
	导线、线号	BV、护套线,线号管	1 ~ 6 mm^2,$\phi 5$		自选,符合安装条件

2. 按照原理图接线与检测

按照图2-39上所标的线号接线,特别注意KM1、KM2主触点之间的连接线,防止短接造成短路。整流二极管和制动电阻应通过接线端子排接入控制线路。接线完成后要逐线逐号地核对,然后用万用表检查。断开QS,摘下接触器的灭弧罩,使用万用表的R×1挡做以下各项检测。

(1)断开FU2切除辅助电路,检查主电路。

按下KM1的触点架,在QS下端测量11 ~ 12,12 ~ 13及11 ~ 13端子之间电阻,应测得两相绕组串联再与一相绕组并联的电阻值;放开KM1触点架,线路由通而断。

检查制动线路,将万用表拨到R×10 Ω挡,按下KM2触点架,将黑表笔接QS下端13端子,红表笔接中性线N端,应测得R和整流器VD的正向导通阻值及电动机电阻值;将表笔调换位置测量,应测得$R \to \infty$。

(2)检查辅助电路。拆下电动机接线,接通FU2,将万用表拨回R×1挡,表笔接QS下端11、13处检测。按前面所述方法检查启动控制后,再检查制动控制:按下SB1或按下KM2的触点架,均应测得KM2与KT两只线圈的并联电阻值。最后,检查KT延时控制断开KT线圈的一端接线,按下SB1应测得KM2线圈电阻值;同时按住KT电磁机构的衔铁,当KT延时触点动作时,万用表应显示线路由通而断。重复检测几次,将KT的延时时间调整到2 s左右。

3. 通电试车

完成上述检查后,检查三相电源及中性线,装好接触器的灭弧罩,在老师的监护下协调试车。

(1)空操作试验。合上QS,按下SB2,KM1应得电并保持吸合,轻按SB1则KM1释放。按SB2使KM1动作并保持吸合,将SB1按到底,则KM1释放而KM2和KT同时得电动作,KT延时触点约2 s后动作,KM2和KT同时释放。

(2)带负荷试车。断开 QS,接好电动机接线,先将 KT 线圈一端引线断开,合上 QS。首先检查制动作用,启动电动机后,轻按 SB1,观察 KM1 释放后电动机能否惯性运转;再启动电动机后,将 SB1 按到底使电动机进入制动过程,待电动机停转后立即松开 SB1;记下电动机制动所需要的时间。此时应注意,进行制动时,要将 SB1 按到底才能实现。

根据制动过程的时间来调整时间继电器的整定时间。切断电源后,调整 KT 的延时为刚才记录的时间,接好 KT 线圈连接线,检查无误后接通电源。启动电动机,待达到额定转速后进行制动,电动机停转时,KT 和 KM2 应刚好断电释放,反复试验调整以达到上述要求。

试车中应注意启动、制动不可过于频繁,防止电动机过载及整流器过热。能耗制动线路中使用了整流器,因而主电路接线错误时,除会造成 FU1 动作,KM1 和 KM2 主触点烧伤外,还可能烧毁整流器,因此试车前应反复核查主电路接线,并进行空操作试验,待线路动作正确、可靠后,再进行带负荷试车,以避免造成事故。

任务 2.5 三相笼型异步电动机调速控制线路分析、安装及检查试车

2.5.1 三相笼型异步电动机的调速

由异步电动机的转速关系式 $n = n_0(1 - s) = 60f_1(1 - s)/p$(式中 n 为转子转速,n_0为定子同步转速,s 为转差率,f_1为定子电源频率,p 为定子磁极对数)可以看出,异步电动机的调速可分以下三大类:

(1)变极调速:改变定子绕组的磁极对数 p。

(2)变频调速:改变供电电源的频率 f_1。

(3)变转差率调速:改变电动机的转差率 s ,即绕线转子异步电动机转子串电阻调速和改变定子电压调速。

2.5.1.1 变极调速

在电源频率不变的条件下,改变电动机的极对数,电动机的同步转速 n_0就会发生变化,从而改变电动机的转速 n。若极对数减小一半,同步转速就提高一倍,电动机的转速也几乎升高一倍。通常将用改变定子绕组的接法来改变极对数的电动机称为多速电动机。其转子均采用笼式转子,其转子感应的极对数能自动与定子相适应。这种电动机在制造时,从定子绕组中抽出一些线头,以便于使用调换。下面以 4 极电动机一相绕组来说明变极原理。

图 2-40 中画出的是 4 极电机 U 相绕组中的两个线圈,每个线圈代表 U 相绕组的一半,称为半相绕组。将两个半相绕组顺向头尾串联,根据线圈的电流方向,可以判断出定子绕组产生 4 极磁场,$p = 2$。

若将两个半相绕组的连接方式改为图 2-41 的连接方法,则 U 相绕组中的一个半相绕组 u1 ~ u2 的电流反向,根据线圈的电流方向,可以判断出定子绕组产生 2 极磁场,$p = 1$。

可见,使定子每相绕组的一半绕组中的电流方向改变,就可以改变磁极对数。

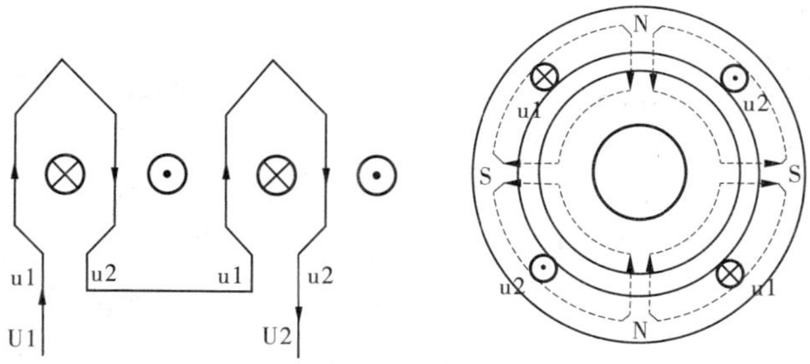

图2-40　三相异步电动机定子两个半相绕组顺串产生磁极的示意图($p=2$)

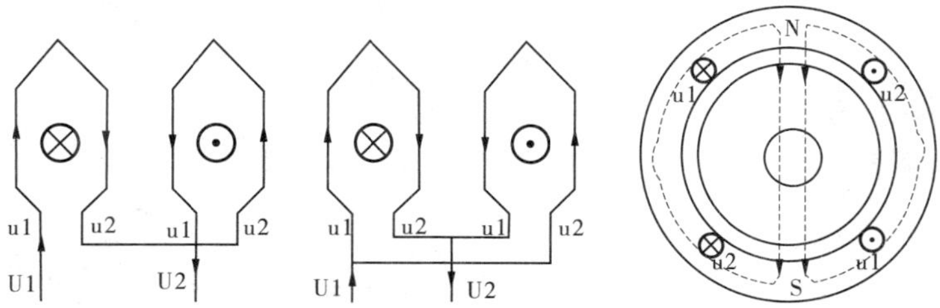

图2-41　三相异步电动机定子两个半相绕组逆串或反并联产生磁极的示意图($p=1$)

目前,在我国多极电动机定子绕组联结方式常用的有三种:第一种是从星形改成双星形,写作 Y/YY,如图2-42(a)所示;第二种是从三角形改成双星形,写做△/YY,如图2-42(b)所示;第三种是由星形联结改接成反向串联的星形联结,如图2-42(c)所示。这三种接法可使电动机极对数减少一半。在改接绕组时,为了使电动机转向不变,应把绕组电源的相序改接一下。变极调速主要用于各种机床及其他设备上。它所需设备简单,体积小,重量轻,但电动机引出头较多,调速级数少,级差大,不能实现无级调速。

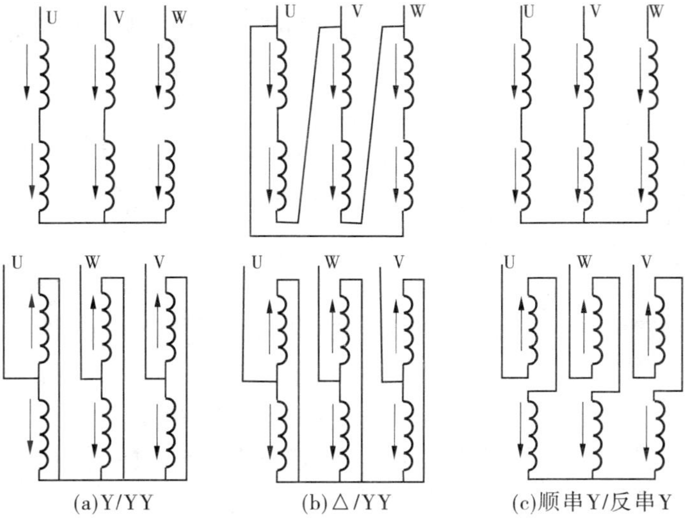

图2-42　三相异步电动机定子变极调速的三种接线

2.5.1.2 变频调速

三相异步电动机的转速为 $n=n_0(1-s)=60f_1(1-s)/p$，因此改变三相异步电动机的电源频率 f_1，也可实现调速的目的。

电动机正常运行时，三相异步电动机的每相电压为 $U_1 \approx E_1 = 4.44 f_1 N_1 k_{w1} \Phi_0$，式中 N_1 为每相绕组匝数，k_{w1} 为绕组系数。若电源电压 U_1 不变，当降低电源频率 f_1 调速时，则气隙磁通 Φ_0 将增加，将使铁芯过饱和，从而导致励磁电流和铁损耗的大量增加，电动机温升过高等；而当增大 f_1 时，式中 Φ_0 将减少，电磁转矩及最大转矩减少，电动机的过载能力下降。这些是不允许的。因此，在变频调速的同时，为保证磁通 Φ_0 不变，就必须改变电源电压，使 U_1/f_1 或 E_1/f_1 为常数。额定频率称为基频，变频调速时，可以从基频向上调，也可以从基频向下调。

1. 从基频向下变频调速

降低电源频率时，必须同时降低电源电压，保持 U_1/f_1 或 E_1/f_1 为常数，则 Φ_0 为常数，这是恒转矩调速方式。降低电源频率 f_1 调速的人为机械特性的特点为：同步转速 n_0 与 f_1 成正比，最大转矩 T_{max} 不变，转速降落 Δn = 常数，特性斜率不变（与固有机械特性平行），机械特性较硬，在一定静差率的要求下，调速范围宽，而且稳定性好。由于频率可以连续调节，因此变频调速为无级调速，平滑性好，效率较高。

2. 从基频向上变频调速

升高电源电压（$U_1 > U_N$）是不允许的。因此，升高频率向上调速时，只能保持电压为电动机额定电压 U_N 不变，频率越高，磁通 Φ_0 越低。这种方法是一种降低磁通的方法，类似于他励直流电动机弱磁升速情况。保持电压为 U_N 不变的变频调速，近似为恒功率调速方式。

3. 变频电源

异步电动机变频调速的电源是一种能调压的变频装置。现有的交流供电电源都是恒压恒频的，所以只有通过变频装置才能获得变压变频电源。目前，多采用由晶闸管元件或自关断的功率晶体管器件组成的变频器。

通常利用电力半导体器件的通断把电压和频率固定不变的工频电源变换为电压或频率可变的交流电的装置称做变频器。变频器若按相分类，可以分为单相和三相；若按性能分类，可以分为交—直—交变频器和交—交变频器。

变频器的作用是将直流电（可由交流经整流获得）变成频率可调的交流电（交—直—交变频器）或是将交流电源直接转换成频率可调的交流电（交—交变频器）以供给交流负载使用。交—交变频器将工频交流电变成所需频率的交流电，不经中间环节，也称为直接变频器。

变频调速由于调速性能优越，能平滑调速，调速范围广、效率高，已经在很多领域获得广泛应用，如轧钢机、工业水泵、鼓风机、起重机、纺织机等方面。其主要缺点是系统较复杂、成本较高。近年来，我国变频技术不断改进，已趋成熟，制造水平进一步提高，国产变频器的可靠性、稳定性已经达到很高的水平，质量及先进性能可与国外同类产品相媲美，且随着价格的大幅度降低，国产变频器已得到十分广泛的推广使用。

2.5.1.3 改变转差率调速

改变定子电压调速、转子线路串电阻调速和串级调速都属于改变转差率调速。这些调速方法的共同特点是在调速过程中都产生大的转差率。前两种调速方法都是把转差功率消耗在转子线路里，很不经济，而串级调速则能将转差功率加以吸收或大部分反馈给电网，提高了经济性能。

1. 改变电源电压调速

对于转子电阻大、机械特性曲线较软的笼型异步电动机而言，如加在定子绕组上的电压发生改变，对于恒转矩负载 T_L，在不同的电源 U_N、U_1、U_2 情况下，可获得不同的工作点 a、b、c，如图2-43所示，显然电动机的调速范围较宽。其缺点是低压时机械特性太软，转速变化较大，可采用带速度反馈的闭环控制系统提高低速时机械特性的硬度。改变电源电压这种调速方法主要应用于专门设计的较大转子电阻的高转差率的笼型异步电动机。改变转差率 s 调速，缺点是转子发热严重，目前广泛采用晶闸管交流调压线路来实现。普通三相异步电动机的机械特性曲线很硬，当降压调速时，从特性曲线上看出，速度变化范围很窄，故不采用调压调速。

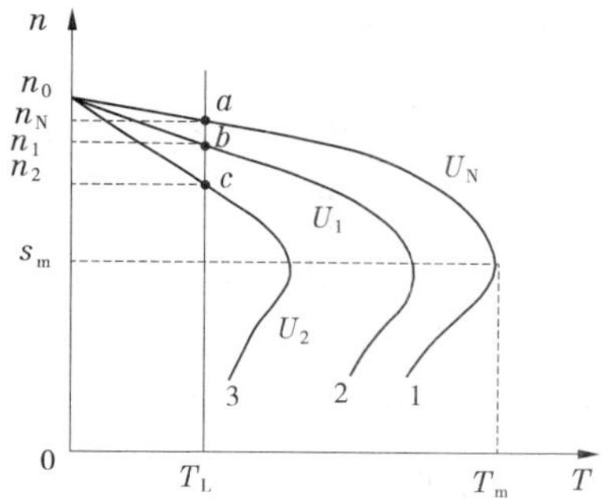

图2-43 变压调速机械特性曲线

2. 绕线式三相异步电动机转子回路串接电阻调速

如图2-44(a)所示是改变绕线式异步电动机转子串接电阻的机械特性曲线；图2-44(b)所示是转子串两段电阻的接线图。从绕线式电动机转子回路串接对称电阻的机械特性上可以看出，转子电阻改变时，空载转速 n_0 和最大转矩 T_m 不变，但对应于最大转矩的转差率 s_m(又称临界转差率)增大，机械特性的斜率增大。若带恒转矩负载，工作点将随着转子回路串联的电阻的增加下移，转差率增加($s_m < s_{m1} < s_{m2}$)，对应的工作点的转速将随着转子串联电阻的增大而减小。这种调速方法的优点是方法简单，但调速是分级的，转

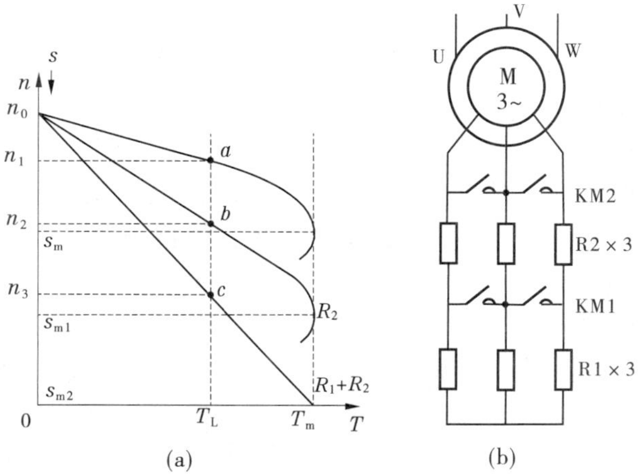

图2-44 绕线式异步电动机转子串接电阻调速的机械特性曲线

子的铜损耗随着转差率的增加而增加,经济性差。主要用于中小功率的绕线式转子异步电动机,如桥式起重机等。

2.5.2 变极调速控制线路

变极调速有两种方法:一种是改变定子绕组的连接方法;另一种是在定子上设置具有不同极对数的两套互相独立的绕组。改变定子绕组的连接方法可构成双速电动机;在定子上设置具有不同极对数的两套互相独立的绕组,通过绕组不同的组合连接方式,可得到二级、三级、四级速度。但常见的是通过改变定子绕组的连接方式构成的双速电动机。双速电动机在绕组的极数改变后,其相序和原来的相反,所以在变极的同时将改变三相绕组的电源相序,以保持电动机在低速和高速时的转向相同。图 2-45(a)为双速电动机的控制主电路。在主电路中,KM1 的主触点闭合时,电动机绕组构成三角形连接,电动机低速运行;KM2 和 KM3 的主触点闭合时,电动机构成双星形连接,电动机高速运行。KM1 和 KM2、KM3 之间必须有互锁。热继电器 FR1、FR2 分别对低速、高速运行实现过载保护。

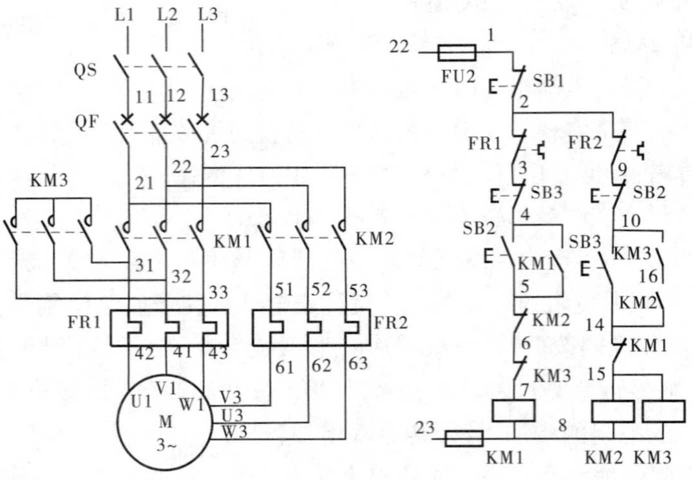

(a) (b)

图 2-45 双速电动机运行控制主电路

图 2-45(b)为双速电动机的按钮控制电路,SB2 为低速启动按钮,SB3 为高速启动按钮,SB1 为停止按钮。电路的工作情况是:当按下 SB2 时,SB2 的常闭触点先断开,断开 KM2、KM3 线圈的回路,SB2 的常开触点后闭合,KM1 接触器的线圈通电吸合并自锁,KM1 的互锁触点 KM1(14—15)对 KM2、KM3 线圈回路进行互锁,其主触点将电动机的定子绕组接成三角形,电动机低速运行。当电动机需要转换为高速运行时,只需按下高速启动按钮 SB3,其常闭触点 SB3(3—4)先断开 KM1 线圈回路,接触器 KM1 断电释放,电动机绕组断电,互锁触点 KM1(14—15)复位(闭合),SB3 的常开触点 SB3(10—14)后闭合,KM2、KM3 接触器线圈同时通电吸合后进行自锁,KM2(5—6)、KM3(6—7)对 KM1 线圈进行互锁,KM2、KM3 的主触点将电动机的绕组接成双星形,同时 KM2 的主触点改变电源的相序,电动机保持原来的转向高速运行。

按时间原则自动转换的双速电动机控制线路如图 2-46 所示。该电路既能实现低速运行,也能实现高速运行,且高速运行时低速启动。转换开关SA在断开位置断开时间继电器时,即为低速运行(控制过程读者自行分析)。

高速运行时把SA打到接通位置,接通时间继电器(主电路与图2-45(a)相同)。当按下启动按钮SB2时,KM1线圈通电并自锁,KM1主触点闭合,电动机接成三角形低速启动运行,KM1(3—4)闭合自锁,通电延时型时间继电器线圈通电开始延时,延时时间到,KT(4—5)断开,KM1线圈断电释放,KM1(14—15)复位,KT(10—14)闭合,KM2、KM3线圈通电吸合并自锁,电动机接成YY形高速运行。

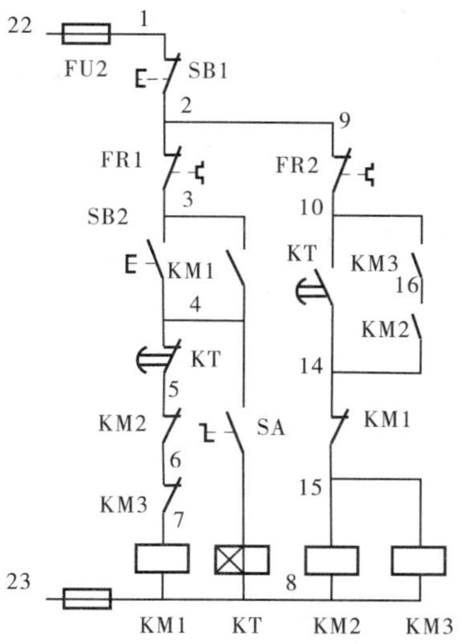

图2-46 按时间原则自动转换的△/YY控制线路

2.5.3 变频器的工作原理及使用

近年来,随着电力电子技术、微电子技术、电动机和控制理论的飞速发展,交流电动机调速系统有了很大的提高,变频调速技术已经相当完美和成熟,用晶闸管或全控型器件组成逆变器、容量从几十瓦到几十千瓦的异步电动机变频调速系统大量投入到工业、商业等领域中应用。有关矢量变换控制、直接转矩控制等新技术在高性能交流调速系统中也取得了根本性的突破,高性能交流调速系统已经能与直流调速系统相媲美,交流调速系统正成为调速传动的主流。

变频调速是通过改变电动机供电电源频率进行调速的一种方法,目前已经广泛采用由普通晶闸管、GTR(大功率晶体管)、GTO(门极关断晶闸管)、IGBT(绝缘栅双极型晶体管)等电气元件组成的静止变频器对异步电动机进行调速。

各国使用的交流供电电源,无论是用于家庭还是用于工厂,其电压和频率均采用两种规格:380 V/220 V/60 Hz(50 Hz)或220 V/110 V/60 Hz(50 Hz)。

2.5.3.1 变频器的工作原理

异步电动机采用变频器进行控制时,为了避免电动机磁饱和,要控制电动机的磁通,同时抑制启动电流,这就需要根据电动机的特性对供电电压、电流、频率进行适当的控制,使电动机产生必需的转矩。

变频器的控制方式可分为两种,即开环控制和闭环控制,开环控制有V/F控制方式。

1. V/F控制

在工业领域所使用的大部分电动机为感应式交流电动机,感应式交流电动机的旋转速度 $n = n_0(1-s) = 60f_1(1-s)/p$,其中 $n_0 = 60f_1/p$ 常被称为电动机理想空载旋转速度(与定子同步转速相等),式中 f_1 为电源频率,p 为电动机极对数。例如,4极电动机,频率为60 Hz,那么电动机理想空载旋转速度为1 800 r/min;4极电动机,频率为50 Hz,那么电动机理想空载旋转速度为1 500 r/min,电动机的理想空载旋转速度与频率成比例。r/min(转/分)是电动机的旋转速度单位。感应式交流电动机的旋转速度近似地取决于电动机的极对数和频率。改变电源频率就可以实现交流电动机的调速。以控制频率为目的的变频器,是作为电动机调速设备的优选设备。

异步电动机定子绕组每相感应电动势为

$$E_1 = 4.44 f_1 N_1 k_{w1} \Phi$$

如果忽略定子阻抗压降,则感应电动势近似等于定子外加电压:

$$U_1 \approx E_1 = 4.44 f_1 N_1 k_{w1} \Phi$$

从上式可知,若定子外加电压不变,则随着 f_1 的升高,气隙磁通 Φ 将减小,电动机的转矩为

$$T = C_T I_2 \Phi \cos\varphi_2$$

式中 C_T——转矩常数;

I_2——转子电流;

$\cos\varphi$——转子功率因数。

从电动机转矩的表达式可以看出,气隙磁通 Φ 的减小,可导致电动机的转矩下降,使电动机的利用率降低,严重时会使电动机堵转。

当频率降低时,问题也很突出。在额定电压下调节频率,如果电压一定而只降低频率,那么磁通就过大,磁回路饱和,严重时将烧毁电动机。因此,频率与电压要成比例地改变,即改变频率的同时控制变频器输出电压,使电动机的磁通保持一定,避免弱磁和磁饱和现象的产生。

V/F 控制的特点是:控制比较简单,不用选择电动机,通用性优良,现多用于通用变频器及风机、泵类节能型变频器;与其他控制方式相比,在低速区电压调整困难,故调速范围窄,通常在 1∶10 左右的调速范围内使用;急加速、减速或负载过大时,抑制过电流的能力有限;不能精密控制电动机实际速度,不适合于同步运转场合。

2. 矢量控制

直流电动机的电枢电流控制方式,使由直流电动机构成的传动系统的调速和控制性能非常优良。矢量控制按照直流电动机电枢电流控制方法,在交流异步电动机上实现该控制方法并且达到与直流电动机具有相同的控制性能。

矢量控制是将供给异步电动机的定子电流在理论上分成两部分:产生磁场的电流分量(磁场电流)、产生转矩的电流分量(转矩电流)。该磁场电流、转矩电流与直流电动机的磁场电流、电枢电流相当。在直流电动机中,利用整流子和电刷机械换向,使两者保持垂直,并且可分别供电。对异步电动机来讲,其定子电流在电动机内部,利用电磁感应作用,可在电气上分解为磁场电流和垂直的转矩电流。

矢量控制方式使交流异步电动机具有与直流电动机相同的控制性能。目前,这种控制方式的变频器已广泛应用于生产实际中。矢量控制变频器的特点是:需要使用电动机参数,一般用作专用变频器,调速范围在 1∶100 以上;速度响应性极高,适合于急加速、减速运转和连续 4 象限运转,能适用任何场合。

2.5.3.2 变频器的安装

变频器内都是大功率的电子元器件,极易受到周围环境的影响,因此要求安装场所的温度保持在 -10 ~ 40 ℃,相对湿度在 90% 以下,无结露状态。若安装在配电盘内,则必采

取必要的措施(如使用电风扇等),以保证工作温度不高于40 ℃。如果环境温度太高且温度变化较大,变频器内部易出现结露现象,其绝缘性能就会大大降低,甚至可能引发短路事故。必要时,必须在箱中增加干燥剂。

变频器在工作中由于整流和变频,周围产生了很多的干扰电磁波,这些高频电磁波对附近的仪表、仪器有一定的干扰。因此,柜内仪表和电子系统应该选用金属外壳,屏蔽变频器对仪表的干扰。所有的元器件均应可靠接地。除此之外,各电气元器件、仪器及仪表之间的连线应选用屏蔽控制电缆,且屏蔽层应接地。如果处理不好电磁干扰,往往会使整个系统无法工作,导致控制单元失灵或损坏。

在实际运用中,要核实输入变频器的电压(单相还是三相)和变频器的额定电压值。特别是,电源电压极不稳定时要有稳压设备,否则会造成严重后果。

变频器正确接地是提高控制系统灵敏度、抑制噪声能力的重要手段,变频器接地端子E(G)接地电阻越小越好,接地导线截面面积应不小于2 mm^2,长度应控制在20 m以内。变频器的接地必须与动力设备接地点分开,单独接地。信号输入线的屏蔽层,应接至E(G)上,其另一端绝不能接于地端,否则会引起信号变化波动,使系统振荡不止。

还要注意,变频器与驱动电动机之间的距离一般不超过50 m;若需更长的距离,则应降低载波频率或增加输出电抗器。

2.5.3.3　变频器应用举例

实际使用的变频器种类很多,各用户往往根据自己的需求和设备的运行特点选用不同品牌的变频器。不同国家不同企业生产的变频器虽然内部结构有较大的差别,但是对于用户而言,变频器的使用方法越简单越好,所以各种千差万别的变频器具体应用是类似的,加之生产厂家提供详细的使用说明书和应用案例,这样使得变频器的应用更加简便化。

下面以国产三品科技(SANPIN)变频器(SANP－11G/15P～415G－3P)为例,简要说明变频器的使用。如图2-47所示为产品系列外形图。

图2-47　SANPIN变频器系列产品外形图

SANP－11G/15P～415G－3P变频器是用于控制三相交流异步电动机速度的普通系列,该系列有多种型号,从单相电源电压AC 170～240 V到三相电源电压AC 200～240 V或AC 330～440 V,额定功率从几千瓦到几百千瓦。

1. 控制面板说明

该系列变频器的面板如图2-48所示。控制面板使用说明如表2-2所示。

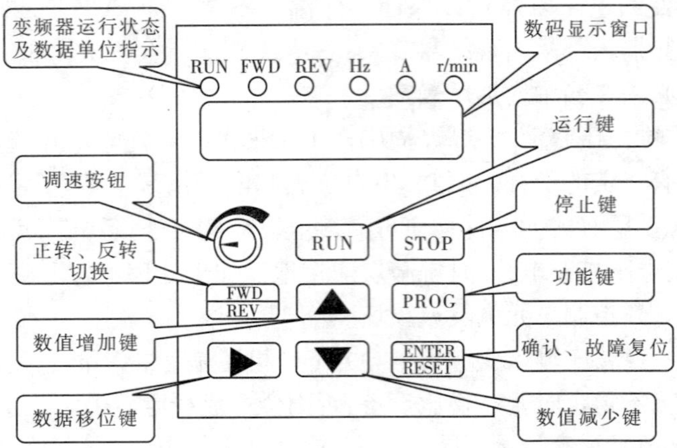

图 2-48　SANP－11G/15P～415G－3P 变频器控制面板示意图

表 2-2　控制面板窗口、指示及按键应用说明

按键符号	名称	功能操作
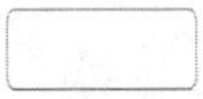	数码显示窗口	在运行时显示状态和某一运行数据参数，在调整时显示菜单或可调整的参数
○	运行状态及数据单位指示	RUN 运行状态、FWD 正转运行状态、REV 反转运行状态、Hz 显示频率、A 显示电动机电流、r/min 显示转速
	调速旋钮	顺时针旋转增加频率（增转速），逆时针旋转减小频率（降转速），在调整参数状态下可增加或减少数值
FWD/REV	正转、反转切换键	按下电动机反转，再按下电动机正转，正反交替
▶	数据移位键	某一菜单参数调整状态下，每按下一次，显示窗口中的光标向右移动一位
▲	数值增加键	调整参数状态下，每按下一次数值加 1
▼	数值减少键	调整参数状态下，每按下一次数值减 1
ENTER/RESET	确认/故障复位键	按下功能键出现菜单后，按下此键确定在该菜单项下修改数据，当某一功能参数调整结束后按下此键，新数据被保存。变频器出现故障停机后，重新启动时，按下此键复位
PROG	功能键	按下此键显示菜单，结合运用上述各键实现选项和修改数据并保存
RUN	运行键	所有的参数输入修改完成后，按下此键变频器运行
STOP	停止键	按下此键变频器停止运行

2. 变频器控制实现的恒压供水控制线路

图 2-49 所示为 SANP－11G/15P～415G－3P 系列变频器控制实现的恒压供水控制线路。图中只画出了实现恒压供水的控制用到的变频器接线端子，QF 是电源引入开关。PT 是供水管道压力变送器。24 V 直流电源为压力变送器工作提供 24 V 直流电。

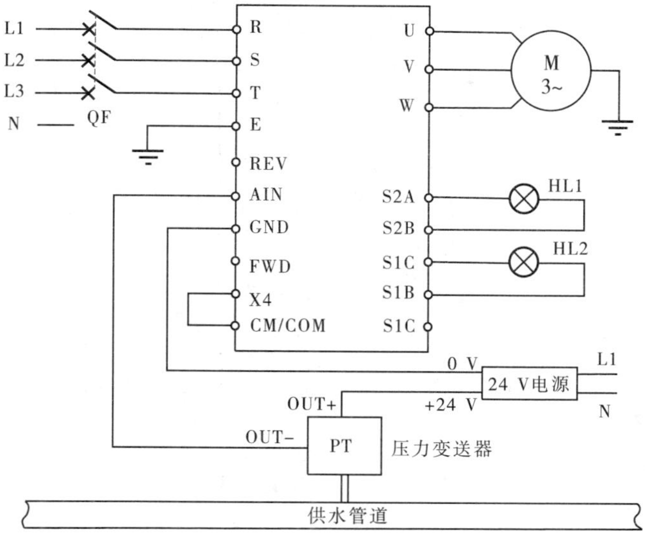

图 2-49　SANP－11G/15P～415G－3P 系列变频器控制实现的恒压供水控制线路

图 2-49 中各个接线端子的用途如表 2-3 所示。

表 2-3　变频器部分端子功能说明

端子符号	内容说明	出厂设定
FWD	多功能输入端子 1	出厂设定为正转
REV	多功能输入端子 2	出厂设定为反转
X4	多功能输入端子 3	出厂设定为复位
CM/COM	数位控制信号共同端	数位控制信号共同端
AIN	模拟电流频率指令	4～20 mA 对应最高操作频率
GND	模拟控制信号共同端	模拟控制信号共用端子
S1A/S1B/S1C	多功能输出端子 3(常开/常闭)	3 A/250 V
S2A/S2B	多功能输出端子 4 常开	3 A/250 V AC、3 A/30 V DC
R、S、T	380 V 变频器电源输入	
U、V、W	变频器输出	
E	接地端子,按电工规范:220 V,第三种接地;380 V,特种接地	

控制要求:电动机拖动给水泵恒压变量供水,正常供水压力为 0.5 MPa,上限压力 0.6 MPa 报警,下限压力 0.4 MPa 报警,面板启动停止。压力变送器量程 0～1.0 MPa,馈送电流 4～20 mA。压力变送器接于供水主管道上。

变频器控制电动机所需要的参数代码及参考数值如表 2-4 所示。

表 2-4 恒压供水控制参数设置

功能码	功能	设置范围及功能说明	出厂值	参数设置
Pr011	参数重置	00～10,08:恢复出厂值	00	
Pr032	停车方式选择	0:减速停止,1:自由停止	0	1
Pr035	载波频率	0～13,大小影响变频器的热特性、对环境的电磁干扰和电机的噪声	*	5
Pr052	多功能输入端子 X4	设置 32,PID 有效,该节点闭合,PID 功能开启,且仅在运行中有效	10:运行中	32
Pr058	多功能输出端子,3S1A、S1B、S1C	设置 28,PID 反馈值过小报警	02:故障指示	28
Pr059	多功能输出端子 4,S2A、S2B	设置 29,PID 反馈值过大报警	00:无功能	29
Pr150	比例常数 P	0～400.00%	80.00%	80～100
Pr151	积分时间 I	0.1～200.00 s	2.50	2.5～3
Pr152	微分时间 D	0.01～50.00 s	0	0
Pr153	目标值	0～100.0%	0	50
Pr154	目标值选择	0～5	0	0
Pr155	PID 反馈值选择	0～3	0	3
Pr156	PID 上限	0～100%	100.0	60
Pr157	PID 下限	0～100%	0.0	40

(3)安装操作。安装线路前,认真阅读变频器说明书。按照图 2-49 接好线路并检查无误。实验室中一般没有水管道,压力变送器信号可以用某一可变电阻代替,经计算电流在 4～20 mA 内,调节变阻器改变电流,模拟压力变化。

合上开关 QF,给变频器上电。十几秒变频器自检后,按 PROG 键,调出菜单 Pr011 重置参数 08,按 ENTER/ RESET 键确认,恢复出厂设置。用同样方法把表 2-4 中所示参数重置确认。断开电源,解下电动机,合上开关 QF,按运行键 RUN,调节转速旋钮或变阻器(如果是用变阻器模拟代替压力变送器),通过显示窗口观察转速或频率的变化,检验空载情况下变频器的工作状态。

空载调试正常后进行负载试车。断开电源,接上电动机,按下运行键,电动机开始启动,若转向不对,按下 FWD/REV 键,电动机改变转向。如果是用变阻器模拟代替压力变送器,调节转速旋钮或变阻器,使变频器和电动运行都正常。

指示灯 HL1、HL2 是压力超限报警,如果是用变阻器模拟代替压力变送器,调节变阻器使得给定电流增加到 20 mA 以上,HL1 亮报警;调节变阻器使得给定电流减小到 4 mA 以下,HL2 亮报警。

2.5.3.4 变频器的常见故障及排除

变频器在运行中会出现一些故障,其常见的故障原因分析如下。

1. 过电流跳闸的原因分析

(1)重新启动时一升速就跳闸。这是过电流十分严重的表现,主要原因有:负载侧短路;负载过重,工作机械卡住;逆变管损坏;电动机的启动转矩过小,拖动系统转不起来;电动机自由滑行时启动输出或恢复输出。

(2)重新启动时并不立即跳闸,而是在运行过程中跳闸。可能的原因有:与负载惯量(GD2)相比,升、降速时间设定太短;V/F 曲线选择不当或转矩补偿设定值较大,引起低速时空载电流过大;电子热继电器整定值不当,动作电流设定值太小,引起误动作。

2. 电压保护跳闸的原因分析

(1)过电压跳闸,主要原因有:输入电源电压过高;与负载惯量(GD2)相比,降速时间设定太短;变频器负载侧能量回馈过大,降速过程中,再生制动的放电单元工作不理想,如来不及放电,可考虑增加外接制动电阻和制动单元;还有可能放电支路发生故障,实际不放电。

(2)欠电压跳闸,可能的原因有:输入电源电压过低;电源容量过小(接有焊机、大电机等);电源缺相;电源侧接触器不良;变频器整流桥故障。

3. 电动机不转的原因分析

(1)功能预置不当:上限频率与最高频率或基本频率和最高频率设定矛盾;使用外接给定时,未对"键盘给定/外接给定"的选择进行预置。

(2)在使用外接给定时,无"启动"信号。

(3)存在其他原因:机械有卡住现象;电动机的启动转矩不够;变频器的电路故障。

在实际应用中出现的问题还很多,只要将问题分析清楚,就很好解决了。

2.5.3.5 变频器应用与维护

现在通用的变频器大多使用最新技术半导体器件制成的控制生产动力用的电子产品。所以,或是受温度、湿度、振动等周围环境的影响,或是由于时间漂移等因素,很有可能发生各种故障。为了防患于未然,保持使用效果最佳,日常维护是非常必要的。

1. 维护时注意事项

(1)进行维护时,操作者必须直接确认变频器的输入电源情况。

(2)切断电源后,变频器主电路的电解电容器里仍有可能充有残留电压。

(3)必须等待和确认电容器里的残留电压放电结束后,才可以进行操作。参考步骤:切断电源→等待 5 ~ 10 min,充电指示灯熄灭→用万用表电压挡测量直流滤波电容电压 < 36 V→对变频器进行维修、检查。

(4)直接测量变频器输出电压时,必须使用整流式交流电压表。使用其他一般电压表或数字电压表测量高脉冲电压时,容易产生误动作或显示不准确。

2. 日常检查

使用变频器时,应每天注意观察以下事项:安装环境是否还适合,冷却系统是否工作正常,周围振动情况,变频器发热、风扇噪声及其周围发热情况。

3. 定期检查内容

(1)是否受环境影响发生螺钉松动或锈蚀现象,若有应立即紧固或更换。

(2)变频器内部或散热板上是否落入异物,若有应立即用压缩空气吹掉异物。

(3)变频器印制电路板上各插件是否良好接触,认真确认各插件的连接情况。

(4)冷却风扇、电解电容器、接触器等性能是否良好,及时调换不良品。

变频器主要易损件及维修如表 2-5 所示。

表 2-5 变频器主要易损件及维修

主要部件	寿命(年)	现象	处理方法
电解电容器	2	容量减少	更换
冷却风扇	1	旋转不灵、停转	清扫或更换
功率模块	—	烧坏	更换
整流块	—	烧坏	更换
吸收电容	1	容量减少	更换
控制电路板	3	工作不良	更换
制动电阻器	1	阻值变化	更换或修理

以上所列主要部件的使用寿命为变频器在额定状态下连续运行时的数据,由于使用环境不同,实际使用寿命可能有变化。

4. 使用注意事项

变频器不是在任何情况下都能正常使用,因此用户有必要对负载、环境要求和变频器有更多的了解。

(1)负载类型和变频器的选择:电动机所带动的负载不一样,对变频器的要求也不一样。

①普通负载:风机和水泵是最普通的负载,对变频器的要求最为简单,只要变频器容量等于电动机容量即可(空压机、深水泵、泥沙泵、快速变化的音乐喷泉须加大容量)。

②起重机类负载:这类负载的特点是启动时冲击很大,因此要求变频器有一定余量。同时,在重物下放时,会有能量回馈,因此要使用制动单元或采用共用母线方式。

③不均匀负载:有的负载(如轧钢机机械、粉碎机械、搅拌机等)有时轻,有时重,此时应按照重负载的情况来选择变频器容量。

④大惯性负载:如离心机、冲床、水泥厂的旋转窑,此类负载惯性很大,因此启动时可能会振荡,电动机减速时有能量回馈。应该用容量稍大的变频器来加快启动,避免振荡。配合制动单元消除回馈电能。

(2)长期低速运转,由于电动机发热量较高,风扇冷却能力降低,因此必须采用加大减速比的方式或改用多极电动机,使电动机运转在较高频率附近。

(3)变频器安装地点必须符合标准环境的要求,否则易引起故障或缩短使用寿命;变频器与驱动电动机之间的距离一般不超过 50 m,若需更长的距离,则须降低载波频率或增加输出电抗器选件才能正常运转。

任务 2.6　基本控制线路安装技能训练

2.6.1　电气控制线路盘(板)安装

2.6.1.1　安装的要求

(1)配线盘上安装的所有电气控制器件的名称、型号、工作电压性质和数值,信号灯及按钮的颜色等,都应正确无误,安装要牢固,在醒目处应贴上各器件的文字符号。

(2)连接导线要采用规定的颜色。

①接地保护导线(PE)必须采用黄绿双色;中性线(N 线) 必须是浅蓝色。

②三相主电路的相线 L1、L2、L3 分别用黄、绿、红三色;单相交流和直流主电路可用黑色导线。

③交流控制电路采用红色;直流控制电路采用蓝色;控制电路也可用其他颜色。

④同一控制电路应选用相同颜色的导线,控制电路导线中间不许有接头。

(3)导线的绝缘和耐压要符合电路要求,每一根连接导线在接近端子处的线头上必须套上标有线号的套管;进行控制盘(板)内部布线时,要求走线横平竖直、整齐、合理,压线不得松动;进行控制盘(板)外部布线,对于可移动的导线应放适当的余量,使绝缘套管(或金属软管)在运动时不承受拉力。接地线和其他导线接头,同样应套上标有线号的套管。

(4)安装按钮的相对位置及颜色。

①停止按钮应置于启动按钮的下方或左侧,当用两个启动按钮控制相反方向时,停止按钮可装在中间。

②停止按钮和急停按钮用红色,启动按钮用绿色,启动和停止交替动作的按钮用黑色、白色或灰色,点动按钮用黑色,复位按钮用蓝色,当复位按钮带有停止作用时则须用红色。

(5)安装指示灯及光标按钮的颜色。

①指示灯颜色的含义:红——危险或报警;黄——警告;绿——安全;白——电源开关接通。

②光标按钮颜色的用法:红——停止或断开;黄——注意或警告;绿——启动;蓝——指示或命令执行某任务;白——接通辅助线路。

2.6.1.2　电气线路安装接线步骤

(1)按元件明细表配齐电气元件,并进行检验。

(2)制作控制盘(板),并按原理图上接触器、继电器等的编号顺序,将其安装在控制盘(板)上,并在醒目处贴上编号。

(3)在电气控制原理图上编号。主电路中三相电源按相序依次编号为 L1、L2、L3;控制开关的出线头依次编号为 L11、L12、L13(也可省去字母,只标数字),从上至下每经过一个电气元件,编号要递增;电动机的三根引出线按顺序依次编号为 U、V、W。没有经过电气元件导线的编号不变(同一连接点上的导线标同一线号)。辅助电路,从上至下(或从左至右)逐行用数字依次编号,每经过一个电气元件编号要依次递增,等电位点为同一编号,同一个控制线路中的线号不能重复,且应避开容易混淆的线号(例如 6 和 9、19 和 61、66 和 99 等)。

(4)根据电动机的容量选配主电路连接导线的截面。

(5)按原理图上的编号在电气元件的醒目处贴上编号标志。

(6)给剥去绝缘层的线头两端套上标有与原理图相应号码的套管(线号)。

(7)主电路导线截面较大时,用尖嘴钳弯成圈(或绞紧),套进(或塞进)接线柱(接线端子)的压紧螺钉上(或孔内),拧紧螺钉。控制盘(板)内的连接导线的线头穿上线号后,压在电气元件端子的压线板下,导线要沿线槽或底面敷设,拐弯处要弯成慢直角弯。

(8)控制盘(板)与盘外的电气设备的连接应通过接线端子排采用多股软线进行。通常用电线管配线;控制软线根数较多时应用缠绕管绑扎。电线管至电动机的连接导线要用软管加以保护。

2.6.1.3　安装后(接通电源前)质量检验

(1)检查控制电路中各元器件的安装是否正确和牢靠;各个接线端子是否压接牢固。线头上的线号是否与电路原理图相符,绝缘导线的颜色是否符合规定,保护导线是否可靠连接。

(2)检查电气线路的绝缘电阻。其方法是:短接主电路、控制电路和信号电路,用 500 V 兆欧表测量与保护电路导线之间的绝缘电阻应不得小于 2 MΩ。对于控制电路或信号电路不与主电路连接的,应分别测量主电路、保护电路、控制和信号电路各电路之间的绝缘电阻。

(3)按项目 2.1 中介绍的方法用万用表检查线路。

2.6.1.4　通电试车

1. 空载试车

通电前检查所接电源是否符合要求。按照从简单到复杂、由独立到联合的原则验证电气设备各个部分的工作是否正确和动作顺序是否正确,特别要验证急停元器件是否安全有效,如有异常必须立即切断电源查明原因。

2. 负载试车

在正常负载下连续运行,检查电气设备运行的正确性,特别要验证电源中断和恢复时是否危及人身和设备安全。连续运行时,要检查全部元器件的温升不得超过规定的允许温度和允许温升,在有载的情况下验证急停元器件是否安全有效。

2.6.2　点动控制线路的安装训练

2.6.2.1　技能训练目的

(1)掌握根据电气原理图绘制安装接线图的方法。

(2)掌握检查和测试电气元件的方法。

(3)初步掌握电动机控制线路的安装步骤和安装技能。

(4)学习接线、试车和排除故障的方法。

2.6.2.2　所需元件和工具

网孔控制盘(或木质板)、三相电源、电源隔离开关或断路器、交流接触器、熔断器、按钮、接线端子排、线槽、三相交流异步电动机、万用表、电工常用套装工具、导线及号码管等。

2.6.2.3 训练内容

(1)画出点动控制线路的电路图,分析工作原理,并按规定标注线号和元件编号。

(2)列出元件明细表,并进行检测,将元件的型号、规格、质量检查结果及有关测量值记入表2-6中(表中元器件可参考选取)。检查的内容有:检查电源开关的接触情况;拆下接触器的灭弧罩,检查线间隔板;检查主触点的表面和接触分断情况;按下触点架,检查触点和电磁机构的动作是否灵活、有无卡阻;检查接触器线圈额定电压与控制线路原理图所用电源电压是否相符;用万用表测量电磁线圈的电阻及通断情况,并记录;测量电动机三相绕组的电阻和通断情况,并记录。检查中发现问题应及时修理或更换元件。

表2-6 点动控制线路元件明细表

代号	名称	型号	规格	数量	备注
QS	电源开关	HZ10、HZ5			自选
FU1	主电路熔断器	RL -			自选
FU2	控制电路熔断器	RT18 -	32X		自选
KM	交流接触器	CJ10、CJ20、CJ15、LC1E06			测量线圈电阻值
SB	按钮开关	LA4 -			点动按钮用黑色、自选
XT	接线端子排		5~20 A		
M	三相笼型异步电动机				测量电动机线圈电阻

(3)在配电板(盘)上布置元件,并画出元件安装布置图及接线图。绘制安装接线图时,将电气元件的符号画在规定的位置,对照原理图的线号标出各端子的编号。按钮和电动机安装在板外,通过接线端子排XT与安装板上的电器连接。控制盘内的各器件安装整齐、均称、位置间距合理,便于接线和检修;电动机必须安放平稳,以防止在可逆运转时产生移动而引起事故,并将其金属外壳可靠接地。

(4)按照接线图规定的位置定位,将电气元件固定牢靠。注意FU1中间一相熔断器和KM中间一极触点的接线端子成一直线,以保证主电路走线美观规整。组合开关、熔断器的受电端(下接线柱)朝向控制盘的外侧。螺旋式熔断器电源进线应接在底座中心端(下接线板)上且朝向电源侧(向上),出线(负载侧)接在上接线板上。

(5)按电路图的编号在各元件和连接线两端做好编号标志。按图接线,接线时注意:线槽内的走线尽可能顺直,少占空间;线槽以外的线尽可能横平竖直,不交叉;变换走向应垂直,转角处导线弯成慢直角;元件与元件之间压接的导线不能直接架空连接,应走线槽;主线路导线和控制线路导线尽可能分开集中走线;导线压在端子中时不能压绝缘层,不反圈、不露裸线过长,端子接线柱压紧度合适,一个端子处压接导线不超过两条;电动机应做接地;外接线束应绑扎。

(6)检查线路并在测量电路的绝缘电阻后通电试车。先进行空操作试验,再带负荷试车。

2.6.2.4 实训考核及成绩评定

成绩评定见表 2-7。

表 2-7 成绩评定表

<table>
<tr><th colspan="2">项目内容及配分</th><th colspan="2">要求</th><th>评分标准(100 分)</th><th>得分</th></tr>
<tr><td colspan="2" rowspan="2">元件的检查(10 分)</td><td colspan="2">检查和测试电气元件的方法正确</td><td rowspan="2">每错一项扣 1 分</td><td rowspan="2"></td></tr>
<tr><td colspan="2">完整地填写元件明细表</td></tr>
<tr><td colspan="2" rowspan="5">线路敷设(30 分)</td><td colspan="2">按图接线,接线正确</td><td rowspan="5">一处不合格扣 2 分</td><td rowspan="5"></td></tr>
<tr><td colspan="2">走线整齐美观,不交叉</td></tr>
<tr><td colspan="2">导线连接可靠,没有虚接</td></tr>
<tr><td colspan="2">号码管安装正确、醒目</td></tr>
<tr><td colspan="2">电动机外壳安装了接地线</td></tr>
<tr><td colspan="2" rowspan="2">线路检查(10 分)</td><td colspan="2">在断电的情况下会用万用表查线路</td><td rowspan="2">没有检查扣 10 分</td><td rowspan="2"></td></tr>
<tr><td colspan="2">通电前测量线路的绝缘电阻</td></tr>
<tr><td colspan="2">通电试车(40 分)</td><td colspan="2">试车一次成功</td><td>一次不成功扣 20 分</td><td></td></tr>
<tr><td colspan="2">安全文明操作(10 分)</td><td colspan="2">正确地使用工具,执行安全操作规定</td><td>每违反一次扣 10 分</td><td></td></tr>
<tr><td>工时</td><td>120 min</td><td colspan="2">每超过 10 min 扣 5 分</td><td>总分</td><td></td></tr>
</table>

2.6.2.5 故障的检查及排除

在通电试车成功的电路上人为地设置故障,在保证安全的前提下通电运行,认真仔细观察故障现象,在表 2-8 中记录故障现象并分析原因,排除故障。

表 2-8 故障的检查及排除

故障设置	故障现象	检查及排除
按钮触点接触不良		
接触器线圈松脱		
主电路一相熔断器熔断		
控制电路熔断器熔断		

2.6.3 三相交流异步电动机单向启动运行控制线路的安装训练

2.6.3.1 技能训练目的

(1)掌握根据电气原理图绘制安装接线图的方法。

(2)掌握检查和测试电气元件的方法。

(3)进一步掌握电动机运行控制线路的安装步骤和安装技能。

(4)学习接线、试车和排除故障的方法。

2.6.3.2 所需元件和工具

网孔控制盘(或木质板)、三相电源、电源隔离开关或断路器、交流接触器、熔断器、热继电器、按钮、接线端子排、线槽、三相交流异步电动机、万用表、电工常用套装工具、导线及号码管等。

2.6.3.3 训练内容

(1)画出三相交流异步电动机单向启动运行控制线路电路图,分析工作原理,并按规定标注线号和元器件编号。

(2)列出元件明细表,并进行检测,将元件的型号、规格、质量检查结果及有关测量值记入表2-9中(表中元器件可参考选取或另选)。检查的内容有:检查电源开关的接触情况;拆下接触器的灭弧罩,检查线间隔板;检查主触点的表面和接触分断情况;按下触点架,检查触点和电磁机构的动作是否灵活、有无卡阻;检查接触器线圈额定电压与控制线路原理图所用电源电压是否相符;用万用表测量电磁线圈的电阻及通断情况,并记录;测量电动机三相绕组的电阻和通断情况,并记录;注意选择启动按钮和停止按钮的颜色并记录。检查中发现问题应及时修理或更换元器件。

表2-9 单向启动控制线路元件明细表

代号	名称	型号	规格	数量	备注
QS	电源开关	HZ10、HZ5、HZ15			
FU1	主电路熔断器	RL -			自选
FU2	控制电路熔断器	RL - 、RT18 -	32X		自选
KM	交流接触器	CJ10、CJ20、CJ15、LC1E06			测量线圈电阻值
FR	热继电器	JR16、JR20、JRS1D - 25			
SB1	停止按钮	LA19			
SB2	启动按钮	LA19、LA20、LA25、LA38			
XT	接线端子排				
M	三相笼型异步电动机				测量电动机线圈电阻

(3)在配电盘上布置元件,并画出元件安装布置图及接线图。绘制安装接线图时,将电气元件的符号画在规定的位置,对照原理图的线号标出各端子的编号。按钮和电动机安装在板外,通过接线端子排XT与安装板上的电器连接。热继电器应安装在其他发热电器的下方,且便于手动操作的位置,以便对热继电器整定动作电流和动作后复位。电动机必须安放平稳,以防止在可逆运转时产生移动而引起事故,并将其金属外壳可靠接地。

(4)按照接线图规定的位置定位,将电气元件固定牢靠。注意FU1中间一相熔断器和KM中间一极触点的接线端子成一直线,以保证主电路走线美观规整。组合开关、熔断器的受电端(下接线柱)朝向控制盘的外侧。螺旋式熔断器电源进线应接在底座中心端

(下接线板)上且朝向电源侧(向上),出线(负载侧)接在上接线板上。

(5)按电路图的编号在各元件和连接线两端做好编号标志。按图接线,接线时注意:自锁触点和按钮盒内的接线不能接错,否则将出现不能自锁、不能停车、电源短路等事故。

线槽内的走线尽可能顺直,少占空间;线槽以外的线尽可能横平竖直,不交叉;变换走向应垂直,转角处导线弯成慢直角;元件与元件之间压接的导线不能直接架空连接,应走线槽;主电路导线和控制电路导线尽可能分开集中走线;导线压在端子中时不能压绝缘层,不反圈、不露裸线过长,端子接线柱压紧度合适,一个端子处压接导线不超过两条;电动机应做接地;外接线束应绑扎。

(6)检查线路并在测量电路的绝缘电阻后通电试车。热继电器的整定电流必须按电动机的额定电流进行整定。重要的或过载不能自动消失的电动机,热继电器应置于手动复位;随着电动机的停止在过载也自动消失的情况下,热继电器可选择自动复位,通常情况下手动复位2 min、自动复位3 ~5 min。电器调整完成后,先进行空操作试验,再带负荷试车。合电源开关送电后,没有问题,再按启动按钮试车,按停止按钮停车。

2.6.3.4 实训考核及成绩评定

成绩评定见表2-10。

表2-10 成绩评定表

<table>
<tr><th colspan="2">项目内容及配分</th><th colspan="2">要求</th><th>评分标准(100分)</th><th>得分</th></tr>
<tr><td colspan="2" rowspan="2">元件的检查(10分)</td><td colspan="2">检查和测试电气元件的方法正确</td><td rowspan="2">每错一项扣1分</td><td rowspan="2"></td></tr>
<tr><td colspan="2">完整地填写元件明细表</td></tr>
<tr><td colspan="2" rowspan="5">线路敷设(30分)</td><td colspan="2">按图接线,接线正确</td><td rowspan="5">一处不合格扣2分</td><td rowspan="5"></td></tr>
<tr><td colspan="2">走线整齐美观,不交叉</td></tr>
<tr><td colspan="2">导线连接可靠,没有虚接</td></tr>
<tr><td colspan="2">号码管安装正确、醒目</td></tr>
<tr><td colspan="2">电动机外壳安装了接地线</td></tr>
<tr><td colspan="2" rowspan="2">线路检查(10分)</td><td colspan="2">在断电的情况下会用万用表查线路</td><td rowspan="2">没有检查扣10分</td><td rowspan="2"></td></tr>
<tr><td colspan="2">通电前测量线路的绝缘电阻</td></tr>
<tr><td colspan="2" rowspan="2">保护的整定(10分)</td><td colspan="2">正确整定热继电器的整定值</td><td>不会整定扣5分</td><td rowspan="2"></td></tr>
<tr><td colspan="2">正确地选配熔体</td><td>选错熔体扣5分</td></tr>
<tr><td colspan="2">通电试车(30分)</td><td colspan="2">试车一次成功</td><td>一次不成功扣20分</td><td></td></tr>
<tr><td colspan="2">安全文明操作(10分)</td><td colspan="2">正确地使用工具,执行安全操作规定</td><td>每违反一次扣10分</td><td></td></tr>
<tr><td>工时</td><td>120 min</td><td colspan="2">每超过10 min扣5分</td><td>总分</td><td></td></tr>
</table>

2.6.3.5 故障的检查及排除

在通电试车成功的电路上人为地设置故障,在保证安全的前提下通电运行,认真仔细观察故障现象,在表2-11中记录故障现象并分析原因,排除故障。

表2-11　故障的检查及排除

故障设置	故障现象	检查及排除
启动按钮触点接触不良		
接触器线圈松脱		
接触器自锁触点接触不良		
接触器主触点一相接触不良		
接触器主触点两相接触不良		
主电路一相熔丝熔断		
控制电路熔丝熔断		
热继电器整定值调得太小		
热继电器常闭触点接触不良		

2.6.4　三相交流异步电动机正反转控制线路的安装训练

2.6.4.1　技能训练目的

(1)掌握根据电气原理图绘制安装接线图的方法。

(2)掌握检查和测试电气元件的方法。

(3)掌握电动机正反转控制线路的安装步骤和安装技能。

(4)继续学习接线、试车和排除故障的方法。

2.6.4.2　所需元件和工具

网孔控制盘(或木质板)、三相电源、电源隔离开关或断路器、交流接触器、熔断器、按钮、热继电器、接线端子排、线槽、三相交流异步电动机、万用表、电工常用套装工具、导线及号码管等。

2.6.4.3　训练内容

(1)画出按钮和接触器双重互锁电动机正、反转控制线路电路图,分析工作原理,并按规定标注线号和元器件编号。

(2)列出元件明细表,并进行检测,将元件的型号、规格、质量检查结果及有关测量值记入表2-12中。检查的内容有:检查电源开关的接触情况;拆下接触器的灭弧罩,检查线间隔板;检查主触点的表面和接触分断情况;按下触点架,检查触点和电磁机构的动作是否灵活、有无卡阻;检查接触器线圈额定电压与控制线路原理图所用电源电压是否相符;用万用表测量电磁线圈的电阻及通断情况,并记录;测量电动机三相绕组的电阻和通断情况,并记录;检查热继电器的热元件通断及电阻值、触点的通断情况、动作电流调整机构和复位机构的灵活程度,并记录。检查中发现问题应及时修理或更换元件。

表 2-12 按钮和接触器双重互锁电动机正、反转控制线路元件明细表

代号	名称	型号	规格	数量	检测结果
QS	电源开关				
FU1	主电路熔断器				
FU2	控制电路熔断器				
KM	交流接触器				测量线圈电阻值
FR	热继电器				
SB1 ~ SB3	按钮				
XT	接线端子排				
M	三相笼型异步电动机				测量电动机线圈电阻

(3)在配电盘(板)上布置元件,并画出元件安装布置图及接线图。绘制安装接线图时,将电气元件的符号画在规定的位置,对照原理图的线号标出各端子的编号。按钮和电动机安装在板外,通过接线端子排 XT 与安装板上的电器连接。电动机必须安放平稳,以防止在可逆运转时产生移动而引起事故,并将其金属外壳可靠接地。

(4)按照接线图规定的位置定位,将电气元件固定牢靠。注意 FU1 中间一相熔断器和 KM 中间一极触点的接线端子成一直线,以保证主电路走线美观规整。组合开关、熔断器的受电端(下接线柱)朝向控制盘的外侧。螺旋式熔断器电源进线应接在底座中心端(下接线板)上且朝向电源侧(向上),出线(负载侧)接在上接线板上。

(5)按电路图的编号在各元件和连接线两端做好编号标志。按图接线,接线时注意:自锁触点、连锁触点和按钮盒内的接线不能接错,否则将出现不能自锁、不能停车、电源短路等事故。双重连锁触点与接触器的线圈一定对应,否则将失去作用;线槽内的走线尽可能顺直,少占空间;线槽以外的线尽可能横平竖直,不交叉;变换走向应垂直,转角处导线弯成慢直角;元件与元件之间压接的导线不能直接架空连接,应走线槽;主电路导线和控制电路导线尽可能分开集中走线;导线压在端子中时不能压绝缘层、不反圈、不露裸线过长,端子接线柱压紧度合适,一个端子处压接导线不超过两条;电动机应做接地;外接线束应绑扎。

(6)检查线路并在测量电路的绝缘电阻后通电试车。先进行空操作试验,再带负荷试车,操作 SB2、SB3、SB1 观察电动机正、反转及停车。操作过程中电动机正、反转操作的变换不宜过快和过于频繁。

2.6.4.4 实训考核及成绩评定。

成绩评定见表 2-13。

2.6.4.5 故障的检查及排除

在通电试车成功的电路上人为地设置故障,在保证安全的前提下通电运行,认真仔细观察故障现象,在表 2-14 中记录故障现象并分析原因,排除故障。

表 2-13　成绩评定表

项目内容及配分		要求	评分标准(100分)	得分
元件的检查(10分)		检查和测试电气元件的方法正确	每错一项扣1分	
		完整地填写元件明细表		
线路敷设(30分)		按图接线,接线正确	一处不合格扣2分	
		走线整齐美观,不交叉		
		导线连接可靠,没有虚接		
		号码管安装正确、醒目		
		电动机外壳安装了接地线		
线路检查(10分)		在断电的情况下会用万用表查线路	没有检查扣10分	
		通电前测量线路的绝缘电阻		
保护的整定(10分)		正确整定热继电器的整定值	不会整定扣5分	
		正确地选配熔体	选错熔体扣5分	
通电试车(30分)		试车一次成功	一次不成功扣20分	
安全文明操作(10分)		正确地使用工具,执行安全操作规定	每违反一次扣10分	
工时	150 min	每超过10 min扣5分	总分	

表 2-14　故障的检查及排除

故障设置	故障现象	检查及排除
反向启动按钮触点接触不良		
KM1 接触器自锁触点接触不良		
KM2 接触器自锁触点接触不良		
KM1 接触器主触点一相接触不良		
主电路一相熔丝熔断		
控制电路熔丝熔断		
热继电器常闭触点接触不良		

2.6.5　三相交流异步电动机 Y—△转换减压启动线路的安装训练

2.6.5.1　技能训练目的

(1)掌握电动机 Y—△减压启动控制线路的安装步骤和安装技能。

(2)掌握检查和测试电气元件的方法。

(3)掌握电气元件在配电盘走线槽内配线的方法和工艺。

(4)进一步理解电气互锁的意义和实际应用接线规律,掌握试车和排除故障的方法。

2.6.5.2　所需元件和工具

网孔配电盘(板)、时间继电器、热继电器、按钮、交流接触器、熔断器、电源隔离开关

(断路器)、接线端子排、走线槽若干、绕组为三角形接法的三相异步电动机、万用表、电工常用工具一套、导线及号码管等。

2.6.5.3 训练内容

(1)画出三相异步电动机 Y—△转换减压启动控制线路电路图,分析工作原理,并按规定标注线号和元器件编号。

(2)列出元件明细表,并进行检测,将元件的型号、规格、质量检查结果及有关测量值记入表 2-15 中。特别要注意选用的时间继电器的类型(空气阻尼式或电子式)和延时触点的动作时间,用万用表测量其触点动作情况,并将时间继电器的延时时间调整到 5 ~10 s。

表 2-15 电动机 Y—△转换减压启动控制线路元件明细表

代号	名称	型号	规格	数量	检测结果
QS	电源开关				
FU1	主电路熔断器				
FU2	控制电路熔断器				
KM	交流接触器				测量线圈电阻值
KT	时间继电器				
FR	热继电器				
SB1	停止按钮				
SB2	启动按钮				
XT	接线端子排				
M	三相笼型异步电动机		△接法		测量电动机线圈电阻
	走线槽				

(3)参照图 2-50,在配电盘上画线并布置走线槽和电气元件,画出元件安装布置图及接线图。绘制安装接线图时,将电气元件的符号画在规定的位置,对照原理图的线号标出各端子的编号。

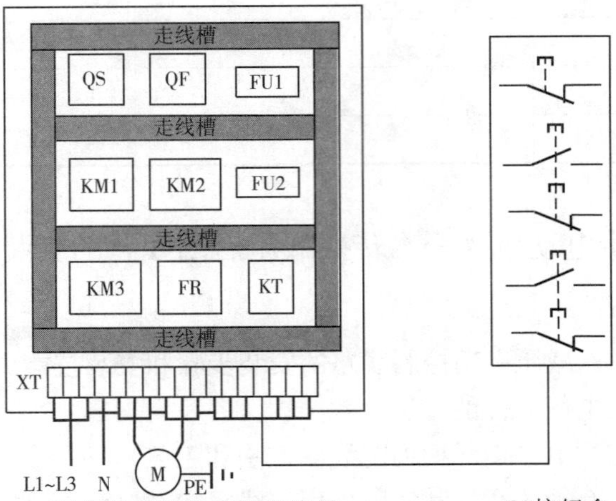

(a)配电盘电器位置及走线槽　(b)按钮盒

图 2-50 配电盘电器位置及走线槽、按钮盒示意图

(4)按照接线图规定的位置,将走线槽、电气元件固定。特别应注意时间继电器的安装位置,如果选择空气阻尼式时间继电器,必须使继电器在断电后、衔铁释放时的运动方向垂直向下。

(5)按电路图的编号在各元件和连接线两端做好编号标志。按图接线时注意:主电路各接触器主触点之间的连接线要认真核对,防止出现相序错误。电动机的三角形接线应是将定子绕组的U1、V1、W1通过接触器分别与W2、U2、V2连接,否则将使电动机在采用三角形接法时造成三相绕组各接同一相电源或其中一相绕组接入同一相电源而无法工作等故障。

(6)控制盘(板)内部布线采用槽配线时要注意:

①走线槽内的导线要尽可能避免交叉,装线不要超过走线槽容量的70%,以便装配和检修。

②各电气元件与走线槽之间的外露导线要尽可能做到横平竖直,变换走向要垂直。同一元件位置一致的端子和相同型号的电气元件中位置一致的端子上引出或引入的导线,要敷设在同一平面上,并应做到高低一致或前后一致,不得交叉。

③各电气元件接线端子上引出或引入的导线,除间距很小或元件机械强度很差,如时间继电器JS7-A型同一只微动开关的同一侧常开触点与常闭触点的连接导线,允许直接架空敷设外,其他导线必须经过走线槽进行连接。

④各电气元件的接线端子引出线的走向,以元件的水平中心线为界限,水平中心线以上的接线端子引出的导线,必须进入元件上面的走线槽;水平中心线以下的接线端子的引出导线,必须进入元件下面的走线槽。任何导线都不允许从水平方向进入走线槽。

⑤当接线端子不适合连接较小截面面积的软线时,可以在导线头穿上线针或叉形轧头并压紧。

⑥检查线路并在测量电路的绝缘电阻后通电试车。先进行空操作试验,再带负荷试车。

2.6.5.4　实训考核及成绩评定

成绩评定见表2-16。

表2-16　成绩评定表

项目内容及配分	要求	评分标准(100分)	得分
元件的检查(10分)	检查和测试电气元件的方法正确	每错一项扣1分	
	完整地填写元件明细表		
线路敷设(20分)	按图接线,接线正确	一处不合格扣2分	
	走线整齐美观,不交叉		
	导线连接可靠,没有虚接		
	号码管安装正确、醒目		
	电动机外壳安装了接地线		
线路检查(10分)	在断电的情况下会用万用表查线路	没有检查扣10分	
	通电前测量线路的绝缘电阻		

续表 2-16

项目内容及配分		要求	评分标准(100 分)	得分
保护的整定(10 分)		正确整定热继电器的整定值	不会整定扣 5 分	
		正确地选配熔体	选错熔体扣 5 分	
时间的整定(10 分)		动作延时 10 × (1 ± 10%) s	每超过 10% 扣 5 分	
通电试车(30 分)		试车一次成功	一次不成功扣 20 分	
安全文明操作(10 分)		正确地使用工具,执行安全操作规定	每违反一次扣 10 分	
工时	180 min	每超过 10 min 扣 5 分	总分	

2.6.5.5 故障的检查及排除

在通电试车成功的电路上人为地设置故障,在保证安全的前提下通电运行,认真仔细观察故障现象,在表 2-17 中记录故障现象并分析原因,排除故障。在设置故障运行时,要做好随时停车的准备。

表 2-17 故障的检查及排除

故障设置	故障现象	检查及排除
将电动机接成三角形的 KM2 主触点下方的 U2 及 V2 端子处的接线位置颠倒		
KM2 接触器自锁触点接触不良		
电动机接成星形连接的接触器 KM3 某主触点接触不良		
时间继电器延时调整为零		
引入电源的接触器 KM1 自锁触点接触不良		
接触的互锁触点接到自身线圈上		

2.6.6 运动设备带限位保护的自动往复循环控制线路的安装训练

2.6.6.1 技能训练目的

(1)掌握电动机正反转及限位开关控制线路的安装步骤和安装技能。

(2)掌握检查和测试电气元件的方法。

(3)熟练掌握电气元件在配电盘走线槽内配线的方法和工艺。

(4)掌握试车和排除故障的方法。

2.6.6.2 所需元件和工具

网孔配电盘(板)、行程开关、热继电器、按钮、交流接触器、熔断器、电源隔离开关(断路器)、接线端子排、走线槽若干、三相异步电动机、万用表、电工常用工具一套、导线及号码管等。

2.6.6.3 训练内容

(1)画出三相异步电动机带限位保护的自动往复循环控制线路电路图,分析工作原理，并按规定标注线号和元器件编号。

(2)列出元件明细表，并进行检测，将元件的型号、规格、质量检查结果及有关测量值记入表2-18中。特别要注意选用行程开关的类型是否正确，滚轮、传动部件、触点是否完好，动作是否灵活，用万用表测量其触点动作情况时触点通断是否准确。

表2-18　带限位保护的自动往复循环控制线路元件明细表

代号	名称	型号	规格	数量	检测结果
QS	电源开关				
FU1	主电路熔断器				
FU2	控制电路熔断器				
KM	交流接触器				测量线圈电阻值
FR	热继电器				
SB1～SB3	按钮				
SQ1～SQ4	行程开关				
XT	接线端子排				
M	三相笼型异步电动机				测量电动机线圈电阻

(3)在配电盘上布置元件，并画出元件安装布置图和接线图。

(4)按照接线图确定的位置定位电气元件，固定牢靠。元件的位置基本与双重连锁正反转控制线路安装要求相同。行程开关、电动机及按钮装在控制盘外，通过端子排连接。如果没有现成的工作台，行程开关的动作可手动模拟，但一定注意安全。

(5)按电路图的编号在各元件和连接线两端做好编号标志。按图接线时注意，主电路各接触器主触点之间的连接线要认真核对，防止出现相序错误。注意自锁触点、连锁触点、行程开关触点、按钮触点的接线位置(常开、常闭)一定与原理图的位置与标号一致。

(6)主电路、控制电路检查没有错误后方可通电试车。空载试车时，拨动行程开关滚轮检验行程控制和循环控制的正确性。成功后负载试车。

2.6.6.4　实训考核及成绩评定

成绩评定见表2-19。

表2-19　成绩评定表

项目内容及配分	要求	评分标准(100分)	得分
元件的检查(10分)	检查和测试电气元件的方法正确	每错一项扣1分	
	完整地填写元件明细表		
线路敷设(20分)	按图接线，接线正确	一处不合格扣2分	
	走线整齐美观，不交叉		
	导线连接可靠，没有虚接		
	号码管安装正确、醒目		
	电动机外壳安装了接地线		

续表 2-19

项目内容及配分	要求	评分标准(100 分)	得分
行程开关的安装(10 分)	挡铁和行程开关滚轮的相对位置对正	不对正扣 5 分	
	行程开关的安装位置正确	位置错误扣 5 分	
线路检查(10 分)	在断电的情况下会用万用表查线路	没有检查扣 10 分	
	通电前测量线路的绝缘电阻		
保护的整定(10 分)	正确整定热继电器的整定值	不会整定扣 5 分	
	正确地选配熔体	选错熔体扣 5 分	
通电试车(30 分)	试车一次成功	一次不成功扣 20 分	
安全文明操作(10 分)	正确地使用工具,执行安全操作规定	每违反一次扣 10 分	
工时 240 min	每超过 10 min 扣 5 分	总分	

2.6.6.5 故障的检查及排除

在通电试车成功的电路上人为地设置故障,在保证安全的前提下通电运行,认真仔细观察故障现象,在表 2-20 中记录故障现象并分析原因,排除故障。在设置故障运行时,要做好随时停车的准备。

表 2-20 故障的检查及排除

故障设置	故障现象	检查及排除
SQ1 的固定螺钉松动		
KM2 接触器主触点的相序和 KM1 相同,没有进行互换		
改变电动机的转向:按下 SQ2 电动机反转,按下 SQ3 电动机正转		
行程开关触点接线脱落、错位		

2.6.7 双速电动机控制线路的安装训练

2.6.7.1 技能训练目的

(1)掌握按时间原则自动转换的双速电动机控制线路的安装步骤和安装技能。

(2)掌握检查和测试电气元件的方法。

(3)进一步熟练电气元件在配电盘走线槽内配线的方法和工艺。

(4)熟练掌握试车和排除故障的方法。

2.6.7.2 所需元件和工具

控制盘(板)、时间继电器、热继电器、按钮、交流接触器、熔断器、电源隔离开关、接线端子排、走线槽若干、双速(Δ/YY)三相异步电动机、万用表、电工常用工具一套、导线及号码管等。

2.6.7.3　**训练内容**

（1）画出按时间原则自动转换的双速（△/YY）三相异步电动机控制线路电路图，分析工作原理，并按规定标注线号和元器件编号。

（2）列出元件明细表，并进行检测，将元件的型号、规格、质量检查结果及有关测量值记入表2-21中。特别要注意选用的时间继电器的类型和延时触点的动作时间，用万用表测量其触点动作情况，并将时间继电器的延时时间调整到5～20 s。

表2-21　按时间原则自动转换的双速△/YY三相异步电动机控制线路元件明细表

代号	名称	型号	规格	数量	检测结果
QS	电源开关				
FU1	主电路熔断器				
FU2	控制电路熔断器				
KM	交流接触器				测量线圈电阻值
KT	时间继电器				延时触点
FR	热继电器				
SB1	停止按钮				
SB2	启动按钮				
XT	接线端子排				
M	双速电动机		△/YY		测量电动机线圈电阻

（3）在配电盘上布置元件，并画出元件安装布置图和接线图。

（4）按照接线图确定的位置定位电气元件，固定牢靠。元件的位置基本与电动机Y/△转换减压启动控制线路安装要求相同。电动机及按钮装在控制盘外，通过端子排连接。

（5）按电路图的编号在各元件和连接线两端做好编号标志。按图接线时注意，双速电动机绕组引出端接线是难点，主电路接线有一定的难度，接线过程中要细心。主电路各接触器主触点之间的连接线要认真核对，防止出现相序错误。注意自锁触点、连锁触点、按钮触点的接线位置（常开、常闭）一定与原理图的位置与标号一致。

（6）主电路、控制电路检查没有错误后方可通电试车。空载试车时，两个转速分别试车，没有问题再联合试车。成功后负载试车。

2.6.7.4　**实训考核及成绩评定**

成绩评定见表2-22。

2.6.7.5　**故障检查与排除**

在通电试车成功的电路上人为地设置故障，在保证安全的前提下通电运行，认真仔细观察故障现象，在表2-23中记录故障现象并分析原因，排除故障。在设置故障运行时，要做好随时停车的准备。

表 2-22 成绩评定表

项目内容及配分		要求		评分标准(100 分)	得分
元件的检查(10 分)		检查和测试电气元件的方法正确		每错一项扣 1 分	
		完整地填写元件明细表			
线路敷设(20 分)		按图接线,接线正确		一处不合格扣 2 分	
		走线整齐美观,不交叉			
		导线连接可靠,没有虚接			
		号码管安装正确、醒目			
		电动机外壳安装了接地线			
线路检查(10 分)		在断电的情况下会用万用表查线路		没有检查扣 10 分	
		通电前测量线路的绝缘电阻			
保护的整定(10 分)		正确整定热继电器的整定值		不会整定扣 5 分	
		正确地选配熔体		选错熔体扣 5 分	
时间的整定(10 分)		动作延时 30×(1±10%)s		每超过 10% 扣 5 分	
通电试车(30 分)		试车一次成功		一次不成功扣 20 分	
安全文明操作(10 分)		正确地使用工具,执行安全操作规定		每违反一次扣 10 分	
工时	240 min	每超过 10 min 扣 5 分		总分	

表 2-23 故障的检查及排除

故障设置	故障现象	检查及排除
时间继电器延时触点不良		
KM2 接触器自锁触点接触不良		
将电动机接成双星形连接的接触器 KM3 某主触点接触不良		
时间继电器延时调整为零		
引入电源的接触器 KM1 自锁触点接触不良		
KM1 自锁触点脱落,接成常闭触点		
KM3 自锁触点松动		

2.6.8 变频器的模拟信号输入控制电动机的安装实训

2.6.8.1 实训目的

(1)学会用 MM420 变频器的模拟信号输入端对电动机转速的控制。

(2)掌握 MM420 变频器基本参数的设置方法。

(3)通过操作面板观察变频器频率的变化。

2.6.8.2 实训内容

用开关S1和S2控制MM420变频器,实现电动机正转和反转控制功能,由模拟输入端控制电动机转速的大小。DIN1“5”端口设为正转控制,DIN2“6”端口设为反转控制。

(1)电路接线如图2-51所示。MM420变频器的“1”(+10 V)、“2”(0 V)输出端为用户的给定单元提供了一个高精度的+10 V直流稳压电源。转速调节电位器RP1串接在电路中,调节RP1时,输入端口AINI+给定的模拟输入电压改变,变频器的输出量紧紧跟随给定量的变化,从而平滑无级地调节电动机转速的大小。MM420变频器为用户提供了一对模拟输入端口AINI+、AINI-,即端口“3”“4”。按图2-51所示连接电路,检查电路正确无误后,合上主电源开关QS、QF。

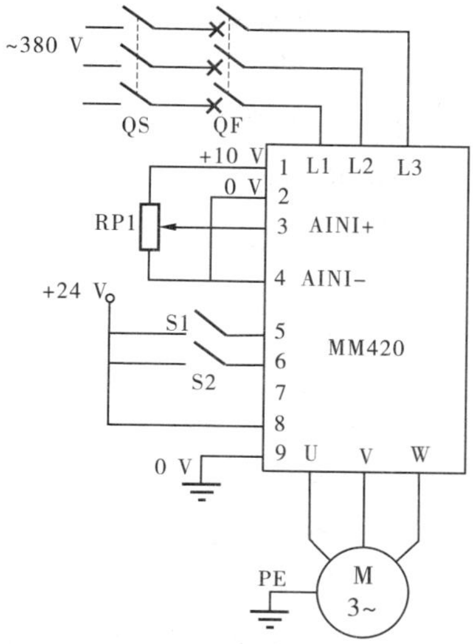

图2-51 模拟信号输入变频器控制电动机正反转线路

(2)恢复变频器工厂默认值。设定P0010 = 30和P0970 = 1,按下P键,开始复位,复位过程大约为3 min,这样就保证了变频器的参数恢复到工厂默认值。

(3)根据电动机的铭牌设置电动机参数。设置完成后,设P0010 = 0,变频器当前处于准备状态,可正常运行。

(4)按表2-24设置模拟信号操作控制参数。

表2-24 模拟信号操作控制参数

参数号	出厂值	设置值	说明
P003	1	1	设用户访问级为标准级
P0700	2	2	命令源选择由端子排输入
P0003	1	2	设用户访问级为扩展级
P0004	0	7	命令和数字I/O
P0010	0	0	快速调试
P0701	1	1	ON接通正转,OFF停止
P0702	1	2	ON接通反转,OFF停止
P0703	1	1	设用户访问级为标准级
P0704	0	10	设定值通道和斜坡函数发生器
P1000	2	2	频率设定值由模拟量输入
P1080	0	0	电动机的最低运行频率(Hz)
P1082	50	50	电动机运行的最高频率(Hz)

(5)操作控制。

①电动机正转。按下电动机正转开关 S1,数字输入端口 DIN1 为“ON”,电动机正转运行,转速由外接电位器 RP1 来控制,模拟电压信号在 0~10 V 变化,对应变频器的频率在 0~50 Hz 变化(通过 BOP 观察),对应电动机的转速在零至额定转速之间变化。当松开 S1 时,电动机停止运转。

②电动机反转。按下电动机反转开关 S2,数字输入端口 DIN2 为“ON”,电动机反转运行,其他操作与电动机正转相同。

要了解 MM420 系列变频器及常用其他品牌变频器的详细参数,读者可参考相应变频器使用说明书。

思考与练习题

1. 什么叫自锁?自锁线路是如何构成的?如何用万用表检查?

2. 什么叫互锁?互锁线路是如何构成的?如何用万用表检查?

3. 点动控制是否要安装过载保护?为什么?

4. 画出电动机连续运转的主电路和控制电路图、位置图及接线图,并说明电动机连续运转的控制线路有哪些保护环节?通过哪些设备实现?

5. 用万用表的电阻挡检查单向启动连续运转的线路时,发现不用按下启动按钮,即可在控制电路的电源端测得接触器线圈的电阻值,试分析可能导线接错的原因。

6. 试车时,接触器动作正常,而电动机“嗡嗡”响而不能启动,故障的原因是什么?如何检查?

7. 画出双重连锁正反转控制的主电路和控制电路,并分析电路的工作原理。

8. 画出自动往返的控制电路,并分析电路的工作原理。若行程开关本身完好,挡铁操作可以使触点切换,而自动往返控制线路通车时,两个行程开关不起限位作用,故障的原因是什么?

9. 实现多地控制时多个启动按钮和停止按钮如何连接?

10. 笼型感应电动机减压启动的方法各有何特点?使用条件是什么?

11. 画出 Y—△减压启动的电路图,并分析工作过程。

12. 软启动器的控制功能、特点有哪些?简述软启动器的工作原理。

13. 画出反接制动的主电路和控制电路,并分析其工作过程。

14. 分析可逆运行的反接制动控制电路的工作过程。

15. 画出能耗制动的主电路和控制电路,并分析其工作过程。若在试车时,能耗制动已经结束,但电动机仍未停转,应如何调整电路?

16. 三相异步电动机的调速方法有哪些?

17. 画出变极调速控制线路并分析其工作过程。

18. 设计两台电动机的顺序控制线路。要求:M1 启动后,经 10 s 后 M2 才能启动;M2 停止后,M1 才能停止。M1 有过载保护,M1 过载时两台电动机同时停止。

19. 设计一个控制电路,3 台笼型感应电动机启动时,M1 先启动,经 10 s 后 M2 自行启动，运行 30 s 后 M1 停止并同时使 M3 自行启动，再运行 30 s 后电动机全部停止。

20. 设计一个小车运行的电路图，其动作程序如下：

(1) 小车由原位开始向前进，到终端后自动停止；

(2) 在终端停留 6 min 后自动返回原位停止；

(3) 要求在前进或后退途中任意位置都能停止或再次启动。

21. 分析如图 2-52、图 2-53 所示的双速电动机变极调速的工作过程（提示该电动机可以低速运行，也可以低速启动、高速运行）。

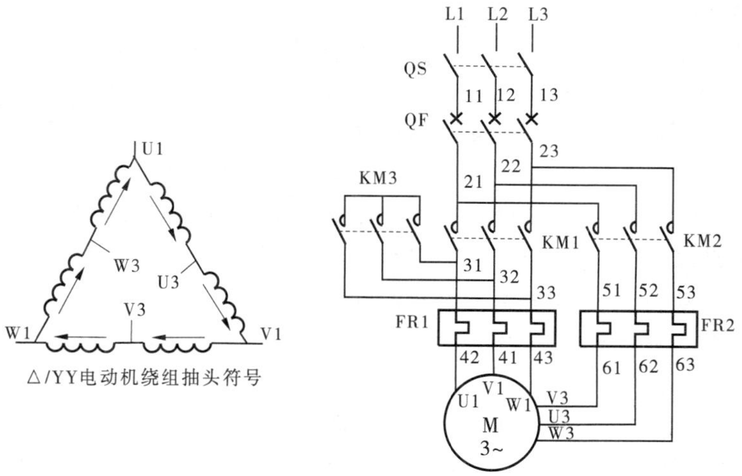

图 2-52　双速电动机绕组抽头及控制线路的主电路

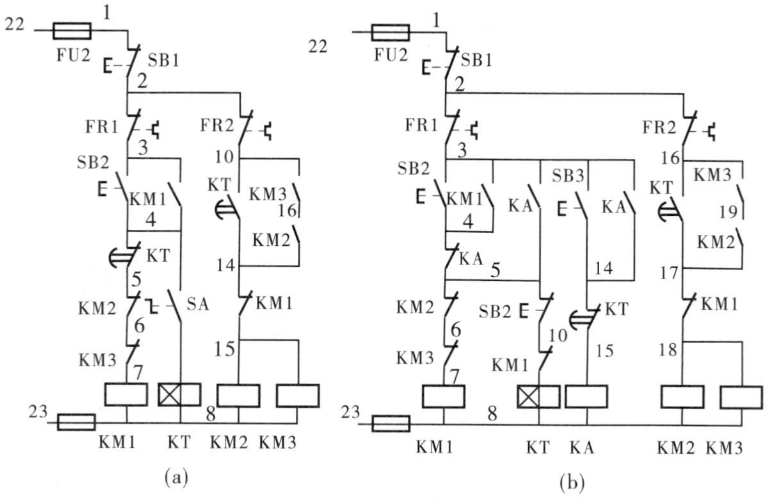

图 2-53　双速电动机控制线路的控制电路

22. 有 3 台皮带运输机分别由 3 台三相笼型异步电动机拖动，为了使运输带上不积压运送的材料，3 台电动机 M1、M2、M3 要求启动顺序为：先启动 M1，经过 T_1 后启动 M2，再经过 T_2 后启动 M3；停车时顺序正好相反：先停 M3，经过 T_3 后再停 M2，再经过 T_4 后停 M1。三台电动机使用的接触器分别为 KM1、KM2 和 KM3，试设计主电路和控制电路。

23. 有2台笼型异步电动机,根据下列要求,分别画出其连锁控制电路:

(1)电动机甲运行时,不许电动机乙点动;电动机乙点动时,不许电动机甲运行。

(2)电动机乙启动后,电动机甲才能启动;停止时,电动机乙停止后,电动机甲才能停止。

24. 有2台三相笼型异步电动机,由一组启停按钮操作,要求第一台电动机启动后第二台电动机才能延时启动,画出符合上述要求的控制电路,并简述其工作过程。

25. 2台三相笼型异步电动机分别由2个交流接触器来控制。试画出2台电动机能同时启停的控制电路。

26. 试画出对三相笼型异步电动机进行两地启停控制的继电接触器控制电路图,要求有过载及短路保护功能。

27. 控制电路要求实现2台电动机既可以集中启停,又可以单独启停,分析其工作原理。

28. 有2台三相笼型异步电动机,一台为主轴电动机,另一台为油泵电动机。现要求:

(1)主轴电动机必须在油泵电动机启动之后才能启动;

(2)若油泵电动机停车,主轴电动机应同时停车;

(3)主轴电动机可以单独停车;

(4)有短路和过载保护。

试画出符合上述要求的继电接触器控制电路。

29. 某生产机械有如下要求:按下启动按钮后三相交流异步电动机直接启动,经过一段延时后自动停车,同时还要求有过载和短路保护,并能在运行时随时停车。试画出电动机的控制电路。

30. 什么是V/F控制、矢量控制? 各有何特点?

31. 简述变频器安装时接地的注意事项。

32. 变频器的常见故障有哪些? 如何排除?

33. 安装和使用变频器时有哪些注意事项?

项目3　常用机床设备电气控制线路分析安装及常见故障的排除训练

引言

机床是生产制造中最常用的机械加工设备，由于加工制造的需要使其具有结构组成多样、运动部件多、相对运动复杂、自动化程度和安全可靠性要求高等特点，所以机床设备在利用三相交流异步电动机作为动力拖动时，电动机的运行控制电路也同样具有多样性、复杂性和自动性。本项目就是在项目1、项目2的基础上，针对三相异步电动机启动、制动、调速等电气控制线路的基本单元和典型的实用线路在常用机床电气控制线路中的具体应用进行分析和训练，达到熟练掌握机床电器和控制线路安装调试的技能。

【任务要点】　机床设备电器和电气控制线路安装、检查、调试试车的基本要求和方法步骤；设备配电箱内电气控制线路的安装、检查、调试试车综合技能训练。

【实操训练目标】　熟练掌握普通车床、平面磨床、摇臂钻床、万能铣床等机床设备和其他设备的电气控制线路的基本工作原理和控制过程分析方法，学会设备电气线路控制应用、电气保护的基本形式，学会线路设备安装、配线工艺、线路检查、整体调试试车的方法步骤以及常用机床控制线路常见的故障及排除。熟练地把电气运用技能运用到工作实际中。

【岗位目标】　通过机床电气控制线路的安装及检修实训，能满足各行业特别是加工制造业电工电气工作中操作、安装、调试、维护维修岗位的基本技能要求，达到中级维修电工的职业资格水平或技师水平，为高一级控制形式的学习及取得高级维修电工、高级技师职业资格打下基础。培养创新创业的技术能力和爱岗敬业的职业精神。

任务3.1　普通车床电气控制线路分析与安装训练

车床是应用最广泛的金属切削机床。普通车床可以用来切削工件的外圆、内圆、端面和螺纹等，并可以装上钻头或铰刀等进行钻孔和铰孔的加工。

3.1.1　车床的主要结构、运动形式及控制要求

普通车床的主要结构如图3-1所示，主要由床身、主轴变速箱、挂轮箱、进给箱、溜板箱、溜板、刀架、尾架、光杠和丝杠等组成。车床的主运动是工件的旋转运动，由主轴通过卡盘或顶尖带动工件旋转。电动机的动力通过主轴箱传给主轴，主轴一般只是单方向的旋转运动，只有在车螺纹时才需要用反转来退刀。CA6140型普通型车床用操纵手柄通过摩擦离合器来改变主轴的旋转方向。车削加工要求主轴能在很大的范围内调速，普通车床调速范围一般大于70。主轴的变速是靠主轴变速箱的齿轮等机械有级调速来实现的，变换主轴箱外的手柄位置，可以改变主轴的转速。进给运动是溜板带动刀具做纵向或横

向的直线运动,也就是使切削能连续进行下去的运动。所谓纵向运动,是指相对于操作者的左右运动,横向运动是指相对于操作者的前后运动。车螺纹时要求主轴的旋转速度和进给的移动距离之间保持一定的比例,所以主运动和进给运动要由同一台电动机拖动,主轴箱和车床的溜板箱之间通过齿轮传动来连接,刀架再由溜板箱带动,沿着床身导轨做直线走刀运动。车床的辅助运动包括刀架的快进与快退、尾架的移动以及工件的夹紧与松开等。为了提高工作效率,车床刀架的快速移动由一台单独的进给电动机拖动。

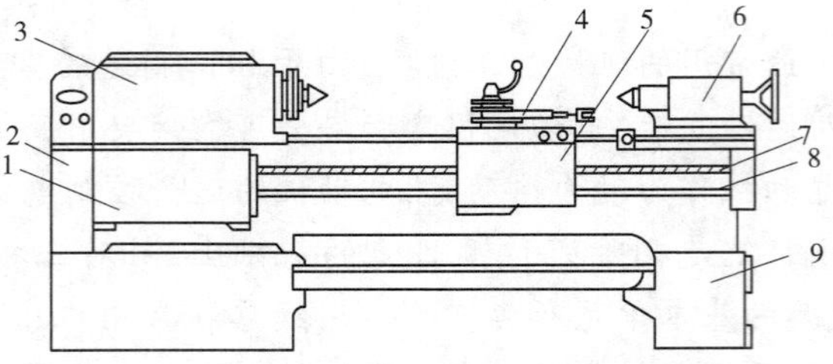

1—进给箱;2—挂轮箱;3—主轴变速箱;4—溜板与刀架;5—溜板箱;6—尾座;7—丝杠;8—光杠;9—床身

图 3-1 普通车床的主要结构

3.1.2 电气线路分析

图 3-2 是 CA6140 型普通车床的电气控制原理图。

1	2	3	4	5	6	7	8	9	10	11	12
电源保护	电源开关	主电动机	冷却泵电动机	快速移动电动机	变压器	指示灯	照明	主轴启停	快进	冷却泵	电源控制

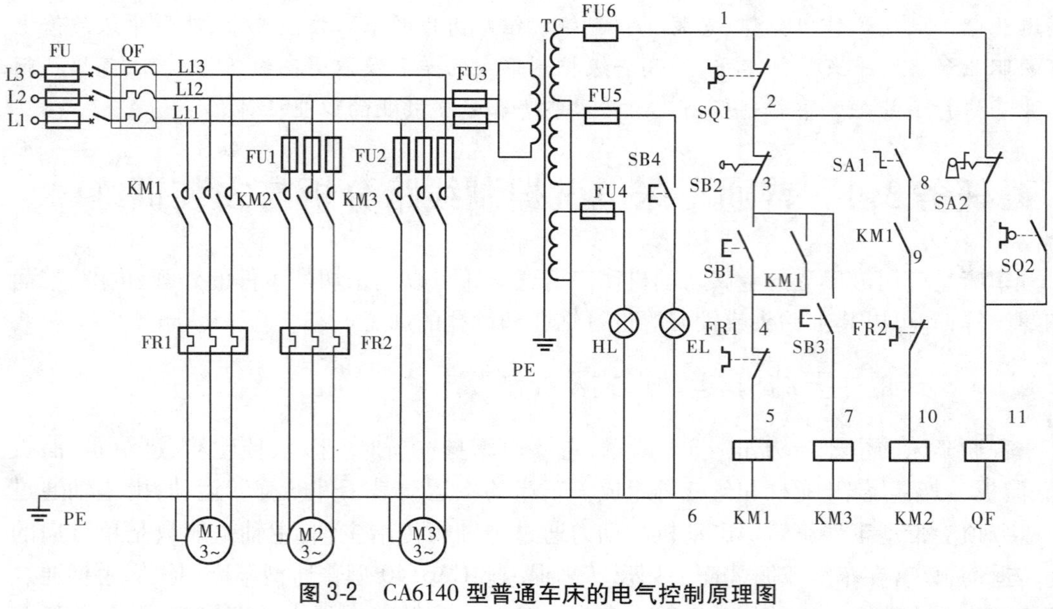

图 3-2 CA6140 型普通车床的电气控制原理图

3.1.2.1 主电路分析

在主电路中,M1 为主轴电动机,拖动主轴旋转并通过传动机构实现车刀的进给。主轴电动机M1的运转和停止由接触器KM1的3个常开主触点的接通和断开来控制，电动机M1只做正转，而主轴的正反转是由摩擦离合器改变传动链来实现的。电动机M1的容量小于10 kW，所以采用直接启动。M2为冷却泵电动机，进行车削加工时，刀具的温度高，需用冷却液进行冷却。为此，车床备有一台冷却泵电动机拖动冷却泵，喷出冷却液，实现刀具的冷却。冷却泵电动机M2由接触器KM2的主触点控制。M3为快速移动电动机，由接触器KM3的主触点控制。M2、M3的容量都很小，分别加装熔断器FU1和FU2作短路保护。热继电器FR1和FR2分别作M1和M2的过载保护，快速移动电动机M3是短时工作的，所以不需要过载保护。带钥匙的低压断路器QF是电源总开关。

3.1.2.2 控制电路分析

控制电路的供电电压是127 V，通过控制变压器TC将380 V的电压降为127 V得到。控制变压器的一次侧由FU3作短路保护，二次侧由FU6作短路保护。

1. 电源开关的控制

电源开关是带有开关锁SA2的低压断路器QF，当要合上电源开关时，首先用开关钥匙将开关锁SA2右旋，再扳动断路器QF将其合上。若用开关钥匙将开关锁SA2左旋，其触点SA2(1—11)闭合，QF线圈通电，断路器QF将自动跳开。若出现误操作，又将QF合上，QF将在0.1 s内再次自动跳闸。由于机床的电源开关采用了钥匙开关，接通电源时要先用钥匙打开开关锁，再合断路器，增加了安全性，同时在机床控制配电盘的壁龛门上装有安全行程开关SQ2，当打开配电盘壁龛门时，行程开关的触点SQ2(1—11)闭合，QF的线圈通电，QF自动跳闸，切除机床的电源，以确保人身安全。

2. 主轴电动机M1的控制

SB2是红色蘑菇形的停止按钮，SB1是绿色的启动按钮。按一下启动按钮SB1，KM1线圈通电吸合并自锁，KM1的主触点闭合，主轴电动机M1启动运转。按一下SB2，接触器KM1断电释放，其主触点和自锁触点都断开，电动机M1断电停止运行。

3. 冷却泵电动机的控制

当主轴电动机启动后，KM1的常开触点KM(8—9)闭合，这时若旋转转换开关SA1使其闭合，则KM2线圈通电，其主触点闭合，冷却泵电动机M2启动，提供冷却液。当主轴电动机M1停车时，KM1(8—9)断开，冷却泵电动机M2随即停止。M1和M2之间存在连锁关系。

4. 快速移动电动机M3的控制

快速移动电动机M3由接触器KM3进行点动控制。按下按钮SB3，接触器KM3线圈通电，其主触点闭合，电动机M3启动，拖动刀架快速移动；松开SB3，M3停止。快速移动的方向通过装在溜板箱上的十字手柄扳到所需要的方向来控制。

5. 主轴的启停

SQ1是机床床头的挂轮架皮带罩处的安全开关。当装好皮带罩时，SQ1(1—2)闭合，控制电路通电，电动机M1、M2、M3才能启动。当打开机床床头的皮带罩时，SQ1(1—2)断开使接触器KM1、KM2、KM3断电释放，电动机全部停止转动，以确保人身全。

3.1.2.3 照明和信号电路的分析

照明电路采用36 V的安全交流电压，信号回路采用6.3 V的交流电压，均由控制变压器二次侧提供。FU5 是照明电路的短路保护，照明灯 EL 的一端必须保护接地。FU4 为指示灯的短路保护，合上电源开关 QF，指示灯 HL 亮，表明控制电路有电。

3.1.3 电气线路安装步骤

3.1.3.1 CA6140 型普通车床的主要电气元件

表 3-1 列出了 CA6140 型普通车床的主要电气元件。

表 3-1 CA6140 型普通车床电气元件明细表

符号	元件名称	型号	规格	件数	作用
M1	主轴电动机	Y132M－4－B3	7.5 kW，1 450 r/min	1	控制工件的旋转和刀具的进给
M2	冷却泵电动机	AOB－25	90 W，3 000 r/min	1	供给冷却液
M3	快速移动电动机	AOS5634	0.25 kW，1 360 r/min	1	控制刀架的快速移动
KM1	交流接触器	CJ0－10A	127 V，10 A	1	控制主轴电动机 M1
KM2	交流接触器	CJ0－10A	127 V，10 A	1	控制冷却泵电动机 M2
KM3	交流接触器	CJ0－10A	127 V，10 A	1	控制快速移动电动机 M3
QF	低压断路器	DZ5－20	380 V，20 A	1	电源总开关
SB1	按钮	LA2 型	500 V，5 A	1	控制主轴启动
SB2	按钮	LA2 型	500 V，5 A	1	控制主轴停止
SB3	按钮	LA2 型	500 V，5 A	1	控制快移电动机 M3 点动
SB4	按钮	HZ2－10/3	10 A，三级	1	照明灯开关
SA1	转换开关	HZ2－10/3	10 A，三级	1	控制冷却泵电动机
SA2	钥匙式电源开关			1	开关锁
SQ1	行程开关	LX3-11K		1	打开传送带罩时被压下
SQ2	行程开关	LX5－11K			电气箱打开时闭合
FR1	热继电器	JR16－20/3D	0.32 A	1	M1 过载保护
FR2	热继电器	JR2－1	380 V/127 V、36 V、6.3 V	1	M2 过载保护
TC	变压器	BK－200	40 A	1	控制与照明用变压器
FU	熔断器			1	全电路的短路保护
FU1	熔断器	RL1	1 A	1	M2 的短路保护
FU2	熔断器	RL1	4 A	1	M3 的短路保护
FU3	熔断器	RL1	1 A	1	TC 一次侧的短路保护
FU4	熔断器	RL1	1 A	1	信号回路的短路保护
FU5	熔断器	RL1	2 A	1	照明回路的短路保护
FU6	熔断器	RL1	1 A	1	控制回路的短路保护
EL	照明灯	K－1，螺口	40 W，36 V	1	机床局部照明
HL	指示灯	DX1－0	白色，配 6 V，0.15 W 灯泡	1	电源指示灯

3.1.3.2 CA6140型普通车床电气线路的安装步骤

(1)按电气元件明细表配齐电气设备和电气元件,并对其逐个校验。

(2)分别将热继电器的FR1、FR2的整定电流整定到1.54 A和0.32 A。

(3)根据电动机的功率选配主电路的连接导线。

(4)根据具体情况按照安装规程设计电源开关和电气控制箱的安装尺寸及电线管的走向。

(5)根据电气控制图给各元件和连接导线做好编号标志,给接线板编号。

(6)安装控制箱,接线经检查无误后,通入三相电源对其校验。

(7)将连接导线穿管后,找出各线端并做标记,明敷安装电线管。引入车床的导线用软管加以保护。

(8)安装按钮、行程开关、转换开关和照明灯、指示灯。

(9)安装电动机并接线。

(10)安装接地线。

(11)测试绝缘电阻。

(12)清理安装场地。

(13)全面检查接线和安装质量。

(14)通电试车并观察电动机的转向是否符合要求。

(15)安装传动装置,试车并全面检查各电气元件、线路、电动机及传动装置的工作情况是否正常;否则,应立即切断电源进行检查,待调整或修复后方能再次通电试车。

3.1.3.3 注意事项

(1)不要漏接接地线,不能用金属软管作为接地的通道。

(2)在控制箱外部进行布线时,导线必须穿在导线通道内或敷设在机床底座内的导线通道里。所有导线不得有接头。

(3)在导线通道内敷设导线进行接线时,必须做到查出一根导线,套一根线号。

(4)在进行快速进给时,注意使运动部件处于行程的中间位置,以防止运动部件与车头或尾架相撞。

3.1.4 常见电气故障的排除

3.1.4.1 主轴电动机不能启动

发生主轴电动机不能启动的故障时,首先检查故障是发生在主电路还是在控制电路。若按下启动按钮,接触器KM1不吸合,则此故障发生在控制电路,主要应检查FU6是否熔断,过载保护FR1是否动作,接触器KM1的线圈接线端子是否松脱,按钮SB1、SB2的触点是否接触良好。若故障发生在主电路,应检查车间配电箱及主电路开关熔断器的熔丝是否熔断,导线连接处是否有松脱现象,KM1主触点的接触是否良好。

3.1.4.2 主轴电动机启动后不能自锁

当按下启动按钮后,主轴电动机能启动运转,但松开启动按钮后,主轴电动机也随之停止。造成这种故障的原因是接触器KM1的自锁触点的连接导线松脱或接触不良。

3.1.4.3 主轴电动机不能停止

造成这种故障的主要原因是 KM1 的主触点发生熔焊或停止按钮被击穿。

3.1.4.4 电源总开关合不上

电源总开关合不上的原因有两个：一是电气箱子盖没有盖好，以致 SQ2(1—11) 行程开关被压下；二是钥匙电源开关 SA2 没有右旋到 SA2 断开的位置。

3.1.4.5 指示灯亮但各电动机均不能启动

造成这种故障的主要原因是 FU6 的熔体断开，或挂轮架的皮带罩没有罩好，行程开关 SQ1(1—2)断开。

3.1.4.6 行程开关 SQ1、SQ2 故障

CA6140 型车床在使用前首先应调整 SQ1、SQ2 的位置，使其动作正确，才能起到安全保护的作用。但是由于长期使用，可能出现开关松动、移位，致使在打开床头挂轮架的皮带罩时 SQ1(1—2)触点断不开或在打开配电盘的壁龛门时 SQ2(1—11)不闭合，因而失去保护人身安全的作用。

3.1.4.7 带钥匙开关 SA2 的断路器 QF 故障

带钥匙开关 SA2 的断路器 QF 的主要故障是开关锁 SA2 失灵，以致失去保护作用，因此在使用时应检验将开关锁 SA2 左旋时断路器 QF 能否自动跳闸，跳开后若又将 QF 合上，经过 0.1 s，断路器能否自动跳开。

3.1.5 检修技能训练

3.1.5.1 训练目的

(1)进一步熟练掌握车床的电气控制图。

(2)掌握机床检修常用的方法和步骤。

(3)掌握带电检修机床的方法。

3.1.5.2 训练内容

(1)CA6140 型车床主轴电动机控制回路的检修。

(2)CA6140 型车床电动机缺相不能运转的检查。

(3)CA6140 型车床在运行过程中自动停车的检修。

3.1.5.3 准备工作

(1)常用电工工具一套，万用表、兆欧表、钳形电流表。

(2)若没有机床实物，则提前在模拟板上安装 CA6140 型车床的电气接线。

(3)在机床或模拟板上按训练内容的要求设置好故障。每次只设置一处故障，进行一个内容的训练。

3.1.5.4 内容与操作步骤

1. KM1 接触器不吸合，主轴电动机不工作

首先根据故障现象在电气原理图上标出可能的最小故障范围，然后按下面的步骤进行检查，直至找出故障点。

1)检修步骤

(1)接通 QF 电源开关，观察电路中的各元件有无异常，如发热、焦味、异常声响等，表

明有异常现象的发生,应立即切断电源,重点检查异常部位并采取相应的措施。

(2)用万用表的 AC 500 ~750 V 挡检查 1 ~6 和 1 ~ PE 间的电压应为 127 V,判断 FU6 熔断器及变压器 TC 是否有故障。

(3)用万用表的 AC 500 ~750 V 挡检查 1 ~2、1 ~3、1 ~4、1 ~5 间的电压值,判断安全行程开关 SQ1、停止按钮 SB2、热继电器 FR1 的常闭触点以及接触器 KM1 的线圈是否有故障。

(4)切断电源开关 QF,用万用表的 R ×1 电阻挡的表笔接到 6、3 两点,分别按启动按钮 SB1 及 KM1 的触点架使之闭合,检查 SB1 的触点、KM1 的自锁触点是否有故障。

(5)用万用表 R ×1 电阻挡测量 1 ~2、1 ~3、4 ~5 间的电阻值,用 R ×10 挡测 5 ~6 间的电阻值。

2)技术要求及注意事项

(1)带电操作时应做好安全防护,穿绝缘鞋,身体各部分不得碰触机床,并且需要由老师监护。

(2)正确使用仪表,各点测试时表笔的位置要准确,不得与相邻点碰撞防止发生短路事故。一定要在断电的情况下使用万用表的欧姆挡测电阻。

(3)发现故障部位后,必须用另一种方法复查,准确无误后,方可修理或更换有故障的元件。更换时要采用原型号规格的元件。

3)成绩评定

成绩评定见表 3-2。

表 3-2　成绩评定

项目内容		评分标准	得分
在电气原理图上标出故障范围(10 分)		不能准确标出或标错扣 10 分	
按规定的步骤操作(20 分)		错一次扣 10 分	
判断故障准确(30 分)		错一次扣 10 分	
正确使用电工工具和仪表(20 分)		损坏工具和仪表扣 20 分	
场地整洁,工具、仪表摆放整齐(10 分)		一项不符扣 10 分	
文明生产(10 分)		违反安全生产规定,违反一项扣 10 分	
工时	1 h	每超过 5 min 扣 10 分	
合计			

2. CA6140 型车床电动机缺相不能运转的检查

首先根据故障现象在电气原理图上标出可能的最小故障范围,然后按下面的步骤进行检查,直至找出故障点。

1)检修步骤

(1)机床启动后,KM1 接触器吸合后 M1 电动机不能运转,听电动机有无“嗡嗡”声,电动机外壳有无微微振动的感觉,如有即为缺相运行,应立即停机。

(2)用万用表的 AC 500～750 V 挡测 QF 的进出线三相之间的电压应为 380(1 ± 10%)V。

(3)拆除 M1 的接线启动机床。

(4)用万用表的 AC 500～750 V 挡检查 KM1 交流接触器的进出线三相之间的电压应为 380(1 ± 10%)V。

(5)若以上无误,切断电源拆开电动机三角形接线端子,用兆欧表检测电动机的三相绕组。

2)技术要求及注意事项

(1)动机有"嗡嗡"声说明电动机缺相运行,若电动机不运行则可能无电源。

(2)QF 的电源进线缺相应检查电源,若出现缺相应检修 QF 开关。

(3)接触器 KM1 进线电源缺相则说明电力线路有断点,若出现缺相则 KM1 的主触点损坏,需要更换触点。

(4)带电操作注意安全,正确选择仪表的功能、挡位和测试位置,防止仪表指针与相邻点接触造成短路。

(5)万用表的挡位要选择正确以免损坏万用表。

3)成绩评定

成绩评定见表 3-3。

表 3-3 成绩评定

项目内容		评分标准	得分
在电气原理图上标出故障范围(10 分)		不能准确标出或标错扣 10 分	
按规定的步骤操作(20 分)		错一次扣 10 分	
测寻故障的步骤正确(30 分)		错一次扣 10 分	
测寻故障的方法正确(20 分)		错一次扣 10 分	
正确使用电工工具和仪表(20 分)		损坏工具和仪表扣 20 分	
文明生产(10 分)		违反安全生产规定,违反一项扣 10 分	
工时	1 h	每超过 5 min 扣 5 分	
合计			

3. CA6140 型车床在运行中自动停车的检修

首先根据故障现象在电气原理图上标出可能的最小故障范围,然后按下面的步骤进行检查,直至找出故障点。

1)检修步骤

(1)检查 FR1 热继电器是否动作,观察红色复位按钮是否弹出。

(2)过几分钟待热继电器的温度降低后,按红色按钮使热继电器复位。

(3)启动机床。

(4)根据 FR1 动作情况将钳形电流表卡在电动机 M1 的三相电源的输入线上,测量其定子平衡电流。

(5)根据电流的大小采取相应的解决措施。

2)技术要求及注意事项

(1)电动机的电流等于或大于额定电流的120%,则电动机为过载运行,此时应减小负载。

(2)如减小负载后电流仍很大,超过额定电流,应检修电动机或检查机械传动部分。

(3)当电动机的电流接近额定电流值时FR1动作,这是因为电动机运行时间过长,环境温度过高、机床振动造成热继电器的误动作。

(4)若电动机的电流小于额定电流,可能是热继电器的整定值偏移或过小,此时应重新校验、调整热继电器。

(5)钳形电流表应选用大于额定电流值2~3倍的挡位。

3)成绩评定

成绩评定见表3-4。

表3-4　成绩评定

项目内容		评分标准	得分
在电气原理图上标出故障范围(10分)		不能准确标出或标错扣10分	
测寻故障的步骤正确(30分)		错一次扣10分	
测寻故障的方法正确(20分)		错一次扣10分	
排除故障的方法正确(20分)		方法不正确每次扣10分	
正确选用、使用电工工具和仪表(20分)		损坏工具和仪表扣20分	
文明生产(10分)		违反安全生产规定,违反一项扣10分	
工时	1 h	每超过5 min扣5分	
合计			

任务3.2　平面磨床电气控制线路的分析与安装训练

磨床是用砂轮对工件的表面进行磨削加工的一种精密机床。磨床的种类很多,有平面磨床、外圆磨床、内圆磨床、螺纹磨床等,其中平面磨床应用最为普遍。平面磨床是磨削平面的机床。

3.2.1　平面磨床的主要结构及运动形式

3.2.1.1　M7130型卧轴矩台平面磨床的主要结构

M7130型卧轴矩台平面磨床的外形如图3-3所示。在床身中装有液压传动装置,工作台通过活塞杆由液压驱动作往复运动,床身导轨由自动润滑装置进行润滑。工作台表面有T形槽,用以固定电磁吸盘,再用电磁吸盘来吸持加工工件。工作台往复运动的行程长度可通过调节装在工作台正面槽中的换向撞块的位置来改变。换向撞块是通过碰撞工作台往复运动换向手柄来改变油路方向,以实现工作台往复运动。

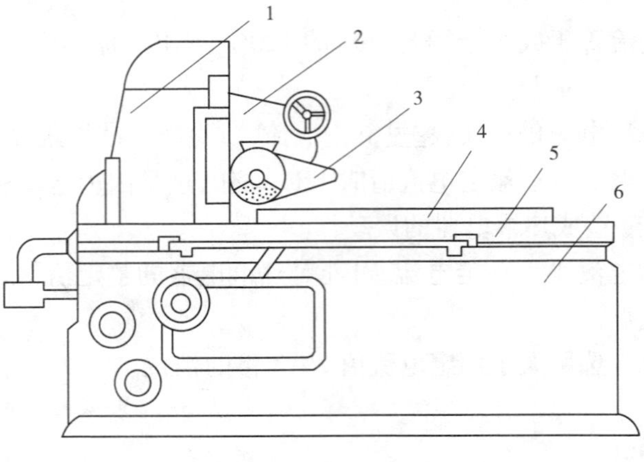

1—立柱;2—滑座;3—砂轮箱;4—电磁吸盘;5—工作台;6—床身

图 3-3 M7130 型卧轴矩台平面磨床的外形

在床身上固定有立柱,沿立柱的导轨上装有滑座,砂轮箱能沿滑座的水平导轨作横向移动。砂轮轴由装入式砂轮电动机直接拖动。在滑座内部也装有液压传动机构。

滑座可在立柱导轨上作上下垂直移动,并可由垂直进刀手轮操作。砂轮箱的水平轴向移动可由横向移动手轮操作,也可由液压传动作连续或间断横向移动,连续移动用于调节砂轮位置或整修砂轮,间断移动用于进给。

3.2.1.2 M7130 型卧轴矩台平面磨床的运动形式

M7130 型卧轴矩台平面磨床的主运动是砂轮的旋转运动,进给运动有垂直进给(即滑座在立柱的上下运动)、横向进给(即砂轮箱在滑座上的水平运动)和纵向进给(即工作台沿床身的往复运动)。工作台每完成一次往复运动时,砂轮箱便作一次间断性的横向进给;当加工完整个平面后,砂轮箱作一次间断性垂直进给。

3.2.2 平面磨床电气线路分析

图 3-4 为 M7130 型平面磨床电气控制电路图。其电气设备安装在床身后部的壁龛盒内,控制按钮安装在床身前部的电气操纵盒上。

3.2.2.1 主电路分析

在主电路中,M1 为砂轮电动机,拖动砂轮的旋转;M2 为冷却泵电动机,拖动冷却泵供给磨削加工时需要的冷却液;M3 为液压泵电动机,拖动油泵,泵出压力油,经液压传动机构来完成工作台往复运动,实现砂轮的横向自动进给,并承担工作台的润滑。

主电路的控制要求是:M1、M2、M3 只需进行单方向的旋转,且磨削加工无调速要求;在砂轮电动机 M1 启动后才开动冷却泵电动机 M2;3 台电动机共用 FU1 作短路保护,分别用 FR1、FR2 作过载保护。

1	2	3	4	5	6	7	8	9	10	11
电源 砂轮电动机	冷却电动机	液压泵电动机	砂轮电动机	液压泵电动机	变压器照明	去磁插头	整流电源	去磁充磁	欠磁保护	电磁吸盘

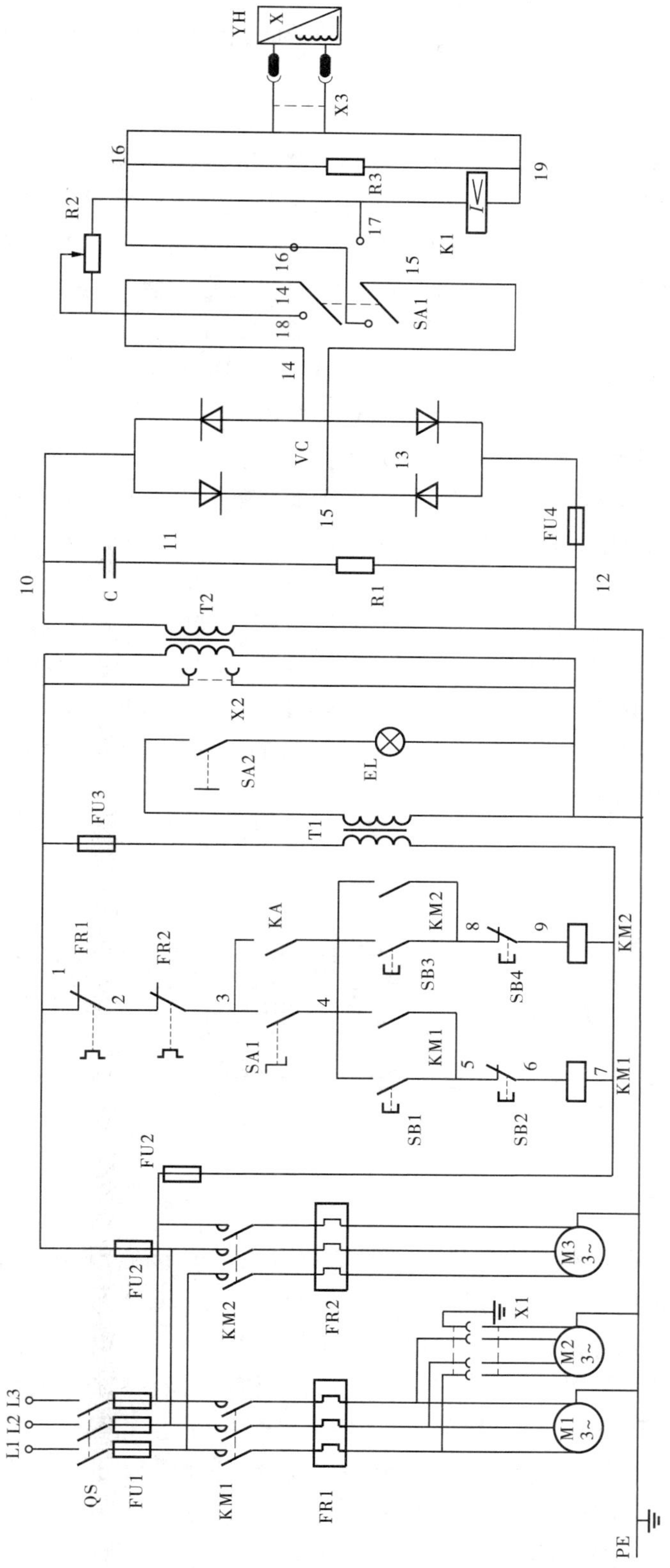

图3-4 M7130型平面磨床电气控制电路图

M1、M2 由接触器 KM1 控制，由于冷却泵箱和床身是分开安装的，所以冷却泵电动机 M2 经插头插座 X1 和电源连接，当需要冷却液时，将插头插入插座。M3 由接触器 KM2 控制。

3.2.2.2 控制电路分析

在控制电路中，SB1、SB2 为砂轮电动机 M1 和冷却泵电动机 M2 的启动、停止按钮，SB3、SB4 为液压泵电动机 M3 的启动、停止按钮。只有在转换开关 SA1 扳到退磁位置，其常开触点 SA1(3—4)闭合，或者欠电流继电器 KA 的常开触点 KA(3—4)闭合时，控制电路才起作用。按下 SB1，接触器 KM1 的线圈通电，其常开触点 KM1(4—5)闭合进行自锁，其主触点闭合，砂轮电动机 M1 及冷却泵电动机 M2 启动运行。按下 SB2，接触器 KM1 线圈断电，M1、M2 停止。按下 SB3，接触器 KM2 线圈通电，其常开触点 KM2(4—8)闭合进行自锁，其主触点闭合，液压泵电动机 M3 启动运行。按下 SB4，KM2 线圈断电，M3 停止。

3.2.2.3 电磁吸盘(YH)控制电路的分析

电磁吸盘是用来吸持工件进行磨削加工的。整个电磁吸盘是钢制的箱体，在它中部凸起的芯体上绕有电磁线圈，如图 3-5 所示，电磁吸盘的线圈通以直流电，使芯体磁化，磁力线经钢制吸盘体、钢制盖板、工件闭合，将工件牢牢吸住。电磁吸盘的线圈不能用交流电，因为通过交流电会使工件产生振动并且使铁芯发热。钢制盖板由非导磁材料构成的隔磁层分成许多条，其作用是使磁力线通过工件后再闭合，不直接通过钢制盖板闭合。电磁吸盘与机械夹紧装置相比，它的优点是不损伤工件，操作快速简便，磨削中工件发热可自由伸缩、不会变形；缺点是只能对导磁性材料的工件(如钢、铁)才能吸持，对非导磁性材料的工件(如铜、铝)没有吸力。

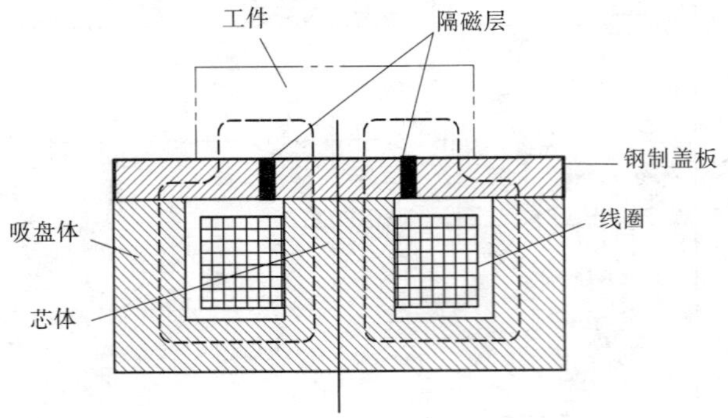

图 3-5　电磁吸盘结构示意图

电磁吸盘控制电路由降压整流电路、转换开关和欠电流保护电路组成。

降压整流电路由变压器 T2 和桥式全波整流装置 VC 组成。变压器 T2 将交流电压 220 V 降为 127 V，经过桥式整流装置 VC 变为 110 V 的直流电压，供给电磁吸盘的线圈。电阻 R1 和电容 C 是用来限制过电压的，防止交流电网的瞬时过电压和直流回路的通断在 T2 的二次侧产生过电压，从而对桥式整流装置 VC 产生危害。

电磁吸盘由转换开关 SA1 控制，SM 有“励磁”“断电”和“退磁”三个位置。

将 SA1 扳到“励磁”位置时 SA1(14—16)和 SA1(15—17)闭合，电磁吸盘加上 110 V 的直流电压，进行励磁，当通过 YH 线圈的电流足够大时，可将工件牢牢吸住，同时欠电流继电器 KA 吸合，其触点 KA(3—4)闭合，这时可以操作控制电路的按钮 SB1 和 SB3，启动电动机对工件进行磨削加工，停止加工时，按下 SB2 和 SB4，电动机停转。在加工完毕后，为了从电磁吸盘上取下工件，将 SB1 扳到“退磁”位置，这时 SA1(14—18)、SA1(15—16)、SA1(3—4)接通，电磁吸盘中通过反方向的电流，并用可变电阻 R2 限制反向去磁电流的大小，达到既能退磁又不致反向磁化。退磁结束后，将 SA1 扳至“断电”位置，SA1 的所有触点都断开，电磁吸盘断电，取下工件，若工件的去磁要求较高，则应将取下的工件，再在磨床的附件——交流退磁器上进一步去磁。使用时，将交流去磁器的插头插在床身的插座 X2 上，将工件放在去磁器上即可去磁。

当转换开关 SA1 扳到“励磁”位置时，SA1 的触点 SA1(3—4)断开，KA(3—4)接通，若电磁吸盘的线圈断电或电流太小吸不住工件，则欠电流继电器 KA 释放，其常开触点 KA(3—4)断开，M1、M2、M3 因控制回路断电而停止，这样就避免了工件因吸不牢而被高速旋转的砂轮碰击飞出的事故。

如果不需要启动电磁吸盘，则应将 X3 上的插头拔掉，同时将转换开关 SA1 扳到“退磁”位置，这时 SA1(3—4)接通，M1、M2、M3 可以正常启动。

与电磁吸盘并联的电阻 R3 为放电电阻，为电磁吸盘断电瞬间提供通路，吸收线圈断电瞬间释放的磁场能量。因为电磁吸盘是一个大电感，在电磁吸盘从工作位置转换到放松位置的瞬间，线圈产生很高的过电压，易将线圈的绝缘损坏，也将在转换开关 SA1 上产生电弧，使开关的触点损坏。

3.2.2.4 照明电路分析

照明变压器 T1 将 380 V 的交流电压降为 36 V 的安全电压后供给照明电路。EL 为照明灯，一端接地，另一端由开关 SA2 控制。FU3 为照明电路的短路保护。

3.2.3 平面磨床电气线路安装步骤

M7130 型平面磨床电气元件明细表见表 3-5。

表 3-5 M7130 型平面磨床电气元件明细表

符号	元件名称	型号	规格	件数	作用
M1	砂轮电动机	JO2-31-2	3 kW,2 860 r/min	1	砂轮转动
M2	冷却泵电动机	PB-25A	0.12 kW	1	供给冷却液
M3	液压泵电动机	JO2-21-4	1.1 kW,1 410 r/min	1	液压泵传动
KM1	交流接触器	CJ0-10A	127 V,10 A	1	控制 M1、M2
KM2	交流接触器	CJ0-10A	127 V,10 A	1	控制 M3
SB1	按钮	LA2 型	550 V,5 A	1	砂轮启动
SB2	按钮	LA2 型	550 V,5 A	1	砂轮停止
SB3	按钮	LA2 型	550 V,5 A	1	液压泵启动
SB4	按钮	LA2 型	550 V,5 A	1	液压泵停止
FR1	热继电器	JR10-10	6.71 A	1	M1 过载保护
FR2	热继电器	JR10-10	2.71 A	1	M3 过载保护

续表 3-5

符号	元件名称	型号	规格	件数	作用
T	变压器	BK－200	380 V/127 V、36 V、6.3 V	1	降压整流
YH	电磁吸盘	HDXP	110 V,1.45 A	1	吸持工件
VD	硅整流器	4x2CZ11C		1	整流
KA	欠电流继电器			1	欠电流保护
C	电容		600 V,5 μF	1	放电保护
R	电阻	GF 型	50 W,500 Ω	1	放电保护
X1	插头插座	CY0－36 型		1	连接 M2
X2	插头插座	CY0－36 型		1	交流去磁
X3	插头插座	CY0－36 型		1	连接电磁吸盘
FU1	熔断器	RL1	60/25 A	1	总线路短路保护
FU4	熔断器	RL1	15/2 A	1	降压整流保护
FU2	熔断器	RL1	15/2 A	1	控制电路短路保护
FU3	熔断器	RL1	15/2 A	1	照明电路短路保护
R2	电位器			1	限制去磁电流
R3	电阻			1	放电保护
SA1	转换开关	Hz		1	控制冲磁、去磁
SA2	照明开关			1	低压照明开关
EL	工作台照明		36 V,40 W	1	加工时照明用

3.2.3.1 安装步骤

(1)制作 15 mm×400 mm×600 mm 和 15 mm×300 mm×400 mm 的木制模拟板。

(2)按照编号原则在电气线路图上给主电路、控制电路、照明和指示电路及电磁吸盘电路编号。

(3)按电气元件明细表配齐元件,并对元件进行检测。

(4)给各电气元件和元件的接线端上做好与电气线路图上相应的文字和号码标志。

(5)将接触器,熔断器,整流降压变压器 T1、T2,硅整流器,欠电流继电器 KA,热继电器,插头插座 X2、X3,电容,电阻及接线板安装在大模拟板上。

将按钮、工作台、照明灯和开关、指示灯、X1 和接线板安装在小模拟板上。大小模拟板相距 0.5 m,连接线用软管保护。大模拟板至各电动机和电磁吸盘(可用 110 V、100 W 的白炽灯代替)的连接线用软管保护。

(6)选配合适的导线,并在线头两端做好与电路图中的编号相同的号码,然后接线。在模拟板内部采用 BVR 塑铜线,电源开关至大模拟板的接线及接到电动机的接线用四芯橡皮套绝缘的电缆线,接到电磁吸盘及小模拟板的连接线采用 BVR 塑铜线并应穿在导线通道内加以保护。

(7)在大模拟板附近安装电动机并接线。

(8)布线时,在大模拟板内采用走线槽的敷线方法,接到电动机或小模拟板的导线必须经过接线端子板。在按原理图接线的同时,应在导线的线头上套有与原理图一致的线号的编码套管。

(9)安装结束后清理场地。按照电气图逐线进行检查,检查布线的正确性和接点的可靠性,同时进行绝缘电阻测量和接地通道是否连续的试验。

(10)试车。试车时要密切注视各电动机和电气元件有无异常现象。若发现异常现象应立即断开电源开关进行检查处理,找出原因排除故障后再通电试车。

3.2.3.2 注意事项

(1)安装时必须认真细致地做好线号的安置工作,不得产生差错。

(2)如果通道内导线根数较多,应按规定放好备用导线,并将导线通道牢固地支撑住。

(3)通电前检查布线是否正确,应一个环节一个环节地进行,以防止由于漏检而产生通电不成功。

(4)安装整流电路时,不可将整流二极管的极性接错或漏装散热器,否则会发生二极管和控制变压器因短路及二极管过热而被烧毁。

3.2.3.3 成绩评定

成绩评定见表3-6。

表3-6 成绩评定

项目内容		评分标准	得分
安装接线(70分)		1. 接线错误,试车不成功,扣30分/次; 2. 损坏电气元件扣20分,螺钉未拧紧扣20分	
外观(20分)		1. 布线松散扣10分; 2. 走线不整齐美观扣10分	
文明生产(10分)		违反安全生产的规定扣10分	
创新(50分)		1. 自制模拟电气元件,加20分; 2. 改进传统工艺并实验成功加30分	
工时	6 h	每超过1 h扣20分	
合计			

3.2.4 常见电气故障的排除

3.2.4.1 磨床中的电动机都不能启动

(1)欠电流继电器KA的触电KA(3—4)接触不良,接线松动脱落或有油垢,导致电动机控制线路中的接触器不能通电吸合,电动机不能启动。将转换开关SA1扳到"励磁"位置,检查继电器触点KA(3—4)是否接通,不通则修理或更换触点,可排除故障。

(2)转换开关SA1(3—4)接触不良、接线松动脱落或有油垢,控制电路断开,各电动机无法启动。将转换开关 SA1 扳到“退磁”位置，拔掉电磁吸盘的插头，检查触点 SA1(3—4)是否接通，不通则修理或更换转换开关。

3.2.4.2 砂轮电动机的热继电器 FR1 脱扣

(1)砂轮电动机的前轴瓦磨损，电动机发生堵转，产生很大的堵转电流，使得热继电器脱扣，因此应修理或更换轴瓦。

(2)砂轮进刀量太大，电动机堵转，产生很大的堵转电流，使得热继电器动作，因此需要选择合适的进刀量。

(3)更换后的热继电器的规格和原来的不符或未调整，应根据砂轮电动机的额定电流选择和调整热继电器。

3.2.4.3 电磁吸盘没有吸力

(1)检查熔断器 FU1、FU2 或 FU4 的熔丝是否熔断，若熔断应更换熔丝。

(2)检查插头插座 X3 接触是否良好，若接触不良应进行修理。

(3)检查电磁吸盘电路。检查欠电流继电器的线圈是否断开、电磁吸盘的线圈是否断开，若断开应进行修理。

(4)检查桥式整流装置。若桥式整流装置相邻的二极管都烧成短路，短路的管子和整流变压器的温度都较高，则输出电压为零，致使电磁吸盘吸力很小甚至没有吸力；若整流装置两个相邻的二极管发生断路，则输出电压也为零，致使电磁吸盘没有吸力。此时，应更换整流二极管。

3.2.4.4 电磁吸盘吸力不足

(1)交流电源电压低，导致整流后的直流电压相应下降，致使电磁吸盘吸力不足。

(2)桥式整流装置故障。桥式整流桥的一个二极管发生断路，使直流输出电压为正常值的一半，断路的二极管和相对臂的二极管温度比其他两臂的二极管温度低。

(3)电磁吸盘的线圈局部短路，空载时整流电压较高而接电磁吸盘时电压下降很多(低于 110 V)，这是由于电磁吸盘没有密封好，冷却液流入，引起绝缘损坏。因此，应修复或更换电磁吸盘线圈。

3.2.4.5 电磁吸盘退磁效果差，退磁后工件难以取下

(1)退磁电路电压过高，此时应调整 R2，使退磁电压为 5 ~ 10 V。

(2)退磁回路断开，使工件没有退磁，此时应检查转换开关 SA1 接触是否良好、电阻 R2 有无损坏。

(3)退磁时间掌握不好。不同材料的工件，所需退磁时间不同，应掌握好退磁时间。

3.2.5 检修技能训练

3.2.5.1 技能训练目的

(1)进一步熟悉 M7130 型平面磨床的主要电气设备及工作原理。

(2)学会根据电气控制线路图分析各部分电路的工作过程。

(3)掌握电气线路故障分析的方法。

(4)学会排除电磁吸盘中出现的故障。

3.2.5.2 技能训练准备

(1)学会分析 M7130 型平面磨床的电气原理图,了解电动机 M1、M2、M3 的启动条件和它们之间的连锁关系,熟悉 SA1 转换开关的操作位置和触点通断情况,明确电磁吸盘"励磁"和"退磁"的工作过程和原理。

(2)清楚 M7310 型平面磨床中电气元件的具体部位。

(3)准备所用工具和仪表:电工常用工具、万用表或试灯。对于万用表或试灯,在使用前应做好检查。

3.2.5.3 训练内容

(1)能根据具体的故障现象,按该机床电气原理图进行分析,指出可能产生故障的原因和存在的区域,并做针对性检查。

(2)以正确的步骤检查排除故障,即故障调查→电路分析→断电检查→通电检查。如对故障原因有一定把握,亦可直接进行断电和通电检查。

(3)正确使用测试工具和仪表,特别是万用表,应按要求和注意事项使用。

(4)排除 M7130 型平面磨床主电路或控制电路中人为设置的两个电气自然故障点。

3.2.5.4 训练步骤

1. 故障调查

了解故障的特点,询问操作者故障出现时机床所产生的特殊现象。依据电气原理图和所了解的故障情况,对故障产生的原因和所涉及的部位做出初步的分析和判断,并在电气原理图上标出最小故障范围。

如机床的故障现象为电动机 M3 不能启动,那么产生这一故障的原因会有多种,涉及多处电路。而了解清楚故障出现时机床的运行情况,有助于缩小故障的检查范围,直达故障区。如果操作者介绍说是由于工件过长,工作台行程较大,往返工作几次后出现这一情况,并且吸盘无吸力,则可进行电路分析。

2. 电路分析

根据以上故障现象和操作者所介绍的情况,依据电气原理图,对故障可能产生的原因和所涉及的电路部分进行分析并作出初步判断。

对电动机 M3 不动作故障,从原理图上看,故障可能出现的范围会涉及电路的以下几部分:一是电动机及 M3 控制回路(包括 M3 本身故障,FU1、FU2 及接触器 KM2 的故障以及线路连接问题);二是电磁吸盘和整流电路部分。而根据操作者的介绍,可以初步判定故障极大可能在电磁吸盘和整流电路部分,很可能是由于行程过长,造成吸盘接线接触不好或断裂。为准确地对故障原因做出判断,可根据以上分析结果对电路进行检查。

3. 检查线路

检查分两种,断电检查和通电检查。

(1)断电检查:用万用表对电磁吸盘及其引出线和插头插座进行检查,看是否断线和接触不良,若有断线和接触不良应解决处理。若处理好后,试车时故障仍然存在,同时发现吸盘仍无吸力,就要进行通电检查,看整流电路有无输出。

(2)通电检查:接通电源,用万用表测 16 号线与 19 号线间电压,无输出;再测 16 号线和 17 号线间电压,有电压为直流 110 V,据此可以断定,问题存在于 16 号线、17 号线、19

号线范围内,需要断电检查。经检查,17 号线到 19 号线间不通,进一步检查发现电流继电器 KA 的线圈坏了。更换电流继电器后,故障排除,机床正常工作。

这个例子只是介绍排除故障的步骤及常用方法。电气故障是多种多样的,就是同一故障现象,发生的原因也不会相同。因此,要在看懂电气原理图的基础上,与实际情况相结合,灵活处理,才能迅速、准确地判断和排除故障。

3.2.5.5 注意事项

(1)通电检查时,最好将电磁吸盘拆除,用 110 V、100 W 的白炽灯作负载。一是便于观察整流电路的直流输出情况;二是因为整流二极管为电流元件,通电检查必须接入负载。

(2)通电检查时,必须熟悉电气原理图,弄清机床线路走向及元件部位。检查时要核对好导线线号,而且要注意安全防护和监护。

(3)用万用表测电磁吸盘线圈电阻值时,因吸盘的直流电阻较小,要先调零,选用低阻值挡。

(4)用万用表测直流电压时,要注意选用的量程和挡位,还要注意检测点的极性。量程可根据说明书所注电磁吸盘的工作电压和电气原理图中图注选择。

(5)用万用表检查整流二极管,应断电进行。测试时,应拔掉熔断器 FU4,并将 SA1 置于中间位置,不可将二极管的极性接错。若接错一只二极管,将会发生整流器和电源变压器的短路事故。

3.2.5.6 评分标准

成绩评定见表 3-7。

表 3-7 成绩评定

项目内容		评分标准	得分
故障分析(30 分)		1. 标不出最小故障范围或标错,每处故障点扣 15 分; 2. 故障分析思路不清楚,每处故障点扣 5 ~ 10 分	
排除故障(70 分)		1. 不能排除故障点,每处故障点扣 35 分; 2. 扩大故障范围或产生新的故障后不能自行修复,每处故障点扣 35 分; 3. 损坏电动机和工具,扣 70 分; 4. 损坏二极管,每处扣 35 分; 5. 排除故障方法不正确,每处故障扣 10 分	
文明生产		违反安全生产的规定扣 10 ~ 70 分	
工时	1 h	每超过 5 min 扣 20 分	
合计			

任务3.3　摇臂钻床的电气控制线路的分析与安装训练

钻床可用来钻孔、扩孔、铰孔、攻螺纹等。钻床按结构可以分为立式钻床、台式钻床、摇臂钻床、卧式钻床和专用钻床等。摇臂钻床应用广泛，操作方便灵活，常用的有Z35、Z3040型摇臂钻床。

3.3.1　摇臂钻床的主要结构和运动形式

摇臂钻床的主要结构如图3-6所示。在底座上的一端固定着内立柱，内立柱的外面套着外立柱，外立柱可以绕内立柱回转。摇臂的一端为套筒，它套在外立柱上，通过丝杠的正反转可使摇臂沿外立柱作升降移动，摇臂与外立柱之间不能作相对转动，摇臂只能和外立柱一起绕内立柱回转。摇臂升降运动必须严格按照摇臂自动松开→进行升降→到位后摇臂自动夹紧在外立柱上的顺序进行。Z35型摇臂钻床的摇臂松开和夹紧依靠机械机构自动进行，Z3040型摇臂钻床的摇臂松开与夹紧依靠液压推动松紧机构自动进行。摇臂连同外立柱绕内立柱的回转运动，必须先将外立柱松开，然后用手推动摇臂进行。主轴箱由主传动电动机、主轴和主轴传动机构、进给和变速机构以及机床操作机构等组成，可以通过操作手轮使主轴箱在摇臂上沿导轨作水平移动。主轴箱沿摇臂的水平运动，必须先将主轴箱松开，再进行移动。工件不大时，将其压紧在工作台上加工；工件较大时，可以直接装在底座上加工。进行加工时，外立柱夹紧在内立柱上，主轴箱夹紧在摇臂上。外立柱的松紧和主轴箱的松紧是依靠液压推动松紧机构进行的。在钻削加工时，主轴带动钻头的旋转运动为主运动；进给运动是主轴的纵向进给；辅助运动有摇臂沿外立柱的升降运动、主轴箱沿摇臂的水平移动、摇臂连同外立柱一起绕内立柱的回转运动。

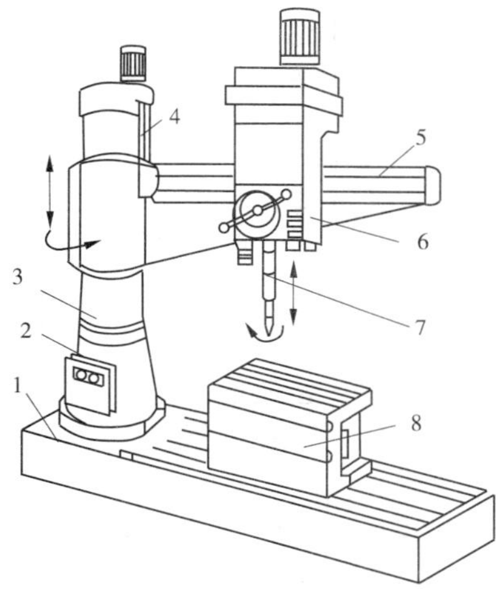

1—底座；2—配电箱柱；3—内、外立柱；
4—丝杠；5—摇臂；6—主轴箱；7—主轴；8—工作台

图3-6　摇臂钻床结构示意图

3.3.2　Z3040型摇臂钻床电气线路分析

图3-7为Z3040型摇臂钻床的电气控制原理图。

3.3.2.1　主电路分析

M1为主轴电动机，摇臂钻床的主运动和进给运动都为主轴的运动，由一台主轴电动机M1拖动，再通过主轴传动机构和进给传动机构实现主轴的旋转和进给。主轴变速机构和进给变速机构都装在主轴箱内。主轴在一般的转速下进行钻削加工，而低速时主要用于扩孔、铰孔、攻螺纹等加工。为加工螺纹，主轴要求有正反转，主轴的正反转一般采用机械的方法实现，主轴电动机M1只需作单方向的旋转。主轴电动机M1由接触器KM1

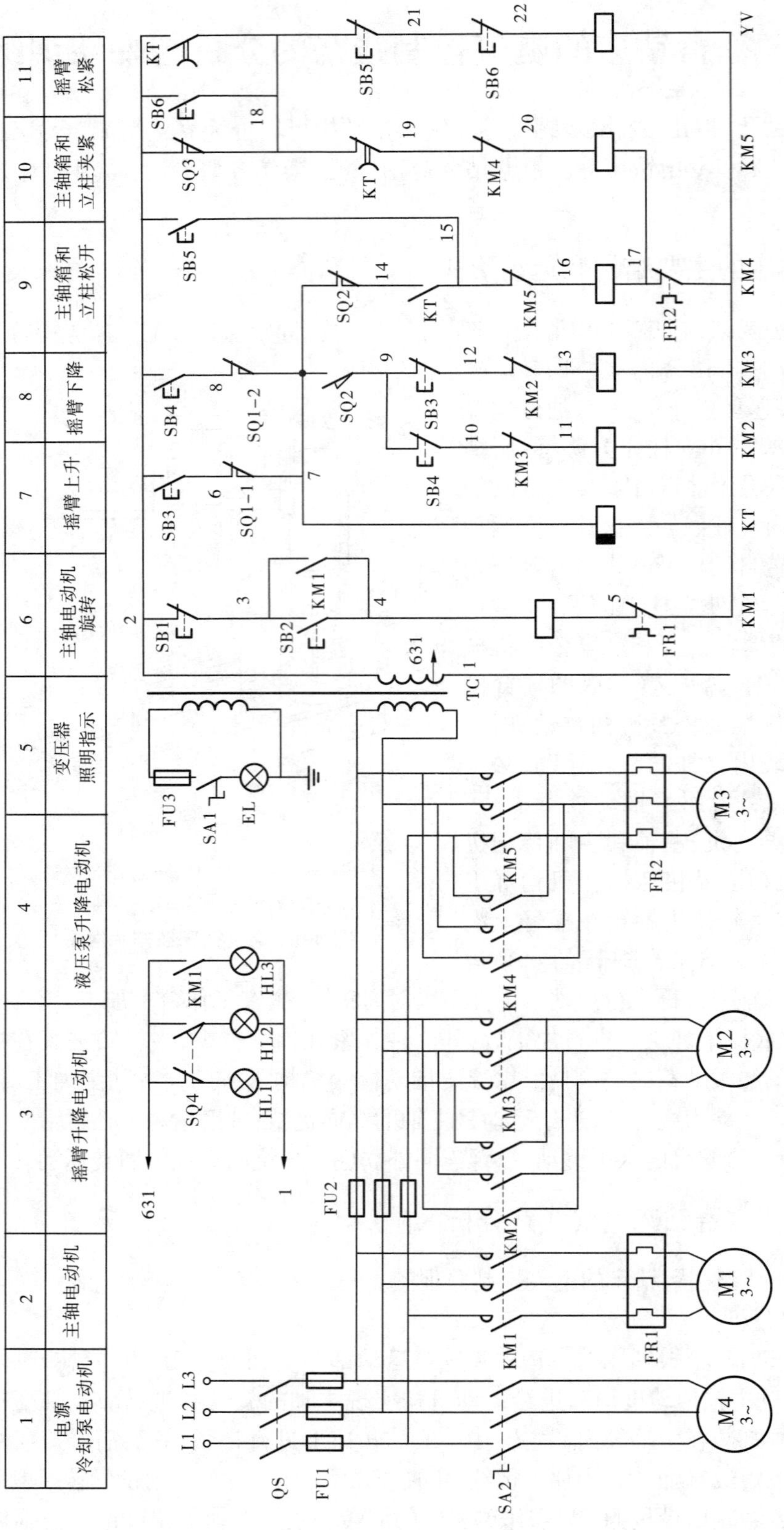

图 3-7 Z3040 型摇臂钻床的电气控制线路图

控制，热继电器 FR1 作过载保护。

M2 为摇臂升降电动机，摇臂的升降运动由 M2 拖动，M2 要求进行正反转的点动控制，由 KM2、KM3 实现控制，不加过载保护。

M3 为液压泵电动机，内外立柱的夹紧放松、主轴箱的夹紧放松和摇臂夹紧放松可采用手柄机械操作、电气－机械装置、电气－液压装置或电气－液压－机械装置等控制方法来实现，若采用液压装置，则靠液压泵电动机 M3 拖动油泵送出压力油来实现。M3 电动机由接触器 KM4、KM5 控制其正反转。热继电器 FR2 进行过载保护。

摇臂的升降运动必须按照摇臂松开→升或降→摇臂夹紧的顺序进行，因此摇臂的夹紧、放松和摇臂的的升降按自动控制进行。

M4 为冷却泵电动机，它拖动冷却泵送出冷却液对刀具进行冷却，由于 M4 的容量很小，所以由 SA2 直接控制。

3.3.2.2　控制电路分析

控制电路的电源电压由变压器 TC 将 380 V 的交流电压降为 127 V 得到。

1. 主轴电动机的控制

主轴电动机 M1 为单向旋转，按下启动按钮 SB2，接触器 KM1 线圈得电，接触器 KM1 吸合并自锁，主轴电动机 M1 启动运转。主轴电动机启动后拖动齿轮泵送出压力油，此时可操纵主轴操作手柄，主轴操作手柄用来改变两个操纵阀的相互位置，使压力油作不同的分配。主轴操作手柄有五个操作位置：上、下、里、外和中，分别为“空档”“变速”“反转”“正转”和“停车”。

主轴电动机 M1 启动运转后，将手柄扳至所需转向位置，于是一股压力油将制动摩擦离合器松开，为主轴旋转创造条件，另一股压力油压紧正转（或反转）摩擦离合器，接通主轴电动机到主轴的传动链，驱动主轴实现正转或反转。在主轴正转或反转的过程中，可转动变速旋钮，改变主轴的转速或主轴进给量，然后将操作手柄扳回中间，即主轴“停车”位置，这时主轴电动机仍拖动齿轮泵旋转，但此时整个液压系统为低压油，不能松开制动摩擦离合器，而在制动弹簧的作用下将制动摩擦离合器压紧，使制动轴上的齿轮不能转动，实现主轴停车。在主轴停车时，主轴电动机仍在旋转，只是不能将动力传到主轴。再将主轴操作手柄扳至“变速”位置，使齿轮泵送出的压力油进入主轴转速预选阀，然后进入相应的变速油缸，另一油路系统推动拨叉缓慢移动，逐渐压紧主轴正转摩擦离合器，接通主轴电动机到主轴的传动链，带动主轴缓慢旋转，以利于齿轮的啮合。当变速完成后，松开操作手柄，此时手柄在弹簧作用下由“变速”位置自动复位到主轴“停车”位置，然后再操纵主轴正转或反转，转轴将在新的转速或进给量下工作。

按下停止按钮 SB1，KM1 释放，主轴电动机停转。过载时，热继电器 FR1 的常闭触点断开，接触器 KM1 释放，主轴电动机停转。

若将操作手柄扳到“空挡”位置，这时压力油使主轴传动中的滑移齿轮处于中间脱开位置。这时可用手轻便地转动主轴。

2. 摇臂升降的控制

摇臂升降的控制包括摇臂的自动松开、上升或下降后再自动夹紧。因此，摇臂的升降控制必须与夹紧机构的液压系统紧密配合，夹紧机构的液压系统对夹紧放松的控制是由液压泵电动机拖动液压泵送出压力油拖动活塞、菱形块实现的。其中，主轴箱和立柱的夹紧放松由一个油路控制，而摇臂的夹紧放松由另一个油路控制，这两个油路均由电磁阀YV操纵。电磁阀YV线圈通电，电磁阀YV吸合，压力油进入摇臂松紧控制的油腔；电磁阀YV线圈断电，YV不吸合，压力油进入主轴箱和立柱松紧油腔。

在摇臂升降控制的操作前，摇臂处于夹紧状态，油进入夹紧油腔，行程开关SQ3被压下，其常闭触点SQ3(2—18)断开。

若进行摇臂上升的控制，则按下上升复合按钮SB3，其常闭触点SB3(9—12)断开，切断摇臂下降的KM3线圈回路；其常开触点SB3(2—6)闭合，时间继电器KT线圈通电并吸合，其瞬动常开触点KT(14—15)瞬时动作，接通了接触器KM4的线圈回路，接触器KM4吸合，使液压泵电动机M3正转，液压泵供出正向压力油。同时，KT延时断开的常开触点KT(2—18)闭合，接通电磁阀YV的线圈。电磁阀的吸合使压力油进入摇臂松开油腔，推动松开机构，使摇臂松开，并压下行程开关SQ2，其常闭触点SQ2(7—14)断开，接触器KM4因线圈断电而释放，液压泵电动机M3停止转动，同时SQ2的常开触点SQ2(7—9)闭合，接触器KM2线圈通电，使接触器KM2吸合，摇臂升降电动机M2正转，拖动摇臂上升，在压力油进入摇臂松开油腔后，行程开关SQ3被释放，其常闭触点SQ3(2—18)闭合，此时由于KT线圈通电，其延时闭合的常闭触点灯KT(18—19)断开，所以接触器KM5线圈回路处于断电状态。

当摇臂上升到所需的位置时，松开按钮SB3，接触器KM2和时间继电器KT均释放，摇臂升降电动机M2停转，摇臂停止上升，时间继电器KT释放后，延时1~3 s其延时闭合的常闭触点灯KT(18—19)闭合，接通接触器KM5的线圈回路，接触器KM5吸合，液压泵电动机M3反转，反向供给压力油，这时SQ3的常闭触点SQ3(2—18)是闭合的，电磁阀仍通电吸合，结果使压力油进入摇臂夹紧的油腔，推动夹紧机构，使摇臂夹紧。夹紧后压下SQ3，其常闭触点SQ3(2—18)断开，接触器KM5和电磁阀YV线圈断电而释放，液压泵电动机M3停转，摇臂的上升过程结束。

行程开关SQ2保证只有摇臂完全松开后才能升降。如果摇臂没有完全松开，则SQ2不动作，其常开触点SQ2(7—9)不能闭合，接触器KM2和KM3就不能通电吸合，摇臂升降电动机M2不会动作。

断电延时型时间继电器KT保证接触器KM2断电后1~3 s，待摇臂升降电动机停止时再将摇臂夹紧。

摇臂升降的限位保护由组合限位开关SQ1来实现。SQ1有两对常闭触点，当摇臂上升到极限位置时，与上升按钮串联的常闭触点SQ1-1(6—7)断开，接触器KM2释放，摇臂升降电动机M2停转，SQ1的两对触点平时应调整在同时接通的位置，SQ1一旦动作，一对触点断开，而另一对触点仍保持闭合。这样当上升限位SQ1-1断开后，与SB4串联的触点SQ1-2仍然闭合，压下SB4按钮，可以使摇臂下降。

摇臂下降的过程与摇臂上升的过程类似。

摇臂自动夹紧程度由SQ3控制。摇臂夹紧后，由行程开关SQ3常闭触点SQ3(2—18)断开液压泵电动机M3的控制回路，使M3停止。如果液压系统出现故障使摇臂不能夹紧，或行程开关SQ3调整不当，会使SQ3的常闭触点不断开，而使液压泵电动机长期过载，易将电动机烧毁，为此 M3 的主电路采用热继电器 FR2 作过载保护。

3. 主轴箱与立柱松开、夹紧的控制

主轴箱的松开、夹紧的控制是由夹紧机构液压系统的一个油路控制的。主轴箱与立柱的松开、夹紧控制是同时进行的。

按下松开复合按钮 SB5，其常开触点 SB5(2—15)闭合，接触器 KM4 吸合，液压泵电动机正转，拖动液压泵送出压力油，这时与摇臂升降不同，由于常闭触点 SB5(18—21)断开，电磁阀 YV 线圈处于断电状态，并不吸合，压力油经二位六通阀进入主轴箱松开油腔和立柱松开油腔，推动活塞和菱形块，使主轴箱与立柱松开，同时行程开关 SQ4 松开，其常闭触点闭合，松开指示灯 HL1 亮。而 YV 线圈断开，电磁阀 YV 不动作，压力油不会进入摇臂松开油腔，摇臂仍然处于夹紧状态。这时，可以手动操作主轴箱沿摇臂的水平导轨移动，也可以推动摇臂使外立柱绕内立柱转动。

按下夹紧复合按钮 SB6，其常开触点 SB6(2—18)闭合，接触器 KM5 吸合，液压泵电动机 M3 反转，这时由于 SB6 的常闭触点 SB6(21—22)断开，电磁阀 YV 并不吸合，压力油进入主轴箱夹紧油腔和立柱夹紧油腔，使主轴箱和立柱都夹紧。同时行程开关 SQ4 被压下，其常闭触点断开，常开触点闭合，松开指示灯 HL1 熄灭而夹紧指示灯 HL2 亮。

4. 冷却泵电动机 M4 的控制

由于冷却泵电动机容量小(0.125 kW)，直接由 SA2 开关控制，进行单向旋转。

3.3.2.3　照明和信号指示电路分析

照明电源是变压器 TC 提供的 36 V 交流电压。照明灯 EL 由装在灯头上的开关 SA1 控制，灯的一端保护接地。熔断器 FU3 作为照明电路的短路保护。

HL3 为主轴旋转工作指示灯，HL2 为主轴箱、立柱夹紧指示灯，HL1 为主轴箱、立柱松开指示灯。

3.3.3　Z35 型摇臂钻床电气线路分析

图 3-8 为 Z35 型摇臂钻床的电气控制线路图。

3.3.3.1　主电路分析

在主电路中，M1 为冷却泵电动机，提供冷却液，由于容量较小，由转换开关 SA2 直接控制。M2 为主轴电动机，由接触器 KM1 控制，热继电器 FR1 作过载保护。M3 为摇臂升降电动机，由接触器 KM2 和 KM3 控制其正反转点动运行，不装过载保护。M4 为立柱夹紧、松开电动机，由接触器 KM4 和 KM5 控制其正反转点动运行，不装过载保护。在主电路中，整个机床用 FU1 作短路保护，M3、M4 及其控制回路共用 FU2 作短路保护。除冷却泵电动机外，其他的电源都通过汇流排 A 引入。

3.3.3.2　控制电路分析

控制电路的电源是 127 V 的交流电，由变压器 TC 将 380 V 交流电降为 127 V 得到。Z35 型摇臂钻床控制电路采用十字开关 SA1 操作，十字开关由十字手柄和四个微动开关组成，十字手柄有 5 个位置：上、下、左、右、中，如表 3-8 所示。十字开关每次只能扳到一个方向，接通一个方向的电路。

1	2	3	4	5	6	7	8	9	10	11
电源 冷却泵电动机	主轴电动机	摇臂升降 电动机	立柱夹紧、松开 电动机	变压器 照明指示	失压保护	主轴电动机 旋转	摇臂上升	摇臂下降	立柱松开	立柱夹紧

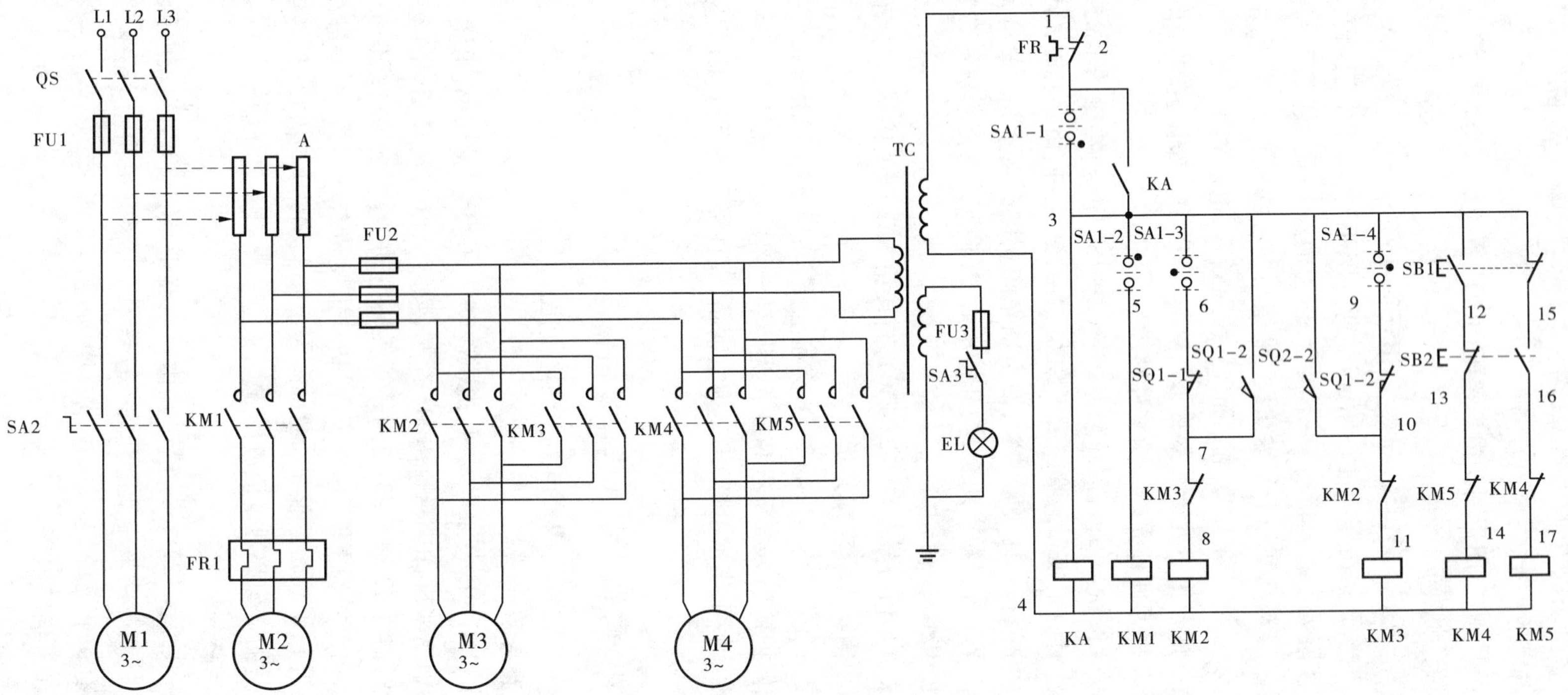

图 3-8　Z35 型摇臂钻床的电气控制线路图

表3-8　十字开关的操作说明

手柄位置	实物位置	接通微动开关的触点	控制电路工作情况
中		都不通	控制线路断电
左		SA1－1	KA得电并自锁，零压保护
右		SA1－2	KM1得电，主轴运转
上	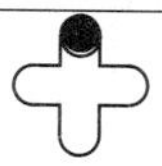	SA1－3	KM2得电，摇臂上升
下		SA1－4	KM3得电，摇臂下降

1. 零压保护

合上电源，首先将十字开关扳向左边，微动开关SA1－1接通，零压继电器KA线圈通电吸合并自锁。当机床工作时，再将十字手柄扳向需要的位置。若电源断电，零压继电器KA释放，其自锁触点断开；当电源恢复时，零压继电器不会自动吸合，控制电路不会自动通电，这样可防止电源中断又恢复时机床自行启动的危险。

2. 主轴电动机运转

将十字开关扳向右边，微动开关SA1－2接通，接触器KM1线圈通电吸合，主轴电动机M2启动运转。主轴的正反转由主轴箱上的摩擦离合器手柄操作。摇臂钻床钻头的旋转和上下移动都由主轴电动机拖动，将十字开关扳到中间位置，SA1－2断开，主轴电动机M2停止运转。

3. 摇臂的升降

将十字开关扳向上边，微动开关SA1－3闭合，接触器KM2因线圈通电而吸合，摇臂升降电动机M3正转，带动升降丝杠正转。摇臂升降、放松、夹紧机构如图3-9所示，升降丝杠开始正转时，升降螺母也跟着旋转，所以摇臂不会上升。下面的辅助螺母因不能旋转而向上移动，通过拨叉使传动松紧装置的轴逆时针方向转动，结果松紧装置将摇臂松开。在辅助螺母向上移动时，带动传动条向上移动。当传动条压上升降螺母后，升降螺母就不能再转动了，而只能带动摇臂上升。在辅助螺母上升而转动拨叉时，拨叉又转动开关SQ2的轴，使触点SQ2－2闭合，为夹紧做准备。这时KM2的常闭触点断开，接触器KM3线圈不会通电。

当摇臂上升到所需的位置时，将十字开关扳回到中间位置，这时接触器KM2因线圈断电而释放，其常闭触点KM2(10－11)闭合，因触点SQ2－2已闭合，接触器KM3线圈通电而吸合，电动机M3反转使辅助螺母向下移动，一方面带动传动条下移而与升降螺母脱离接触，升降螺母随丝杠空转，摇臂停止上升；另一方面辅助螺母下移时，通过拨叉使传动松紧装置的轴顺时针方向转动，结果松紧装置将摇臂夹紧；同时，拨叉通过齿轮转动开关

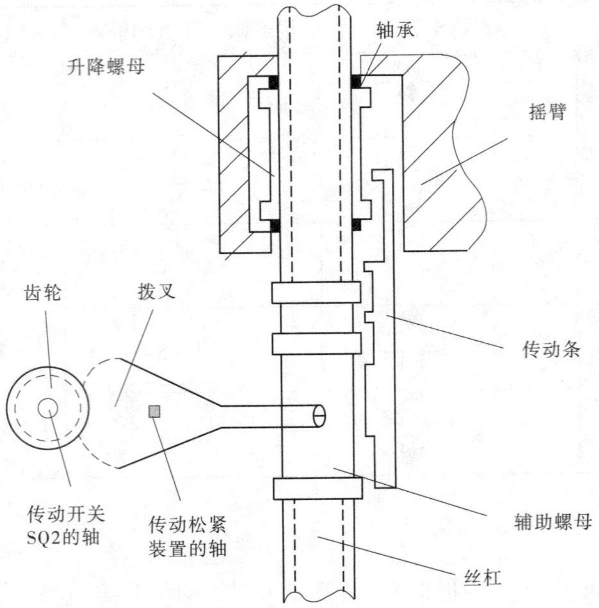

图 3-9 摇臂升降、放松、夹紧机构示意图

SQ2 的轴，使摇臂夹紧时触点 SQ2－2 断开，接触器 KM3 释放，电动机 M3 停止。

将十字开关扳到下边，微动开关 SA1－4 闭合，接触器 KM3 因线圈通电而吸合，电动机 M3 反转，带动升降丝杠反转。开始时，升降螺母也跟着旋转，所以摇臂不会下降。下面的辅助螺母向下移动，通过拨叉使传动松紧装置的轴顺时针方向转动，结果松紧装置也是先将摇臂松开。在辅助螺母向下移动时，带动传动条向下移动。当传动条压住上升螺母后，升降螺母也不转了，带动摇臂下降。辅助螺母下降而转动拨叉时，拨叉又转动组合开关 SQ2 的轴，使触点 SQ2－1 闭合，为夹紧做准备。这时，KM3 的常闭触点 KM3(7—8)是断开的。

当摇臂下降到需要的位置时，将十字开关板回到中间位置，这时 SA1－4 断开，接触器 KM3 因线圈断电而释放，其常闭触点闭合，又因触点 SQ1－2 已闭合，接触器 KM2 因线圈通电而吸合，电动机 M3 正转使辅助螺母向上移动，带动传动条上移而与升降螺母脱离接触，升降螺母随丝杠空转，摇臂停止下降；辅助螺母上移时，通过拨叉使传动松紧装置的轴逆时针方向转动，结果松紧装置将摇臂夹紧；同时，拨叉通过齿轮转动组合开关 SQ2 的轴，使摇臂夹紧时触点 SQ2－1 断开，接触器 KM2 释放，电动机 M3 停止。

限位开关 SQ1 用来限制摇臂升降的极限位置。当摇臂上升到极限位置时，SQ1－1 断开，接触器 KM2 因线圈断电而释放，电动机 M3 停转，摇臂停止上升。当摇臂下降到极限位置时，触点 SQ1－2 断开，接触器 KM3 因线圈断电而释放，电动机 M3 停转，摇臂停止下降。

4. 立柱和主轴箱的松开与夹紧

立柱的松开与夹紧是靠电动机 M4 的正反转通过液压装置来完成的。当需要立柱松开时，可按下按钮 SB1，接触器 KM4 因线圈通电而吸合，电动机 M4 正转，通过齿轮离合器,M4 带动齿轮式油泵旋转,从一定的方向送出高压油,经一定的油路系统和传动机构将外立柱松开,松开后可放开按钮 SB1,电动机停转,即可用手推动摇臂连同外立柱绕内立柱转动。当转动到所需位置时,可按下 SB2,接触器 KM5 因线圈通电而吸合,电动机 M4 反转,并带动齿轮式离合器反向旋转,从另一方向送出高压油,在液压推动下将立柱夹紧。夹紧后可放开按钮 SB2,接触器 KM5 因线圈断电而释放,电动机 M4 停转。

Z35 摇臂钻床的主轴箱在摇臂上的松开与夹紧以及立柱的松开与夹紧由同一台电动机 M4 和同一液压机构控制进行。

3.3.3.3 照明电路分析

照明电路的电压是 36 V 安全电压,由变压器 TC 提供。照明灯一端接地,保证安全。照明灯由开关 SA3 控制,由熔断器 FU3 作短路保护。

3.3.4 摇臂钻床电气线路安装步骤

Z3040 型摇臂钻床电气元件明细表见表 3-9。

表 3-9 Z3040 型摇臂钻床电气元件明细表

符号	元件名称	型号	规格	件数	作用
M1	主轴电动机	JO2 - 42 - 4	5.5 kW,1 440 r/min	1	主轴转动
M2	摇臂升降电动机	JO2 - 22 - 4	1.5 kW,1 410 r/min	1	摇臂升降
M3	液压泵电动机	JO2 - 21 - 6	0.8 kW,930 r/min	1	立柱夹紧、松开
M4	冷却泵电动机	JCB - 22 - 2	0.125 kW,2 790 r/min	1	供给冷却液
KM1	交流接触器	CJ0 - 20	20 A 线圈,127 V	1	控制主轴电动机
KM2	交流接触器	CJ0 - 10	10 A 线圈,127 V	1	摇臂上升
KM3	交流接触器	CJ0 - 10	10 A 线圈,127 V	1	摇臂下降
KM4	交流接触器	CJ0 - 10	10 A 线圈,127 V	1	主轴箱和立轴松开
KM5	交流接触器	CJ0 - 10	10 A 线圈,127 V	1	主轴箱和立轴夹紧
KT	时间继电器	JJSK2 - 4	线圈 127 V,50 Hz	1	提供 1 ~ 3 s 的延时断电时型
FU1	熔断器	RL1 型	60/25A	3	电源总短路保护
FU2	熔断器	RL1 型	15/10 A	3	M3、M2 短路保护
FU3	熔断器	RL1 型	15/2 A	2	照明电路短路保护
FR1	热继电器	JR2 - 1	11.1 A	1	主轴电动机 M1 过载保护
FR2	热继电器	JR2 - 1	1.6 A	1	液压电动机过载保护
YV	电磁阀	MFJ1 - 3	线圈 127 V,50 Hz	1	控制立柱夹紧机构
QS	转换开关	HZ2 - 25/3	25 A	1	电源总开关
SA1	照明开关	KZ 型灯架	带开关	1	控制 EL
SA2	冷却泵电动机开关	HZ2 - 10/3	10 A	1	控制冷却泵电动机 M1
SQ1	限位开关	HZ4 - 22 型		1	摇臂升降限位开关
SQ2	行程开关	LX5 - 11Q1/型		1	摇臂松开后压下

续表 3-9

符号	元件名称	型号	规格	件数	作用
SQ3	行程开关	LX5－11Q1/型		1	摇臂夹紧后压下
SQ4	行程开关	LX5－11Q1/型		1	立柱主轴箱夹紧后压下
SB1	按钮	LA2 型	5 A	1	主轴停止按钮
SB2	按钮	LA2 型	5 A	1	主轴启动按钮
SB3	按钮	LA2 型	5 A	1	摇臂上升按钮
SB4	按钮	LA2 型	5 A	1	摇臂下降按钮
SB5	按钮	LA2 型	5 A	1	主轴箱和立柱松开按钮
SB6	按钮	LA2 型	5 A	1	主轴箱和立柱夹紧按钮
TC	控制变压器	BK－150	380 V/127 V、36 V	1	控制、照明电路的低压电源
EL	照明灯泡		36 V,40 W	1	机床局部照明

Z35 型摇臂钻床电气元件明细表见表 3-10。

表 3-10 Z35 型摇臂钻床电气元件明细表

符号	元件名称	型号	规格	件数	作用
M1	冷却泵电动机	JCB－22－2	0.125 kW,2 790 r/min	1	供给冷却液
M2	主轴电动机	JO2－42－4	5.5 kW,1 440 r/min	1	主轴转动
M3	摇臂升降电动机	JO2－22－4	1.5 kW,1 410 r/min	1	摇臂升降
M4	立柱夹紧、松开电动机	JO2－21－6	0.8 kW,930 r/min	1	立柱夹紧、松开
KM1	交流接触器	CJ0－20	20 A,127V	1	控制主轴电动机
KM2	交流接触器	CJ0－10	10 A,127 V	1	摇臂上升
KM3	交流接触器	CJ0－10	10 A,127 V	1	摇臂下降
KM4	交流接触器	CJ0－10	10 A,127 V	1	立柱松开
KM5	交流接触器	CJ0－10	10 A,127 V	1	立柱夹紧
FU1	熔断器	RL1 型	60/25 A	3	电源总短路保护
FU2	熔断器	RL1 型	15/10 A	3	M3、M4 短路保护
FU3	熔断器	RL1 型	15/2 A	2	照明电路短路保护
QS	转换开关	HZ2－25/3	25 A	1	电源总开关
SA1	十字开关			1	控制 M2 和 M3
SA2	冷却泵电动机开关	HZ2－10/3	10 A	1	控制冷却泵电动机 M1
SA3	照明开关	K2 型灯架	带开关	1	控制 EL
KA	零压继电器	JZ7－44	127 V	1	失电压保护

续表 3-10

符号	元件名称	型号	规格	件数	作用
FR1	热继电器	JR2 - 1	11.1A	1	主电动机 M2 过载保护
SQ1	限位开关	HZ4 - 22 型		1	摇臂升降限位开关
SQ2	行程开关	LX5 - 11Q/1 型		1	摇臂夹紧行程开关
SB1	按钮	LA2 型	5 A	1	立柱松开(M4 正转点动控制)
SB2	按钮	LA2 型	5 A	1	立柱夹紧(M4 反转点动控制)
TC	控制变压器	BK - 150	380 V/127 V、36 V	1	控制、照明电路的低压电源
EL	照明灯泡		36 V,40 W	1	机床局部照明
A	汇流排			1	

Z35 型摇臂钻床的安装步骤如下：

(1)分析和熟悉控制电路图。

(2)按元件明细表配齐电气设备和电气元件,并检测所有元件。

(3)按编号原则在原理图上给各电气元件接线端编号。

(4)按原理图的编号给各电气元件做好标记。

(5)根据电动机的容量、线路的走向和电气元件的尺寸,正确选配导线规格、导线通道类型和导线数量,选配接线板的节数、控制板的尺寸及管夹。

(6)根据原理图的编号给各接线端做好标记。

(7)在内立柱的电源引入盘内安装电源总开关、熔断器 FU1 和冷却液泵电动机的组合开关 SA2。

(8)在摇臂盒中的开关板上安装接触器 KM1 ~ KM5、熔断器 FU2、零压继电器 KA、热继电器 FR、变压器 TC 和一定节数的编号的接线板。

(9)安装接线,并根据机械要求安装 SQ1 - 1、SQ1 - 2 和 SQ2 - 1、SQ2 - 2,检查电路接线。

(10)接通电源,分别观察 4 台电动机的转向是否符合要求。

(11)安装传动装置,并清理场地。

(12)检查线路,接线无错误后通电试车,并仔细调整行程开关的位置,使之完全符合工作要求。

3.3.5 常见故障的排除

Z35 型摇臂钻床常见故障的检查与排除如下所述。

3.3.5.1 主轴电动机不能启动

主轴电动机不能启动原因的检查方法为：检查熔断器 FU1,若熔断器 FU1 的熔丝熔断,应更换熔丝;检查十字开关的触点是否良好,如微动开关 SA1 - 2 损坏或接触不良,应更换或修复;如果十字开关良好,则应检查零压继电器是否损坏、接线有无松脱;如果接触器 KM1 会动作,电动机仍不启动,应检查接触器主触点的接线是否松脱、接触是否良好、电源电压是否过低。

3.3.5.2 主轴电动机不能停转

这类故障一般是由于接触器的主触点熔焊在一起造成的,更换熔焊的主触点即可排除故障。

3.3.5.3 摇臂升降、松开、夹紧线路故障

摇臂升降和夹紧是由电气结构和机械结构配合实现放松→上升(下降)→夹紧的半自动工作顺序的控制。维修时除检查电气部分外,还要检查机械部分是否正常。

若摇臂升降后不能完全夹紧,主要是由于 SQ2 -1 或 SQ2 -2 过早分断致使摇臂未夹紧就停止了夹紧动作,应将 SQ2 的动触点 SQ2 -1 和 SQ2 -2 调到适当的位置,故障便可消除。

若摇臂升降后不能按需要停止,这是因为检修时误将触点 SQ2 -1 和触点 SQ2 -2 的接线互换了。以将十字开关扳到下降位置为例,KM3 线圈通电吸合,电动机 M3 反转,摇臂先松开、后下降,摇臂松开后 SQ2 -1 闭合,若将触点 SQ2 -1 和触点 SQ2 -2 的接线互换了,将造成 SA1 -4 和限位开关 SQ1 -2 不起作用,这样即使将十字开关扳到中间位置或限位开关 SQ1 -2 断开,也不能切断接触器 KM3 线圈的电源,下降不能停止,结果将导致机床运动部件和已夹好的工件相撞,发生此类故障时应立即切断总电源开关。

摇臂升降电动机正反转重复不停,致使摇臂升降后夹紧、松开的动作反复不止。故障的原因是 SQ2 的两个触点 SQ2 -1、SQ2 -2 之间的距离调得太近。例如,当上升到位后,将十字开关扳回零位,接触器 KM2 已释放,触点 SQ2 -2 已闭合,KM3 吸合,电动机反转将摇臂夹紧,夹紧后 SQ2 -2 断开,KM3 释放,但由于电动机和传动机械的惯性,使得机械部分继续转动一小段距离,由于 SQ2 -1 离得太近而被接通,接触器 KM2 又吸合,电动机 M3 又正转,经过很短的距离,SQ2 -1 断开,KM2 释放,但由于电动机和传动机械的惯性,使得机械部分再转动一小段距离,由于 SQ2 -2 离得太近而被接通,接触器 KM3 又吸合,电动机又反转,如此循环,致使摇臂升降后夹紧、松开的动作反复不止。所以,在检修时,在调整好机械部分后,应对行程开关进行仔细的调整。

3.3.5.4 立柱夹紧和松开电路的故障

若立柱松紧电动机不能启动,则故障的原因可能为:FU2 熔丝熔断;按钮 SB1 或 SB2 接触不良;接触器 KM4、KM5 的常闭触点或主触点接触不良。

若立柱松紧电动机工作后不能停止,这是由于 KM4、KM5 的主触点熔焊造成的,应立即切断总电源,更换主触点,防止电动机过载而烧毁。

3.3.6 检修技能训练

3.3.6.1 训练目的

(1)进一步掌握 Z3040 型摇臂钻床的工作原理、电力拖动的特点。

(2)熟练掌握机床控制线路安装的方法和调试过程中故障排除的方法。

3.3.6.2 训练内容

(1)在模拟板上安装 Z3040 型摇臂钻床的控制电路,并按操作过程进行模拟操作。

(2)在调试的过程中,能根据故障现象,按电气原理图分析故障的原因。

(3)在试车成功的模拟板上设置摇臂上升后不能夹紧的故障。

3.3.6.3　训练步骤及要求

(1)按电气元件明细表配齐电气设备和元件,并逐个校验。根据实训条件,部分元件可以代用。

(2)按编号原则在原理图上给各电气元件接线端编号。

(3)按原理图的编号给各电气元件做好标记。

(4)根据电动机的容量、线路的走向和电气元件的尺寸,正确选配导线规格、导线通道类型和导线数量、选(配)接线板的节数、控制板的尺寸及管夹。

(5)根据原理图的编号给各接线端做好标记。

(6)在控制板上安装电气元件并布线,布线时应选择合理的走向。

(7)安装控制板外的所有控制元件,进行控制板外布线。

(8)检查电路的接线是否正确及检测线路的绝缘。

(9)接通电源,按机床的控制过程进行模拟操作。

(10)在调试的过程中,根据故障现象,按电气原理图分析故障的原因。

(11)试车成功后,在模拟板上设置摇臂上升后不能夹紧的故障。

3.3.6.4　注意事项

(1)在安装机床电气设备时,应当注意三相交流电源的相序。如果三相电源的相序接错了,电动机的旋转方向就会与规定的方向不符,在开动机床时容易发生事故。Z3050型摇臂钻床三相电源的相序可以通过立柱和主轴箱的夹紧机构来检查。可先按下松开按钮SB5,若立柱和主轴箱都松开,表示电源的相序正确,否则应将电源线路中任意两根导线对调位置。待电源的相序正确后,再调整M2的接线。

(2)不要漏接接地线。

3.3.6.5　评分标准

成绩评定见表3-11。

表3-11　成绩评定

项目内容	评分标准	得分
元件检查(10分)	漏检或误检,每处扣2分	
元件安装(20分)	1. 排列不整齐,不合理,每处扣2分; 2. 安装不牢固,松动,每处扣5分; 3. 损坏电气元件,每件扣20分	
布线(20分)	1. 不按电气原理图接线,扣10分; 2. 布线不符合要求,每根扣2分; 3. 接点不符合要求,每接点扣1分; 4. 损伤导线的绝缘或线芯,每根扣4分; 5. 漏接接地线,扣10分; 6. 漏接号码管,每个扣1分	

续表 3-11

项目内容		评分标准	得分
通电试车(50 分)		1. 时间继电器和热继电器的整定值不对,每处扣 5 分; 2. 不会模拟操作,不熟悉动作过程,扣 50 分; 3. 模拟操作时,按压行程开关的顺序错误,每处扣 10 分; 4. 试车不成功,并且不能根据故障现象分析原因或思路不清楚,扣 20 ~ 40 分,二次试车不成功,将终止操作并扣 50 分	
文明生产		违反安全生产的规定扣 10 ~ 70 分	
工时	48 h	每超过 5 min 扣 10 分	
合计			

任务 3.4　铣床的电气控制线路的分析与安装训练

3.4.1　万能铣床的主要结构与运动形式

铣床可以用来加工平面、斜面和沟槽等,装上分度头后还可以铣切直齿齿轮和螺旋面,如果装上圆工作台还可以铣切凸轮和弧形槽。铣床的种类很多,有卧式铣床、立式铣床、龙门铣床、仿形铣床及各种专用铣床。

X62W 型卧式万能铣床应用广泛,具有主轴转速高、调速范围宽、操作方便和加工范围广等特点,结构如图 3-10 所示。

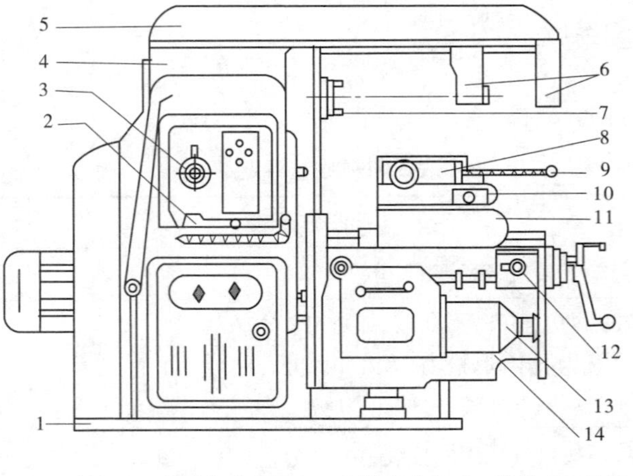

1—底座;2—主轴变速手柄;3—主轴变速盘;4—床身;5—悬梁;
6—导杆支架;7—主轴;8—工作台;9—纵向操作手柄;10—上溜板;
11—下溜板;12—进给操作十字手柄;13—进给变速盘;14—升降台

图 3-10　X62W 型卧式万能铣床结构示意图

X62W 型卧式万能铣床主要由底座、床身、悬梁、导杆支架、工作台、回旋盘、溜板箱和升降台等部分组成。床身内装有主轴的传动机构和变速操纵机构。主轴带动铣刀的旋转运动称为主运动,进给运动是工件相对于铣刀的移动。主轴电动机用笼型异步电动机拖动,通过齿轮进行调速,为完成顺铣和逆铣,主轴电动机应能正反转。为了减少负载波动对铣刀转速的影响,使铣削平稳一些,铣床的主轴上装有飞轮,使得主轴传动系统的惯性较大,因此为了缩短停车时间,主轴采用电气制动停车。为保证变速时齿轮顺利地啮合好,要求变速时主轴电动机进行冲动控制,即变速时电动机通过点动控制稍微转动一下。升降台可上下移动,在升降台上面的水平导轨上装有溜板箱,溜板箱可沿主轴轴线平行方向移动(横向移动,即前后移动),溜板上部装有可转动的回转台,工作台装在可转动回转台的导轨上,可作垂直于主轴轴线方向的移动(纵向移动,即左右移动)。这样固定在工作台上的工件可作上、下、左、右、前、后6个方向的移动,各个运动部件在6个方向上的运动由同一台进给电动机通过正反转进行拖动,在同一时间内只允许一个方向上的运动。

3.4.2 X62W型万能铣床电气线路分析

图3-11是X62W型万能铣床电气控制线路图。

3.4.2.1 主电路分析

主电路中M1是主轴电动机,M2为进给电动机,M3为冷却泵电动机。主轴电动机M1通过换相开关SA4,与接触器KM1、KM2进行正反转控制、反接制动和瞬时冲动控制,并通过机械机构进行变速;工作台进给电动机M2要求能正反转、快慢速控制和限位控制,并通过机械机构使工作台能上下、左右、前后运动;冷却泵电动机M3只要求正转控制。

3.4.2.2 控制电路分析

1. 主轴电动机M1的控制

SB2、SB3是分别装在机床两边的启动按钮,可进行两地操作;SB4、SB5是制动停止按钮;SA4是电源相开关,改变M1的转向;KM1是主轴电动机启动接触器;KM2是反接制动接触器;SQ7是与主轴变速手柄联动的冲动行程开关。

主轴电动机启动时,要先将SA4扳到主轴电动机所需要的旋转方向,再按启动按钮SB2或SB3启动M1,在主轴启动的控制电路中串有热继电器FR1和FR3的常闭触点。当电动机M1和M3中有任一台电动机过载,热继电器的常闭触点断开,两台电动机都停止。

主轴电动机启动后速度继电器KS的常开触点KS(6—7)闭合,为电动机停转制动做准备,停止时按下停止按钮SB4或SB5,首先其常闭触点SB4(5—10)或SB5(10—11)断开,KM1线圈断电释放,主轴电动机M1断电,但因惯性继续旋转,将停止按钮SB4或SB5按到底,其常开触点SB4(5—6)或SB5(5—6)闭合,接通KM2回路,改变M1的电源相序进行反接制动。当M1转速趋于零时,KS自动断开,切断M2的电源。

主轴电动机变速时的冲动控制,是利用变速手柄与冲动行程开关SQ7通过机械上的联动机构进行控制的。变速操作可在开车时进行,也可在停车时进行。若开车进行变速,首先将主轴变速手柄微微压下,使它从第一道槽内拔出,然后将变速手柄拉向第二道槽,当快要落入第二道槽内时,将变速盘转到所需的转速,之后将变速手柄从第二道槽迅速推回原位。就在手柄拉向第二道槽时,有一个与手柄相连的凸轮通过弹簧杆瞬时压了一下行程开关SQ7,使SQ7的常闭触点SQ7(4—5)先断开,切断KM1线圈的电路,M1断电,SQ7的常开触点SQ7(4—7)后闭合,接触器KM2线圈得电动作,M1被反接制动。当手柄

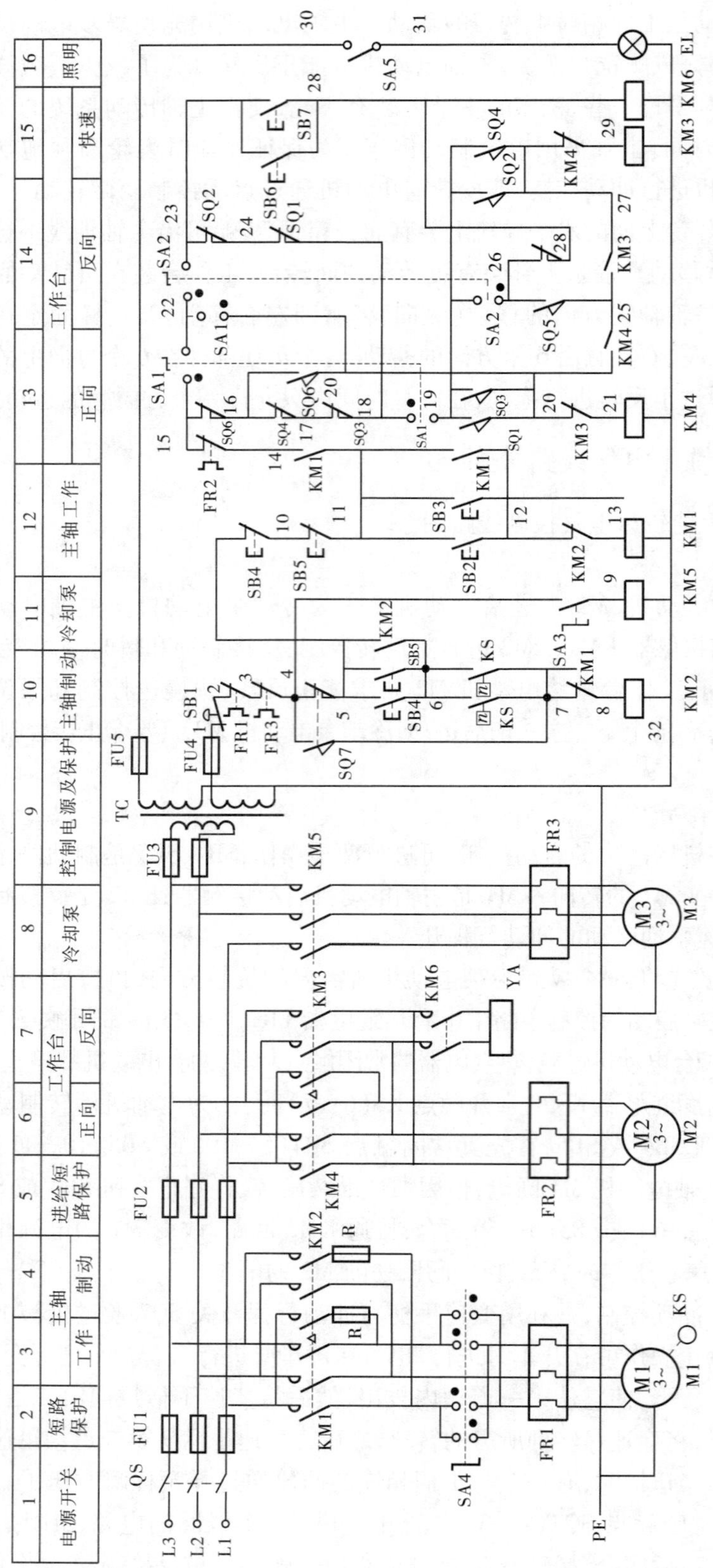

图 3-11 X62W 型万能铣床电气控制线路图

拉到第二道槽内时，SQ7 不受凸轮控制而复位，电动机停转。接着把手柄从第二道槽推回原来位置的过程中，凸轮又压下 SQ7，使 SQ7(4—7)常开接通，SQ7(4—5)常闭断开，KM2 线圈得电，M1 反向转动一下，以利于变速后的齿轮啮合。当变速手柄以较快的速度推到原来的位置时，SQ7 复位，KM2 线圈断电，M1 停转，操作过程结束。这样，在整个变速操作过程中，主轴电动机就短时转动一下，使变速后的齿轮易于啮合。当手柄完全推到原来的位置时，齿轮啮合好了，变速完成。由此可见，可进行主轴不停车直接变速。若主轴原来处于停车状态，则在主轴变速操作过程中，SQ7 第一次动作时 M1 反转一下，SQ7 第二次动作时 M1 又反转一下，因此可以实现主轴停车时的变速控制。当然，若要主轴在新的转速下运行，则需要重新启动主轴电动机。需要注意的是，无论是在主轴不停车时直接减速，还是在主轴原来处于停车状态时变速，都应以较快的速度把手柄推回原始位置，以免通电时间过长，M1 转速过高而打坏齿轮。

2. 工作台移动控制

转换开关 SA1 是控制圆工作台运动的。在不需要圆工作台运动时，将转换开关 SA1 扳至“断开”位置，转换开关 SA1 在正向位置的两个触点 SA1(18—19)、SA1(15—22)闭合，反向位置的触点 SA1(20—22)断开。再将工作台自动与手动控制方式选择开关 SA2 扳到手动位置，转换开关 SA2(19—26)断开，SA2(22—23)闭合，然后启动 M1。这时接触器 KM1 吸合，其触点 KM1(11—14)闭合，就可以进行工作台的进给控制。

工作台有上、下、左、右、前、后 6 个方向的运动，具体控制方式如下。

1)工作台的左右(纵向)运动的控制

工作台的左右运动是由进给电动机 M2 传动的。首先将圆工作台转换开关 SA1 转换开关扳在“断开"位置。操纵工作台纵向运动的手柄有两个，一个装在工作台底座的顶面的正中央，另一个装在工作台底座的左下方，它们之间有机械连接，只要操纵其中任意一个就可以了，手柄有 3 个位置，既左、右和中间。当手柄扳到右或左位置时，手柄联动机构压下行程开关 SQ1 或 SQ2，使接触器 KM4 或 KM3 动作，控制进给电动机 M2 的正反转，工作台的左右行程可通过调整安装在工作台两端的挡铁来控制，当工作台纵向运动到极限位置时，挡铁撞动纵向操纵手柄，使它回到零位，工作台停止运动，从而实现了纵向终端保护。

在主轴电动机启动后，将操作手柄扳向右，其联动机构压下行程开关 SQ1，使 SQ1(24—18)断开，SQ1(19—20)闭合，接触器 KM4 线圈得电，电动机 M2 正转，拖动工作台向右。

在主轴电动机启动后，将操作手柄扳向左，其联动机构压下行程开关 SQ2，使 SQ2(24—23)断开，SQ2(19—27)闭合，接触器 KM3 线圈得电，电动机 M2 反转，拖动工作台向左。

2)工作台的上下运动和前后运动的控制

首先，将圆工作台转换开关 SA1 扳在“断开”位置。控制工作台的上下运动和前后运动的手柄是十字手柄，有两个完全相同的手柄分别装在工作台左侧的前、后方。它们之间有机械连锁只需操纵其中任意一个即可。手柄有 5 个位置，既上、下、前、后和中，5 个位置是连锁的。手柄的联动机构与行程开关 SQ3、SQ4 相连，扳动十字手柄时，通过传动机构将同时压下相应的行程开关 SQ3 或 SQ4。

SQ3 控制工作台向上及向后运动,SQ4 控制工作台向下及向前运动,如表 3-12 所示。工作台的上下限位终端保护是利用床身导轨旁的挡铁撞动十字手柄使其回到中间位置,升降台便停止运动。横向运动的终端保护是利用装在工作台上的挡铁撞动十字手柄来实现的。进给运动由电动机 M2 拖动。

表 3-12 十字手柄控制情况

手柄位置	工作台运动方向	离合器接通的丝杆	压下的行程开关	接触器的动作	电动机的运转
上	向上进给或快速向上	垂直丝杆	SQ3	KM4	M2 正转
下	向下进给或快速向下	垂直丝杆	SQ4	KM3	M2 反转
前	向前进给或快速向前	横向丝杆	SQ4	KM2	M2 反转
后	向后进给或快速向后	横向丝杆	SQ3	KM1	M2 正转
中	升降或横向进给终止	横向丝杆	—	—	—

工作台进给控制电路的电源只有在主轴电动机启动,即 KM1(11—14)闭合以后才能接通。

在主轴启动以后,将手柄扳至向上位置,其联动机构一方面接通垂直传动丝杠离合器,为垂直传动丝杠的转动做好准备;另一方面它使行程开关 SQ3 动作,SQ3(17—18)断开,SQ3(19—20)闭合,接触器 KM4 线圈通电,M2 正转,工作台向上运动将手柄扳至向后位置,其联动机构拨动垂直传动丝杠的离合器使它脱开,停止转动,而将横向传动丝杠的离合器接通进行传动,可使工作台向后运动。

将手柄扳至向下位置,其联动机构一方面接通垂直传动丝杠的离合器,为垂直传动丝杠的转动做好准备;另一方面它使行程开关 SQ4 动作,SQ4(16—17)断开,SQ(19—27)闭合,接触器 KM 线圈通电,M2 反转,工作台向下运动。

将手柄扳至向前位置,其联动机构拨动垂直传动丝杠的离合器使它脱开,而将横向传动丝杠的离合器接通进行传动,由横向传动丝杠使工作台向前运动。

3)工作台快速移动控制

在铣床不进行铣削加工时,工作台可以快速移动。工作台的快速移动也是由进给电动机 M2 来拖动的,在 6 个方向上都可以实现快速移动的控制。

主轴启动以后,将工作台的进给手柄扳到所需的运动方向,工作台将按操纵手柄指定的方向慢速进给,这时按下快速移动按钮 SB6(在床身侧面)或 SB7(在工作台前面),使接触器 KM6 线圈得电,接通牵引电磁铁 YA,电磁铁通过杠杆使摩擦离合器合上,减少中间传动装置,使工作台按原运动方向作快速移动;当松开快速移动按钮时,电磁铁 YA 断电,摩擦离合器断开,快速移动停止。工作台仍按原进给速度继续运动。

4)进给电动机变速时的冲动控制

变速时,为使齿轮易于啮合,进给变速与主轴变速一样,设有变速冲动环节。变速前也应先启动主轴电动机 M1,使接触器 KM1 吸合,其常开触点 KM1(11—14)闭合。当需要进行进给变速时，应将转速盘的蘑菇形手轮向外拉出并转动转速盘，将它转到所需的速度，然后在把蘑菇形手轮用力向外拉到极限位置并随即推向原位，就在操纵手轮的同时，其连杆机构两次瞬时压下行程开关SQ6，使SQ6的常闭触点SQ6(15—16)断开，常开触点SQ6(16—20)闭合，使接触器KM4得电吸合，其通电回路为：KM1(11—14)→FR2(14—15)→SA1(15—22)→SA2(22—23)→SQ2(23—24)→SQ1(24—18)→SQ3(18—17)→SQ4(17—16)→SQ6(16—20)→KM3(20—21)→KM4线圈，电动机M2正转，又因为KM4是短时接通的，进给电动机M2也就转动一下。当蘑菇形手轮推到原位时，变速齿轮已啮合完毕。

从进给变速冲动环节的通电回路中可以看出，要经过SQ1～SQ4四个行程开关的常闭触点，因此只有在进给运动的操作手柄在中间位置时，才能实现进给变速冲动的控制，以保证操作安全。同时，应注意进给电动机的通电时间不能太长，以防止转速过高在变速时打坏齿轮。

3. 圆工作台的运动控制

圆工作台的旋转运动也是由进给电动机M2经过传动机构来拖动的。圆工作台工作时，先将转换开关SA1扳到"接通"的位置，转换开关SA1在正向位置的两个触点SA1(18—19)、SA1(15—22)断开，反向位置的触点SA1(20—22)接通，然后将工作台的进给操作手柄扳至中间位置，此时行程开关SQ1～SQ4处于不受压状态。此时按下主轴启动按钮SB2或SB3，主轴电动机启动，同时回路"KM1(11—14)→FR2(14—15)→SQ6(15—16)→SQ4(16—17)→SQ3(17—18)→SQ1(18—24)→SQ2(24—23)→SA2(23—22)→SA1(22—20)→KM3(20—21)→KM4线圈"接通，进给电动机因为KM4线圈获电而启动，并通过机械传动使圆工作台按照需要的方向转动。可以看出，圆工作台只能沿着一个方向作旋转运动，并且圆工作台运动控制的通路需要经过SQ1～SQ4四个行程开关的常闭触点，如果扳动工作台任意一个进给手柄，圆工作台都会停止工作，这就保证了工作台的进给运动与圆工作台的旋转运动不能同时进行。若按下主轴停止按钮，主轴停转，圆工作台也同时停止工作。

4. 照明电路

控制变压器TC将380 V的交流电压降到36 V的安全电压，供照明用。照明电路由转换开关SA5控制，灯泡一端接地，FU5作为照明电路的短路保护。

3.4.2.3　X62W型万能铣床电气元件明细表

X62W型万能铣床电气元件明细表见表3-13。

3.4.3　X62W型万能铣床电气线路常见故障的排除

3.4.3.1　主轴电动机不能启动

(1)控制电路熔断器FU3或FU4熔丝熔断。

(2)主轴换相开关SA4在停止位置。

(3)按钮SB1、SB2、SB3或SB4的触点接触不良。

(4)主轴变速冲动行程开关SQ7的常闭触点接触不良。

(5)热继电器FR1、FR3已经动作，没有复位。

表 3-13　X62W 型万能铣床电气元件明细表

符号	元件名称	型号	规格	件数	作用
M1	主轴电动机	JO2－51－4	7.5 kW,1 450 r/min	1	主轴转动
M2	进给电动机	JO2－22－4	1.5 kW,1 410 r/min	1	工作台进给
M3	冷却泵电动机	JCB－22	0.125 kW,2 790 r/min	1	供给冷却液
KM1	交流接触器	CJ0－20	20 A,127 V	1	主轴电动机 M1 启动
KM2	交流接触器	CJ0－20	20 A,127 V	1	主轴电动机 M1 反接制动
KM3	交流接触器	CJ0－10	10 A,127 V	1	控制进给电动机 M2
KM4	交流接触器	CJ0－10	10 A,127 V	1	控制进给电动机 M2
KM5	交流接触器	CJ0－10	10 A,127 V	1	控制 M3
KM6	交流接触器	CJ0－10	10 A,127 V	1	控制 YA
FU1	熔断器	RL1 型	60/35 A	3	电源总短路保护
FU2	熔断器	RL1 型	15/10 A	3	M3、M2 短路保护
FU3	熔断器	RL1 型	15/6 A	2	变压器短路保护
FU4	熔断器	RL1 型	15/6 A	2	控制电路短路保护
FU5	熔断器	RL1 型	15/2 A	2	照明电路短路保护
QS	组合开关	HZ1－60/3	60 A,三级	1	电源总开关
SA1	组合开关	HZ1－10/2	10 A,三级	1	圆工作台转换
SA2	组合开关	HZ1－10/2	10 A,二级	1	工作台手动与自动切换
SA3	组合开关	HZ10－10/2	10 A,二级	1	冷却泵开关
SA4	组合开关	HZ3-133/3	20 A,三级	1	M1 电源换相
SA5	组合开关	HZ10－10/2	10 A,二级	1	照明灯开关
SB1	按钮	LA2 型	5 A,500 V	1	紧急停车按钮
SB2	按钮	LA2 型	5 A,500V	1	主轴启动
SB3	按钮	LA2 型	5 A,500 V	1	主轴启动
SB4	按钮	LA2 型	5 A,500 V	1	主轴停止
SB5	按钮	LA2 型	5 A,500 V	1	主轴停止
SB6	按钮	LA2 型	5 A,500 V	1	工作台快速移动
SB7	按钮	LA2 型	5 A,500 V	1	工作台快速移动
SQ1	行程开关	KX1－11K	开启式	1	向右进给
SQ2	行程开关	KX1－11K	开启式	1	向左进给
SQ3	行程开关	LX2－131	自动复位	1	向前向下进给
SQ4	行程开关	LX2－131	自动复位	1	向后向上进给
SQ5	行程开关	LX3-11K	开启式	1	自动,快慢速进给选择

续表 3-13

符号	元件名称	型号	规格	件数	作用
SQ6	行程开关	LX3-11K	开启式	1	进给变速冲动
SQ7	行程开关	LX3-11K	开启式	1	主轴变速冲动
R	制动变阻器	ZB2	1.45 W,15.4 A	1	限制制动电流
FR1	热继电器	JR0－40/3	额定电流 16A, 整定电流 14.85A	1	电动机 M1 过载保护
FR2	热继电器	JR10－10/3	热元件编号 10, 整定电流 3.42A	1	电动机 M2 过载保护
FR3	热继电器	JR10－10/3	热元件编号 1, 整定电流 0.415A	1	电动机 M3 过载保护
TC	控制变压器	BK－150	380/127、36 V	1	控制、照明电路的低压电源
EL	照明灯泡	K－2,螺口	36 V,40 W	1	机床局部照明
KS	速度继电器	JY1	380 V,2A	1	反接制动控制
YA	牵引电磁铁	MQ1－5141	线圈电压 380 V	1	拉力 150 N,工作台快速进给

3.4.3.2　主轴停车时没有制动

(1)检查时按下停止按钮后反接制动接触器是否吸合,如 KM2 不吸合,则应检查控制电路。检查时先操作主轴变速冲动手柄,若有冲动,说明故障的原因是速度继电器或按钮支路发生故障。若 KM2 吸合,则首先检查 KM2、R 的制动回路是否有缺两相的故障存在,如果制动回路缺两相则完全没有制动现象。

(2)检查速度继电器的常开触点是否过早断开,如果速度继电器的常开触点过早断开,则制动效果不明显。

3.4.3.3　主轴停车后产生短时反向旋转

这是由于速度继电器的弹簧调得过松,使触点分断过迟引起的,只要重新调整反力弹簧就可以消除故障。

3.4.3.4　按下停止按钮后主轴不停

(1)若按下停止按钮后接触器 KM1 不释放,则说明接触器 KM1 主触点熔焊。

(2)若按下停止按钮后 KM1 能释放,KM2 吸合后有“嗡嗡”声,或转速过低,则说明制动接触器 KM2 主触点只有两相接通,电动机不会产生反向转矩,同时在缺相运行。

(3)若按下停止按钮后电动机能反接制动,但放开停止按钮后电动机又再次启动,则是启动按钮在启动电动机 M1 后绝缘被击穿。

3.4.3.5　主轴不能变速冲动

故障原因是主轴变速行程开关 SQ7 位置移动、撞坏或断线。

3.4.3.6　工作台不能向上进给

检查时可依次进行快速进给、进给变速冲动或圆工作台向前进给、向左进给及向右进给的控制,若上述操作正常则可缩小故障的范围,然后逐个检查故障范围内的各个元件和接点,检查接触器 KM3 是否动作、行程开关 SQ4 是否接通、KM4 的常闭连锁触点是否良好、热继电器是否动作,直到检查出故障点。若上述检查都正常,再检查操作手柄的位置是否正确,如果手柄位置正确,则应考虑是否由于机械磨损或位移使操作失灵。

3.4.3.7 工作台左右(纵向)不能进给

首先应检查横向进给或垂直进给是否正常,如果正常,进给电动机 M2、主电路、接触器 KM3、KM4、SQ1、SQ2 及与纵向进给相关的公共支路都正常,此时应检查 SQ6(15—16),SQ4(16—17)、SQ3(17—18),只要其中有一对触点接触不良或损坏,工作台就不能向左或向右进给。SQ6 是变速冲动开关,常因变速时手柄操作过猛而损坏。

3.4.3.8 工作台各个方向都不能进给

用万用表首先检查各个回路的电压是否正常,若控制回路的电压正常,可扳动手柄到任一运动方向,观察其相关的接触器是否吸合,若吸合则控制回路正常;接着着重检查主电路,检查是否有接触器主触点接触不良、电动机接线脱落和绕阻断路等现象。

3.4.3.9 工作台不能快速进给

工作台不能快速进给,常见的原因是牵引电磁铁回路不通,如线头脱落、线圈损坏或机械卡死。如果按下 SB6 或 SB7 后牵引电磁铁吸合正常,则故障是由于杠杆卡死或离合器摩擦片间隙调整不当造成的。

3.4.4 检修技能训练

3.4.4.1 实训目的

(1)学习用通电试验的方法发现故障。

(2)学习故障分析的方法,并通过故障分析缩小故障范围。

(3)排除 X62W 型万能铣床主电路或控制电路中人为设置的两个电气自然故障点。

3.4.4.2 实训内容

(1)充分了解机床的各种工作状态,以及操作手柄的作用,并观察机床的操作。

(2)熟悉机床的电气元件的安装位置、布线情况以及操作手柄在不同位置时行程开关的工作状态。

(3)人为设置故障点,指导学生从故障的现象着手进行分析,并采用正确的检查步骤和检查方法查出故障。

(4)设置两个故障点,由学生检查、排除,并记录检查的过程。要求学生应首先根据故障现象,在原理图上标出最小故障范围,然后采用正确的步骤和方法在规定的时间内排除故障。排除故障时,必须修复故障点,不得采用更换电气元件或改动线路的方法。检修时,严禁扩大故障范围或产生新的故障点。

3.4.4.3 注意事项

(1)操作前必须熟悉掌握电气原理图的各个环节。

(2)带电检修时,必须有指导教师在现场监护。

(3)若没有机床实物,则可事先在模拟板或实验台上按原理图安装控制线路,并按控制要求试车。

3.4.4.4 评分标准

成绩评定标准见表 3-14。

表 3-14 成绩评定

项目内容		评分标准	扣分	得分
故障分析(30 分)		1. 在原理图上标不出故障回路或标错,每处故障点扣 15 分; 2. 不能标出最小故障范围,每处故障点扣 5 分; 3. 故障分析思路不清楚,每处故障点扣 5 分		
排除故障(70 分)		1. 不能排除故障点,每处故障点扣 35 分; 2. 扩大故障范围或产生新的故障后,每处故障点扣 15 分; 3. 损坏电动机,扣 70 分; 4. 方法不正确,每处故障点扣 10 分; 5. 违反文明安全生产,扣 10 分		
时间	45 min	每超过 1 min 扣 5 分		
总分				

任务 3.5 镗床的电气控制线路的分析与安装训练

3.5.1 镗床主要结构与运动形式

镗床是一种精密加工机床,主要用于加工精确度高的孔,以及各孔间距离要求较为精确的零件,这些孔的轴线之间有严格的同轴度、垂直度、平行度与精确的距离。镗床常用来加工箱体零件,如主轴箱、机床的变速箱等。按用途不同,镗床可分为卧式镗床、立式镗床、坐标镗床、金刚镗床和专门化镗床等。

卧式镗床的主要结构如图 3-12 所示,主要由床身、前立柱、钟头架、后立柱、尾座、下溜板、上溜板、工作台、镗轴和平旋盘组成。

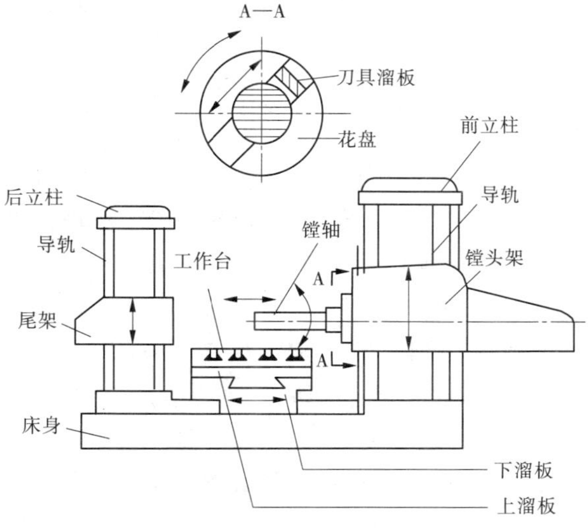

图 3-12 卧式镗床的主要结构

镗床的主运动是镗轴和平旋盘的旋转运动。进给运动是镗轴的轴向进给、平旋盘刀具溜板的径向进给、镗头架的垂直进给、工作台的纵向进给和横向进给。输助运动有工作台的旋转运动、后立柱的竖向移动及尾座的垂直移动,卧式镗床的主运动和各种急速进给运动都由一台电动机拖动。主轴拖动要求能够正反转且为恒功率调速,一般采用单速或多速三相笼型感应电动机拖动。为了使主轴停车迅速准确,主轴电动机应设有电气制动环节。为便于变速时齿轮顺利地啮合,控制电路中设有变速低速冲动环节。卧式镗床的各部分快速进给运动由快速进给电动机来拖动。

3.5.2 镗床电气线路分析

图 3-13 为 T68 型卧式镗床的电气控制线路图。T68 型镗床有两台电动机,一台是主轴电动机,它通过变速箱等传动机构拖动机床的主运动和进给运动,同时还拖动润滑油泵;另一台是快速进给电动机,实现主轴箱与工作台的快速移动。

主轴电动机是一台双速电动机,可进行点动或连续正反转的控制,停车制动采用由速度继电器 KS 控制的反接制动。为了限制制动电流和减小机械冲击,它在制动、点动及主运动和进给的变速冲动控制时串入电阻器。

快速进给电动机应能进行正反转的控制,由于工作时间短所以不采用热继电器进行过载保护。

3.5.2.1 开车前的准备

(1)合上电源开关把电源引入,电源指示灯 HL 亮,再把照明开关 SA 合上,局部照明工作灯 EL 亮。

(2)选择好所需的主轴转速和进路量。SQ1 是主轴变速行程开关,平时此行程开关是压下的,其常开触点闭合,主轴变速时复位。行程开关 SQ2 是在主轴变速手柄推不上时被压下。SQ3 是进给变速行程开关,平时此行程开关是压下的,其常开触点闭合,常闭触点断开,进给变速时复位。SQ4 是在进给变速手柄推不上时压下的。

(3)调整好主轴箱和工作台的位置。调整后行程开关 SQ5 和 SQ6 的常闭触点均处于闭合状态。

3.5.2.2 主轴电动机的控制

1. *主轴电动机的正反转和点动控制*

主轴电动机需要正转时,按下按钮 SB2,中间继电器 KA1 的线圈通电吸合并自锁,KA1 的常开触点 KA1(11—12)闭合使接触器 KM3 吸合,通电回路是:FU3(1—2)→FR(2—3)→SQ5(3—4)或 SQ6(3—4)→SB1(4—5)→SQ1(5—10)→SQ3(10—11)→KA1(11—12)→KM3 线圈。KM3 通电吸合后,其常开触点 KM3(5—18)闭合,使接触器 KM1 线圈通电吸合,通电回路是:FU3(1—2)→FR(2—3)→SQ5(3—4)或 SQ6(3—4)→SB1(4—5)→KM3(5—18)→KA1(18—15)→KM2(15—16)→KM1 线圈。KM1 线圈通电吸合后,其常开触点 KM1(4—14)闭合,KM4 随之吸合,其主触点将电动机的定子绕组接成三角形,电动机在全压下(KM3 的主触点将 R 短接)直接正向启动,低速运行。

同样,当电动机需要反转时,按下按钮 SB3,中间继电器 KA2 通电吸合,使接触器 KM3 吸合,接着接触器 KM2、KM4 相继通电吸合,电动机反向启动,低速运行。

1		2		3	4	5	6	7	8	9	10	11	12	13	14	15
电源开关及主轴电动机		快速进给电动机		变压器	照明	通电指示	主轴控制								快速移动	
主轴运转	主轴制动	正转	反转				正转	反转	制动	延时	正转	反转	高速	低速	正转	反转

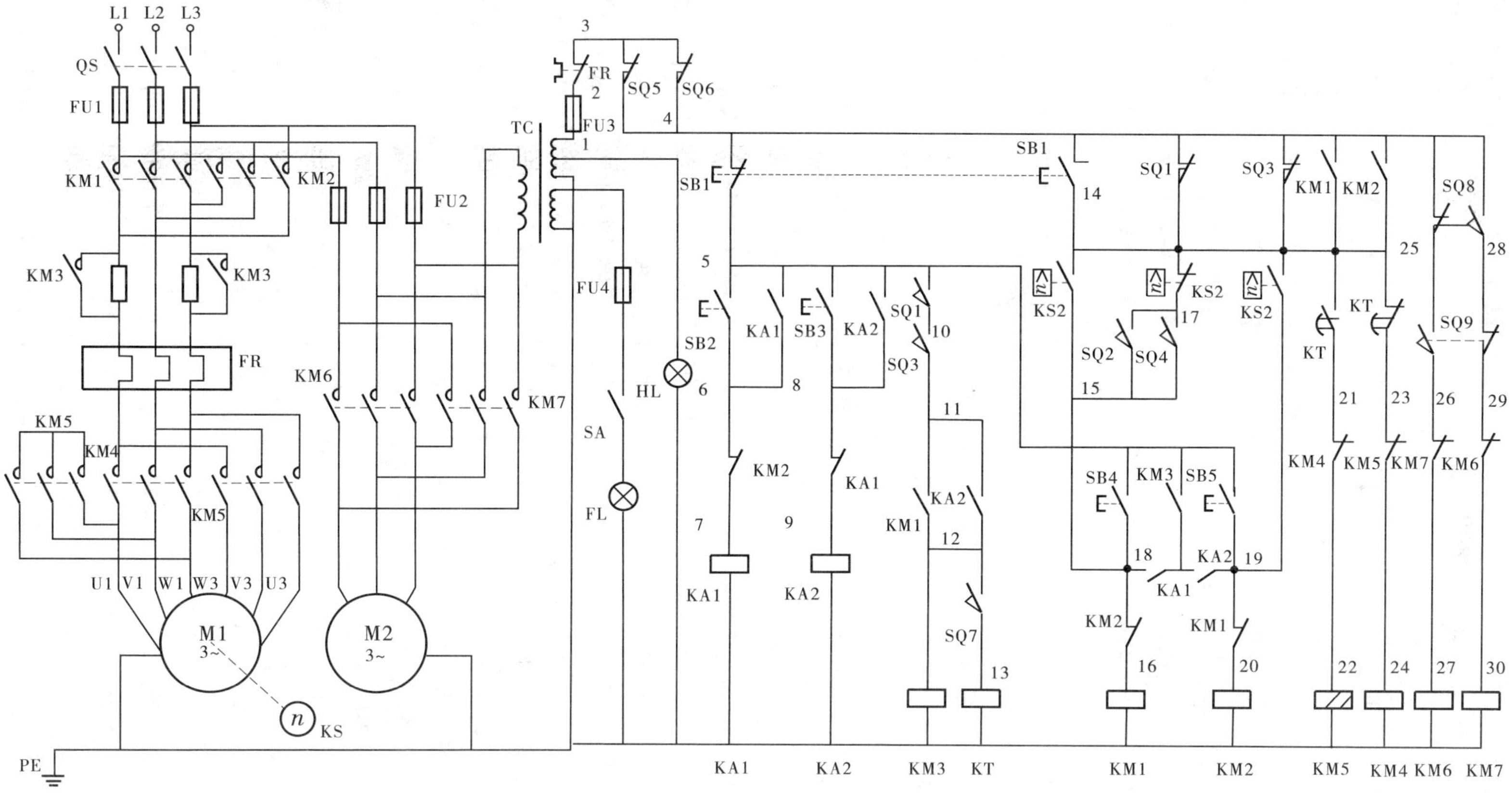

图 3-13　T68 型卧式镗床的电气控制线路

电动机正反转的点动控制由正、反转点动控制按钮 SB4、SB5 和正、反转接触器 KM1、KM2 构成，此时电动机定子绕组串入降压电阻 R，三相定子绕组接成三角形低速点动。

2. 主轴电动机的高速低速转换的控制

低速时主轴电动机的定子绕组连接成三角形，高速时 M1 的定子绕组接成 YY 形，转速提高 1 倍。

当电动机处于停车状态，需要电动机高速启动旋转时，将主轴速度选择手柄 SQ7 置于高速挡位，此时行程开关 SQ7 被压下，其常开触点 SQ7(12—13)闭合，这样在按下启动按钮，KM3 线圈通电的同时，时间继电器 KT 的线圈也通电吸合。经过 1 ~3 s 的延时后，其延时断开的常闭触点 KT(14—23)断开，KM4 线圈断电，KM4 的主触点断开，电动机断电；同时，KT 延时闭合的常开触点 KT(14—21)闭合，接触器 KM5 通电吸合，KM5 的主触点闭合，将电动机 M1 的定子绕组接成 YY 形并重新接通三相电源，从而使电动机由低速运转变为高速运转，实现电动机按低速挡启动再自动换接成高速挡旋转的自动控制。

若电动机原来处于低速运转，则只需要将主轴速度选择手柄 SQ7 置于高速挡，电动机经过 1 ~3 s 的延时后将自动换接成高速挡运行。

3. 主轴电动机停车制动的控制

主轴电动机在运行中，按下停止按钮 SB1 可实现 M1 的停车和制动。由 SB1，速度继电器 KS 的常开触点，接触器 KM1、KM2 和 KM3 构成主轴电动机的正反转反接制动的控制电路。电动机 M1 在高速正转运行时，速度继电器的正向常开触点 KS(14—19)闭合，为反接制动做好了准备。此时，按下停止按钮 SB1，其触点 SB1(4—5)先断开，使 KA1、KM3、KT、KM1 的线圈同时断电，随之 KM5 的线圈也断电释放。KM1 断电，其主触点断开，电动机断电，同时 KM1(19—20)闭合，为制动作准备。KT 线圈断电，其触点 KT(14—21)断开、KT(14—23)闭合，使电动机在低速运转的状态下进行制动。KM3 断电，其主触点断开，限流电阻 R 串入主电动机的定子电路。当停止按钮的常开触点 SB1(4—14)闭合后，由于电动机的转速仍然很高，速度继电器的触点 KS(14—19)仍处于闭合状态，因此 KM2 线圈通电吸合，其主触点闭合，将电动机的电源相序反接，其常开触点 KM2(4—14)闭合自锁，同时接通 KM4 的线圈，KM4 的主触点闭合，使电动机在低速下串入制动电阻进行反接制动。当电动机的转速下降到速度继电器的复位转速(约 100 r/min)时，速度继电器的常开触点 KS(14—19)断开，接触器 KM2 断电，随之 KM4 也断电，电动机停转，反接制动过程结束。

在停车操作时，必须将停止按钮按到底，使 SB1 的常开触点闭合，否则将没有反接制动停车，而是自由停车。如果在 M1 反转时进行制动，则速度继电器 KS 的反向旋转动作的常开触点 KS(14—15)闭合，使 KM1、KW4 吸合进行反接制动。

4. 主轴电动机主轴变速与进给变速的控制

主轴的各种转速是用变速操纵盘来调节变速传动系统而取得的，T68 型卧式镗床的主轴变速和进给变速既可在主轴停车时进行，也可在电动机运行中进行。变速时为便于齿轮的啮合，主轴电动机在连续低速的状态下运行。

主轴变速时，只要将主轴变速操作盘的操作手柄拉出，与变速手柄有联系的行程开关 SQ1 不受压而复位，使 SQ1(5—10)断开、SQ1(4—14)闭合，在主轴变速操作盘的操作手柄拉出没有推上时，SQ2 受压，其常开触点 SQ2(17—15)闭合。由于 SQ1(5—10)断开，使 KM3、KT 线圈断电而释放，KM1(或 KM2)也随之断电释放，电动机 M1 断电，但在惯性的作用下旋转，由于 SQ1(4—14)闭合，而速度继电器的正转常开触点 KS(14—19)或反转常开触点 KS(14—15)早已闭合，所以使 KM2(或 KM1)、KW4 线圈通电吸合，电动机 M1 在低速状态下串入电阻 R 进行反接制动。当转速下降到速度继电器复位时的转速(约 100 r/min)时，速度继电器的常开触点断开，制动过程结束，此时便可以转动变速操纵盘进行变速，变速后将手柄推回原位，使 SQ1 受压，SQ2 不受压，SQ1、SQ2 的触点恢复到原来的状态，SQ1(5—10)闭合，SQ(4—14)、SQ2(17—15)断开，使 KM3、KM1(或 KM2)、KM4 的线圈相继通电吸合。电动机按原来的转向启动，而主轴则在新的转速下运行。

变速时，若因齿轮卡住推不上，此时行程开关 SQ2 在主轴变速手柄推不上时仍处于被压下的状态，SQ2 的常开触点 SQ2(17—15)闭合，速度继电器的常闭触点 KS(14—17)也已经闭合，通过回路“SQ1(4—14)→KS(14—17)→SQ2(17—15)→KM2(15—16)→KM1 线圈”使接触器 KM1 通电，同时通过回路“SQ1(4—14)→KT(14—23)→KM5(23—24)→KM4 线圈”使 KM4 通电，电动机在低速状态下串电阻正向启动起来，当转速升高到 130 r/min 时，速度继电器又动作，KS(14—17)又断开，KM1、KM4 线圈断电释放，M1 电动机断电，同时 KS(14—19)闭合，电动机被反接制动，当转速降到 100 r/min 时，速度继电器又复位，KS(14—19)断开，KS(14—17)再次闭合，KM1、KM4 再次吸合，电动机 M1 在低速状态下串电阻启动起来这样电动机 M1 在转速 100 ~ 130 r/min 的范围内重复动作，直到齿轮啮合、主轴变速手柄推上、SQ2 不受压、SQ1 受压为止，触点 SQ1(4—14)断开、SQ2(17—15)断开，变速冲动过程结束。

如果变速前主轴电动机处于停止状态，变速后主轴电动机也处于停止状态；若变速前主轴电动机处于低速运转状态，由于中间继电器 KA1 仍保持通电状态，变速后主轴电动机仍然处于 D 形连接的低速运转状态。如果电动机变速前处于高速正转状态，那么变速后，主轴电动机仍先接成 D 形，经过延时后才进入 YY 形的高速正转状态。

进给变速控制和主轴变速控制的过程相同，只是拉开进给变速手柄，与其联动的行程开关是 SQ3、SQ4。当手柄拉出时，SQ3 不受压，SQ4 受压；当手柄推上复位时，SQ3 受压，SQ4 不受压。

5. 快速进给电动机的控制

机床各部件的快速移动，由快速进给操纵手柄控制，由快速进给电动机 M2 拖动。运动部件及其运动方向的选择由设在工作台前方的手柄操纵。快速进给操纵手柄有“正向”“反向”“停止”3 个位置。当快速进给操纵手柄向里推时，压合行程开关 SQ9，接触器 KM6 线圈通电吸合，快速进给电动机 M2 正转，通过齿轮、齿条等机械机构实现快速正向移动。松开快速进给操纵手柄，SQ9 复位，KM6 线圈断电释放，电动机 M2 停转；反之，将快速进给操纵手柄向外拉，压下行程开关 SQ8，接触器 KM7 通电吸合，电动机反向启动，实现快速反向移动。

6. 连锁保护装置

T68 型卧式镗床的运动部件较多，为防止机床或刀具损坏，保证主轴进给和工作台进给不能同时进行，将行程开关 SQ5、SQ6 并联接在 M1 和 M2 的控制电路中。SQ5 是与工作台和镗头的自动进给手柄联动的行程开关,当手柄操纵工作台和镗头架进给时,SQ5 受压,其常闭触点断开。SQ6 是与主轴和平旋盘刀架自动进给手柄联动的行程开关,当手柄操纵主轴和平旋盘刀架自动进给时,SQ6 受压,其常闭触点断开。而 M1、M2 必须在 SQ5、SQ6 中至少有一个处于闭合状态下才能工作,如果两个手柄都处在进给位置时,SQ5、SQ6 都断开,将控制电路切断,M1 和 M2 都不能工作,两种进给都不能进行,从而达到连锁保护的目的。

T68 型卧式镗床的电气元件明细表如表 3-15 所示。

表 3-15　T68 型卧式镗床的电气元件明细表

符号	元件名称	型号	规格	件数	作用
M1	主轴电动机	JO2－51－4	7.5 kW,1 450 r/min	1	主轴转动
M2	快速进给电动机	JO2－22－4	1.5 kW,1 410 r/min	1	工作台进给
KM1	交流接触器	CJ0－40	40 A,127 V	1	主轴电动机 M1 正转
KM2	交流接触器	CJ0－40	40 A,127 V	1	主轴电动机 M1 反转
KM3	交流接触器	CJ0－20	20 A,127 V	1	短接制动电阻 R
KM4	交流接触器	CJ0－40	40 A,127 V	1	把定子绕组接成△形,低速
KM5	交流接触器	CJ0－40	40 A,127 V	1	把定子绕组接成 YY 形,高速
KM6	交流接触器	CJ0－20	20 A,127 V	1	快速进给电动机 M2 正转
KM7	交流接触器	CJ0－20	20 A,127 V	1	快速进给电动机 M2 反转
KT	时间继电器	JS7－2A	线圈电压 127 V, 整定延时时间 3 s	1	主轴变速延迟
FU1	熔断器	RL1－60 型	配熔器 40 A	3	电源总短路保护
FU2	熔断器	RL1－60 型	配熔器 15 A	3	M2 短路保护
FU3	熔断器	RL1－15 型	配熔器 2 A	1	控制电路短路保护
FU4	熔断器	RL1－15 型	配熔器 2 A	1	控制电路短路保护
FR	热继电器	JR0－40/3D	额定电流 16 A	1	电动机 M1 过载保护
QS	组合开关	HZ2－60/3	60 A,三级	1	电源总开关
SA	组合开关	HZ2－10/2	10 A,三级	1	照明灯开关
SB1	按钮	LA2 型	复合按钮 5 A,500 V	1	停车按钮
SB2	按钮	LA2 型	复合按钮 5 A,500 V	1	主轴正向启动
SB3	按钮	LA2 型	复合按钮 5 A,500 V	1	主轴反向启动
SB4	按钮	LA2 型	复合按钮 5 A,500 V	1	主轴正向点动
SB5	按钮	LA2 型	复合按钮 5 A,500 V	1	主轴反向启动
SQ1	行程开关	KX1－11K	开启式	1	主轴变速行程开关, 主轴变速时复位

续表 3-15

符号	元件名称	型号	规格	件数	作用
SQ2	行程开关	KX1－11K	开启式	1	在主轴变速手柄推不上时压下
SQ3	行程开关	KX1－11K	开启式	1	进给变速过程开关， 进给变速时复位
SQ4	行程开关	KX1－11K	开启式	1	进给变速手柄推不上时压下
SQ5	行程开关	KX1－11H	保护式	1	工作台和镗刀架进给时受压
SQ6	行程开关	LX3-11	开启式	1	主轴和平旋盘刀架自动进给时受压
SQ7	行程开关	LX3-11	自动复位	1	主轴速度选择高速时被压下
SQ8	行程开关	LX3-11	自动复位	1	快速反向移动时被压下
SQ9	行程开关	LX3-11	自动复位	1	快速正向移动时被压下
R	制动电阻器	ZB2－0.9	0.9 Ω	1	限制制动电流
TC	控制变压器	BK－300	380 V/127 V、24 V、6 V	1	控制、照明、指示电路的低压电源
EL	照明灯泡	K－1，螺口	24 V，40 W	1	机床局部照明
HL	指示灯	DX1－0	白色 6 V/0.15 A		电源指示灯
KS	速度继电器	JY1	380 V，2 A	1	反接制动控制

3.5.3　T68 型卧式镗床的电气故障与检修

(1)转轴的转速与转速指示牌不符。这种故障一般有两种现象：一是主轴的实际转速比标牌指示数增加 1 倍或减少一半；另一种是电动机的转速没有高速挡或者没有低速挡。

第一种现象大多是由于安装调整不当引起的，因为 T68 型卧式镗床有 18 种转速，是采用双速电动机和机械滑移齿轮来实现的。变速后，1、2、4、6、8、…挡是电动机以低速运转驱动的，而 3、5、7、9、…挡是电动机是以高速运转驱动的。由电气原理图可知，主轴电动机的高低速转换是靠微动开关 SQ7 的通断来实现的，SQ7 安装在主轴调速手柄的旁边，主轴调速机构转动时推动一个撞钉，撞钉推动簧片使微动开关 SQ7 通或断，如果安装调整不当，使 SQ7 动作恰恰相反，则会发生主轴的实际转速比标牌指示数增加 1 倍或减少一半。

第二种现象产生的主要原因是行程开关 SQ7 的安装位置移动，造成 SQ7 始终处于接通或断开的状态或者是时间继电器 KT 不动作或触点接触不良，如果 KT 或 SQ7 的触点接触不良或接线脱落，则主轴电动机 M1 只有低速；若 SQ7 始终处于接通状态，则 M1 只有高速。

(2)主轴变速手柄拉出后，主轴电动机不能产生冲动。若变速手柄拉出后主轴电动机仍然以原来的转速和转向旋转，没有变速低速冲动，这是由于主轴的变速冲动是由与变速手柄有联动关系的行程开关 SQ1 与 SQ2 控制的，而 SQ1、SQ2 采用的是 LX1 型行程开关，行程开关的 SQ1 的常开触点 SQ1(5—10)由于质量等因素绝缘被击穿而无法断开造成。若变速手柄拉出后，M1 能反接制动，但到转速为零时，不能进行低速冲动。这往往由于SQ1、SQ2安装不牢固，位置偏移，触点接触不良，使触点SQ1(4—14)、SQ2(17—15)不能闭合，或速度继电器KS的常闭触点KS(14—17)不能闭合所致。

(3)主轴电动机不能制动。主要原因是速度继电器损坏，正转常开触点KS(14—19)和反转常开触点KS(14—15)不能闭合，或者是由于KM2或KM3的常闭触点接触不良。

(4)主轴(进给)变速时手柄拉开不能制动。主要原因是主轴变速行程开关SQ1(进给变速行程开关SQ3)的位置移动，以致主轴变速手柄拉开时SQ1(进给变速行程开关SQ3)不能复位。

(5)在机床安装接线后进行调试时产生双速电动机的电源进线错误。常见的错误之一是，将三相电源在高速运行和低速运行时都接成同相序，造成电动机在高速运行时的转向和低速运行时的转向相反；常见的错误之二是，电动机在采用△形接线时把三相电源从U3、V3、W3引入，而在采用YY形接线时把三相电源从U1、V1、W1引入，导致电动机不能启动，发出“嗡嗡”声并将熔体熔断。

3.5.4 检修技能训练

3.5.4.1 实训目的

(1)学习用通电试验的方法发现故障。

(2)学习故障分析的方法，并通过故障分析缩小故障范围。

(3)掌握双速电动机的接线方法并了解调速原理。

(4)排除T68型卧式镗床主电路或控制电路中人为设置的两个电气自然故障点。

3.5.4.2 实训内容

(1)充分了解机床的各种工作状态，以及操作手柄的作用，并观察机床的操作。

(2)熟悉机床的电气元件的安装位置、布线情况以及操作手柄在不同位置时行程开关的工作状态。

(3)人为设置故障点，指导学生从故障的现象着手进行分析，并采用正确的检查步骤和检查方法查出故障。

(4)设置两个故障点，由学生检查排除，并记录检查的过程。要求学生首先根据故障现象，在原理图上标出最小故障范围，然后采用正确的步骤和方法在规定的时间内排除故障。排除故障时必须修复故障点，不得采用更换电气元件或改动线路的方法，检修时严禁扩大故障范围或产生新的故障点。

3.5.4.3 注意事项

(1)操作前必须熟悉电气原理图的各个环节。

(2)带电检修时，必须有指导教师在现场监护。

(3)若没有机床实物，则可事先在模拟板或试验台上按原理图安装控制线路，并按控制要求检查试车。试车时首先要校验机床三相电源的进线的相序是否正确，否则将产生主轴不能停车的故障，在模拟板上安装的行程开关中只有SQ8、SQ9在手动操作后能自动复位，其他的行程开关都不能自动复位。

3.5.4.4 评分标准

成绩评定见表3-16。

表3-16 成绩评定

项目内容		评分标准	扣分	得分
故障分析(30分)		1. 在原理图上标不出故障回路或标错,每处故障点扣15分; 2. 不能标出最小故障范围,每处故障点扣5分; 3. 故障分析思路不清楚,每处故障点扣5分		
排除故障(70分)		1. 不能排除故障点,每处故障点扣35分; 2. 扩大故障范围或产生新的故障后,每处故障点扣15分; 3. 损坏电动机,扣70分; 4. 方法不正确,每处故障点扣10分; 5. 违反文明安全生产,扣10分		
时间	45 min	每超过1 min扣5分		
总分				

任务3.6 组合机床的电气控制

3.6.1 概述

3.6.1.1 组合机床介绍

随着生产的发展和生产规模的扩大,产品往往需要大批量生产,为此设计和生产了各种专用机床和自动线。组合机床就是适用于产品大批量生产的专用机床。

组合机床是为某些特定的工件进行特定工序加工而设计的专用设备。这种机床可以完成工件加工的全部工艺过程,如钻孔、扩孔、铰孔、攻丝、车削、削铣、磨削及精加工等工序,一般采用多轴、多刀、多工序、多面同时加工,是一种工序集中的高效率、自动化机床,并由大量通用部件及少量专用部件组成。当加工对象改变时,组合机床可较方便地组合通用部件和专用部件重新改装,以适合新零件的加工要求,所以它便于产品更新。

组合机床的电气控制系统和总体设计有相同的特点,也是由许多通用的控制机构和典型的基本控制环节组成的。由于组合机床的控制系统大多采用机械、液压、电气或气动相结合的控制方式,因此除典型环节外,还有液压进给系统控制电路和某些特殊的控制环节。其中,电气控制往往起着连续中枢的作用。

3.6.1.2 通用部件的分类

通用部件按其在组合机床中所起的作用可分为以下几种部件:

(1)动力部件。它是完成组合机床刀具切削运动及进给运动的部件。其中,能同时完成刀具切削运动及进给运动的动力组件,通常称为动力头;而只能完成进给运动的动力部件,则称为动力滑台。

(2)输送部件。如回转分度工作台、回转鼓轮、自动线工作回转台及零件输送装置,其中回转分度工作台是多工位组合机床和自动线中不可缺少的通用部件。

(3)控制部件。如液压元件、控制板、按钮台及电气挡铁。

(4)支承部件。如滑座、机身、立柱和中间底座。

(5)其他部件。如机械扳手、气动扳手、排屑装置和润滑装置。

值得注意的是,组合机床通用部件不是一成不变的,它将随着生产力的向前发展而不断更新,因此相应的电气控制线路也将随着更新换代。

3.6.1.3 动力滑台的基本工作循环形式

组合机床上最主要的通用部件是动力头和动力滑台。动力滑台按结构分为机械滑台和液压动力滑台。动力滑台可配置成卧式或立式的组合机床。动力滑台配置不同的控制线路,可完成多种自动循环。动力滑台的基本工作循环形式有以下几种:

(1)一次工作进给:快进→工作进给(延时停留)→快退。可用于钻、扩、镗孔和加工盲孔、刮端面等。

(2)二次工作进给:快进→一次工作进给→二次进给→(延时停留)→快退。可用于镗孔完后车削或刮端面等。

(3)跳跃进给:快进→工进→快进→工进→(延时停留)→快退。例如,镗削两层壁上的同心孔,可跳跃进给自动工作循环。

(4)双向工作进给:快进→工进→反向工进→快退。可用于正向工进粗加工、反向工进精加工。

(5)分级进给:快进→工进→快退→快进→工进→快退→……→快进→工进→快退。主要用于钻深孔。

3.6.2 机械动力滑台控制线路

机械动力滑台由滑台、滑座和双电机(快速和进给电机)、传动装置三部分组成,滑台的工作循环由机械传动和电气控制完成。下面以机械动力滑台具有正反向工作进给控制为例,说明其工作原理。机械动力滑台控制线路如图 3-14 所示,其工作循环如图 3-15 所示。

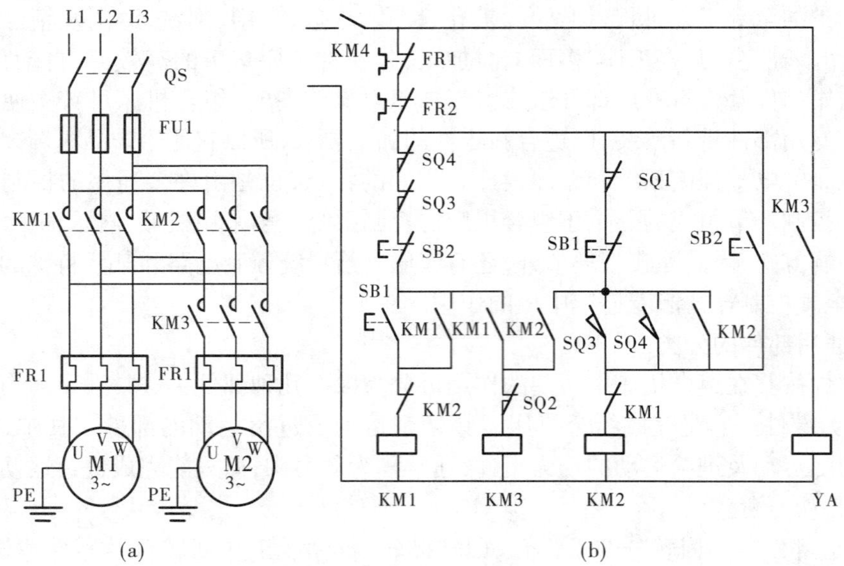

图 3-14 机械动力滑台控制线路

图 3-14 中,M1 为工作进给电动机,M2 为快速进给电动机。滑台的快进由电动机 M2 经齿轮使丝杠快速旋转实现。主轴的旋转靠一专门电动机拖动,由接触器 KM4(电路未画出)控制。SQ1 为原位行程开关,SQ2 为快进转工进的行程开关,SQ3 为终点行程开关,SQ4 为限

位保护开关。KM1、KM2 接触器控制电动机 M1、M2 的正反转。YA 是制动电磁铁。

由图 3-14 所示的控制线路图可看出：

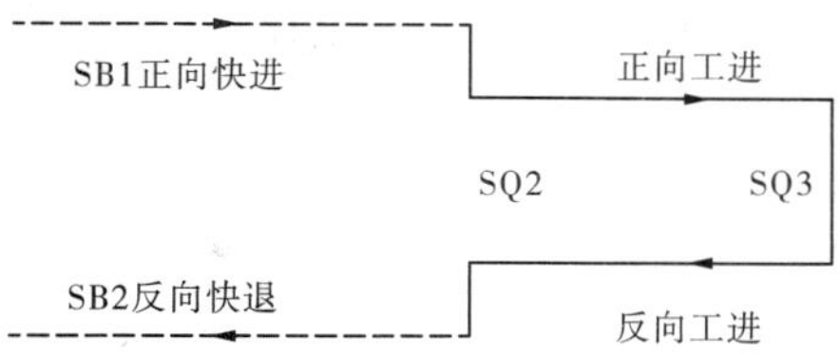

图 3-15　工作循环示意图

(1)主轴电动机与电动机 M1、M2 都有顺序启停关系，只有主轴电动机启动后，即 KM4 触电闭合，电动机 M1、M2 才能启动。

(2)滑台在快进或快退过程中，电动机 M1、M2 都运转。这时，滑台通过机械结构保证由快进电动机 M2 驱动。

(3)快进电动机 M2 的制动器为断电型(机械式)制动器，即在 YA 断电时制动。

(4)滑台正向快进转工进由压下 SQ2 实现，反向工进转反向快退，由压下 SQ3 实现，这里应用了长挡铁。

(5)正反进给互锁。

(6)电动机 M1、M2 均有热继电器，只要其中之一过载，控制电路就断开。

在控制线路中，SB1 为启动向前按钮，SB2 为停止向前并后退的按钮，其工作原理如下：

(1)滑台原位停止。此时，SQ1 被压下，其常闭触点断开。

(2)滑台快进。按下 SB1 按钮，KM1 线圈得电自锁，并依次使 KM3 线圈和 YA 线圈得电，M2 电动机制动器松开，电动机 M1、M2 同时正向运转，机械滑台向前快速进给。此时，SQ1 复位，其常闭触点闭合。

(3)滑台正向工进。当滑台挡铁压下行程开关 SQ2 时，其常闭触点断开，KM3 线圈断电，并使 YA 也断电，M2 电动机被迅速制动。此时，滑台由电动机 M1 拖动正向工进。

(4)滑台反向工进。当挡铁压下行程开关 SQ3 时，其常开触点闭合，常闭触点断开，KM1 线圈断电，KM2 线圈得电自锁，电动机 M1 反向运转，滑台反向工进。SQ3 复位，其常开触点断开，常闭触点闭合。

(5)滑台快退。当挡铁松开 SQ2 后，SQ2 复位，其常闭触点闭合，KM3 线圈再得电，并使 YA 得电，M2 电动机反向运转，滑台快退，退到原位时，SQ1 被压下，其常闭触点断开，KM2 断电，并使 KM3、YA 断电，电动机 M1、M2 停止。

SQ4 为向前超程开关，当 SQ4 被压时，其常开触点闭合，常闭触点断开，使 KM1 线圈断电，KM2 线圈得电，滑台工进退回，当挡铁松开 SQ2 后，滑台转而快速退回。

3.6.3　液压动力滑台控制线路

液压动力滑台与机械动力滑台的区别在于，液压动力滑台进给运动的动力是动力油，而机械动力滑台的动力来自于电动机。

液压动力滑台由滑台、滑座和油缸三部分组成。油缸拖动滑台在滑座上移动。

液压动力滑台也具有前面所述机械动力滑台的典型自动工作循环，它通过电气控制电路控制液压系统实现。滑台的工进速度由节流阀调节，可实现无级调速。电气控制电路一般采用行程、时间原则及压力控制方式。一次性工作进给的液压动力滑台电气控制线路如图 3-16 所示。

3.6.3.1　动力滑台的液压系统简介

动力滑台的液压系统如图 3-17(a)所示，一次性工作进给示意图如图 3-17(b)所示。

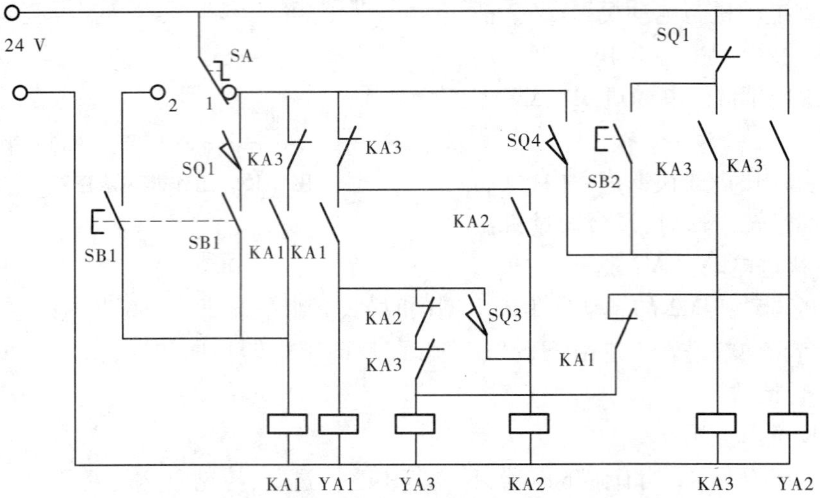

图 3-16　一次性工作进给的液压动力滑台电气控制线路

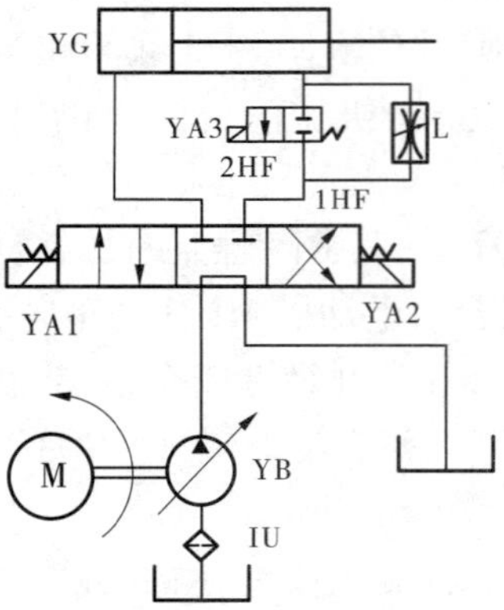

(a)动力滑台的液压系统

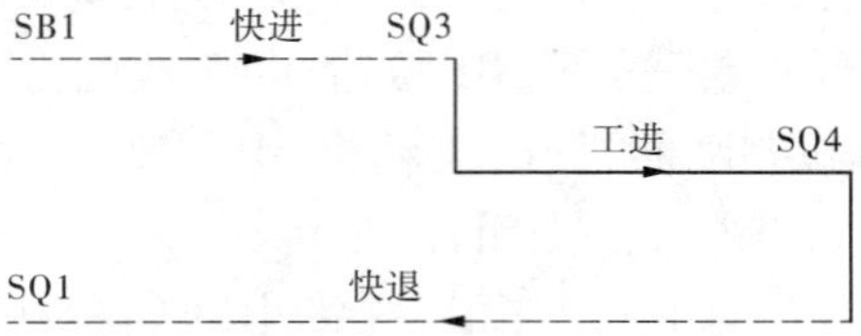

电磁铁 / 滑台	YA1	YA2	YA3	主令转换
快进	+	−	+	SB1
工进	+	−	−	SQ3
快退	−	+	−	SQ4
停止	−	+	−	SQ1

(b)一次性工作进给示意图

图 3-17　动力滑台的液压系统及一次性工作进给示意图

(1)单活塞杆式液压缸。其图形符号如图 3-18(a))所示。单活塞杆式液压缸的特点是:往复运动的速度不同,活塞向右运动的速度小于活塞向左运动的速度,用于实现慢速进给和快速退回;输出的推力不相等,当无杆腔(图形符号的左侧油腔)进油时工作进给运动克服较大的外负载,当有杆腔(图形符号的右侧油腔)进油时只需克服摩擦力的作用,驱动工作部件快速退回。

(2)单向变量液压泵。其图形符号如图 3-18(b)所示。液压泵的主要作用是将电动机旋转的机械能转换为液压能,它是液压系统的动力原件,为系统提供压力油。液压泵在结构上必须有可以周期性变化大小的密封容积,当工作容积增大时,完成吸油过程;当工作容积减小时,完成排油过程。液压泵还必须具有相应的配流机构,如单向阀,将吸油过程和排油过程分开。按在单位时间内油液的体积是否可调节,液压泵可以分为定量泵和变量泵。单向变量液压泵是指单向旋转,单向流动,变排量。

(3)油箱。其图形符号如图 3-18(c)所示。油箱的主要作用是储存系统所需的足够油液,散发油液中的热量和空气,沉淀油液中的污物。

(4)过滤器。其图形符号如图 3-18(d)所示。过滤器的作用是去除油中的杂质,维护油液的清洁,防止油液污染。

(5)双电控三位四通电磁换向阀(简称电磁阀)。其图形符号如图 3-18(e)所示。换向阀是借助于阀芯与阀体之间的相对运动,使与阀体相连的各油路实现接通、切断或改变液流的方向。图 3-18(e)中 3 个方格代表 3 个工作位置,即“三位”。与一个方格的相交点数为油口通路数,简称“通”,如图 3-18(e)所示有 4 个相交点,即“四通”,箭头“↑”表示两油口相通,堵塞符号“┳”表示该油口不通流,P 表示通泵或压力油口,T 表示通油箱的回油口,A 和 B 表示连续两个工作油路的油口。通过控制左电磁铁 YA1 和右电磁铁 YA2 的通断,控制液流方向。YA1 通电,阀芯向右,P 与 A 通,B 与 T 通;YA2 通电,阀芯向左,P 与 B 通,A 与 T 通;YA1 和 YA2 都不通电,电磁阀为中位,P、A、B、T 口不通。三位阀的中位为常态位,在液压系统图中,换向阀与油路在常态位连接。

(6)单电控二位二通电磁阀。其图形符号如图 3-18(f)、(g)所示。二位阀靠近弹簧的位为常态位。二位二通电磁阀有常开型和常闭型两种,图 3-18(f)所示为常开型,即在电磁铁 YA3 通电时,阀芯推向右端,油路接通;当 YA3 断电时,在弹簧的作用下阀芯推向左端,电磁阀复位,油路不通。图 3-18(g)所示为常闭型。

(7)可调节流阀,即调速阀。其图形符号如图 3-18(h)所示。调速阀用于对流量的控制和调节,调速阀有压力补偿环节,其流量不随调速阀前后的压差变化而变化,调速阀装在进油路或回油路可以改善速度负载特性,使速度稳定性高。

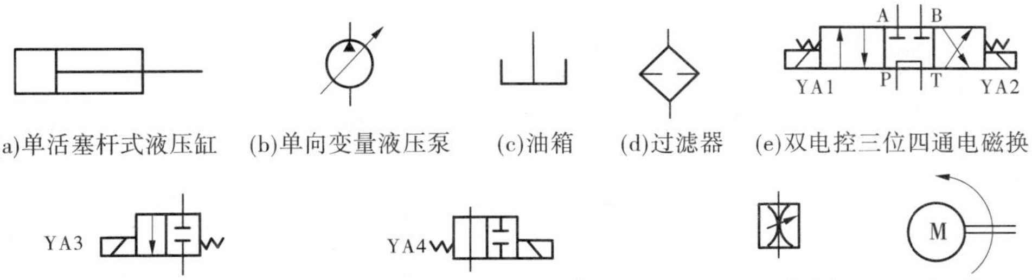

(a)单活塞杆式液压缸　(b)单向变量液压泵　(c)油箱　(d)过滤器　(e)双电控三位四通电磁换向阀

(f)单电控二位二通电磁阀(常开型)　(g)单向控二位二通电磁阀(常闭型)　(h)可调节流阀　(i)电动机

图 3-18　动力滑台液压系统元件符号

3.6.3.2　液压动力滑台的电气控制线路

液压动力滑台的电气控制线路如图 3-16、图 3-17 所示。

(1)滑台原位停止。滑台由油缸 YG 拖动前后进给,电磁铁 YA1、YA2、YA3 均为断电状态,滑台原位停止,并压下行程开关 SQ1,其常开触点闭合,常闭触点断开。

(2)滑台快进。把转换开关 SA 扳到“1”位置,按下 SB1,继电器 KA1 得电并自锁,继而使电磁铁 YA1、YA3 得电,使电磁阀 1HF、2HF 阀芯推向右端,于是变量泵打出的压力油经 1HF 流入滑台油缸左腔,滑台油缸右腔流出的油经 2HF、1HF 直接流入油箱,不经过调速阀 L,使滑台快进。此时,SQ1 复位,其常开触点断开,常闭触点闭合。

(3)滑台工进。当挡铁压动行程开关 SQ3 时,其常开触点闭合,KA2 得电并自锁,KA2 的常闭触点断开,YA3 断电,电磁阀 2HF 复位,油路不通,滑台油缸右腔流出的油只能经调速阀 L 流入油箱,滑台转为工进。由于有 KA2 的自锁,滑台不会因挡铁离开 SQ3 而使 KA2 电路断开。此后,SQ3 的常开触点断开。

(4)滑台快退。当滑台工进到终点时,挡铁压动 SQ4 行程开关,其常开触点闭合,KA3 得电并自锁,KA3 的常闭触点打开,常开触点闭合,分别使 YA1 断电,YA2 得电,使电磁阀 1HF 阀芯推向左,变量泵打出的油经 1HF 流入滑台油缸右腔,油缸左腔流出的油经 1HF 直接流入油箱,滑台快退。当滑台退到原位时,压动 SQ1,其常闭触点断开,YA2 断电,1HF 复位,油路断,滑台停止。

(5)滑台的电动调整。将转换开关 SA 扳到"2"位置,按下 SB1,KA1 得电,继而 YA1、YA3 得电,滑台可向前快进。由于 KA1 电路不能自锁,因而当 SB1 松开后,滑台停止。

当滑台不在原位时,SQ1 常开触点断开,若需要快退,可按下 SB2 按钮,使 KA3 得电,YA2 得电,滑台快退,退到原位时压下 SQ1,SQ1 的常闭触点断开,KA3 失电,滑台停止。

在上述电路中,若需要使滑台工进到终点,延时停留,使工作循环为:快进→工进→延时停留→快退,则稍加修改,加一延时线路即可,控制线路如图 3-19 所示。

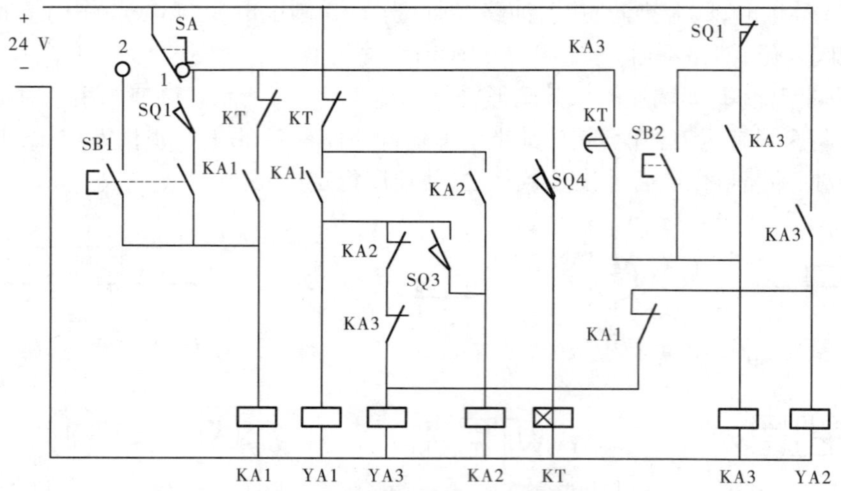

图 3-19　液压动力滑台控制线路

图 3-19 与图 3-16 比较,实际上只是多加一个时间继电器 KT。将 KA3 的两个常闭触点用 KT 的两个瞬时常闭触点代替,增设一个 KT 延时触点,起延时作用。

图 3-19 中,当工进到终点时,压动行程开关 SQ4,其常开触点闭合,使 KT 得电,此时 KT 的两个常闭瞬时触点立即断开,使 YA1 和 YA3 断电,滑台停止工进。KT 延时触点延时后闭合,KA3 得电,继而使 KA2 得电,滑台才开始后退,从而达到工进到位后停留延时再快退的目的。

3.6.3.3　二次工作进给控制线路

根据加工工艺的要求,有时需要设计两种进给速度,先以较快的进给速度加工(一次工进)而后以较慢的速度加工(二次工进),二次工作进给控制线路如图 3-20 所示。

该电路实现"快进→ 一次工进→二次工进→快退"的工作循环,工作原理与上述相似。

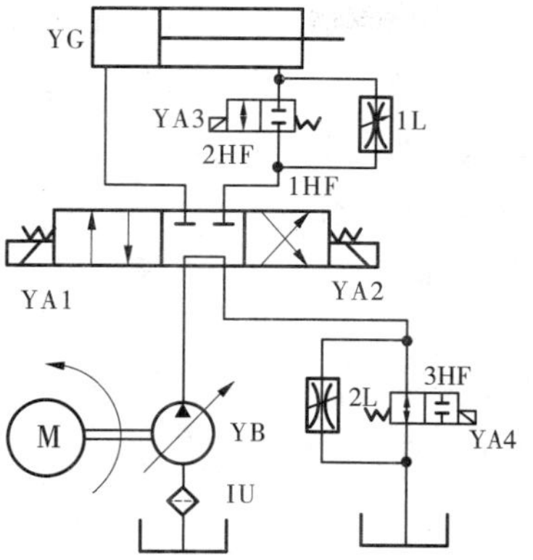

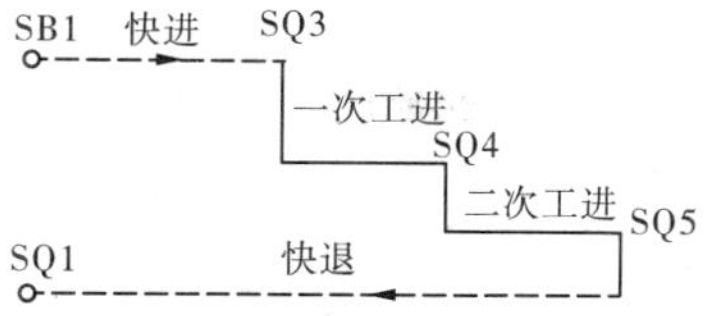

电磁铁 / 滑台	YA1	YA2	YA3	YA4	主令
快进	+	−	+	−	SB1
一次工进	+	−	−	−	SB3
二次工进	+	−	−	+	SQ4
快退	−	+	−	−	SQ5
停止	−	−	−	−	SQ1

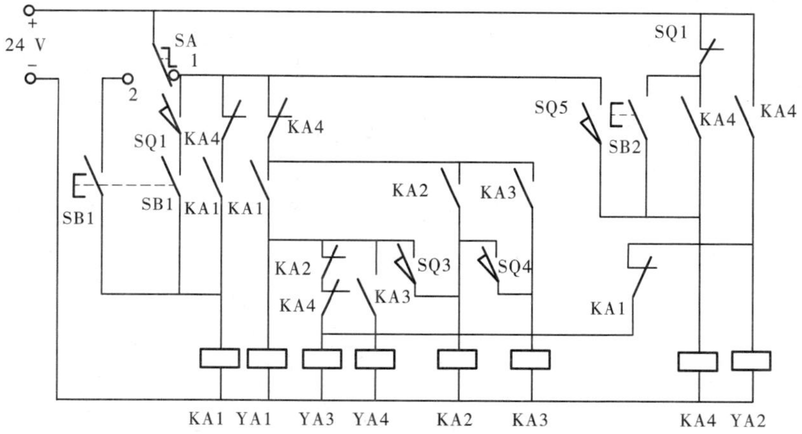

图3-20　二次进给工作控制线路

(1)滑台原位停止。压下SQ1,其常开触点闭合,常闭触点断开。

(2)滑台快进。按下SB1,KA1得电自锁,YA1、YA3得电,电磁阀1HF、2HF推向右,于是变量泵打出的压力油经过1HF、2HF直接流入油箱,滑台快进。

(3)滑台一次工进。滑台挡铁压下SQ3,KA2得电自锁,YA3断电,2HF复位,2HF油路不通,液压油经调速阀1L流入油箱,滑台实现一次工进。

(4)滑台二次工进。滑台挡铁压下SQ4,KA3得电自锁,YA4得电,3HF阀芯推向左,3HF油路不通,液压油经调速阀1L、2L流入油箱,滑台实现二次工进,二次工进的速度由两个调速阀调整,比一次工进速度慢。

(5)滑台快退。滑台挡铁压下SQ5,KA4得电,YA2、YA3得电,YA1、YA4断电,滑台快退。退到原位时,压下SQ1,YA2断电,滑台停止。

思考与练习题

1. 简述CA6140型普通车床的主要结构和运动形式。
2. 分析CA6140型普通车床的电气控制线路。该电路具有哪些保护措施?如何实现?
3. 简述平面磨床的主要结构及运动形式并分析M7130型卧轴矩台平面磨床的控制

电路。

4. 在平面磨床的控制中，用电磁吸盘吸持工件有何好处？并简述将工件从电磁吸盘上取下来的操作步骤。电磁吸盘的文字符号是什么？

5. 电磁吸盘的控制回路由哪几部分组成？R2、R3 的作用是什么？

6. 电磁吸盘没有吸力的原因有哪些？R2、R3 的作用是什么？

7. 电磁吸盘退磁效果差，退磁后工件难以取下的原因是什么？

8. 简述摇臂钻床的主要结构和运动形式。

9. 分析 Z3040 型摇臂钻床电气线路的摇臂升降的控制过程。

10. 分析 Z35 型摇臂钻床电气线路，并说明以下几点：

(1) 摇臂的升降和主轴的旋转运动为何不能同时进行？

(2) 控制电路中设置零压继电器的作用是什么？

(3) 十字开关的通断情况。

(4) SQ1、SQ2 起什么作用？

11. 简述 X62W 型万能铣床的主要结构与运动形式。

12. X62W 型万能铣床电气控制的特点是什么？

13. 简述 X62W 型万能铣床停车制动的控制过程？主轴停车时没有制动的原因是什么？主轴停车后产生短时反向旋转的原因是什么？按下停止按钮后主轴不停的原因是什么？

14. 什么是冲动控制？其作用是什么？简述主轴电动机变速时的冲动控制。主轴不能变速冲动的原因是什么？

15. X62W 型万能铣床的工作台有几个方向的进给？简述工作台各个方向的进给控制。各个方向进给之间如何实现连锁保护？

16. X62W 型万能铣床电路中有哪些连锁和保护？

17. 简述镗床主要结构与运动形式。

18. 简述 T68 型卧式镗床的主轴电动机的高速低速转换的控制。如何保证主轴电动机的高速低速转换后主轴电动机的转向不变？

19. 简述 T68 型卧式镗床的主轴电动机停车制动的控制。分析主轴电动机不能制动的原因。

20. 简述主轴电动机主轴变速与进给变速的冲动控制，分析主轴变速手柄拉出后主轴电动机不能产生冲动的原因。

21. 画出二位二通、三位四通电磁换向阀的图形符号，并予以说明。

22. 画出组合机床一次性工作进给的液压滑台的液压系统图，并说明各元件的作用及一次工作进给的工作过程。

23. 画出组合机床二次性工作进给的液压动力滑台的液压系统图，并说明工作过程。

24. 组合机床动力滑台的基本工作循环形式有几种？

25. 结合具体条件，选几台常用机床，认识机床电器柜及有关电器的安装。根据电器安装实物绘出机床电气原理图、位置图及接线图，并说明其工作原理。

项目4　起重机及其他设备电气控制线路的技能训练

引言

起重机是一种用来起重与空中搬运重物的机械设备，广泛应用于工矿企业、车站港口、仓库、建筑工地等场合。它对减轻工人劳动强度、提高劳动生产率、促进生产过程机械化起重要作用，是现代化生产中不可缺少的重要工具。起重机包括桥式、门式、梁式和塔式(旋转式)等多种，其中以桥式起重机的应用最广。桥式起重机又分为通用桥式起重机、冶金专用起重机、龙门起重机与缆索起重机等；塔式(旋转式)起重机又分为固定式和行走式等，多应用于车站港口和建筑工地中。

本学习项目就是针对实际生产需要，着重分析起重机的基本结构和应用中启动、制动、调速、反转等运行状态下电气控制线路和广泛用于公共场合排水设备的控制线路的基本过程，达到熟练掌握多种设备控制线路安装调试、维护维修技术的目的。

【任务要点】 了解多种设备的有关结构、运动形式和拖动要求等基础知识，熟悉电气控制线路安装、检查、调试试车的基本要求和方法步骤；分析起重机电气控制线路，理解控制方案，明确多种设备的保护方法和实施过程，掌握多种设备电气控制线路应用的综合技能。

【实操训练目标】 熟练掌握起重机和排水泵运行控制线路的基本工作原理和控制过程分析方法，学会电气线路控制、电气保护的基本形式，学会线路设备安装、配线工艺、线路检查、整体调试试车的方法步骤，熟练地把电气技能运用到工作实际中。

【岗位目标】 通过训练，能满足和胜任各行业起重运输和排水设备的操作、安装、调试、维护维修岗位的基本技能要求，达到中级维修电工的职业资格水平，为高一级控制形式的学习及取得高级维修电工职业资格打下基础，培养爱岗敬业的职业精神。

任务4.1　桥式起重机概述

通用桥式起重机是机械制造工业中使用最广泛的起重机械，又称“天车”或“行车”，是一种横架在固定跨间上空用来吊运各种物件的设备。其外形如图4-1所示。

桥式起重机按起吊装置不同，可分为吊钩桥式起重机、电磁盘桥式起重机和抓斗桥式起重机。其中尤以吊钩桥式起重机应用最广。本项目着重介绍吊钩桥式起重机的电气设备，另外两种仅起吊装置不同，而结构、电气控制均与吊钩桥式起重机相同。

4.1.1　桥式起重机的主要结构和运动形式

桥式起重机的主要结构由操纵室、辅助滑线架、交流磁力控制盘、电阻箱、起重小车、大车拖动电动机、端梁、主滑线、主梁等组成(见图 4-1)。

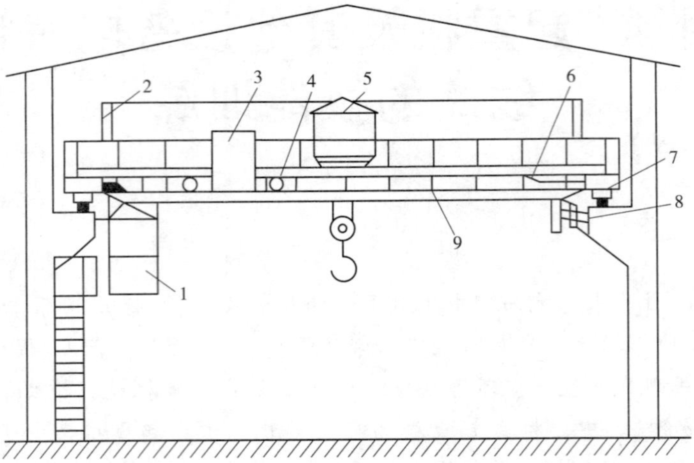

1—操纵室;2—辅助滑线架;3—交流磁力控制盘;4—电阻箱;
5—起重小车;6—大车拖动电动机;7—端梁;8—主滑线;9—主梁

图 4-1　桥式起重机示意图

4.1.1.1　桥架

桥架是桥式起重机的基本构件,它由主梁、端梁、走台等部分组成。主梁横跨在车间中间。主梁两端连有端梁,在两主梁外侧安有走台。在一侧的走台上装有大车移行机构,使桥架可沿车间长度方向的导轨移动。在另一侧走台上装有小车的电气设备,即辅助滑线。在主梁上方铺有导轨,供小车移动。

4.1.1.2　大车移动机构

大车移动机构由大车驱动电动机、传动轴、联轴节、减速器、车轮及制动器等部件构成。拖动方式有集中拖动与分别拖动两种。集中拖动是由一台电动机经减速机构驱动两个主动轮,而分别拖动则由两台电动机分别驱动两个主动轮。后者自重轻,安装调试方便,实践证明使用效果良好。目前,我国生产的桥式起重机大多采用分别拖动。

4.1.1.3　小车

小车安放在桥架导轨上,可沿车间宽度方向移动。小车主要由小车架、小车移动机构和提升机构等组成。小车移动机构由小车电动机、制动器、联轴节、减速器及车轮等组成。小车电动机经减速器驱动小车主动轮,拖动小车沿导轨移动,由于小车主动轮相距较近,故由一台电动机驱动。

4.1.1.4　提升机构

提升机构由提升电动机、减速器、卷筒、制动器、吊钩等组成。提升电动机经联轴节、制动轮与减速器连接,减速器的输出轴与缠绕钢丝绳的卷筒相连接,钢丝绳的另一端装有吊钩,当卷筒转动时,吊钩就随钢丝绳在卷筒上的缠绕或放开而上升与下降。对于起重量在 15 t 及以上的起重机,备有两套提升机构,即主钩与副钩。

4.1.1.5　操纵室

操纵室是操纵起重机的吊舱,又称驾驶室。操纵室内有大小车移行机构控制装置、提升机构控制装置，以及起重机的保护装置等。操纵室一般固定在主梁的一端，也有少数装在小车下方随小车移动。操纵室上方开有通向走台的舱口，供检修大小车机械及电气设备时人员上下用。

综上所述，桥式起重机的运动形式有以下三种：

(1)起重机由大车电动机驱动，沿车间两边的轨道作纵向前后运动。

(2)小车及提升机构由小车电动机驱动，沿桥架上的轨道作横向左右运动。

(3)在升降重物时由起重电动机驱动作垂直上下运动。

这样桥式起重机就可实现重物在垂直、横向、纵向 3 个方向的运动，从而把重物移至车间的不同位置，完成车间内的起重运输任务。

4.1.2　桥式起重机的主要技术参数

桥式起重机的主要技术参数有起重量、跨度、提升高度、运行速度、提升速度、通电持续率、工作类型等。

4.1.2.1　起重量

起重量又称额定起重量，是指起重机实际允许起吊的最大负荷量，以 t(吨)为单位。国产的桥式起重机系列，其起重量有 5 t、10 t(单钩)、15/3 t、20/5 t、30/5 t、50/10 t、75/20 t、100/20 t、125/20 t、150/30 t、200/30 t、250/30 t(双钩)等多种。其中，分子为主钩起重量，分母为副钩起重量。如 20/5 t 起重机是指主钩的额定起重量为 20 t，副钩的额定起重量为 5 t。桥式起重机按照起重量可分 5~10 t 为小型、10~50 t 为中型及 50 t 以上为重型起重机 3 个等级。

4.1.2.2　跨度

起重机主梁两端车轮中心线间的距离，即大车轨道中心线间的距离，称为跨度，以 m 为单位。国产桥式起重机的跨度有 10.5 m、13.5 m 、16.5 m、19.5 m、22.5 m、25.5 m、28.5 m、31.5 m，每 3 m 为一个等级。

4.1.2.3　提升高度

起重机吊具或抓取装置的上极限位置与下极限位置之间的距离，称为起重机的提升高度，以 m 为单位。常用的提升高度有 12/16 m、12/14 m、12/18 m、16/18 m、19/21 m、20/22 m、21/23 m、22/26 m、24/26 m 等几种。其中，分子为主钩提升高度，分母为副钩提升高度。

4.1.2.4　运行速度

运行速度指运行机构在拖动电动机于额定转速下运行的速度，以 m/min 为单位。小车的运行速度一般为 40~60 m/min，大车的运行速度一般为 100~135 m/min。

4.1.2.5　提升速度

提升机构的提升电动机以额定转速取物上升的速度，一般不超过 30 m/min，根据货物性质、重量、提升要求来决定。·

4.1.2.6　通电持续率

桥式起重机通电持续率为工作时间与周期时间之比，一般一个周期为 10 min，标准的通电持续率规定一般为 15%、25%、40%、60% 四种。通电持续率反映了起重机的工作繁重程度,用 FC 表示。

4.1.2.7 工作类型

起重机按其载荷率和工作繁忙程度可分为轻级、中级、重级和特重级四种工作类型。

(1)轻级。工作速度低,使用次数少,满载机会少,通电持续率为 15%,用于不紧张及工作不繁重的场所,如在水电站、发电厂中用作安装检修的起重机。

(2)中级。经常在不同载荷下工作,速度中等,工作不太繁重,通电持续率为 25%,如一般机械加工车间和装配车间用的起重机。

(3)重级。工作繁重,经常在重载荷下工作,通电持续率为 40%,如冶金和铸造车间内使用的起重机。

(4)特重级。经常起吊额定负荷,工作特别繁忙,通电持续率为 60%,如冶金专用的桥式起重机。

起重量、运行速度和工作类型是桥式起重机最重要的 3 个参数。

4.1.3 桥式起重机对电力拖动的要求

桥式起重机的工作条件比较差,由于安装在车间(仓库、码头、货场)的上部,有的还是露天安装,因此往往处在高温、高湿度、易受风雨侵蚀或多粉尘的环境中。同时,还经常处于频繁的启动、制动、反转状态,要承受较大的过载和机械冲击。因此,对桥式起重机的电力拖动和电气控制有以下特殊的要求。

4.1.3.1 对起重电动机的要求

1.能重复短时工作制

所谓重复短时工作制,即 FC 介于 25%~40%。重复短时工作制的特点是电动机较频繁地通、断电,经常处于启动、制动和反转状态,而且负载不规律,时轻时重,在受过载和机械冲击较大时,由于工作时间较短,其温升要比长期工作制的电动机低(在同样的功率下),允许过载运行。因此,要求电动机有较强的过载能力。

2.有较大的启动转矩

起重电动机往往是带负载启动,因此要求有较好的启动性能,即启动转矩大,启动电流小。

3.能进行电气调速

由于起重机对重物停放的准确性要求较高,在起吊和下降重物时要进行调速,但是起重机的调速大多数是在运行过程中进行的,而且变换次数较多,所以不宜采用机械调速,而应采用电气调速。因此,起重电动机多采用绕线式转子异步电动机,且采用转子电路串电阻的方法启动和调速。

4.能适应较恶劣的工作环境和机械冲击

电动机应采用封闭式,要求有坚固的机械结构,采用较高的耐热绝缘等级。

根据以上要求,专门设计了起重用的交流异步电动机,型号为 YZR(绕线型)和 YZ(笼型)系列,这类电动机具有过载能力强、启动性能好、机械强度大和机械特性较软的特点,能够适应起重机工作的要求。起重电动机在铭牌上标出的功率均为 FC=25%时的输出功率。

4.1.3.2　电力拖动系统的构成及电气控制要求

（1）桥式起重机的电力拖动系统由 3~5 台电动机组成。

①小车驱动电动机一台。

②大车驱动电动机一至两台。大车如果采用集中驱动，则只有一台大车电动机；如果采用分别驱动，则由两台相同的电动机分别驱动左、右两边的主动轮。

③起重电动机一至两台。单钩的小型起重机只有一台起重电动机；对于 15 t 以上的中型和重型起重机，则有两台（主钩和副钩）起重电动机。

（2）桥式起重机电力拖动及其控制的主要要求如下所述：

①主钩能够快速升降，以减少辅助工时。轻载时的提升速度应大于额定负载时的提升速度。

②有一定的调速范围。普通的起重机调速范围（高低速之比）一般为 3：1，要求较高的则要达到（5~10）：1。

③有适当的低速区。在刚开始提升重物或重物下降至接近预定位置时，都应低速运行，因此要求在 30%额定速度内分成若干低速挡以供选择。同时要求，由高速向低速过渡时应逐级减速，以保持稳定运行。

④提升的第一挡为预备挡，用以消除传动系统中的齿轮间隙，并将钢丝绳张紧，以避免过大的机械冲击。预备级的启动转矩一般限制在额定转矩的 50%以下。

⑤起重电动机负载的特点是位能性反抗力矩（即负载转矩的方向并不随电动机的转向而改变），因此要求在下放重物时起重电动机可工作在电动机状态、反接制动或再生发电制动状态，以满足对不同下降速度的要求（详见后面对起重机控制电路的分析）。

⑥为确保安全，要求采用电气和机械双重制动，既可减轻机械抱闸的负担，又可防止因突然断电而使重物自由下落造成事故。

⑦要求有完备的电气保护与连锁环节。例如，要有短时过载的保护措施，由于热继电器的热惯性较大，因此起重机电路多采用过流继电器作过载保护；要有零压保护行程终端限位保护等。

以上要求都集中反映在对提升机构的拖动及其控制上，桥式起重机对大小车驱动电动机一般没有特殊的要求，只是要求有一定的调速范围，采用制动停车，并有适当的保护。

桥式起重机的控制设备已经系列化和标准化，已有定型产品。下面将介绍桥式起重机的控制设备和控制线路原理。

任务 4.2　凸轮控制器及其控制线路分析

4.2.1　凸轮控制器的结构

凸轮控制器是一种大型手动控制电器，是起重机上重要的电气操作设备之一，用以直接操作与控制电动机的正反转、调速、启动与停止。

应用凸轮控制器控制电动机，其控制电路简单，维修方便，广泛用于中小型起重机的平移机构和小型起重机提升机构的控制中。

凸轮控制器从外部看，由机械结构、电气结构、防护结构等部分组成。其中，手轮、转轴、凸轮、杠杆、弹簧、定位棘轮为机械结构，触点、接线柱和接线板等为电气结构，而上下盖板、外罩及灭弧罩等为防护结构。

当转轴在手轮扳动下转动时，固定在轴上的凸轮同轴一起转动，当凸轮的凸起部位顶住滚子时，便将动触点与静触点分开；当转轴带动凸轮转动到凸轮凹处与滚子相对时，动触点在弹簧作用下，使动静触点紧密接触，从而达到触点接通与断开的目的。

在方轴上可以叠装不同形状的凸轮块，以使一系列动触点按预先安排的顺序接通与断开。将这些触点接到电动机电路中，便可达到控制电动机的目的。

4.2.2 凸轮控制器的型号与主要技术参数

常用的国产凸轮控制器有 KT10、KT12、KT14、KT16 等系列，以及 KTJ1-50/1、KTJ1-50/5、KTJ1-80/1 等型号。凸轮控制器的型号及意义如下：

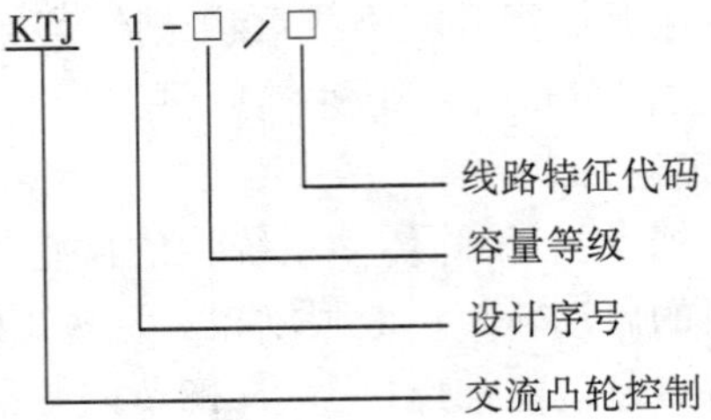

凸轮控制器按重复短时工作制设计，其 FC＝25%。KT14 系列凸轮控制器的主要技术参数见表 4-1。其中，KT14-25J/1、KT14-60J/1 型可用于同时控制两台绕线式转子三相异步电动机，并带有控制定子电路的触点；KT14-25J/3 型可用于控制一台笼型三相异步电动机的正反转；KT14-60J/4 型可用于同时控制两台绕线式转子三相异步电动机，定子电路由接触器控制。

表 4-1 KT14 系列凸轮控制器的主要技术参数

型号	额定电压(V)	额定电流(A)	工作位置		FC＝25%时所控制的电动机最大功率(kW)	额定操作频率(次/h)	最大工作周期(min)
			左旋	右旋			
KT14-25J/1	380	25	5	5	11.5	600	10
KT14-25J/2			5	5	2×6.3		
KT14-25J/3			1	1	8		
KT14-60J/1		60	5	5	32		
KT14-60J/2			5	5	2×16		
KT14-60J/4			5	5	2×25		

4.2.3　凸轮控制器控制的线路

图 4-2 为采用凸轮控制器控制的 10 t 桥式起重机小车控制线路。

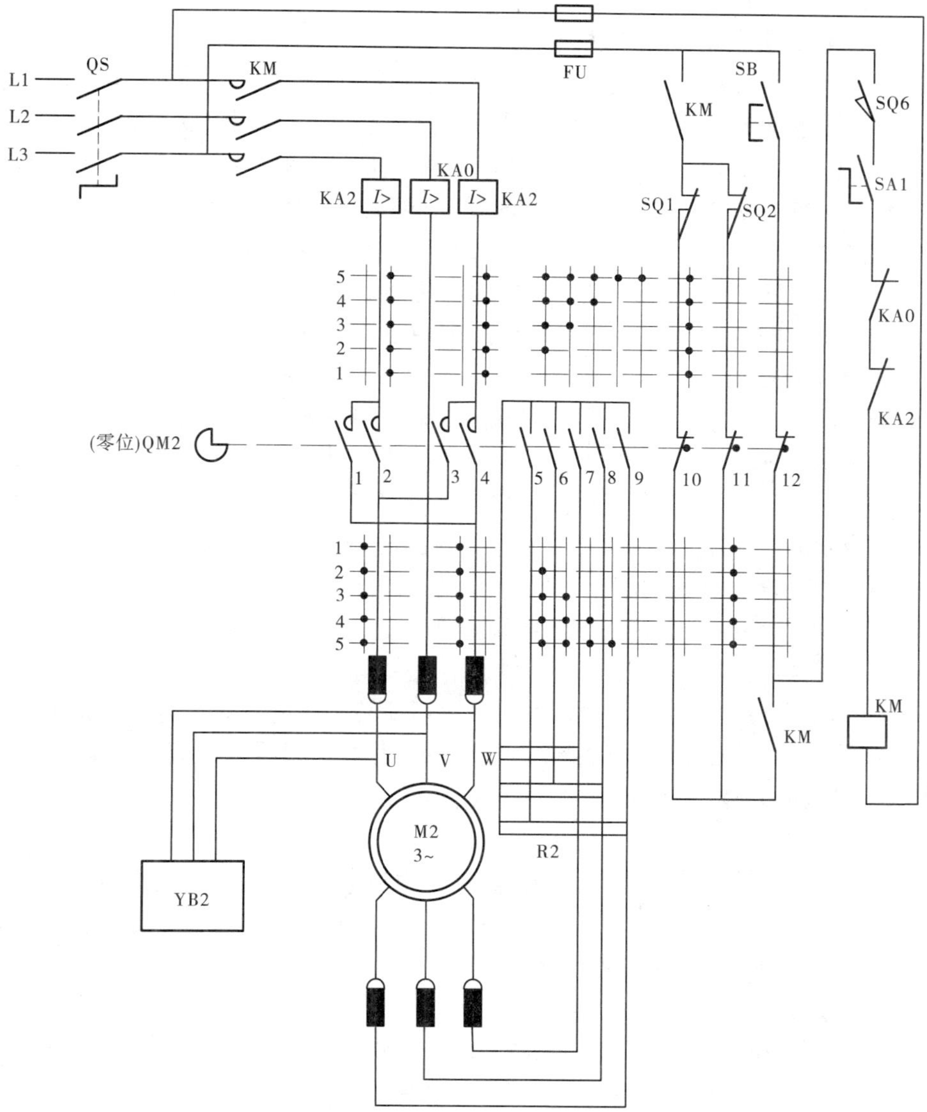

图 4-2　凸轮控制器控制线路

凸轮控制器控制线路的特点是原理图以其圆柱表面的展开图来表示。由图 4-2 可见，凸轮控制器有编号为 1~12 的 12 对触点，以细的竖实线表示；而凸轮控制器的操作手轮右旋（控制电动机正转）和左旋（控制电动机反转）各有 5 个挡位，加上一个中间位置（称为“零位”）共有 11 个挡位，用细的横虚线表示；每对触点在各挡位是否接通，则以在横竖线交点处的黑圆点表示，有黑点的表示接通，无黑点的则表示断开。

图 4-2 中 M2 为小车驱动电动机，采用绕线式转子三相异步电动机，在转子电路中串

入三相不对称电阻 R2,用作启动及调速控制。YB2 为制动电磁铁,其三相电磁线圈与 M2 定子绕组并联。QS 为电源引入开关,KM 为控制电路电源的接触器。KA0 和 KA2 为过流继电器,其线圈(KA0 为单线圈,KA2 为双线圈)串联在 M2 的三相定子电路中,而其常闭触点则串联在 KM 的线圈支路中。

4.2.3.1 电动机定子电路

在每次操作之前,应先将凸轮控制器 QM2 置于零位。由图 4-2 可见,QM2 的触点 10、11、12 在零位接通;然后合上电源开关 QS,按下启动按钮 SB,接触器 KM 线圈通过 QM2 的触点 12 通电,KM 的 3 对主触点闭合,接通电动机 M2 的电源,然后可以用 QM2 操纵 M2 运行。QM2 的触点 10、11 与 KM 的常开触点一起构成正转和反转时的自锁电路。

凸轮控制器 QM2 的触点 1~4 控制 M2 的正反转,由图 4-2 可见,触点 2、4 在 QM2 右旋的 5 挡均接通,M2 正转;而左旋 5 挡则是触点 1、3 接通,按电源的相序 M2 为反转;在零位时 4 对触点均断开。4 对触点均装有灭弧装置,以便在触点通断时,能更好地熄灭电弧。

4.2.3.2 电动机转子电路

凸轮控制器 QM2 的触点 5~9 用来控制 M2 转子外接电阻 R2。由图 4-2 可见,这 5 对触点在中间零位均断开,而在左、右旋各 5 挡的通断情况是完全对称的。在(左、右旋)第一挡触点 5~9 均断开,三相不对称电阻 R2 全部串入 M2 的转子电路,此时 M2 的机械特性最软(见图 4-3 中的曲线 1);置于第二、三、四挡时触点 5、6、7 依次接通,将 R2 逐级不对称地切除,对应的机械特性曲线为图 4-3 中的曲线 2、3、4,可见电动机的转速逐渐升高;当置第五挡时触点 5~9 全部接通,R2 全部被切除,M2 运行在自然特性曲线 5 上。

由以上分析可见,用凸轮控制器控制小车及大车的移行,凸轮控制器是用触点 1~9 控制电动机的正反转启动及在启动过程中逐段切断转子电阻,以调节电动机的启动转矩和转速。从第一挡到第五挡电阻逐渐减小至全部切除,转速逐渐升高。该电路如果用于控制起重机吊钩的升降,则升、降的控制操作不同。

1.提升重物

此时起重电动机为正转(凸轮控制器右旋),对应为图 4-3 中第Ⅰ象限内的 5 条曲线。第一挡(曲线 1)的启动转矩很小,作为预备级,用于消除传动齿轮的间隙并张紧钢丝绳;在二至五挡提升速度逐渐提高(见图 4-3 中第Ⅰ象限内的垂直虚线)。

2.轻载下放重物

此时起重电动机为反转(凸轮控制器左旋),对应为图 4-3 中第Ⅲ象限内的 5 条曲线。因为下放的重物较轻,其重力矩 T_W,不足以克服摩擦转矩 T_f,则电动机工作在反转状态,电动机的电磁转矩 T 与 T_W 方向一致迫使重物下降($T_W+T>T_f$),在不同的挡位可获得不同的下降速度(见图 4-3 中第Ⅲ象限内的垂直虚线 b)。

3.重载下放重物

此时起重电动机仍然反转,但由于负载较重,其重力矩 T_W 与电动机电磁转矩 T 方向一致而使电动机加速。当电动机的转速大于同步转速 n_0 时,电动机进入再生发电制动工作状态,其机械特性曲线为图 4-3 中第Ⅲ象限内的第 5 条曲线在第Ⅳ象限的延伸。T 与 T_W 方向相反而成为制动转矩。由图 4-3 可见在第Ⅳ象限的曲线 1、2、3 比较陡直,因此在操作时应将凸轮控制器的手轮从零位迅速扳至第五挡,中间不允许停留。在往回操作时也一样,应从第五挡快速扳回零位,以免引起重物高速下降而造成事故(见图中第Ⅳ象限中的垂直虚线 c)。

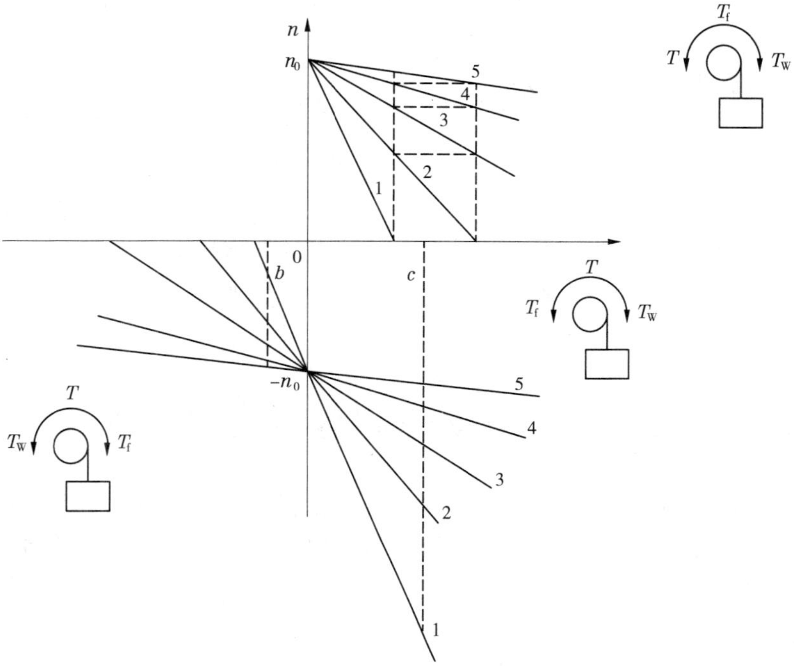

图 4-3 凸轮控制器控制提升电动机机械特性

由此可见,在下放重物时,不论是重载还是轻载,该电路都难以控制低速下降。因此,在下降操作中如需要较准确地定位,可采用点动操作的方式,即将控制器的手轮在下降(反转)第一挡与零位之间来回扳动,以点动控制起重电动机,再配合制动器便能实现较准确的定位。

4.2.3.3 **保护电路**

图 4-2 所示控制电路有欠电压、零电压、零位、过电流、行程终端限位保护和安全保护共6种保护功能。

1.欠电压保护

接触器 KM 本身具有欠电压保护的功能,当电源电压不足(低于额定电压的 85%)时,KM 因电磁吸力不足而复位,其主触点和自锁触点都断开,从而切断电源。

2.零电压保护与零位保护

采用按钮 SB 启动,SB 常开触点与 KM 的自锁常开触点相并联的电路,都具有零电压(失电压)保护功能,在操作中一旦断电,必须再次按下 SB 才能重新接通电源。在此基础上,由图 4-2 可见,采用凸轮控制器控制的电路在每次重新启动时,还必须将凸轮控制器旋回中间的零位,使触点 12 接通,才能够按下 SB 接通电源,这就防止在控制器还置于左右旋的某一挡位、电动机转子电路串入的电阻较小的情况下启动电动机,造成较大的启动转矩和电流冲击,甚至造成事故。这一保护作用称为零位保护。触点 12 只有在零位才接通,而其他 10 个挡位均断开,称为零位保护触点。

3.过电流保护

起重机的控制电路往往采用过电流继电器作过电流(包括短路、过载)保护。过电流继电器 KA0、KA2 的常闭触点串联在 KM 线圈支路中,一旦出现过电流便切断 KM,从而切断电源。此外,KM 的线圈支路采用熔断器 FU 作短路保护。

4.行程终端限位保护

行程开关 SQ1、SQ2 分别提供 M2 正、反转(如 M2 驱动小车,则分别为小车的右行和左行)的行程终端限位保护,其常闭触点分别串联在 KM 的自锁支路中。

5.安全保护

在 KM 的线圈支路中,还串入了舱口安全开关 SQ6 和事故紧急开关 SA1。在平时,应关好驾驶舱门,使 SQ6 被压下(保证桥架上无人),才能操纵起重机运行;一旦发生事故或出现紧急情况,可断开 SA1 紧急停车。

任务 4.3　主令控制器的控制线路

主令控制器的控制线路是利用主令控制器发出动作指令,使磁力控制屏中各相应接触器动作来换接线路,控制起升机构电动机按与之相应的运行状态来完成各种起重吊运工作。由于主令控制器与磁力控制屏组成的控制电路较复杂,使用元件多,成本高,故一般在下列情况下才采用:

(1)拖动电动机容量大,凸轮控制器容量不够。

(2)操作频率高,每小时通断次数接近或超过 600 次。

(3)起重机工作繁重,操作频繁,为减轻司机劳动强度,要求电气设备具有较高寿命。

(4)起重机要求有较好的调速、点动等运行性能。

图 4-4 为提升机构 PQR10B 主令控制线路图。该电路采用 LK1-12/90 型主令控制器操作。该控制器有 12 对触点,在提升与下降时各有 6 个工作位置,通过控制器操作手柄置于不同工作位置,使 12 对触点相应闭合或断开,进而控制电动机定子线路与转子线路接触器,实现电动机工作状态的改变,使物品获得不同的上升与下降速度。由于主令控制器为手动操作,所以电动机工作状态的变换由操作者掌握。

图 4-4 中正反向接触器 KM1、KM2 用以换接电动机定子电源相序,实现电动机正、反转。制动接触器 KM3 控制电动机三相电磁铁 YB。在电动机转子电路中设有 7 段对称连接的转子电阻,其中前 2 段 R1、R2 为反接制动电阻,分别由反接制动接触器 KM4、KM5 控制;后 4 段 R3~R6 为启动加速电阻,由加速接触器 KM6~KM9 控制;最后 1 段 R7 为固定接入的软化特性用的电阻。当主令控制器手柄处于不同控制挡位时,获得相应的机械特性,如图 4-5 所示。

主令控制器 SA 手柄置于“0”位,合上开关 QS1、QS2,此时零电压继电器 KHV 线圈通电并自锁,实现零压保护,并为启动做准备。

4.3.1　提升重物的控制

控制器提升控制共有 6 个挡位。在提升各挡位上,触点 SA3、SA4、SA6 与 SA7 都闭合,

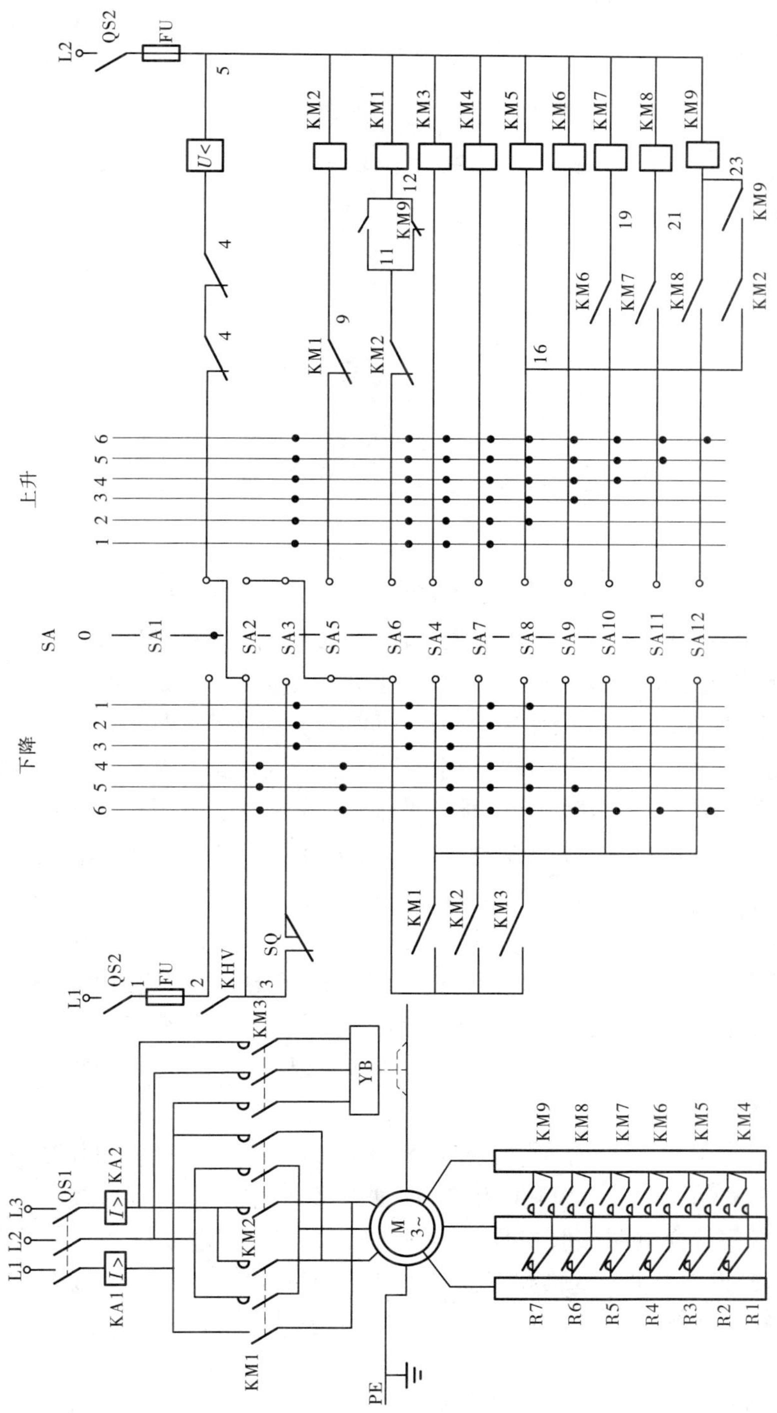

图 4-4　提升机构 PQR10B 主令控制线路图

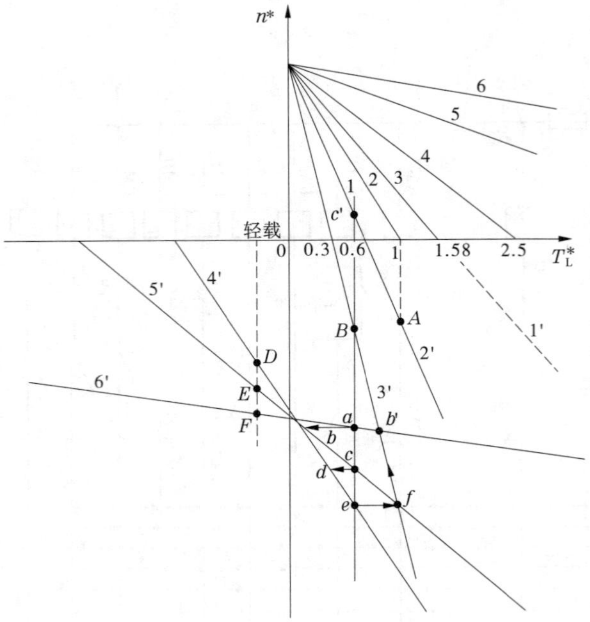

图 4-5 PQR10B 型主令控制器控制电动机机械特性

于是将上升行程开关 SQ 接入,实现上升限位保护;接触器 KM3、KM1、KM4 始终通电吸合,于是电磁抱闸松开,短接 R1 电阻,电动机按提升相序接通电源,产生提升方向电磁转矩,在上升"1"挡位时启动转矩小,作为消除齿轮间隙的预备启动级。

当主令控制器手柄依次扳到上升"2"挡位至上升"6"挡位时,控制器触点 SA8~SA12 依次相继闭合,接触器 KM5~KM9 依次通电吸合,将各段转子电阻逐级短接,于是获得图 4-5中第Ⅰ象限内的第 1~6 条机械特性。可根据各类负载进行起升操作。

4.3.2 下降重物的控制

主令控制器在下降控制时也有 6 个挡位,但在前 3 个挡位,正转接触器 KM1 通电吸合,电动机仍以提升相序接线,产生向上的电磁转矩。只有在下降后 3 个挡位,反转接触器 KM2 才通电吸合,电动机产生向下的电磁转矩。所以,前 3 个挡位为倒拉反接制动下降,而后 3 个挡位为强力下降。

下降"1"挡位为预备挡,此时控制器触点 SA4 断开,KM3 断电释放,制动器未松开;触点 SA6、SA7、SA8 闭合,接触器 KM4、KM5、KM1 通电吸合,电动机转子短接两段电阻 R1、R2,定子按提升相序接通电源。但此时由于制动器未打开,故电动机并不启动旋转。该挡位是为适应提升机构由上升变换到下降工作,消除因机械传动间隙对机构的冲击而设的。所以,此挡不能停顿,必须迅速通过该挡,以防由于电动机在制动状态下时间过长而烧毁电动机。

下降"2"挡位是为重载低速下放而设的。此时,控制器触点 SA6、SA4、SA7 闭合,接触器 KM1、KM3、KM4 通电吸合,制动器打开,电动机转子串入电阻 R2~R7,定子按起升相序接线,在重载时获得倒拉反接制动低速下放。在图 4-5 中,在 $T_L^*=1$ 时,电动机启动转矩标幺值为 0.67,所以控制器手柄置于下降“2”挡位时,将稳定运行在 A 点上,低速下放重物。

下降“3”挡位是为中型载荷低速下放而设的。在该挡位时,控制器触点 SA6、SA4 闭合,接触器 KM1、KM3 通电吸合,此时电动机转子串入全部电阻,制动器松开,电动机定子按提升相序接线。但由于电动机此时启动转矩标幺值为 0.33,当 $T_L^* = 0.6$ 时,在中型载荷作用下电动机按下降方向运转,获得倒拉反接制动下降,如图 4-5 所示,电动机稳定工作在 B 点。

在以上制动下降的 3 个挡位,控制器触点 SA3 始终闭合,将上升行程开关 SQ 接入,其目的在于对吊物重量估计不准,如将中型载荷误认为重型载荷而将控制器手柄置于下降“2”挡位时,将发生重物不但不下降反而上升运行,在图 4-5 中的 c' 点,按 n'_c 速度上升,起上升限位作用。另外,在下降“2”与“3”挡位时还应注意,当 $T_L^* < 0.33$ 时,不应将控制器手柄在此停留,因为此时电动机启动转矩都大于 T_L^*,将出现不但不下降反而上升的现象。

控制器手柄在下降“4”“5”“6”挡位时为强力下降。此时,控制器触点 SA2、SA5、SA4、SA7 与 SA8 始终闭合。接触器 KM2、KM3、KM4、KM5 通电吸合,制动器打开,电动机定子按下降相序接线,转子短接两段电阻 R1、R2 启动旋转,电动机工作在反转电动状态。此时重力负载转矩小于摩擦转矩,不能下降必须强使它下放。当控制器手柄扳至下降“5”挡位时,触点 SA9 闭合,接触器 KM6 通电吸合,短接电阻 R3,电动机转速升高;当控制器手柄扳至下降“6”挡位时,触点 SA10、SA11、SA12 都闭合,接触器 KM7、KM8、KM9 通电吸合,电动机转子只串入一段常串电阻 R7 运行,获得图 4-5 中低于同步转速的下放速度。

任务 4.4　运行机构的电气控制

桥式起重机大车与小车运行机构在工作中要求有一定的调速范围,能获得几挡运行速度。它安装有制动器与限位行程开关,设有能吸收车体运动动能的缓冲器,其电气控制有凸轮控制型控制电路与 PQY 系列主令控制电路。

小车运行机构采用 KT14-25J/1 型凸轮控制器,大车运行机构采用 KT14-25J/2 型凸轮控制器。下面仅以 PQY 系列主令控制电路为例进行分析。

4.4.1　PQY 系列主令控制线路的分类

PQY 系列运行机构控制线路按控制电动机台数和线路特征分为以下 4 种:

(1)PQY1 型:控制 1 台电动机。

(2)PQY2 型:控制 2 台电动机。

(3)PQY3 型:控制 3 台电动机,允许 1 台电动机单独运转。

(4)PQY4 型:控制 4 台电动机,分成两组,允许每组电动机单独运转。

4.4.2　PQY2 系列主令控制线路的特点

PQY2 系列主令控制线路是用来控制两台拖动电动机的运行机构。图 4-6 为 PQY2

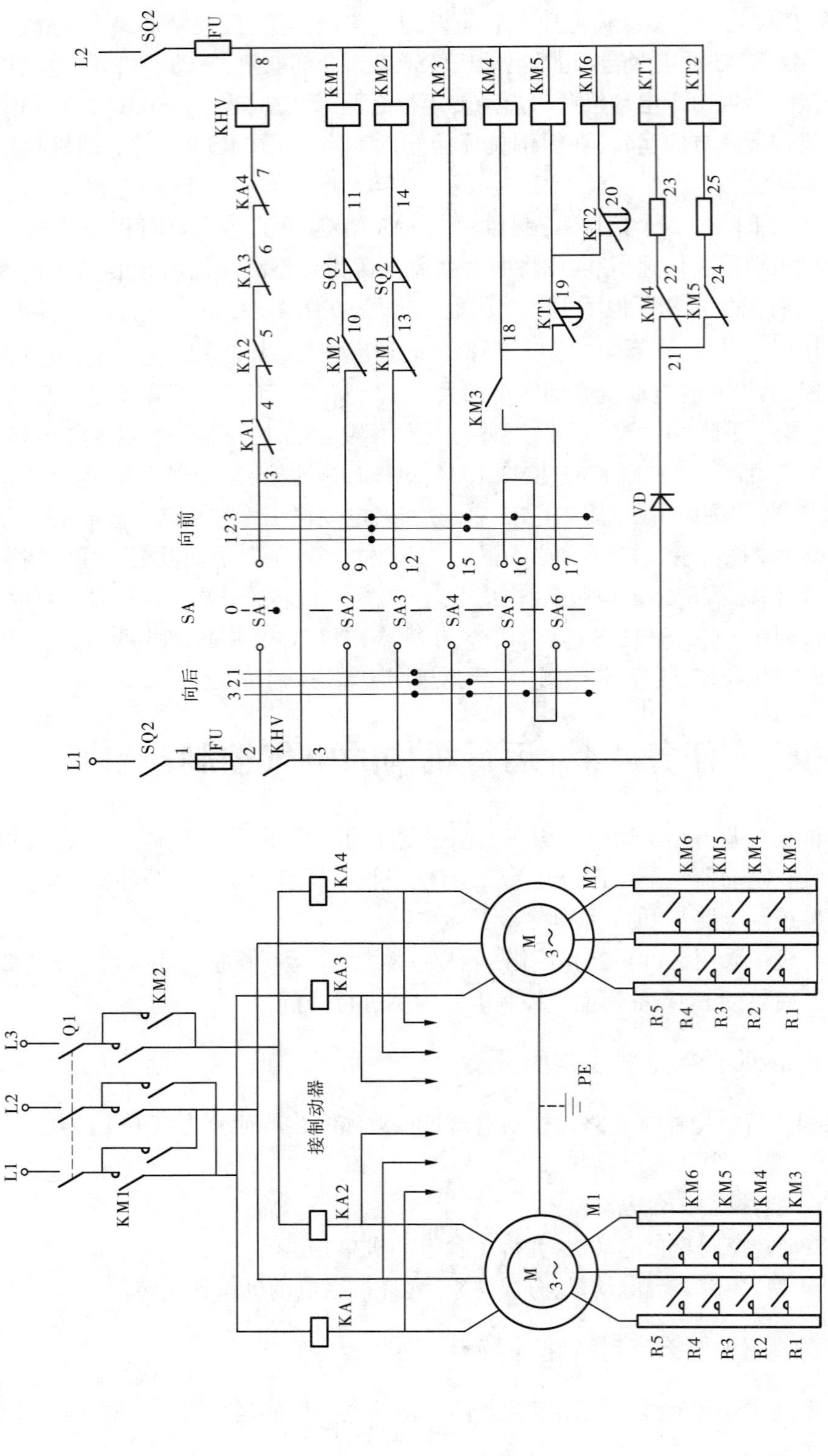

图 4-6　PQY2 系列主令控制线路图

系列主令控制线路图，该线路具有如下特点：

(1)可逆对称电路。

(2)主令控制器挡数为 3—0—3，6 个回路。

(3)电动机转子串接启动与调速电阻级数(不包括软化级)按电动机功率分为以下两种：

① 100 kW 及以下时为四级。第一、二级由主令控制器手动控制，后两级由继电器接触器控制自动切除，其延时继电器延时整定为 3 s、1.5 s 或 2 s、1 s。

② 电动机功率为 125 kW 及以上时为五级，第一、二级是手动切除，其余各级为自动切除，其延时整定值为 3 s、1.5 s、0.75 s 或 2 s、1 s、0.5 s。其对应机械特性如图 4-7 所示，图中 $T^*=1.25$、0.5 时，对应 $R^*=0.8$、2。

(4)制动器驱动元件没有专门接触器控制，而是由电动机正、反转接触器 KM1、KM2 主触点控制它与电动机同时通电与断电。在图 4-6 中，主令控制器反向第一挡为反接制动停车。如要快速停车，可将手柄由正转第一位推向反转第一位。这时，在转子回路中串入全部电阻，因此电流不会超过容许值。由图 4-7 可见，当电动机转速由 a 点过渡到反接制动特性 b 点，转速快接近零时，即 c 点，迅速将手柄扳回“0”位。图 4-6 中 SQ2 为正反向限位开关。

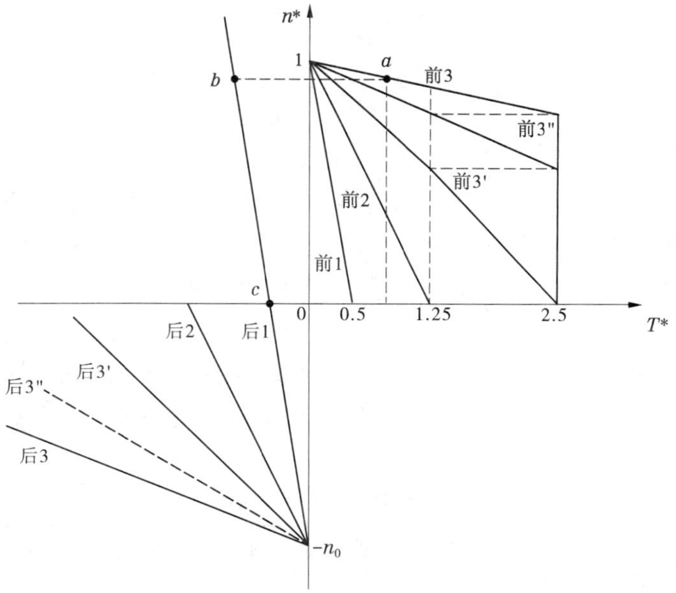

图 4-7　PQY2 系列主令控制电路中电动机的机械特性

任务 4.5　桥式起重机电气设备的维护与修理

4.5.1　起重机的供电特点

交流起重机电源由单位的交流电网供电，由于起重机的工作是经常移动的，因此其与电源之间不能采用固定连接方式。对于小型起重机,供电方式采用软电缆供电,随着大车或小车的移动,供电电缆随之伸展和叠卷。一般桥式起重机常用滑线和电刷供电。三相交流电源接到沿车间长度方向架设的3根主滑线上,再通过电刷引到起重机的电气设备上,首先接入驾驶室中的保护盘上的总电源开关,然后再向起重机各电气设备供电。小车及车上的提升机构等电气设备,则经桥梁另一侧的辅助滑线来供电。

4.5.2 线路的构成

10 t交流桥式起重机控制线路原理如图4-8所示。10 t交流桥式起重机提升只有一个吊钩,但大车采用分别驱动,所以共有4台绕线式转子异步电动机拖动。起重电动机M1、小车驱动电动机M2、大车驱动电动机M3和M4分别由3只凸轮控制器控制,QM1控制M1,QM2控制M2,QM3同步控制M3与M4;R1~R4分别为4台绕线式转子异步电动机转子电路串入的调速电阻器;YB1~YB4则分别为4台绕线式转子异步电动机的制动电磁铁。三相电源由SQ1引入,并由KM控制。过电流继电器KA0~KA4提供过电流保护,其中KA1~KA4为双线圈,分别保护M1、M2、M3、M4;KA0为单线圈,作总电源的过电流保护。工作原理与前面控制器相同,下面重点介绍其保护线路。

4.5.3 保护线路

保护线路主要是KM的线圈支路,该线路具有欠电压、零电压、零位、过电流、行程终端限位保护和安全保护共6种保护功能。所不同的是,图4-8中电路需保护4台电动机,因此在KM的线圈支路中串联的触点较多一些。KA0~KA4为5只过电流继电器的常闭触点,SA1仍是事故紧急开关,SQ6是舱口安全开关,SQ7和SQ8是横梁栏杆门的安全开关,平时驾驶舱门和横梁栏杆门都应关好,将SQ6、SQ7、SQ8都压合。若有人进入桥架进行检修,这些门开关就被打开,即使按下SB也不能使KM线圈支路通电。与启动按钮SB相串联的是3只凸轮控制器的零位保护触点QM1、QM2的触点12和QM3的触点17。因为3只凸轮控制器分别控制吊钩、小车和大车作垂直、横向和纵向共6个方向的运动,除吊钩下降不需要提供限位保护外,其余5个方向都需要提供行程终端限位保护,相应的行程开关和凸轮控制器的常闭触点均串入KM的自锁触点支路之中,各电器(触点)的保护作用见表4-2。

表4-2 行程终端限位保护电器及触点一览

运行方向		驱动电动机	凸轮控制器及保护触点		限位保护行程开关
吊钩	向上	M1	QM1	11	SQ5
小车	右行	M2	QM2	10	SQ1
	左行			11	SQ2
大车	前行	M3	QM3	15	SQ3
	后行			16	SQ4

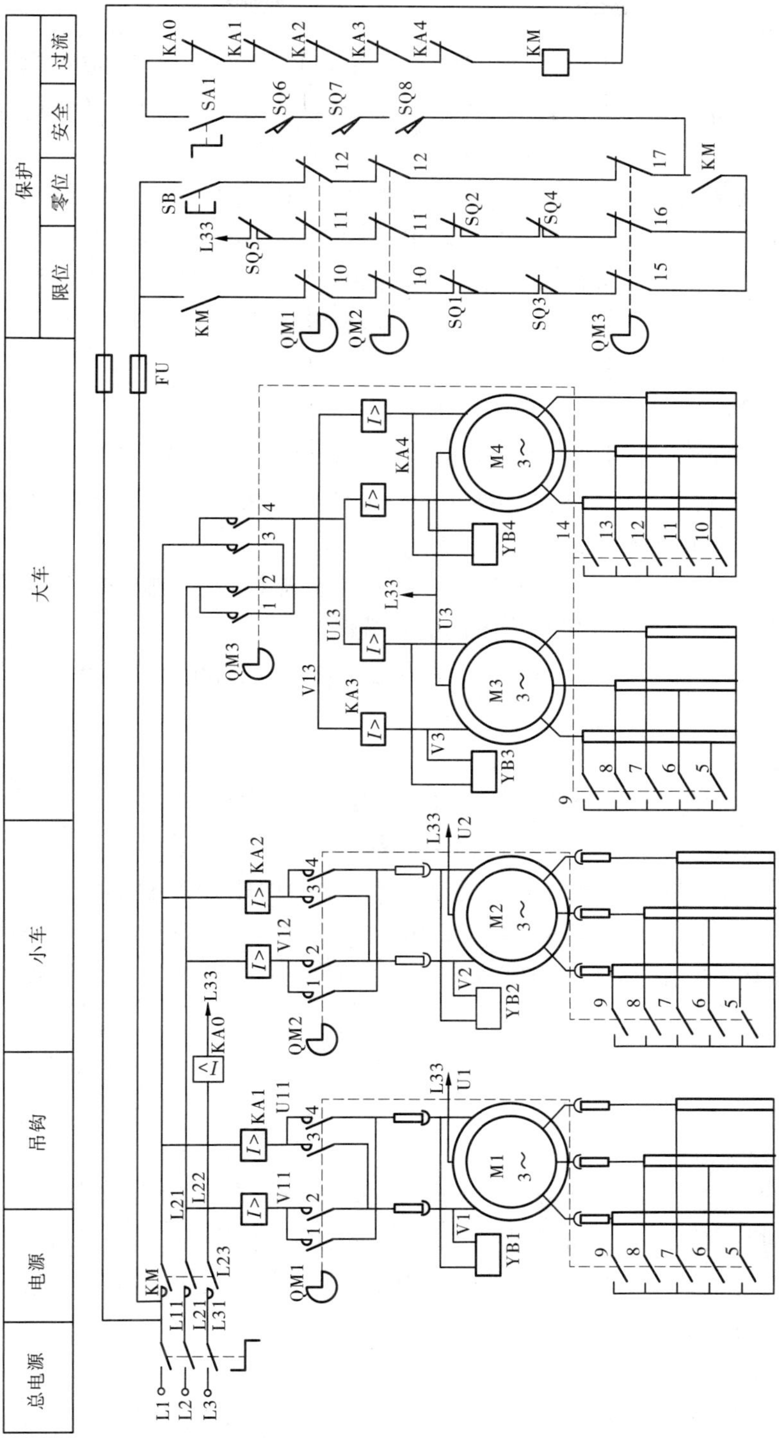

图 4-8　10 t 交流桥式起重机控制线路原理

4.5.4 交流桥式起重机电气设备的维护和修理

4.5.4.1 电源

交流桥式起重机一般由主钩、副钩、大车和小车 4 部分组成。大车的轨道敷在车间两侧柱子上,可以沿车间作纵向移动;小车在大车的轨道上作横向移动,主钩和副钩都装在小车上。交流起重机的电源为 380 V,用滑触线和电刷供电。

电源由 3 根主滑触线通过电刷引进起重机驾驶室内的保护控制屏上。3 根主滑触线沿平行大车轨道方向敷设在厂房的一侧。提升机构、小车上的电动机、电磁抱闸的电源是由架设在大车轨道上的辅助滑触线供给的。转子电阻也是通过辅助滑触线与电动机连接的。滑触线通常是用圆钢、角钢、V 形钢或工字钢制成的。

4.5.4.2 电气设备及保护装置

1.电气设备

(1)大车两侧的主动机分别由两台规格相同的电动机 M3 和 M4 拖动,用一台凸轮控制器 QM3 控制。两台电动机定子绕组接在同一电源上;YB3、YB4 为制动电磁铁;SQ3 和 SQ4 作前后两个方向的终端保护。

(2)小车由一台电动机 M2 拖动,用一台凸轮控制器 QM2 控制,YB2 为制动电磁铁;行程开关 SQ1 和 SQ2 为小车左右两个方向的终端保护。

(3)主钩提升用一台电动机 M1 拖动,由凸轮开关 QM1 控制,YB1 为制动电磁铁,SQ5 为提升限位开关。

2.保护装置

(1)整个电动机电路和各控制电路均用熔断器作短路保护。

(2)每台电动机均由各自的过流继电器作保护。

(3)为保障维修人员的安全,在驾驶舱口门盖及横梁栏杆门上分别装有安全行程开关 SQ6、SQ7、SQ8。只要舱门打开,起重机的全部电动机都不能启动运行,保证了人身安全。

(4)起重机有零位连锁,所有控制器的手柄必须全部置于零位,按启动按钮,起重机才能运行。

(5)驾驶室的保护控制屏上装有一支串联在主接触器 KM1 线圈电路中的单刀单掷紧急开关 SA1。

4.5.4.3 维护保养内容

电气设备的维护和保养一般采取下述形式:每天巡视,在维修电工的帮助和指导下,由司机在工作时间内进行。每旬巡视,在司机参加的情况下由维修电工进行。每月检查,由维修电工进行。每次检查的顺序都按同一顺序进行。维护工作必须在起重机停止运行并断开总电源的条件下进行。

1.电动机部分

检查电动机前后轴承及机身有无过热现象;定期清扫电动机的电刷部分;检查转子与电刷间有无卡阻及发热后卡阻现象;检查电刷的铜接线在振动时有无相碰;检查各电源线的接线螺栓有无松动现象;检查电动机运行时有无不正常的声音。

2.电磁制动器

检查电动机运行时有无卡阻现象,电磁线圈是否过热(不超过105 ℃)及有无异味;检查抱闸刹车片有无太松及太紧现象;检查弹簧撑板螺栓及各调整螺栓是否松动;检查电磁线圈的接线螺栓是否松动。

3.控制器

(1)用砂纸磨去各静、动触点上的电弧痕迹。

(2)调整各弹簧螺栓,使各个触点之间有良好的接触。

(3)用清洁的干布擦净开关内部的积尘与铜屑。

(4)在导线连接处、固定触点处涂上适量的凡士林油。

(5)检查各导线的接头是否松动、固定螺栓是否拧紧。

(6)在操作手柄活动处加适当的润滑油。

4.限位开关

试验各限位开关是否起保护作用;检查开关进线孔是否堵塞(防止金属屑飞入);在操作机构内加少量润滑油;必要时打开罩盖消除内部积尘。

5.滑触线

用压缩空气吹去滑触线及绝缘子上的灰尘;检查各绝缘子上有无裂纹和破碎现象;检查各接头处的螺栓是否松动、导线是否磨损;检查集电器在移动时有无碰撞现象;检查集电器在移动时是否跳动。

6.保护盘及磁力控制屏

检查闸刀开关的刀片是否发热、是否紧密,接触器线圈是否发热;用砂纸打光接触器触点上的电弧痕迹;检查各接线螺栓及接线头有无松动;用干布擦去屏面的灰尘;调整和平整辅助触点的接触面。

7.电阻器

检查电阻器各片有无过热现象;检查各电阻片接线头的螺栓是否松动;擦净四周绝缘子,并检查有无裂纹;用压缩空气吹去电阻片上的灰尘;检查各电阻片是否断裂和相碰。

4.5.4.4 电气设备小修修理工艺

小修除应完成保养项目外,还必须细致地完成下述工作,且在检修过程中应逐条对照作出检修记录。

1.电动机修理工艺

(1)测量电动机转子绕组、定子绕组的对地绝缘电阻(定子应大于0.5 MΩ,转子应大于0.25 MΩ)。

(2)测量电动机定子绕组的相间绝缘电阻。

(3)检查集电环有无凹凸不平痕迹及过热现象。

(4)检查电刷是否磨损,与集电环接触是否吻合。

(5)检查电刷接线是否相碰,电刷压力是否适当。

(6)检查前后轴承有无漏油及过热现象。

(7)用塞尺测量电动机的电磁气隙,上下左右不超过10%。

(8)用扳手拧紧电动机各部分的螺栓及地脚螺栓。

(9)用汽油拭净电动机内的油污。

2.电磁制动器的修理工艺

(1)测量线圈对地的绝缘电阻,应大于0.5 MΩ。

(2)检查制动电磁铁上下活动时与线圈内部芯子是否发生摩擦。

(3)检查制动电磁铁上下部铆钉是否裂开。

(4)检查缓冲器是否松动。

(5)检查制动器刹车片衬料是否磨损太多,超过50%时应更换。

(6)检查并更换制动器各开口销子与螺栓等。

(7)检查制动器闸轮表面是否光滑,并用汽油清洗表面,除去污物。

(8)制动系统各联杆动作是否准确灵活,并在各部分加润滑油。

(9)检查各制动器闸瓦张开时与闸轮两侧空隙是否相等。

(10)重新校准制动器各部位的螺栓和弹簧。

3.凸轮控制器和主令控制器的修理工艺

(1)测量各导电触点部分对地绝缘电阻,应大于0.5 MΩ。

(2)更换磨损严重的动触点和静触点。

(3)刮净消弧罩内的电弧铜屑及黑灰。

(4)调整各静动触点的接触面,使其在一直线上,各触点的压力相等。

(5)手柄转动灵活,不得过松和卡住。

(6)检查棘轮机构和拉簧部分。

(7)检查各凸轮片是否磨损严重,并调换。

(8)用砂布擦去动、静触点的弧痕。

(9)调整或更换主令控制器动触点的压簧。

(10)给各传动部分加一些润滑油。

4.保护屏和控制屏的修理工艺

(1)检查并更换弧坑很深的触点。

(2)刮净灭弧罩内的电弧痕和黑灰。

(3)测量电磁线圈与铁芯的绝缘电阻。

(4)用汽油擦净接触器底板上的污垢。

(5)测量接触器三相触点及触点对地间的绝缘电阻。

(6)检查进线熔断器及熔体。

(7)用砂纸擦静触点的电弧痕,并在刀口各处涂上工业凡士林。

(8)在电磁铁口上稍涂点工业凡士林。

(9)往各传动部分稍加润滑机油,检查并拧紧大小螺栓。

5.行程开关和安全开关修理工艺

测量接线板(接线柱)对地的绝缘电阻;检查开关内的动、静触点,并且用砂纸打光;调整开关平衡锤及传动臂的角度;给各传动机构上加适当润滑油。

6.滑触线修理工艺

测量各滑触线对地的绝缘电阻,拭净并检查绝缘子的表面情况;用钢丝刷及粗砂纸磨去滑触线的弧坑及不平处;检查或更换集电器架上的集电极与导线间的连接线;检查或更换集电极压板上的开口销子;检查并拧紧各绝缘穿心螺栓及导线接头螺栓。

7.电阻器的修理工艺

(1)拧紧电阻器四周的压紧螺栓,并检查四周的绝缘子。

(2)测定电阻器对地绝缘电阻。

(3)用长柄刷除去电阻片的金属氧化物及铁锈。

(4)向各间距较大的铸铁电阻片中塞入薄石棉布。

(5)拧紧各接线螺栓及四周的地脚螺栓。

4.5.4.5 保养及检修实习

(1)参观桥式电力起重机。

(2)在司机的配合下按保养内容对交流桥式起重机进行保养检查。

(3)在教师的指导下按小修项目内容对交流桥式起重机进行检修。

4.5.4.6 注意事项

(1)实习前要备好保养和修理工具,如旋凿、扳手、钢丝钳、钢丝刷、长毛刷、砂纸、细齿锉刀和摇表等。

(2)保养和检修要按项目内容认真进行。

(4)保养和检修必须在起重机停止工作且在切断总电源时进行,不准带电操作。

(5)操作时要注意安全。

任务4.6 桥式起重机的通电试车及故障检测技能训练

4.6.1 桥式起重机的通电试车

4.6.1.1 实训目的

(1)了解桥式起重机电气控制线路的读图方法。

(2)掌握控制电路的分析方法、机械特性与电气控制配合关系及保护环节。

(3)培养典型设备的安装及调试能力、对线路进行故障判断及排除的能力。

4.6.1.2 所需材料及工具

控制电路图样1份、常用电工工具、万用表1块。

4.6.1.3 实训内容、步骤及要求

1.检查控制回路

回路必须符合控制线路图的要求。

(1)检查控制按钮是否控制正常。

(2)检查凸轮控制器的零位接点是否起作用。

(3)检查紧急开关、过电流继电器的接点是否起作用。

(4)检查主接触器的自保护是否起作用,限位开关、驾驶室舱门安全开关是否起作用。

(5)检查主钩的主令开关控制是否正确。

2.主回路加电试车

首先断开机械负荷进行调试,待正常后,再接上机械负荷试车。

(1)大车主回路的调试,要检查拖动大车的两台电动机的转向必须一致、转速变化一样。

(2)提升机构主回路的调试,必须检查上升限位是否起作用。

(3)检查小车主回路动作是否正常。

(4)进行空载试车。在上述调试正常后,在不起吊任何重物的情况下将大车、小车、起重机构分别运行一个循环,以检查机械部分运行情况。

(5)加负载试车。需要进行满载、超载试运行。

4.6.1.4 注意事项

桥式起重机试车过程中要注意吊钩及钢丝绳的情况,看其有无损伤及断股,如有扭坏则应及时更换。

4.6.1.5 考核标准

成绩评定见表 4-3。

表 4-3 成绩评定

项目内容		评分标准	得分
准备工具材料(20 分)		工具材料缺一件扣 10 分	
读图,按图样检查控制回路(20 分)		没有检查扣 10 分	
按步骤要求调试控制回路(20 分)		每错一处扣 5 分	
主电路通电试车(30 分)		每错一处扣 5 分	
检查吊钩及钢丝绳(10 分)		没有检查扣 10 分	
工时	45 min	每超过 10 min 扣 10 分	
合计			

4.6.2 桥式起重机大车启动冲击大、速度调节不正常的故障检修

4.6.2.1 实训目的

(1)掌握绕线式电动机在启动过程中逐级切除转子电阻以调整启动转矩和转速的方法。

(2)学会对桥式起重机大车或小车的控制线路进行故障判断及排除。

4.6.2.2 准备材料及工具

控制电路图样 1 份、万用表 1 块、直流电桥。

4.6.2.3 实训内容与操作步骤

桥式起重机大车启动冲击大、速度调节不正常的故障通常是由于电动机转子回路中有短路或不能正常逐级切除转子回路调速电阻造成的,应重点检查电动机的转子回路。

(1)检查电动机滑环和电阻器的连接线。切断电源,从电动机集电环接线端拆下连接电阻器的 3 根导线。用万用表 R× 1 电阻挡测量 3 根导线间的电阻值。若电阻值为 0,应拆掉电阻器找出短路点。

(2)检查电刷与集电环。从拆掉电阻器接头端处对电动机转子用万用表 R × 1 电阻挡测量两电刷间电阻。如测得的电阻值为 0,用一绝缘纸片垫于电刷与集电环之间再次测量。如仍有短路现象,说明电刷及电刷杆上导电尘埃堆积造成短路,此时应清扫尘埃或更换电刷杆。如提起电刷后短路现象消失,应拆去转子绕组引出到集电环导电杆上的 3 根导线,分别测量集电环间及转子三相绕组间是否短路。若集电环间短路,通常是由尘埃或绝缘击穿造成的,可清扫集电环或更换。

(3)检查电动机的转子绕组。确定集电环无短路后,用直流电桥测转子三相绕组间有无短路。若转子绕组短路,则应拆修电动机转子。

4.6.2.4　注意事项

检查要按步骤进行。若集电环有烧痕应研磨,严重时应更换;若电刷杆击穿应更换。

4.6.2.5　考核标准

成绩评定见表 4-4。

表 4-4　成绩评定

项目内容		评分标准	得分
准备工具材料(20 分)		工具材料缺一件扣 10 分	
按正确的方法检测及迅速判断故障(60 分)		检查方法不正确、不能准确迅速地判断故障,每错一处扣 10 分	
仪表的正确使用(20 分)		使用不正确扣 10 分	
工时	90 min	每超过 10 min 扣 10 分	
合计			

4.6.3　桥式起重机常见故障的检查

4.6.3.1　实训目的

了解桥式起重机的常见故障并学会检查的方法。

4.6.3.2　所需材料及工具

桥式起重机的控制线路图 1 份、万用表 1 块、相应规格的熔丝、低压绝缘摇表、细纱布和细锉、相应规格的易损坏备件。

4.6.3.3　故障的现象及原因

(1)合上电源开关并按动启动按钮时,主接触器不吸合。可能的原因是:线路无电压,熔断器的熔丝熔断,紧急开关或行程开关未合上,主接触器线圈断路,凸轮控制器手柄未放在零位。

(2)当主接触器得电吸合后,过电流继电器动作。其原因一般认为是线路上有接地或过电流继电器整定值小。

(3)当控制器合上后,电动机不转。故障原因一般有凸轮控制器接触指与铜片未接触、集电器发生故障或转子回路断路。

(4)当控制器合上后,电动机不能达到额定功率且转速低。故障原因一般有线路电压低、电磁抱闸制动器未完全松开及转子回路中串接的启动电阻未完全切除。

(5)控制器在动作时,其接触指与铜片冒火至烧坏。原因有控制器接触指与铜片接触不良或控制器严重过载。

(6)电磁制动抱闸线圈过热或有响声。原因一般有电磁抱闸过载、线圈电压与线路电压不符、电磁铁的可动部件与静止部分有间隔、电磁铁铁芯机械卡阻或歪斜。

(7)检查电源部分。电源电压是否正常及有无断相情况存在。

4.6.3.4 考核标准

成绩评定见表 4-5。

表 4-5 成绩评定

项目内容		评分标准	得分
准备工具材料(20 分)		工具材料缺一件扣 10 分	
按正确的方法检测及迅速判断故障(60 分)		检查方法不正确、不能准确迅速地判断故障,每错一处扣 10 分	
仪表的正确使用(20 分)		使用不正确扣 10 分	
工时	40 min	每超过 10 min 扣 10 分	
合计			

任务 4.7 新型电器的实际应用电路

4.7.1 集水井排水泵运行控制电路

4.7.1.1 集水井排水泵运行控制电路的应用场合

随着社会经济和城市建设的发展,高层和大型综合型建筑地下部分的规模也相应地不断扩大。由于地下楼层和地下车库低于地平面,排水设施的建设显得尤为重要。为了实现有效排水,在建筑的地下部分专设有集水井,集水井中安装有电动排水泵,电动排水泵应及时地控制运转以确保地下无积水。对于污水集水井、废水集水井、消防水集水井、电梯专用集水井等不同情况,其电动排水泵和控制电路有所差别。本文介绍一通用的集水井排水泵控制电路。

4.7.1.2 集水井设备简介及工作情况

集水井设备组成如图 4-9 所示。

为保证排水的可靠性,两台电动排水泵(1#、2#)采用一用一备工作模式,可实现手动排水和自动排水两种状态。打开对应泵(1#或 2#)的阀门,选择配电箱中开关 SA 对应位置,0 挡为手动状态,1 挡时 1#泵自动排水,2 挡时 2#泵自动排水。

4.7.1.3 控制及信号要求

两台电动潜水排水泵采用一用一备,直接启动连续运行,有手动启动和自动启动两种控制模式。

潜水泵电动机有短路保护、缺相保护和过载保护,欠压保护由用户确定,选择相应的 KBO 控制与保护开关。排水泵有故障、运行灯光显示,且运行停止状态信号传至总(消防)控制室。

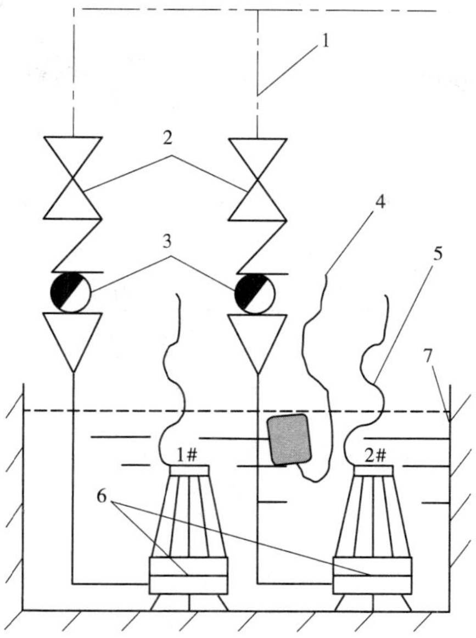

1—压力排水管道;2—手动闸阀(或电动阀);3—单向阀;4—电缆式液位开关;
5—电动机防水电源电缆;6—电动潜水泵;7—集水井(封闭式)

图 4-9　集水井设备组成示意

4.7.1.4　电源及主电路分析

集水井排水泵控制线路的主电路如图 4-10 所示。

集水井电动(三相异步电动机)潜水泵电源由刀开关 QS 引入,由于控制线路采用单相电源和保护的需要,所以在电源配电箱中引入中性线 N 线和保护接地线 PE 线。

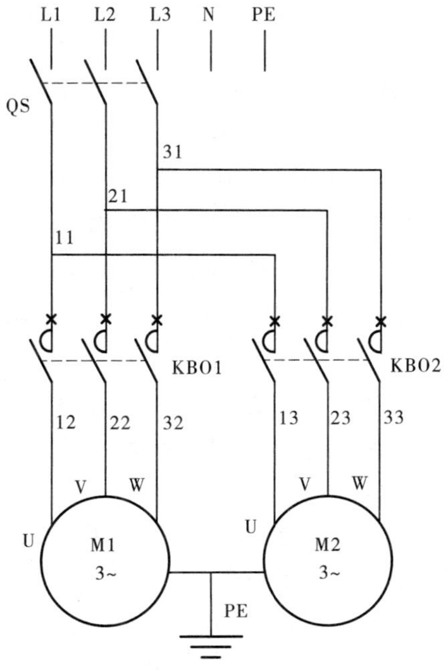

图 4-10　集水井排水泵控制线路的主电路

两台潜水泵电动机 M1、M2 并联接线，分别由两台控制与保护开关 KBO1、KBO2 控制。一台运行一台备用（预先选择好并打开对应电动泵的阀门）。自动运行或者手动启停，用配电控制箱中转换开关 SA 控制。

4.7.1.5 控制电路的分析

集水井电动排水泵运行的控制及指示电路如图 4-11 所示。

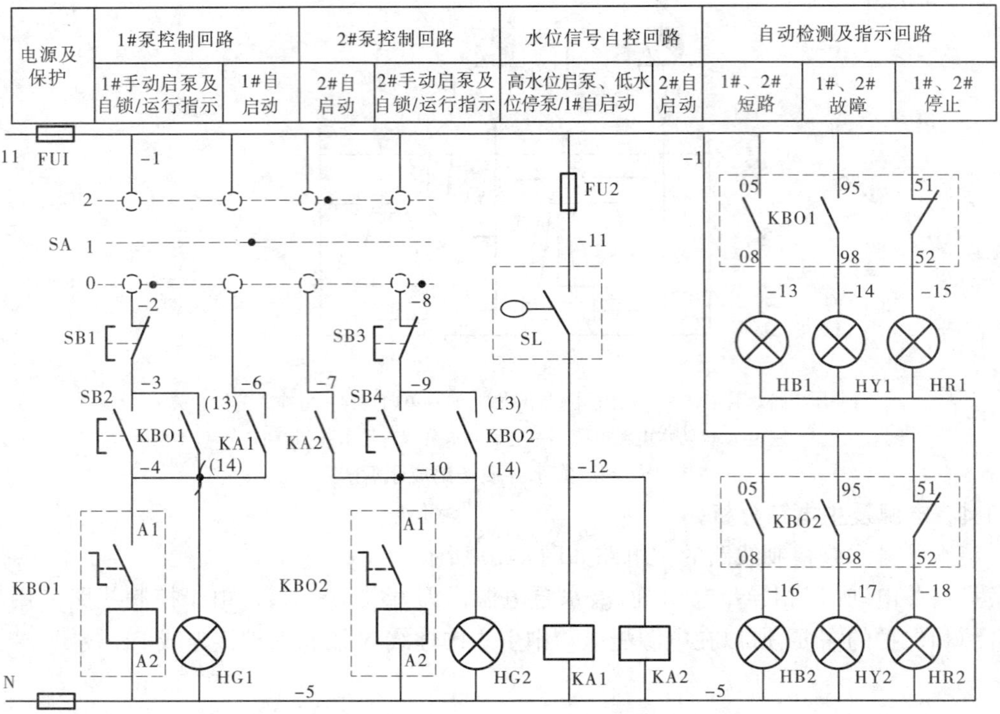

图 4-11 集水井电动排水泵运行的控制及指示电路

（1）电路中各电器的作用：熔断器 FU1、FU2 作为短路保护；转换开关 SA 是手动自动功能选择开关；SB1、SB3 和 SB2、SB4 分别为 1#、2#排水泵手动运行的停止和启动按钮；控制与保护开关 KBO1、KBO2 分别为 1#、2#排水泵控制和保护主开关；电缆式浮球开关 SL 为集水井水位检测装置；中间继电器 KA1、KA2 与 SL 配合实现自动排水控制；指示灯 HG1、HG2 和 HR1、HR2 分别为 1#、2#排水泵运行和停机指示；指示灯 HB1、HB2 和 HY1、HY2 分别为 1#、2#排水泵电路短路和故障指示。

（2）控制过程：选择 1#泵或 2#泵，打开阀门（关闭备用泵阀门），合上主开关 QS，主电路和控制电路上电，停止指示灯 HR1 亮（兼作电源指示），为启动排水泵做好准备。下面以 1#泵运行，2#泵备用为例进行叙述。

手动排水时，转换开关 SA 打到 0 挡位，按下 SB2，接通－3、－4，KBO1 线圈得电动作，接通 M1，同时辅助触点（13）－3、（14）－4 自锁，M1 运转排水，运行指示灯 HG1 亮，停止指示灯 HR1 熄灭。按 SB1，KBO1 断电，其主触点断开，电动机停止运行，排水结束，运行指示 HG1 熄灭，HR1 灯亮。

自动排水时,工作状态选择开关打到 1 挡(或 2 挡),-1、-6 接通,当集水井中水位上升到上限水位时,浮球开关 SL 动作,其触点动作-11、-12 接通,KA1、KA2 动作,KA1 常开触点闭合,-6、-4 接通(或 KA2 常开触点-7、-10 接通),KBO1 通电,KBO1 主触点接通电动机 M1,1#泵运行排水,运行指示灯 HG1 亮,HR1 熄灭。当集水井中水位下降到下限水位时,SL 触点断开,KA1、KA2 断电,其触点-6、-4 断开(或 KA2 常开触点-7、-10 断开),KBO1 断电,KBO1 主触点断开电动机 M1,1#泵排水停止,运行指示灯 HG1 熄灭,停止指示灯 HR1 亮。

备用运行情况,请读者自行分析。

(3)保护显示,控制与保护开关 KBO 具有多项保护功能,实际应用中可根据现场排水可靠性、安全性要求选择。图 4-11 中选用的 KBO1、KBO2 具有短路和过载保护,当线路发生短路时,控制与保护开关除自动跳闸外,指示灯 HB1 总(或 HB2)亮;当发生过载或其他故障时,指示灯 HY1(或 HY2)亮。

4.7.1.6　联动控制

为使总控制室或消防控制室值班人员及时掌握集水井排水泵的运行情况,确保地下车库层的安全,将集水井排水泵的运行和停止状态信号传送到总(或消防)控制室,线路如图 4-12 所示。

当集水井排水泵运行或停止时,控制与保护开关 KBO1、KBO2 的辅助常开触点和辅助常闭触点动作,通过导线-18、-19、-50 或-20、-21、-60 把 1#泵或 2#泵运行状态信号分别传送到总(或消防)控制室。

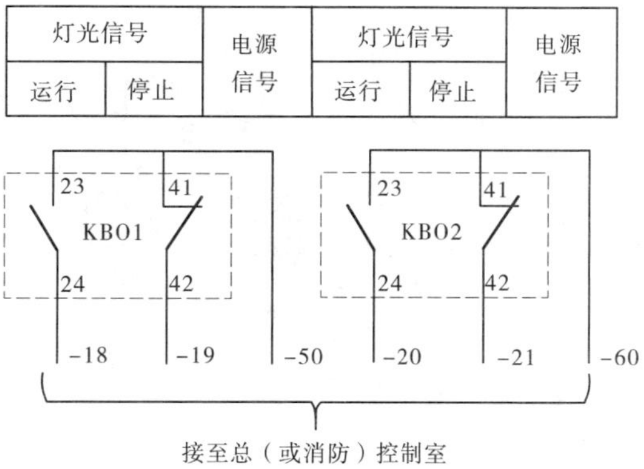

图 4-12　排水泵运行与总控室的联动接线

如果需要在总(或消防)控制室实现远距离启动或停止排水泵的联动控制,只要把图 4-11中的两点-6、-4 或-7、-10 分别引入控制室即可,读者可自行分析。

4.7.1.7　线路安装调试试车训练

(1)安装线路绘制。根据原理图认真选择电器,根据配电盘的面积及电气元件的体积、外形和数量,确定电器的相对位置,画出位置示意图,在位置布置图上画出连接示意图。

(2)实际安装图例。集水井排水泵控制线路的控制箱中电气元件布置及接线示意图如图 4-13 所示。

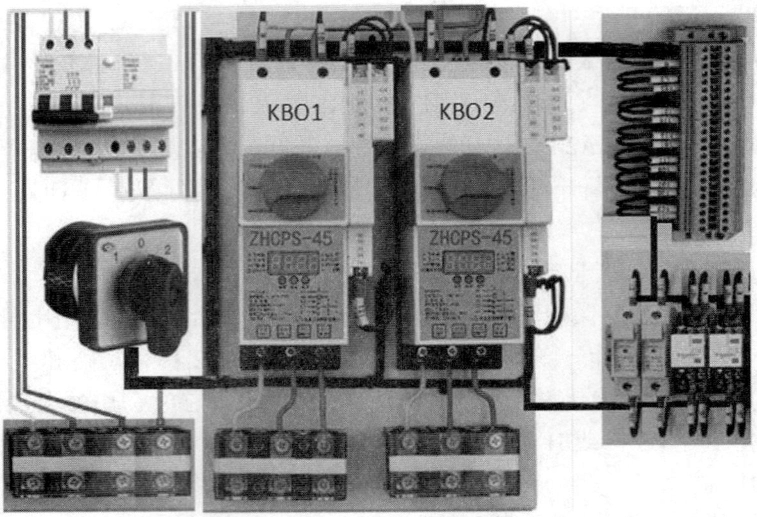

图 4-13　集水井排水泵控制线路的控制箱中电气元件布置及接线示意图

原理电路中的按钮、指示灯现场施工中装在控制箱的门上,如图 4-14 所示,通过接线端子与配电盘上的元件连接,用于检测集水井中水位的电缆式浮球开关经接线端子与电源和继电器相连接。

(3)借鉴前面各任务中介绍的方法步骤,读者自行进行设计安装,在保证安全和在老师的指导下进行通电调试试车。

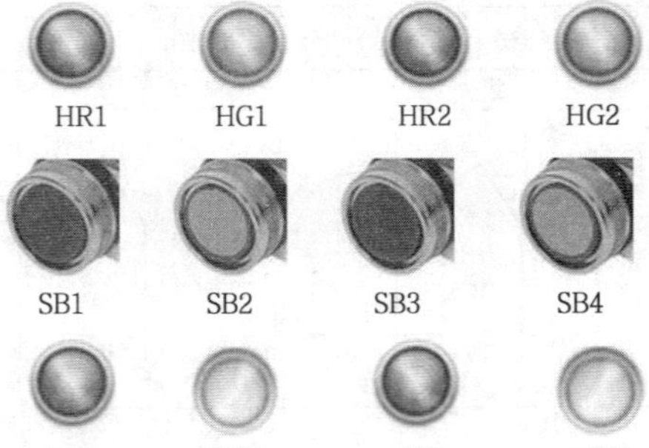

图 4-14　按钮及指示灯布置示意图

4.7.2　消火栓系统消防泵控制电路

4.7.2.1　消火栓灭火系统简介

采用消火栓灭火是最常用的移动式灭火方式,它由蓄水池、加压送水装置(水泵)及室内消火栓等主要设备构成。室内消火栓系统由水枪、水龙带、消火栓、消防管道等组成。

常用的加压设备有两种:消防水泵和气压给水装置。采用消防水泵时,在每个消火栓内设置消防按钮,灭火时用小锤(或硬物体)击碎按钮上的玻璃小窗,按钮不受压而复位,从而通过控制电路启动消防水泵。采用气压给水装置时,可采用电接点压力表,通过测量供水压力来控制水泵的启动。

4.7.2.2 消火栓用消防水泵的控制要求

消火栓灭火系统组成如图4-15所示,由消火栓、消防水泵、管网、压力传感器、火灾报警传感器、手动气泵按钮及电气控制电路组成。消火栓灭火系统属于闭环控制系统。当发生火灾时,控制电路接到消防水泵启动指令、发出消防水泵启动的主令信号后,消防水泵电动机启动,向室内管网提供消防用水,压力传感器用来监视管网水压,并将监测到的水压信号送至消防控制电路,形成反馈的闭环控制。

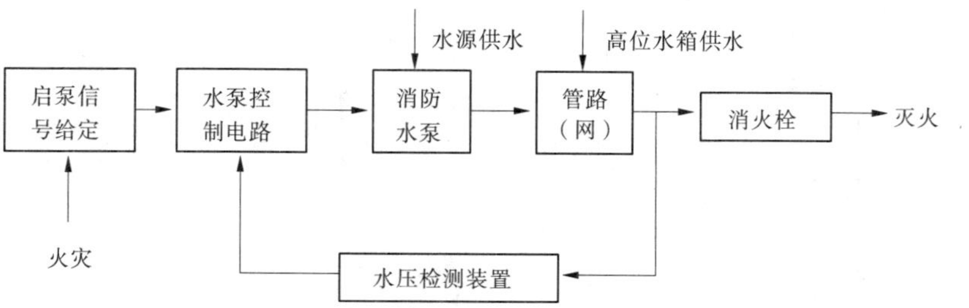

图4-15 消火栓灭火系统组成框图

1.对消防水泵控制的三种方法

(1)由消防按钮控制消防水泵的启停。当火灾发生时,用小锤击碎消防按钮的玻璃罩,按钮盒中按钮自动弹出,接通消防泵电路。

(2)由水流报警启动器控制消防水泵的启停。当发生火灾时,高位水箱向管网供水时,水流冲击水流报警启动器,既可发出火灾报警,又可快速发出控制消防泵启动信号。

(3)由消防中心发出主令信号控制消防泵启停。当发生火灾时,灾区探测器将所测信号送至消防中心的报警控制器,再由报警控制器发出启动消防水泵的联动信号。

2.控制要求

(1)消火栓用消防水泵多数是两台一组,一备一用,互为备用。互为备用的另一种形式为,水压不足时,备用泵自动投入运行。另外,当水源无水时,水泵能自动停止运转,并设水泵故障指示灯。

(2)消火栓用消防水泵由消火栓箱内消防专用控制按钮及消防中心控制。

(3)设有工作状态选择开关。消火栓用消防水泵有手动、自动两种操作方式。

(4)消防按钮启动后,消防水泵应自动投入运行,同时应在建筑物内部发出声光报警,通告住户。

(5)为了防止消防水泵误启动使管网水压过高而导致管网爆裂,须加设管网压力监视保护。

(6)消防水泵属于一级供电负荷,需双电源供电,末端互投。

4.7.2.3 两台消火栓用消防水泵一用一备的电气控制线路中各电气元件的作用及控制要求

图4-16和4-17所示为两台消火栓用消防水泵一用一备的电气控制线路(一)、(二)。

1.电动机配置情况及其控制

该电路共配置两台电动机M1和M2,采用直接启动方式,由接触器KM1、KM2控制。为了提高消防水泵的可靠性,采用双电源供电,断路器QF为双电源转换开关。QF1、QF2

分别作 M1、M2 的短路保护，热继电器 FR1、FR2 分别作 M1、M2 的长期过载保护。

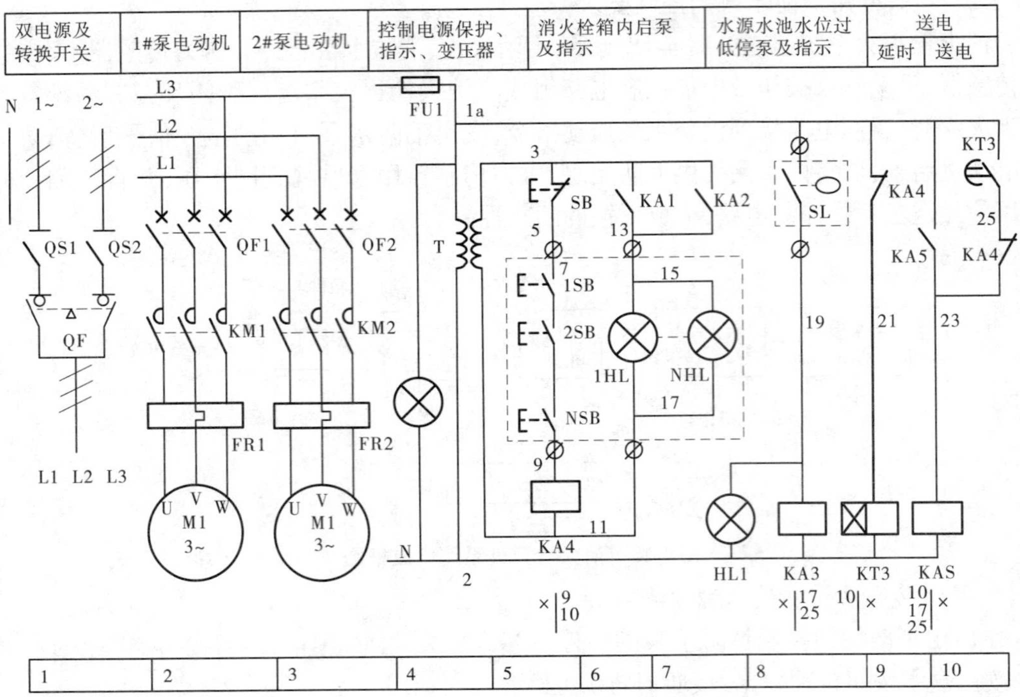

图 4-16　两台消火栓用消防水泵一用一备的电气控制线路(一)

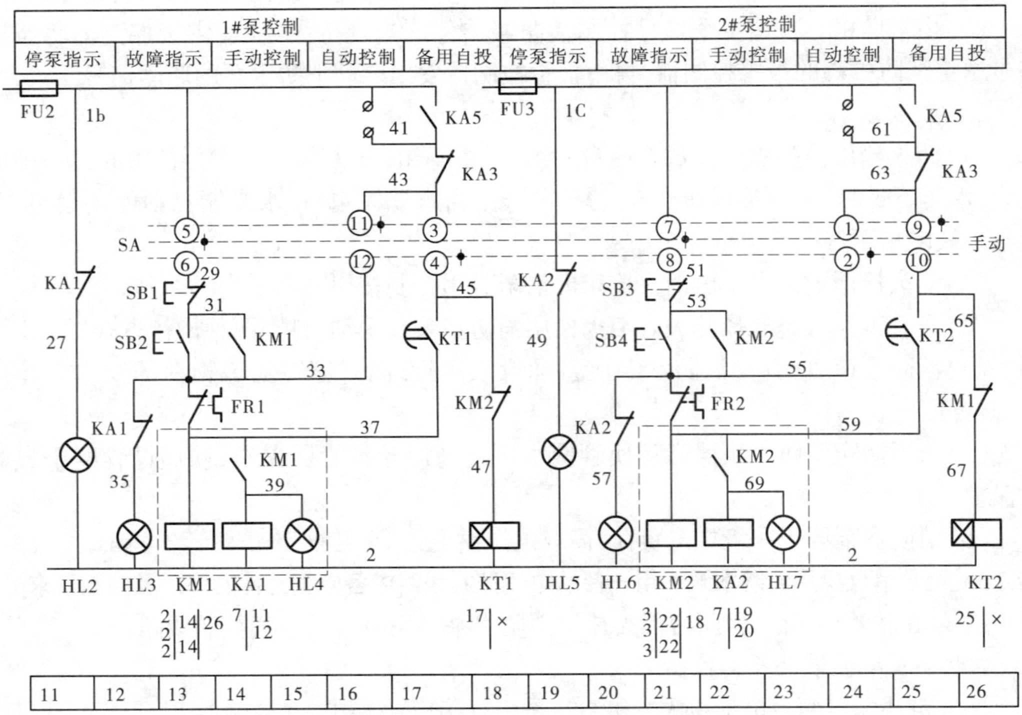

图 4-17　两台消火栓用消防水泵一用一备的电气控制线路(二)

2.主要电气元件的作用

1)消防水泵专用按钮的作用

1SB、NSB[6]为设在消火箱内的消防水泵专用控制按钮,按钮上带有消防水泵运行指示灯1HL、NHL[7]。消防水泵专用控制按钮平时由玻璃片压着,其动合触头闭合,使中间继电器KA4[6]得电吸合。当发生火灾时,打碎消火栓箱内消防专用控制按钮的玻璃片,该消防专用控制按钮的动合触头复位断开,使KA4失电释放,从而启动消防水泵。

2)万能转换开关的作用

万能转换开关SA为消防水泵工作状态选择开关,可使两台泵分别处在1#泵用2#泵备、2#泵用1#泵备或两台泵均为手动的工作状态,其触头的工作状态见表4-6。

表4-6 万能转换开关SA触头的工作状态

功能	触头					
	5—6	11—12	3—4	7—8	1—2	9—10
1#泵用2#泵备		×				×
手动	×			×		
2#泵用1#泵备			×		×	

3)水源水池液位器SL的作用

水源水池液位器SL用于监视水源水池的水位,当水池水位过低时,液位器SL的动合触头SL(1a—19)[8]闭合,使中间继电器KA3[8]得电吸合,其动断触头KA3(41—43)[17]、KA3(61—63)[25]断开,使两台水泵的接触器均不能得电,使水泵无法运行。

4)中间继电器KA5的作用

电动机M1、M2的控制电路中都有KA5的动合触头,只有KA5得电吸合,其动合触头闭合,M1、M2才能得电。KA5由通电延时时间继电器KT3[9]和KA4[6]控制,而KT3又由KA4控制,KA4由消防专用按钮1SB~NSB[6]控制。

4.7.2.4 控制线路工作原理分析

1.手动控制

按下启动按钮SB2[13]或SB4[21]),接触器KM1[13](或KM2[21])得电吸合并自锁,其主触头2(或3)闭合,使电动机M1(或M2)得电启动运转,1#泵(或2#泵)运行。KM1(或KM2)的辅助动合触头KM1(37—39)[14](或KM2(59—69)[22])闭合,使中间继电器KA1[14](或KA2[22])得电吸合和运行指示灯HL4(或HL7)亮。KA1(或KA2)的动断触头KA1(1b—27)[11]和KA1(33—35)[12](或KA2(1c—49)[19]、KA2(55—57)[20])断开,使停泵指示灯HL2(或HL5)和故障指示灯HL3(或HL6)熄灭。

当电动机过载时,热继电器FR1(或FR2)的动断触头FR1(33—37)[13](或FR2(55—59)[21])断开,KM1(或KM2)失电释放,M1(或M2)失电停转,使1#泵(或2#泵)停止工作。按下停止按钮SB1(或SB3),KM1(或KM2)失电释放,使1#泵(或2#泵)停止工作。

2.自动控制

将万能转换开关SA旋转至“1#泵工作,2#泵备用”挡,其触点9—10、11—12闭合。

1)未发生火灾时的控制

消防专用控制按钮1SB~NSB[6]由玻璃片压着,其动合触头闭合,使中间继电器KA4[6]得电吸合,其动合触头KA4(1a—21)[8]断开,使通电延时时间继电器KT3[8]不能得电,其延时闭合的动合触头KT3(1a—25)[10]未闭合,KA5[9]不能得电,其动合触头KA5(1b—41)[17]、KA5(1c—61)[25]未闭合,KM1或KM2不工作,1#泵、2#泵均停止工作。由于KA1[14]、KA2[22]未得电,其动断触头闭合,使停泵指示灯HL2、HL5亮。

2)当发生火灾而1#泵正常工作时的控制

当发生火灾时,打碎消防栓箱内消防专用按钮的玻璃片,该按钮的动合触头复位断开,使KA4[6]失电释放,引起各电器的动作顺序如图4-18所示。

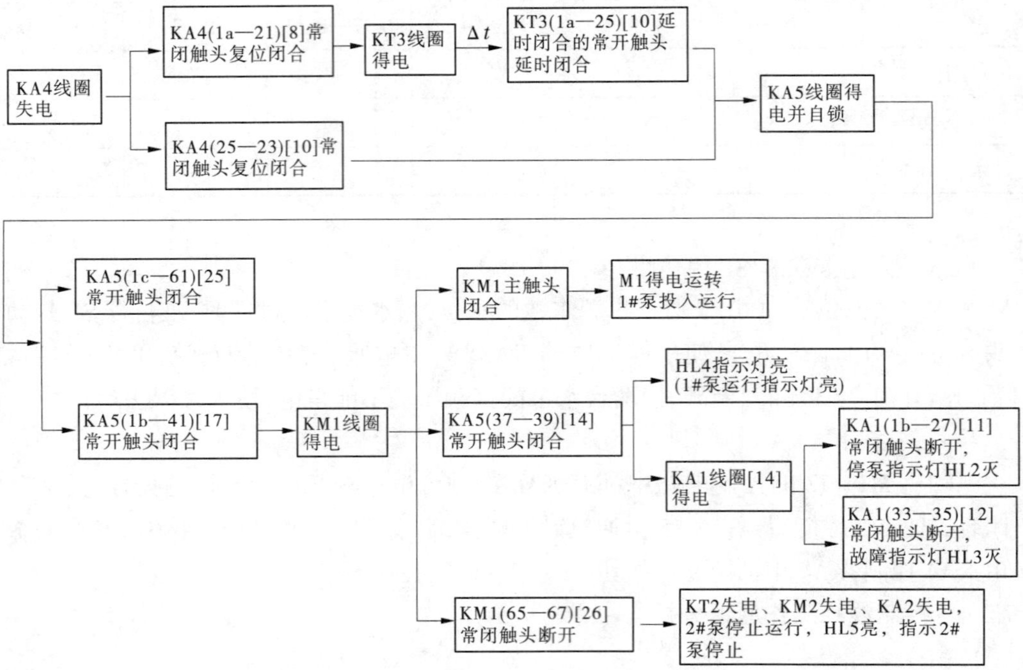

图4-18　当发生火灾且1#泵正常工作时的动作顺序

3)当发生火灾且1#泵出现故障时的控制

由于1#泵出现故障,接触器KM1[13]跳闸,引起各电气元件的动作顺序如图4-19所示。

在两台泵的控制电路中,与KA5的常开触头并联的引出线,接在消防控制模块上,由消防中心集中控制消防水泵的启停。管道压力过压保护继电器的触点可装于图4-16的[8]中,与SL串联。

4.7.2.5　线路安装调试试车训练

(1)安装线路绘制。根据原理图认真选择电器,根据配电盘的面积及电器的体积、外形和数量,确定电器的相对位置,画出位置示意图,在位置布置图上画出连接示意图。

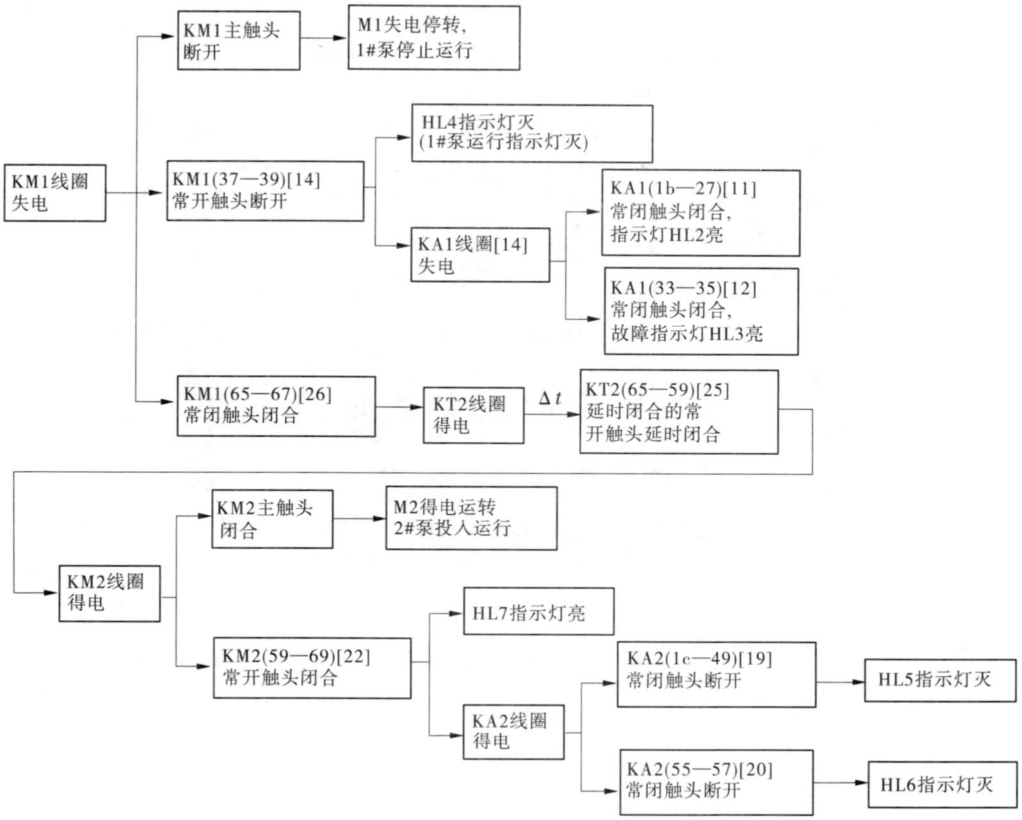

图4-19 当发生火灾且1#泵出现故障时的动作顺序

(2)实际安装图例。如图4-20所示为两台消火栓用消防水泵一用一备的电气控制箱元件实际布置示意图。读者可参考布置连接。原理电路中的按钮、指示灯,在现场施工和定货产品中装在控制箱的门上,通过接线端子与配电盘上的元件连接;用于检测消防水池中水位的电缆式浮球开关经接线端子排与电源和继电器连接。消防控制室与控制电路的连接以及手启按钮等也通过接线端子排与控制箱中的电气元件连接。

(3)借鉴前面各任务中介绍的方法步骤,读者自行进行设计安装,在保证安全和在老师的指导下进行通电调试试车。

思考与练习题

1.桥式起重机的结构主要由哪几部分组成?

2.桥式起重机的主要技术参数有哪些?说明20/5 t起重机的含义。

3.桥式起重机电力拖动系统由哪几台电动机组成?

4.桥式起重机运行工作有什么特点?

5.桥式起重机为什么要采用电气和机械双重制动?

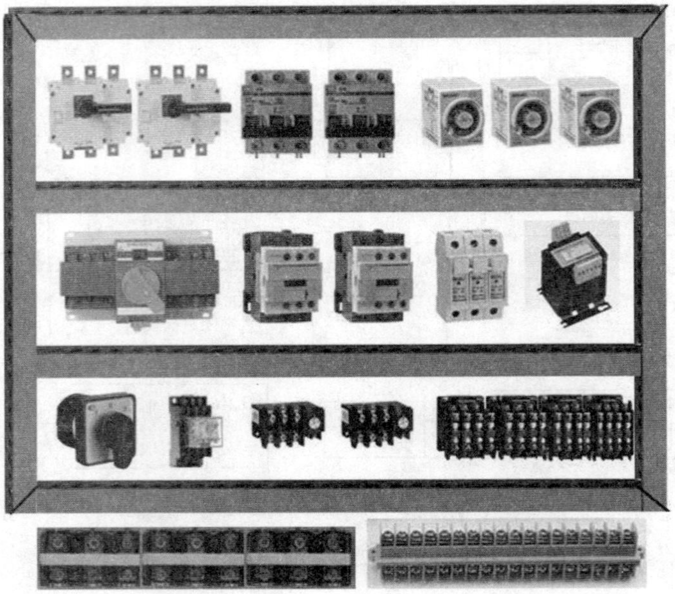

图 4-20　两台消火栓用消防水泵一用一备的电气控制箱元件布置示意图

6.桥式起重机有几种控制器？

7.凸轮控制器控制电路的工作原理图是如何表示触点状态的？

8.凸轮控制器的控制电路有哪些保护措施？

9.凸轮控制器控制电路的零位保护与零压保护有什么区别？

10.分析主令控制器提升重物的控制过程。

11.分析 PQRIOB 型主令控制器控制下降“3”挡位的工作过程。

12.在下放重物时，因重物较重而出现超速下降，此时应如何操作？

13.为什么过电流继电器 KA0 的线圈单独串联在三相电源其中一相的电路中？

14.试分析下述故障：

(1)如果凸轮控制器的触点 10、11、12 在零位不能接通，分别会出现什么问题？

(2)如果起重机能向上、下、左、右、后运动，但在操作向前运动时，接触器 KM 就释放了，是什么原因？

15.简述桥式起重机通电试车的步骤。

16.桥式起重机常见的故障有哪些？原因是什么？

17.图 4-21 所示电路分别为消火栓系统消防水泵 1#泵运行、2#泵备用，2#泵运行、1#泵备用的手动控制电路，请分析控制过程。

18. 图 4-22 所示电路为消火栓系统消防水泵 1#泵工作、2#泵备用的控制电路，请分析控制过程。请画出 2#泵工作、1#泵备用的控制电路，并分析控制过程。

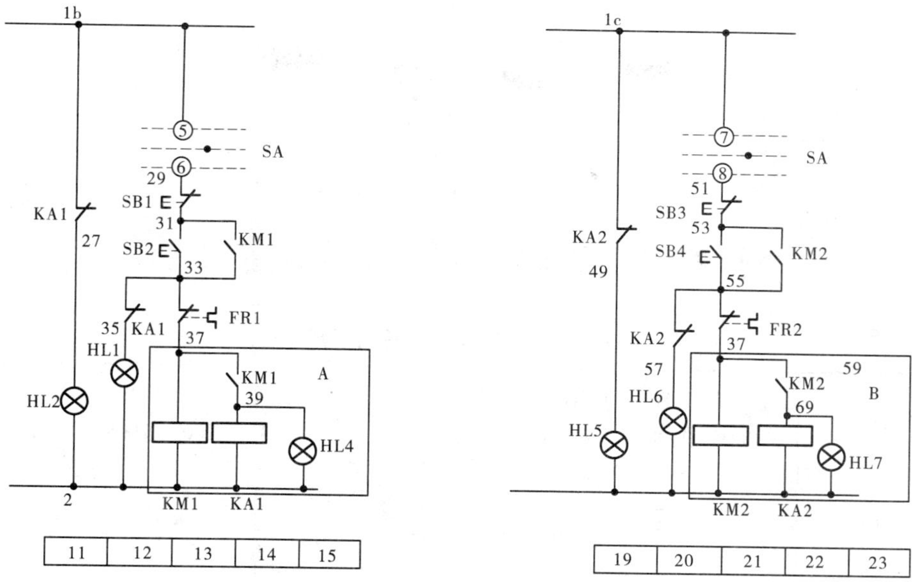

(a)1#泵运行、2#泵备用　　(b)2#泵运行、1#泵备用

图 4-21　手动控制电路

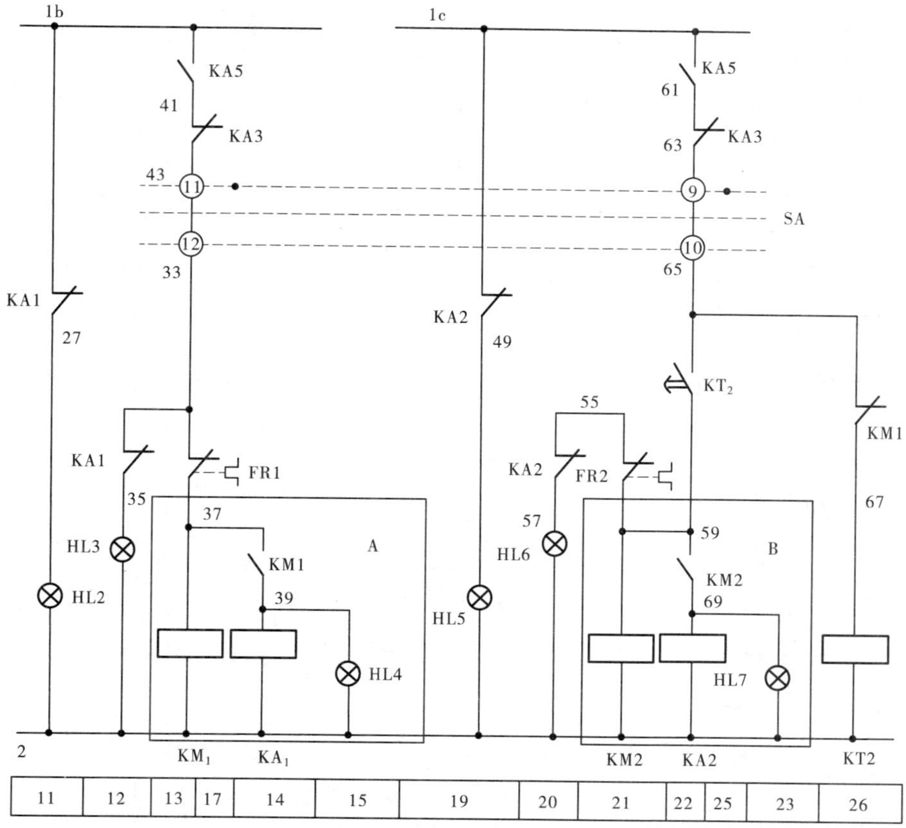

图 4-22　1#泵工作、2#泵备用的控制电路

附　录

附录 A　常用电气符号与限定符号

附表 A-1　常用电气符号国家标准

名称	GB/T 4728—2005~2008	GB 7159-87 文字符号	名称	GB/T 4728—2005~2008	GB 7159-87 文字符号
直流电			具有动合触点且自动复位的按钮	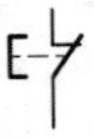	SB
交流电			按钮动断触点		SB
交直流电			位置开关动合触点		SQ
正、负极	+ 、-		位置开关动断触点		SQ
三角形连接的绕组	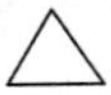		熔断器	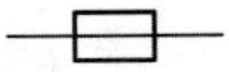	FU
星形连接的绕组			接触器线圈	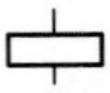	KM
中性点引出的星形连接的三相绕组			接触器主动合触点		KM
三根导线	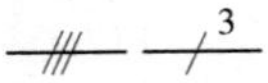		接触器主动断触点		KM
导线连接	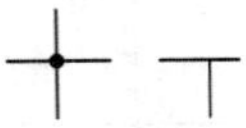		辅助常开触点		
端子板	1 2 3 4 5 6 7 8	XT	接近开关的动合触点	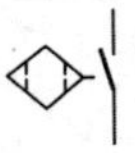	SQ

续附表 A-1

名称	GB/T 4728—2005～2008	GB 7159-87 文字符号	名称	GB/T 4728—2005～2008	GB 7159-87 文字符号
接地		PE	接近开关的动断触点	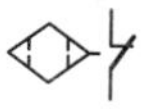	SQ
电阻		R	速度继电器的动合触点		KV
可变电阻	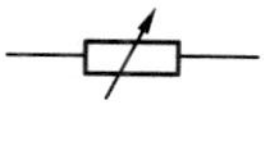	R	速度继电器的动断触点		KV
滑动触点电位器	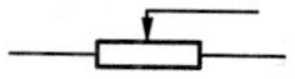	RP	电磁离合器	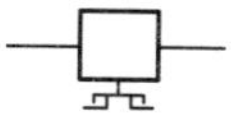	YC
电容器	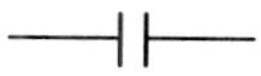	C	电磁阀	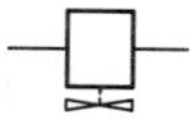	YV
电感、线圈、绕组		L	电磁铁	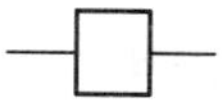	YA
带铁芯的电感、线圈、绕组		L	电磁制动器	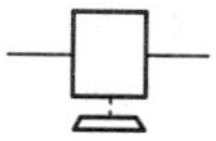	YB
电抗器		L	滑动(滚动)连接器		E
普通刀开关		Q	插座		XS
普通三相刀开关	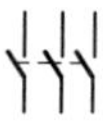	Q	有铁芯的双绕组变压器		T
继电器线圈		KA	可调压的单相自耦变压器	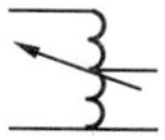	T
继电器动合触点		KA	三相自耦变压器星形连接	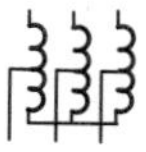	T

续附表 A-1

名称	GB/T 4728—2005～2008	GB 7159-87 文字符号	名称	GB/T 4728—2005～2008	GB 7159-87 文字符号
继电器动断触点		KA	电流互感器	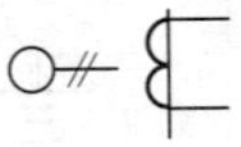	TA
热继电器驱动元件	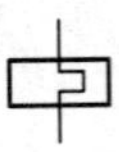	FR	串励直流电动机	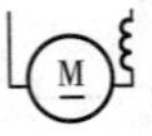	M
热继电器动合触点	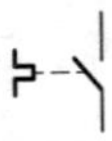	FR	并励直流电动机		M
断电延时的动断触点		KT	他励直流电动机	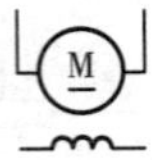	M
断电延时的动合触点		KT	三相鼠笼型异步电动机		M3～
通电延时的动断触点		KT	三相绕线型转子异步电动机		M3～
二极管	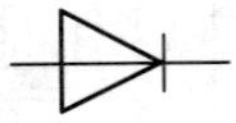	VD	NPN 三极管		V
普通晶闸管	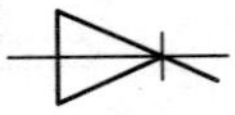	V	PNP 三极管	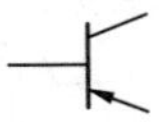	V
稳压二极管	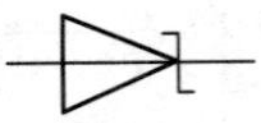	V	插头		XP
照明灯	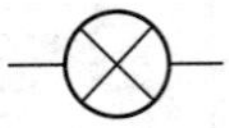	EL	指示灯、信号灯	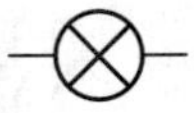	HL

说明:(1)动合开关即为常开触点,动断触点即为常闭触点。

(2)延时动作的触点:对于吸合或释放操作,触点的闭合和断开是延时的。朝圆弧中心方向的运动是延时的(降落伞效应)。起延时作用的符号可绘在触点符号的边上,这样最适合于应用和器件符号的布置。

附表 A-2　限定符号

序号	图形符号	说明
1		接触器功能
2		断路器功能
3		隔离开关功能
4		负荷开关功能
5		位置开关功能： 1.当不需要表示接触器的操作方法时，这个限定符号可用在简单的接触符号上，以表示位置开关； 2.当在两个方向上都用机械操作触点时，这个符号应加在触点符号两边
6	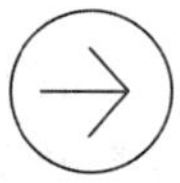	开关的正向操作： 此符号应该用于指明一个机动装置的正向操作方向，在所示的方向上是安全的或符合要求的。它表明该操作确保所有的触点都在启动装置的相应位置

附录 B　中级维修电工考试大纲

附录 B.1　中级维修电工等级标准

(一)知识要求

(1)相电流、线电流和相电压、线电压和功率的概念及计算方法,直流电流表扩大量程的计算方法。

(2)电桥和示波器、光点检流计的使用和保养知识。

(3)常用模拟电路和功率晶体管电路的工作原理和应用知识。

(4)三相旋转磁场产生的条件和三相绕组的分布原则。

(5)高低压电器、电动机、变压器的耐压试验目的、方法及耐压标准的规范,试验中绝缘击穿的原因。

(6)绘制中小型单、双速异步电动机定子绕组接线图,掌握用电流箭头方向判别接线错误的方法。

(7)多速异步电动机的接线方式。

(8)常用测速发电动机的种类、构造和工作原理。

(9)常用伺服电动机的构造、接线和故障检查知识。

(10)电磁调整电动机的构造,控制器的工作原理、接线,检查和排除故障的方法。

(11)同步电动机和直流电动机的种类、构造、一般工作原理和各种绕组的作用及连接方法,故障排除方法。

(12)交直流电焊机的构造、工作原理和故障排除方法。

(13)电流互感器、电压互感器及电抗器的工作原理、构造和接线方法。

(14)中小型变压器的构造、主要技术指标和检修方法。

(15)常用低压电器交、直流灭弧装置的原理、作用和构造。

(16)机床电气连锁装置(动作的先后次序、相互的连锁),准确停止(电气制动、机电定位器制动等),速度调节系统的主要类型、调整方法和作用原理。

(17)根据实物绘制中等复杂系统的机床设备电气控制原理图的方法。

(18)交直流电动机的启动、制动、调速的原理和方法。

(19)交磁电机扩大机的基本原理和应用知识。

(20)数显、程控装置的一般应用知识。

(21)焊接的应用知识。

(22)常用电气设备装置的检修工艺和质量标准。

(23)节约用电和提高用电设备功率因数的方法。

(24)生产技术管理知识。

(二)技能要求

(1)使用电桥、示波器测量精度较高的电参数。

(2)计算常用电动机、电器、汇流排、电缆等导线截面面积,并核算其安全电流。

(3)按图装接、调整一般的移相触发和调节器放大电路、晶闸管调速器电路。

(4)检修、调整各种继电器装置。

(5)拆装、修理 55 kW 以上异步电动机(包括绕线式和防爆式电动机)、60 kW 以下直流电动机(包括直流电焊机),修理后接线及一般试验。

(6)检修和排除直流电动机故障和其控制电路的故障。

(7)拆装、修理中小型多速异步电动机和电磁调速电机,并接线试车。

(8)检查、排除交磁电机扩大机和其控制线路的故障。

(9)修理同步电动机(阻尼环、集电环接触不良,定子接线处开焊,定子绕组损坏)。

(10)检查和处理交流电动机三相电流不平衡的故障。

(11)修理 10 kW 以下的电流互感器和电压互感器。

(12)保养 1 000 kVA 以下电力变压器,并排除一般故障。

(13)按图装接、检查较复杂电气设备和线路(包括机床),并排除故障。

(14)检修、调整桥式起重机的制动器、控制器及各种保护装置。

(15)检修低压电缆终端头和中间接线盒。

(16)无纬玻璃丝带、合成云母带等的使用工艺和保管方法。

(17)电气事故的分析和现场处理。

(三)工作实例

(1)对电动机零部件进行测绘制图。

(2)大修 75 kW 以上异步电动机,修理后接线并进行一般试验。

(3)修理 22 kW 四速异步电动机并接线和试车。

(4)拆装、中修 22 kW 以上直流电焊机或 60 kW 以下直流电动机,修理后接线试车。

(5)检修、调整电磁调速电动机控制器或各种稳压电源设备。

(6)检查直流电动机励磁绕组、电枢绕组的故障和电刷冒火、不能启动、发热及噪声大的原因。

(7)检查、修理交磁电机扩大机的故障(如电压过低、匝间短路等)

(8)装接、调整 KTZ-20 晶闸管调速器触发电路,并排除故障。

(9)按图装接、调整桥式起重机、镗床、摇壁钻床、万能铣床、磨床等电气装置,并排除故障。

(10)修理电压互感器和电流互感器。

(11)10/0.4 kW、1 000 kVA 电力变压器吊芯检查和换油。

(12)调整电动机与机械传动部分的连接。

(13)完成相应复杂程度的工作项目。

附录B.2　中级维修电工鉴定要求

(一)适用对象

使用电工工具和仪器仪表,对设备电气部分(含机电一体化)进行安装、调试、维修的人员。

(二)鉴定方式

(1)知识:笔试。

(2)技能:实际操作。

(三)考试要求

(1)知识要求:60~120 min;满分100分,60分为及格。

(2)技能要求:按实际需要确定时间;满分100分,60分为及格;根据考试要求自备工具。

(四)鉴定内容

(1)知识要求,如附表B-1所示。

附表B-1　知识要求

项目	鉴定范围及鉴定内容	鉴定比重
基本知识	1.电路基础和计算知识 (1)戴维南定律的内容及应用知识。 (2)电压源和电流源的等效变换原理。 (3)正弦交流电的分析表示方法,如解析法、图形法、相量法等。 (4)功率及功率因数,效率,相、线电流和相、线电压的概念和计算方法	10
	2.电工测量技术知识 (1)电工仪器基本工作原理、使用方法和适用范围。 (2)各种仪器、仪表的正确使用方法和减少测量误差的方法。 (3)电桥和通用示波器、光电检流计的使用和保养知识	10
专业知识	1.变压器知识 (1)中小型电力变压器的构造及各部分的作用,负载运行的相量图、外特性、效率特性,主要技术指标,三相变压器联结组标号及并联运行。 (2)交直流电焊机的构造、接线、工作原理和故障排除方法(包括整流式直流弧焊机)。 (3)中小型电力变压器的维护、检修项目和方法。 (4)变压器耐压试验的目的、方法,应注意的问题及耐压标准的规范和试验中绝缘击穿的原因	10

续附表 B-1

项目	鉴定范围及鉴定内容	鉴定比重
专业知识	2.电机知识 （1）三相旋转磁场产生的条件和三相绕组的分布原则。 （2）中小型单、双速异步电动机定子绕组接线图的绘制方法和用电流箭头方向判别接线错误的方法。 （3）多速电动机出线盒的接线方法。 （4）同步电动机的种类、构造，一般工作原理，各绕组的作用及连接，一般故障的分析及排除方法。 （5）直流电动机的种类、构造、工作原理、接线、换向及换向的方法，直流发电机的运行特性，直流电动机的机械特性及故障排除方法。 （6）测速发电机的用途、分类、构造、基本工作原理、接线和故障检查知识。 （7）伺服电动机的作用、分类、构造、基本原理、接线和故障检查知识。 （8）电磁调速异步电动机的构造，电磁转差离合器的工作原理，使用电磁调速异步电动机调速时，采用速度负反馈闭环控制系统的必要性及基本原理，接线、检查和排除故障的方法。 （9）交磁扩大机的应用知识、构造、工作原理及接线方法。 （10）交、直流电动机耐压试验的目的、方法及耐压标准规范、试验中绝缘击穿的原因	10
	3.电器知识 （1）晶体管时间继电器、功率继电器、接近开关等的工作原理及特点。 （2）额定电压为 10 kV 以下的高压电器，如油断路器、负荷开关、隔离开关、互感器等耐压试验的目的、方法及耐压标准规范、试验中绝缘击穿的原因。 （3）常用低压电气交直流灭弧装置的灭弧原理及作用和构造。 （4）常用电气设备装置，如接触器、继电器、熔断器、断路器、电磁铁等的检修工艺和质量标准	15
	4.电力拖动自动控制知识 （1）交直流电动机的启动、正反转、制动、调速原理和方法（包括同步电动机的启动和制动）。 （2）数显、程控装置的一般应用知识（条件步进顺序控制器的应用知识，例如 KSJ-1 型顺序控制器）。 （3）机床电气连锁装置（动作的先后次序、相互连锁），准确停止（电气制动、机电定位器制动等），速度调节系统（交磁电机扩大机自动调速系统，直流发电机、电动机调速系统，晶闸管、直流电动机调速系统）的工作原理和调速方法。 （4）根据实物测绘较复杂的机床电气设备电气控制线路图的方法。 （5）几种典型生产机械的电气控制原理，如桥式起重机、镗床、万能铣床、摇臂钻床、平面磨床	20

续表 B-1

项目	鉴定范围及鉴定内容	鉴定比重
专业知识	5.晶体管电路知识 (1)模拟电路基础(共发射极放大电路、反馈电路、阻容耦合多级放大电路、功率放大电路、振荡电路、直接耦合放大电路)及其应用知识。 (2)数字电路基础(晶体二极管、三极管的开关特性,基本逻辑门电路、集成逻辑门电路、逻辑代数的基础)及应用知识。 (3)晶闸管及其应用知识(晶闸管结构、工作原理、型号及参数,单结晶体管、晶体管触发电路的工作原理,单相半波及全波整流电路的工作原理)	15
相关知识	1.相关工种工艺知识 (1)焊接的应用知识。 (2)一般机械零部件测绘制图方法。 (3)设备起运吊装知识	5
	2.生产技术管理知识 (1)生产管理的基本内容。 (2)常用电气设备、装置的检修工艺和质量标准。 (3)节约用电和提高用电设备的功率因数	5

(2)技能要求,如附表 B-2 所示。根据考试要求确定的时间和有关条件确定具体的鉴定内容,能按技术要求按时完成者,可得满分。

附表 B-2　技能要求

项目	鉴定范围及鉴定内容	鉴定比重
操作技能	1.安装、调试操作技能 (1)主持拆装 55 kW 以上异步电动机(包括绕线式转子异步电动机和防爆电动机)、60 kW 以下直流电动机(包括直流电焊机),并做修理后的接线及一般调试和试验。 (2)拆装中小型多速电动机和电磁调速电动机并接线、试车。 (3)装接较复杂电气控制线路的配电板并选择、整定电器及导线。 (4)安装、调试较复杂的电气控制线路,如铣床、磨床、钻床、起重机等线路。 (5)按图焊接一般的移相触发和调节器放大电路、晶闸管调速器、调功器电路,并通过仪器、仪表进行测试和调整。 (6)计算常用电动机、电器、汇流排、电缆等导线截面并核算其安全电流。 (7)主持 10/0.4 kV、1 000 kVA 以下电力变压器吊芯检查和换油。 (8)完成车间低压动力、照明电路的安装和检修。 (9)按工艺使用及保管无纬玻璃带、合成云母带	40

续表 B-2

项目	鉴定范围及鉴定内容	鉴定比重
操作技能	2. 故障分析、修复及设备检修技能 (1)检修、修理各种继电器装置。 (2)修理 55 kW 以上异步电动机(包括绕线式转子异步电动机和防爆电动机)、60 kW 以下直流电动机(包括直流电焊机)。 (3)排除晶闸管触发电路和调节器放大电路的故障。 (4)检修和排除直流电动机及控制电路的故障。 (5)检修较复杂的机床电气控制线路,如铣床、磨床、钻床等或其他电气设备(如桥式起重机),并排除故障。 (6)修理中小型多速异步电动机、电磁调速电动机。 (7)检查、排除交磁扩大机及其控制线路故障。 (8)修理同步电动机(阻尼环、集电环接触不良,定子接线处开焊,定子绕组损坏)。 (9)检查和处理交流电动机三相绕组电流不平衡故障。 (10)修理 10 V 以下电流互感器、电压互感器。 (11)排除 1 000 kVA 以下电力变压器的一般故障,并进行维护保养。 (12)检修低压电器终端和中间接线盒	40
工具、设备的使用与维修	1.工具的使用与维护 合理使用常用工具和专用工具,并做好维护保养工作	5
	2.仪器、仪表的使用与维护 正确选用测量仪表、操作仪表,做好维护保养工作	5
安全及其他	安全文明生产 (1)正确执行安全操作规程,如高压电气技术安全规程的有关要求、电气设备的消防规程、电气设备事故处理规程、紧急救护规程及设备起运吊装安全规程。 (2)按企业有关文明生产的规定,做到工作地整洁,工件、工具摆放整齐。 (3)认真执行交接班制度	10

附录 C 中级维修电工技能试卷、评分标准及现场记录

试题一 安装接线

安装和调试断电延时带直流能耗制动的星形–三角形启动的控制电路，如附图 C-1 所示。KT 整定时间为(3±1)s。(本电路 KT 选用空气阻尼式时间继电器)

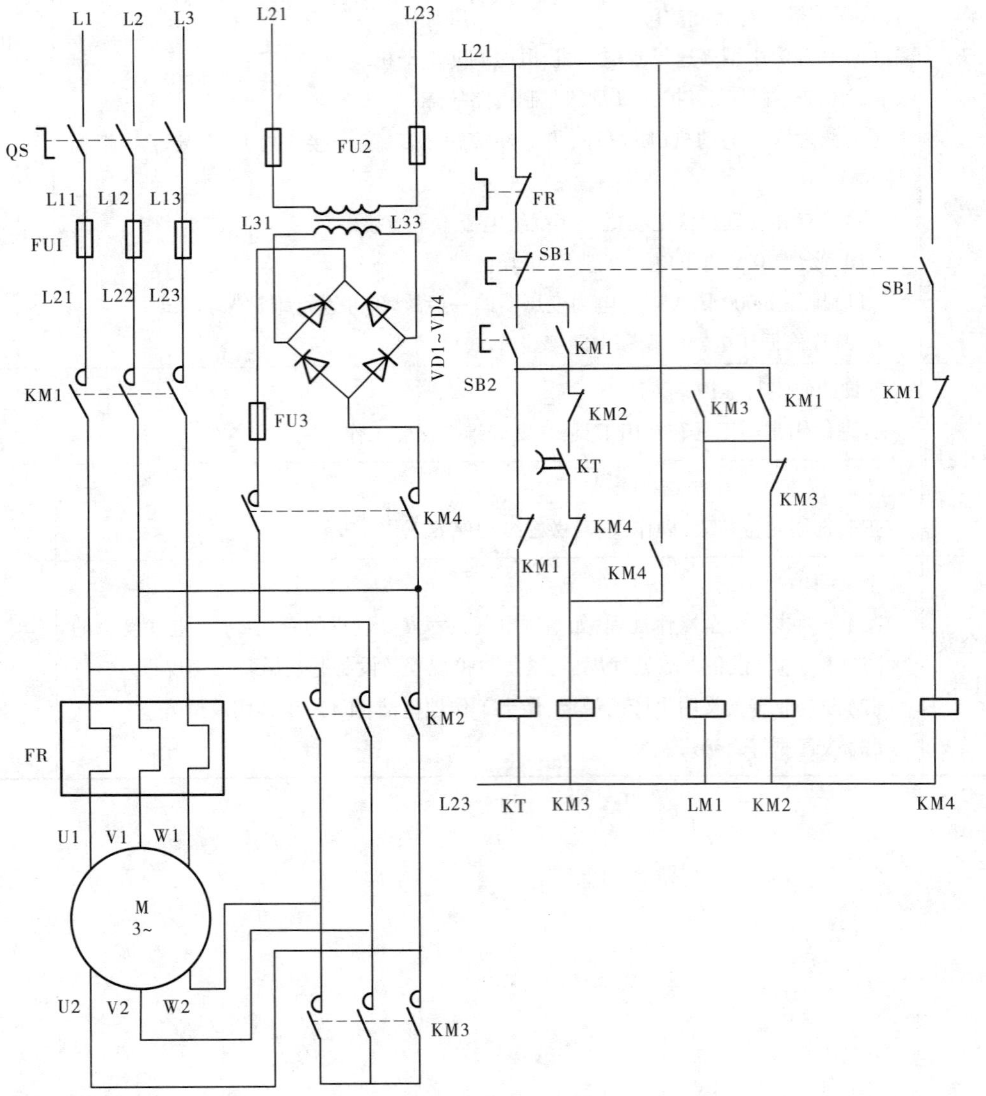

附图 C-1 断电延时带直流能耗制动的星形–三角形启动的控制电路

(一)考核要求

(1)按图纸的要求进行正确熟练地安装,元件在配线板上布置要合理,安装要准确紧固,配线要求紧固美观,导线要进行线槽配线。正确使用仪表和工具。

(2)按钮盒不固定在板上,电源和电动机配线、按钮接线要接到端子排上,进出线槽的导线要有线号,引出端要用线针或压线鼻。

(3)安全文明操作。

(4)满分40分,考试时间210 min。

(二)评分标准

评分标准见附表C-1。

附表C-1 评分标准

评分标准		配分	扣分	得分
元件安装	(1)元件布置不整齐、不匀称、不合理,每处扣1分; (2)元件安装不牢固,漏装螺钉,每处扣1分; (3)损失元件,每只扣2分	5		
通电试验	(1)时间继电器及热继电器整定值错误处,各扣2分; (2)主、控电路配错熔体,每处扣1分; (3)一次试车不成功扣5分;二次试车不成功,扣10分;三次试车不成功,扣15分;乱线敷设,扣5分	20		
布线	(1)电动机运行正常,不按电气原理图接线,扣1分; (2)布线不进行线槽配线,不美观,主电路、控制电路每根扣0.5分; (3)接点松动、漏铜过长,反圈、压绝缘层,标记线号不清楚、遗漏或误标,引出端无压端子每处扣0.5分; (4)损伤导线绝缘或线芯,每根扣0.5分	15		
合计				

试题二 排除故障

从下列机床电气控制线路或模拟线路板中任选一种,由监考教师在线路板上设隐蔽故障三处,其中主电路一处,控制回路两处。考生向监考老师询问故障现象时,可以将故障现象告诉考生,考生要单独排除故障。

①1Z35摇臂钻床;②X62万能铣床;③T68镗床;④5~20 t桥式起重机;⑤M7130平面磨床;⑥CA6140型普通车床;⑦Z3040型摇臂钻床。

(一)考核要求

(1)从设故障开始,监考教师不得进行提示。

(2)根据故障现象,在电气控制线路上分析故障产生的原因,确定故障发生的范围。

(3)进行检修时,监考教师要进行监护,注意安全。

(4)故障排除过程中,如果扩大故障,在规定时间内可以排除故障。

(5)正确使用工具和仪表。

(6)安全文明操作。

(7)满分 40 分,考试时间 45 min。

(二)评分标准

评分标准见附表 C-2。

附表 C-2　评分标准

评分标准	配分	扣分	得分
(1)排除故障前不进行调查研究扣 1 分;	1		
(2)标错或标不出故障范围,每处故障点扣 2 分;	6		
(3)不能标出最小故障范围,每处故障点扣 1 分;	3		
(4)实际排除故障中思路不清楚,每处故障点扣 2 分;	6		
(5)每少查出一处故障点扣 2 分;	6		
(6)每少排除一处故障点扣 3 分;	9		
(7)排除故障方法不正确,每处扣 3 分;	9		
(8)扩大故障范围或产生新的故障后不能自行修复,每处扣 10 分;已经修复,每处扣 5 分;			
(9)损坏电动机扣 10 分			
合计			

试题三　工具、设备的使用与维护

(一)考核要求

(1)工具、设备的使用与维护要正确无误,不得损坏。

(2)安全文明操作。

(3)满分 10 分,考试时间 10 min。

(二)评分标准

评分标准见附表 C-3。

附表 C-3　评分标准

评分标准	配分	扣分	得分
(1)开机准备工作不熟练,扣 1 分; (2)测量过程中,操作步骤每错一处扣 1 分; (3)读数有较大误差或错误扣 1 分; (4)测量结果错误扣 2 分; (5)在各项技能考试中,工具与设备的使用与维护不熟练不正确,每次扣 1 分,扣完 5 分为止; (6)考试中损坏工具和设备扣 5 分	10		

试题四 安全文明生产

(一)考核要求

(1)劳动保护用品穿戴整齐;电工工具携带齐全;遵守操作规程;尊重监考教师,讲文明礼貌;考试结束要清理现场。

(2)当监考教师发现考生有重大事故隐患时,要立即予以制止。

(3)考生故意违反安全文明生产或发生重大事故,取消其考试资格。

(4)监考教师要在备注栏中注明考生违纪情况。

(二)评分标准

评分标准见附表 C-4。

附表 C-4 评分标准

评分标准	配分	扣分	得分
(1)以上各项考试中,违反安全文明生产要求的任何一项扣 2 分,扣完 10 分为止;考生在不同的技能试题中,违反文明生产考核要求同一项内容的,要累计扣分。 (2)当监考教师发现考生有重大事故隐患时,要立即予以制止,并扣考生安全文明生产总分 5 分	10		

参 考 文 献

[1] 郁汉琪.机床电气控制技术[M].2版.北京:高等教育出版社,2006.

[2] 刘子林.电机与电气控制[M].北京:电子工业出版社,2003.

[3] 王永华.现代电气控制及PLC应用技术[M].北京:北京航空航天大学出版社,2003.

[4] 王炳实.机床电气控制[M].2版.北京:机械工业出版社,2002.

[5] 黄净.电气控制与可编程控制器[M].北京:机械工业出版社,2004.

[6] 施利春,李伟.变频器操作实训[M].北京:机械工业出版社,2007.

[7] 许缪.工业电气控制设备[M].2版.北京:机械工业出版社,2006.

[8] 许晓峰.电机及拖动[M].2版.北京:高等教育出版社,2001.

[9] 何焕山.工厂电气控制设备[M].2版.北京:高等教育出版社,2004.

[10] 李益民,刘晓春.电机与电气控制技术[M].2版.北京:高等教育出版社,2006.

[11] 姜培刚,孟玉先.机电一体化系统设计[M].北京:机械工业出版社,2003.

[12] 陆全龙,刘明皓.液压与气动[M].北京:科学出版社,2005.

[13] 田淑珍.工厂电气控制设备及技能训练[M].2版.北京:机械工业出版社,2012.

[14] 劳动部培训司.维修电工生产实习[M].2版.北京:中国劳动出版社,1995.